钢结构工程施工
（第2版）

主　编　申成军
副主编　王永新　王士奇
参　审　文朝晖　李鹏举
主　审　高福聚

北京理工大学出版社
BEIJING INSTITUTE OF TECHNOLOGY PRESS

内 容 提 要

本书根据高等院校土建类相关专业的教学要求，以及钢结构工程现行规范、规程、标准编写而成。全书共分为11个教学单元，主要包括钢结构初步认识、钢结构材料及材料选用、轴心受力构件计算、受弯构件计算、拉弯和压弯构件计算、钢结构连接计算、钢结构施工图识读、钢结构工厂制作、钢结构安装施工、网架结构的制作与安装、压型金属板工程等内容。

本书可作为高等院校土木工程等相关专业的教材，也可供钢结构工程相关技术人员参考。

版权专有　侵权必究

图书在版编目（CIP）数据

钢结构工程施工 / 申成军主编.—2版.—北京：北京理工大学出版社，2020.7（2020.8重印）
ISBN 978-7-5682-8772-2

Ⅰ.①钢… Ⅱ.①申… Ⅲ.①钢结构－工程施工－高等学校－教材 Ⅳ.①TU758.11

中国版本图书馆CIP数据核字（2020）第132981号

出版发行 /	北京理工大学出版社有限责任公司
社　　址 /	北京市海淀区中关村南大街5号
邮　　编 /	100081
电　　话 /	（010）68914775（总编室）
	（010）82562903（教材售后服务热线）
	（010）68948351（其他图书服务热线）
网　　址 /	http://www.bitpress.com.cn
经　　销 /	全国各地新华书店
印　　刷 /	天津久佳雅创印刷有限公司
开　　本 /	787毫米×1092毫米　1/16
印　　张 /	20
字　　数 /	534千字
版　　次 /	2020年7月第2版　2020年8月第2次印刷
定　　价 /	49.80元

责任编辑 / 多海鹏
文案编辑 / 多海鹏
责任校对 / 周瑞红
责任印制 / 边心超

图书出现印装质量问题，请拨打售后服务热线，本社负责调换

第2版前言

鉴于本书引用的一些技术标准和规范的更新，特别是《钢结构设计标准》（GB 50017—2017）与《钢结构工程施工质量验收标准》（GB 50205—2020）的颁布实施，同时根据使用中遇到的问题和同行的建议，编者对本书相应章节进行了修订。

本书单元1~单元6由申成军修订，单元7~单元11由王士奇和王永新修订。全书由高福聚主审，由湖北江汉建筑工程机械有限公司文朝辉和山东电建一公司李鹏举参审，由申成军统筹定稿。

本书在编写修订过程中参阅了大量同行的书籍，并得到了李元美教授的大力支持，在此表示衷心的感谢。

由于编者水平有限，书中难免存在不足和错误之处，恳请读者批评指正。

编　者

第1版前言 FOREWORD

  为适应高等院校课程改革的需要，原有的教材体系需要加以改革，本书就是在这种背景下编写的。"基于工作过程"的教学方法是一种适合实践教学的方法，而土建类课程的特点又注定了这类课程的实训是困难的，甚至是不现实的，本书并没有刻意用实训的架构来包装理论知识，而是保持了本课程应有的完整性和系统性。

  本书前半部分讲解的钢结构基本构件和连接的计算方法，是这门课程的基础，后半部分识图及施工的内容则是这门课程的应用。全书共11个单元，参加本书编写的既有本科院校的教师，也有来自施工单位的工程师。其中单元1～单元6、单元10由高福聚教授编写，单元7由王士奇高工编写，单元8由文朝辉高工编写，单元9由王永新高工、李鹏举高工编写，单元11由申成军老师编写。全书由高福聚、申成军定稿，牟培超教授审核。

  本书编写过程中参阅了同行的大量书籍，得到了牟培超教授、苏强博士的大力支持，在此表示衷心的感谢。

  由于编者水平有限，书中不足之处在所难免，恳请读者批评指正。

  对于广大教师同行来说，教材不是课程，希望本书能对课程的教学带来帮助，能对知识的传播带来便利。

编　者

目录

单元1 钢结构初步认识 ··1
- 1.1 我国钢结构发展概况 ································1
- 1.2 钢结构的特点 ··2
  - 1.2.1 钢结构的优点 ···································2
  - 1.2.2 钢结构的缺点 ···································3
- 1.3 钢结构的应用 ··4
  - 1.3.1 大跨度结构 ·······································4
  - 1.3.2 工业厂房 ···4
  - 1.3.3 受动力荷载影响的结构 ···················5
  - 1.3.4 多层和高层建筑 ·······························5
  - 1.3.5 高耸结构 ···5
  - 1.3.6 可拆卸的结构 ···································5
  - 1.3.7 容器和其他构筑物 ···························5
  - 1.3.8 轻型钢结构 ·······································5
  - 1.3.9 钢和混凝土的组合结构 ···················5
  - 1.3.10 景观钢结构 ·····································6

单元2 钢结构材料及材料选用 ·····················7
- 2.1 钢材的力学性能 ··7
  - 2.1.1 钢材的单向拉伸试验 ·······················7
  - 2.1.2 钢材的力学性能 ·······························7
- 2.2 影响钢材性能的因素 ····································8
  - 2.2.1 化学成分的影响 ·······························8
  - 2.2.2 生产过程的影响 ·······························9
  - 2.2.3 影响钢材性能的其他因素 ·············10
- 2.3 钢结构对材料性能的要求 ··························11
  - 2.3.1 钢材的强度 ·····································11
  - 2.3.2 钢材的塑性 ·····································11
  - 2.3.3 钢材的韧性 ·····································12
  - 2.3.4 钢材的可焊性 ·································12
  - 2.3.5 钢材的冷弯性能 ·····························12
  - 2.3.6 钢材的耐久性 ·································13
  - 2.3.7 Z向伸缩率 ·······································13
  - 2.3.8 钢材的破坏形式 ·····························13
- 2.4 钢材的种类、选用及规格 ··························13
  - 2.4.1 钢材的种类 ·····································13
  - 2.4.2 钢材的选择 ·····································14
  - 2.4.3 钢材的规格 ·····································15

单元3 轴心受力构件计算 ·······························18
- 3.1 轴心受力构件概述 ······································18
- 3.2 轴心受力构件的强度及刚度 ······················19
  - 3.2.1 轴心受力构件的强度计算 ·············19
  - 3.2.2 轴心受力构件的刚度计算 ·············21
- 3.3 轴心受压实腹构件的整体稳定验算 ···23
  - 3.3.1 整体稳定的概念 ·····························23
  - 3.3.2 整体稳定计算 ·································24
- 3.4 轴心受压实腹构件的局部稳定验算 ··26
  - 3.4.1 翼缘的宽厚比 ·································26
  - 3.4.2 腹板的高厚比 ·································27

单元4 受弯构件计算 ···29
- 4.1 梁的类型和应用 ··29

CONTENTS

- 4.2 梁的强度和刚度 ·············· 30
  - 4.2.1 梁截面上的正应力 ·············· 30
  - 4.2.2 梁截面上的剪应力 ·············· 32
  - 4.2.3 腹板计算高度边缘的局部承压强度 ·············· 33
  - 4.2.4 折算应力 ·············· 33
  - 4.2.5 梁的刚度 ·············· 34
- 4.3 受弯构件的整体稳定性验算 ·············· 35
  - 4.3.1 梁的整体失稳现象 ·············· 35
  - 4.3.2 《钢结构设计标准》（GB 50017—2017）关于钢梁整体稳定性验算的规定 ·············· 36
- 4.4 受弯构件的局部稳定性 ·············· 38
  - 4.4.1 受弯构件的局部失稳 ·············· 38
  - 4.4.2 翼缘板的局部稳定 ·············· 39
  - 4.4.3 腹板的局部稳定 ·············· 39
- 4.5 型钢梁的截面设计 ·············· 43
- 4.6 焊接梁的截面设计 ·············· 43

单元5 拉弯和压弯构件计算 ·············· 46
- 5.1 抗弯和压弯构件概述 ·············· 46
- 5.2 拉弯、压弯构件的强度和刚度 ·············· 47
  - 5.2.1 拉弯、压弯构件的强度 ·············· 47
  - 5.2.2 拉弯、压弯构件的刚度 ·············· 49
- 5.3 实腹式压弯构件的整体稳定性 ·············· 50
  - 5.3.1 压弯构件在弯矩作用平面内的稳定性 ·············· 50
  - 5.3.2 单向压弯构件弯矩作用平面外的整体稳定性 ·············· 51
- 5.4 实腹式压弯构件的局部稳定性 ·············· 52
  - 5.4.1 实腹式压弯构件翼缘的宽厚比限值 ·············· 52
  - 5.4.2 实腹式压弯构件腹板的高厚比限值 ·············· 53
  - 5.4.3 实腹式压弯构件的构造要求 ·············· 53

单元6 钢结构连接计算 ·············· 56
- 6.1 钢结构的连接方法 ·············· 56
- 6.2 焊缝连接 ·············· 56
  - 6.2.1 常用焊接方法 ·············· 56
  - 6.2.2 焊缝连接的优缺点 ·············· 56
  - 6.2.3 焊缝连接形式 ·············· 57
  - 6.2.4 焊接残余应力和焊接残余变形 ·············· 58
- 6.3 对接焊缝的构造与计算 ·············· 59
  - 6.3.1 对接焊缝的构造 ·············· 59
  - 6.3.2 对接焊缝的计算 ·············· 60
- 6.4 角焊缝的构造与计算 ·············· 62
  - 6.4.1 角焊缝的形式和构造要求 ·············· 62
  - 6.4.2 角焊缝的计算 ·············· 63
- 6.5 普通螺栓的构造与计算 ·············· 69
  - 6.5.1 螺栓的排列和构造要求 ·············· 69
  - 6.5.2 普通螺栓的工作性能 ·············· 71
  - 6.5.3 普通螺栓群的工作性能及计算 ·············· 73
- 6.6 高强度螺栓的构造与计算 ·············· 78

CONTENTS

- 6.6.1 高强度螺栓连接的工作性能……78
- 6.6.2 高强度螺栓的承载力设计值……79
- 6.6.3 高强度螺栓群的抗剪计算……80
- 6.6.4 高强度螺栓抗拉连接计算……81
- 6.6.5 同时承受剪力和拉力的高强度螺栓连接计算……81

单元7 钢结构施工图识读……85
- 7.1 识图基本知识……85
  - 7.1.1 图线……85
  - 7.1.2 定位轴线……86
  - 7.1.3 比例……86
  - 7.1.4 符号……86
  - 7.1.5 尺寸标注……89
  - 7.1.6 常用型钢标注方法……90
  - 7.1.7 螺栓、孔、电焊铆钉的表示方法……92
  - 7.1.8 常用焊缝的表示方法……92
  - 7.1.9 构件名称代号……97
  - 7.1.10 钢结构施工图的表示方法……97
- 7.2 门式刚架构造及施工图识读……98
  - 7.2.1 门式刚架基本知识……98
  - 7.2.2 门式刚架识图……98
- 7.3 多层钢框架构造及施工图识读……108
  - 7.3.1 多层钢框架基本知识……108
  - 7.3.2 多层框架识图……108
- 7.4 平面网架构造及施工图识读……115
  - 7.4.1 平面网架基本知识……115
  - 7.4.2 平面网架……115

单元8 钢结构工厂制作……125
- 8.1 钢结构设计图与施工详图……125
  - 8.1.1 设计图与施工详图的区别……125
  - 8.1.2 施工详图的设计……125
- 8.2 钢结构制作前的准备工作……126
  - 8.2.1 设计图纸的审查……126
  - 8.2.2 材料的采购和代用……126
  - 8.2.3 材料复验及工艺试验……127
  - 8.2.4 其他工艺准备……129
  - 8.2.5 生产场地布置……130
- 8.3 钢结构零、部件的加工……130
  - 8.3.1 放样和号料……131
  - 8.3.2 下料切割……133
  - 8.3.3 矫正和成形……134
  - 8.3.4 材料边缘加工……136
  - 8.3.5 制孔……137
  - 8.3.6 组装……138
  - 8.3.7 焊接……138
  - 8.3.8 表面处理……138
  - 8.3.9 涂装……139
- 8.4 钢构件的组装及预拼装……139
  - 8.4.1 组装与预拼装的概念……139
  - 8.4.2 组装的一般规定……139
  - 8.4.3 组装条件……139

CONTENTS

  8.4.4 组装方法 …………………… 140
  8.4.5 组装实例 …………………… 142
  8.4.6 组装工程质量验收 ………… 145
  8.4.7 预拼装的方法 ……………… 147
  8.4.8 预拼装实例 ………………… 148
  8.4.9 钢构件预拼装的质量验收 … 149
 8.5 钢结构焊接 ……………………… 150
  8.5.1 焊接方法与设备 …………… 150
  8.5.2 焊接工艺分析与要求 ……… 160
 8.6 钢结构涂装 ……………………… 162
  8.6.1 防腐涂料 …………………… 163
  8.6.2 涂装前钢材表面处理 ……… 164
  8.6.3 涂装施工 …………………… 165
  8.6.4 涂料性能检验与施工检验 … 167
  8.6.5 防火涂装工程 ……………… 168
  8.6.6 防火涂料施工 ……………… 169
  8.6.7 钢结构涂装施工安全管理 … 170
 8.7 钢构件成品检验、管理和包装 … 172
  8.7.1 钢构件成品检验 …………… 172
  8.7.2 钢构件成品管理和包装 …… 175
  8.7.3 钢构件发运 ………………… 176
 8.8 钢结构制作方案实例 …………… 177
  8.8.1 梁柱构件的加工流程 ……… 177
  8.8.2 桁架构件的加工 …………… 179

单元9 钢结构安装施工 …………… 182
 9.1 起重设备和吊具 ………………… 182

  9.1.1 履带式起重机 ……………… 182
  9.1.2 汽车式起重机 ……………… 183
  9.1.3 塔式起重机 ………………… 183
  9.1.4 索具设备 …………………… 184
 9.2 钢结构安装准备 ………………… 186
  9.2.1 文件资料与技术准备 ……… 186
  9.2.2 作业条件准备 ……………… 187
 9.3 单层钢结构厂房安装 …………… 190
  9.3.1 单层钢结构厂房简介 ……… 190
  9.3.2 结构安装方案选择 ………… 191
  9.3.3 起重机的选择 ……………… 192
  9.3.4 钢柱安装 …………………… 194
  9.3.5 钢起重机梁的安装 ………… 198
  9.3.6 钢屋架安装 ………………… 202
  9.3.7 轻型门式刚架结构安装 …… 204
  9.3.8 轻型围护结构安装 ………… 205
 9.4 多高层钢结构工程安装 ………… 206
  9.4.1 多高层钢结构的结构类型 … 206
  9.4.2 安装阶段的测量放线 ……… 206
  9.4.3 流水段划分及作业流程 …… 208
  9.4.4 标准节框架安装方法 ……… 210
  9.4.5 常规构件安装方法 ………… 211
  9.4.6 多层高层钢结构安装要点 … 212
 9.5 钢结构连接施工 ………………… 213
  9.5.1 普通螺栓连接施工 ………… 213
  9.5.2 高强度螺栓连接施工 ……… 213
  9.5.3 钢结构现场焊接施工工艺 … 216

CONTENTS

9.6 钢结构安装质量控制及质量通病防治 ·············· 219
- 9.6.1 基础验收 ·············· 219
- 9.6.2 基础灌浆 ·············· 219
- 9.6.3 垫铁垫放 ·············· 220
- 9.6.4 钢柱标高 ·············· 221
- 9.6.5 地脚螺栓（锚栓）定位 ·············· 222
- 9.6.6 地脚螺栓（锚栓）纠偏 ·············· 222
- 9.6.7 螺栓孔制作与布置 ·············· 223
- 9.6.8 地脚螺栓埋设 ·············· 223
- 9.6.9 地脚螺栓螺纹保护与修补 ·············· 224
- 9.6.10 钢柱垂直度 ·············· 224
- 9.6.11 钢柱高度 ·············· 226
- 9.6.12 钢屋架拱度 ·············· 226
- 9.6.13 钢屋架跨度尺寸 ·············· 226
- 9.6.14 钢屋架垂直度 ·············· 227
- 9.6.15 起重机梁垂直度、水平度 ·············· 227
- 9.6.16 起重机轨道安装 ·············· 228
- 9.6.17 水平支撑安装 ·············· 229
- 9.6.18 梁-梁、柱-梁端部节点 ·············· 229
- 9.6.19 控制网 ·············· 230
- 9.6.20 楼层轴线 ·············· 230
- 9.6.21 柱-柱安装 ·············· 231
- 9.6.22 箱形、圆形柱-柱焊接 ·············· 231

9.7 钢结构安装工程安全技术 ·············· 232
- 9.7.1 一般规定 ·············· 232
- 9.7.2 防止高空坠落 ·············· 232
- 9.7.3 防物体落下伤人 ·············· 232
- 9.7.4 防止起重机倾翻 ·············· 233
- 9.7.5 防止安装结构失稳 ·············· 233
- 9.7.6 防止触电 ·············· 234

9.8 安装方案实例 ·············· 234
- 9.8.1 某门式刚架结构轻钢厂房安装 ·············· 234
- 9.8.2 某博览中心钢结构施工技术 ·············· 237

单元10 网架结构的制作与安装 ·············· 241

10.1 网架结构概述 ·············· 241
- 10.1.1 网架与网壳 ·············· 241
- 10.1.2 常见网架的网格形式 ·············· 241
- 10.1.3 常见网壳的网格形式 ·············· 242
- 10.1.4 杆件与节点 ·············· 244

10.2 网架结构的制作 ·············· 245
- 10.2.1 焊接钢板节点的制作 ·············· 245
- 10.2.2 焊接空心球节点的制作 ·············· 245
- 10.2.3 螺栓球节点的制作 ·············· 246
- 10.2.4 杆件的制作 ·············· 246

10.3 网架结构的拼装 ·············· 246
- 10.3.1 小拼 ·············· 246
- 10.3.2 总拼 ·············· 247

10.4 网架结构的安装 ·············· 248
- 10.4.1 高空散装法 ·············· 248
- 10.4.2 分条或分块安装法 ·············· 248
- 10.4.3 高空滑移法 ·············· 249
- 10.4.4 整体吊装法 ·············· 251

CONTENTS

  10.4.5 整体提升法 ·················252
  10.4.6 整体顶升法 ·················253
 10.5 空间网格结构安装实例 ·······255
  10.5.1 某干煤棚网壳结构安装 ·······255
  10.5.2 某市体育会展中心大跨度钢管桁架安装技术 ·······257

单元11 压型金属板工程 ·················261
 11.1 压型金属板的类型和组成材料 ······261
  11.1.1 压型金属板的类型 ·········261
  11.1.2 压型金属板的基本材料 ·······262
  11.1.3 夹芯板 ··················263
  11.1.4 保温隔热材料 ·············264
  11.1.5 采光材料 ················264
  11.1.6 连接件 ··················264
  11.1.7 密封材料 ················265
 11.2 压型金属板围护结构构造 ······265
  11.2.1 压型金属板围护结构分类 ·····265
  11.2.2 非保温围护结构细部构造 ·····266
  11.2.3 压型金属板围护结构檐口构造 ···268
  11.2.4 压型金属板围护结构屋脊构造 ···268
  11.2.5 山墙与屋面连接构造 ········270
  11.2.6 高低跨处的构造 ···········270
  11.2.7 外墙底部构造 ············271
  11.2.8 外墙转角构造 ············271
  11.2.9 外墙窗洞口构造 ···········271
 11.3 夹芯板保温围护结构构造 ······272
  11.3.1 连接构造做法 ············272
  11.3.2 夹芯板围护结构檐口构造 ·····273
  11.3.3 夹芯板围护结构屋脊构造 ·····274
  11.3.4 墙面夹芯板底部连接构造 ·····274
  11.3.5 夹芯板围护结构窗口构造 ·····275
  11.3.6 现场复合板保温围护结构构造 ···276
 11.4 压型金属板围护结构施工 ······276
  11.4.1 安装准备 ················276
  11.4.2 施工组织设计 ············277
  11.4.3 压型金属板安装 ···········279
  11.4.4 压型金属板工程验收 ········282
 11.5 组合楼板施工 ···············285
  11.5.1 组合楼板构造 ············285
  11.5.2 组合楼板施工 ············286
  11.5.3 压型钢板栓焊施工 ·········286

附录 ·················289
 附录1 《钢结构设计标准》（GB 50017—2017）有关表格摘录 ·······289
 附录2 型钢规格表 ·················297

参考文献 ·················310

单元 1　钢结构初步认识

> **知识点**
>
> 钢结构的特点，钢结构的应用范围。

1.1　我国钢结构发展概况

钢结构是由生铁结构逐步发展起来的，中国是较早发明炼铁技术的国家之一，也是最早用铁制造承重结构的国家。早在战国时期，我国的炼铁技术已经很盛行了。汉明帝永平八年（公元 65 年），我国已成功地以锻铁为环，相扣成链，建成了世界上最早的铁链悬桥——兰津桥。清康熙四十四年（1705 年）建成的四川泸定大渡河桥，桥宽为 2.8 m，跨长为 100 m，由 9 根桥面铁链和 4 根桥栏铁链构成，两端系于直径为 20 cm、长为 4 m 由生铁铸成的锚桩上。该桥的出现比美洲 1801 年建造的跨长为 23 m 的铁索桥早近百年，比号称世界最早的英格兰跨长 30 m 的铸铁拱桥也早 74 年。除铁链悬桥外，我国古代还建有许多铁建筑物，如宋仁宗嘉祐六年（1061 年）在湖北荆州玉泉寺建成的 13 层铁塔，目前依然存在。所有这些都表明，中华民族对铁结构的应用，曾经居于世界领先地位。

英国直到 1840 年以前还只是采用铸铁来建造拱桥。随着铆钉连接和锻铁技术的发展，铸铁结构逐渐被锻铁结构取代。1855 年英国人发明贝氏转炉炼钢法、1865 年法国人发明平炉炼钢法，以及 1870 年成功轧制出工字钢之后，欧美各国形成了工业化大批量生产钢材的能力，强度高且韧性好的钢材才开始在建筑领域逐渐取代锻铁材料，并于 1890 年以后成为金属结构的主要材料。20 世纪初焊接技术及 1934 年高强度螺栓连接方式的出现，极大地促进了钢结构的发展，使其逐渐发展成为全世界所接受的重要结构体系。

中国古代在金属结构方面虽有卓越的成就，但在近现代铁结构方面的技术优势早已丧失殆尽。1907 年我国才建成了汉阳钢铁厂，年产钢量只有 8 500 t。1943 年是我国历史上钢铁产量最高的一年，生产生铁 180 万 t、钢 90 万 t，但这些钢铁很少用于建设，大部分被日本用于侵华战争。即使这样，我国工程师和工人仍有不少优秀设计和创造，如 1927 年建成的沈阳皇姑屯机车厂钢结构厂房、1928—1931 年建成的广州中心纪念堂圆屋顶、1934—1937 年建成的杭州钱塘江大桥等。

中华人民共和国成立后，随着经济建设的发展，钢结构曾经起到过重要的作用，但由于受到钢产量的制约，在很长一段时期内，钢结构被限制使用，在其他结构不能代替的重大工程项目中，在一定程度上影响了钢结构的发展。

进入 20 世纪 50 年代，我国钢结构的设计、制造、安装水平均有了很大提高，建成了大量钢结构工程，有些在规模和技术上已达到世界先进水平。例如，采用大跨度网架结构的首都体育馆、上海体育馆、深圳体育馆，大跨度三角拱形式的西安秦始皇陵兵马俑陈列馆，悬索结构的北京工人体育馆、浙江体育馆，高耸结构中的 200 m 高的广州广播电视塔、210 m 高的上海广播电视塔、194 m 高的南京跨江线路塔、325 m 高的北京气象桅杆等，板壳结构中有效容积达 54 000 m³ 的湿式储气柜等。

我国的钢产量自 1996 年突破 1 亿 t 以来，逐步改变了钢材供不应求的局面，到 2019 年全国钢产量达 9.96 亿 t，钢结构产量约 8 000 万 t，产业规模名列世界第一位。预计到"十三五"期末，我国钢结构产量将达到 1 亿 t，整个产业前景乐观。多年来随着钢结构设计理论、制造、安装等方面技术的迅猛发展，各地建成了大量的轻钢结构、大跨度钢结构、高层钢结构、高耸结构、市政设施等。以国家体育场"鸟巢"(图 1-1)为代表的大、中城市体育项目；以国家大剧院为代表的文化设施；以北京首都机场 T3 航站楼为代表的航站楼工程；以上海金贸大厦、上海中心大厦(图 1-2)为代表的高层钢结构；以上海"东方明珠"电视塔、广州电视塔为代表的高耸钢结构等，展示了我国钢结构发展的水平。

图 1-1　国家体育场"鸟巢"

图 1-2　上海中心大厦

尽管我国钢结构发展迅猛，但主要集中于工业厂房、大跨度或超高层建筑中，钢结构建筑在全部建筑中的应用比例还很低，还不到 5%，与发达国家钢结构建筑面积比例占总建筑面积的 40% 相比仍有很大差距。我国建筑用钢在钢材产量中的比例也很低，为 20%～30%，低于发达国家的 45%～55%，而且我国绝大多数建筑用钢是用于钢筋混凝土结构中的钢筋，钢结构用钢还不到建筑用钢的 2%。因此，我国钢结构还是一个很年轻的行业，其总体水平与西方发达国家相比仍有较大的差距。这个差距是钢结构发展的潜力，也是钢结构发展的空间。

就建筑结构来讲，土木工程的结构类型从最初的砖石结构、木结构，发展到钢筋混凝土结构，再到钢结构，是科学技术发展的必然，也是土木工程本身的进步。在建筑结构领域，21 世纪将是钢结构的世纪。

1.2　钢结构的特点

1.2.1　钢结构的优点

钢结构主要是指由钢板、热轧型钢、薄壁型钢和钢管等构件组合而成的结构，其是土木工程的主要结构形式之一。目前，钢结构在房屋建筑、地下建筑、桥梁、塔桅和海洋平台中都得到了广泛采用。这是由于钢结构与其他材料的结构相比，具有以下优点：

(1) 建筑钢材强度高、塑性和韧性好。

1) 强度高是指钢材与混凝土、木材相比，虽然密度较大，但其强度较混凝土和木材要高得多，其密度与强度的比值一般比混凝土和木材小。因此在同样受力的情况下，钢结构与钢筋混凝土结构和木结构相比，构件较小、质量较轻，适用于建造跨度大、高度高和承载重的结构。

2) 塑性好是指钢结构在一般的条件下不会因超载而突然断裂，只会增大变形，故容易被发现。另外，还能将局部高峰应力重新分配，使应力变化趋于平缓。

3) 韧性好是指钢结构适宜在动力荷载下工作，因此在地震区采用钢结构较为有利。

(2) 钢结构的质量轻。钢材密度大，强度高，但做成的结构较轻。钢结构的轻质性可以用材料的密度 ρ 和强度 f 的比值 α 来衡量，α 值越小，结构相对越轻。建筑钢材的 α 值为 $(1.7\sim3.7)\times10^{-4}$/m，木材的 α 值为 5.4×10^{-4}/m，钢筋混凝土的 α 值约为 18×10^{-4}/m。因而，以同样的跨度承受同样的荷载，钢屋架的质量最多为钢筋混凝土屋架的 1/4～1/3。

(3) 材质均匀，与力学计算的假定比较符合。钢材内部组织比较均匀，接近各向同性，可视为理想的弹塑性体材料。因此，钢结构的实际受力情况和工程力学的计算结果比较符合，在计算中采用的经验公式不多，从而计算的不确定性较小，计算结果比较可靠。

(4) 工业化程度高，工期短。钢结构所用材料皆可由专业化的金属结构厂轧制成各种型材，加工制作简便，准确度和精密度都较高。制成的构件可运到现场拼装，采用焊接或螺栓连接。由于构件较轻，故安装方便，施工机械化程度高，工期短，为降低造价、发挥投资的经济效益创造了条件。

(5) 密封性好。钢结构采用焊接连接后可以做到安全密封，能够满足一些气密性和水密性好的高压容器、大型油库、气柜、油罐和管道等的要求。

(6) 抗震性能好。钢结构由于自重轻和结构体系较柔，所以受到的地震作用较小，钢材又具有较高的抗拉、抗压强度及较好的塑性和韧性，因此在国内外的历次地震中，钢结构是损坏最轻的结构，已公认为是抗震设防地区特别是强震区的最合适结构。

(7) 耐热性较好。当温度在 200 ℃ 以内时，钢材性质变化很小；当温度达到 300 ℃ 以上时，强度逐渐下降；当温度达到 600 ℃ 时，强度几乎为零。因此，钢结构可用于温度不高于 200 ℃ 的场合。在有特殊防火要求的建筑中，必须对钢结构采取保护措施。

1.2.2 钢结构的缺点

钢结构的下列缺点有时会影响钢结构的应用：

(1) 耐腐蚀性差。钢材在潮湿环境中，特别是在处于有腐蚀性介质的环境中容易锈蚀。因此，新建造的钢结构应定期刷涂料加以保护，其维护费用较高。目前，国内外正在发展各种高性能的涂料和不易锈蚀的耐候钢，钢结构耐锈蚀性差的问题有望得到解决。

(2) 耐火性差。钢结构耐火性差，在火灾中，未加防护的钢结构一般只能维持 20 min 左右。因此，在需要防火时，应采取防火措施，如在钢结构外面包混凝土或其他防火材料，或在构件表面喷涂防火涂料等。

(3) 钢结构在低温条件下可能发生脆性断裂。钢结构在低温和某些条件下可能发生脆性断裂，还有厚板的层状撕裂等，这些都应引起设计者的特别注意。

现在钢材已经被认为是可以持续发展的材料，因此从长远发展的观点看，钢结构将有很好的应用发展前景。

1.3 钢结构的应用

随着我国国民经济的不断发展和科学技术的进步,钢结构在我国的应用范围也在不断扩大。目前,钢结构的应用范围大致如下。

1.3.1 大跨度结构

结构跨度越大,质量在荷载中所占的比例就越大,减轻结构的质量会带来明显的经济效益。钢材强度高、结构质量轻的优势正好适用于大跨结构,因此,钢结构在大跨空间结构(图1-3)和大跨桥梁结构中得到了广泛的应用,所采用的结构形式有空间桁架、网架、网壳、悬索(包括斜拉体系)、张弦梁、实腹或格构式拱架和框架等。

图1-3 大跨度干煤棚

1.3.2 工业厂房

起重机起重量较大或者工作较繁重的车间的主要承重骨架多采用钢结构。另外,有强烈辐射热的车间也经常采用钢结构。其结构形式多为由钢屋架和阶形柱组成的门式刚架或排架,也有采用网架做屋盖的结构形式。近年来,随着压型钢板等轻型屋面材料的应用,轻钢结构工业厂房得到了迅速的发展,其结构形式主要为实腹式门式刚架,如图1-4所示。

图1-4 钢结构厂房

1.3.3 受动力荷载影响的结构

由于钢材具有良好的韧性,故设有较大锻锤或产生动力作用的其他设备的厂房,即使屋架跨度不大,也往往由钢制成。对于抗震能力要求高的结构,采用钢结构也是比较适宜的。

1.3.4 多层和高层建筑

由于钢结构的综合效益指标优良,故近年来在多层民用建筑和高层民用建筑中也得到了广泛的应用。其结构形式主要有多层框架、框架-支承结构、框筒、悬挂、巨型框架等。

1.3.5 高耸结构

高耸结构包括塔架结构和桅杆结构。如高压输电线路的塔架,广播、通信和电视发射用的塔架和桅杆,火箭(卫星)发射塔架等也常采用钢结构。

1.3.6 可拆卸的结构

钢结构不仅质量轻,还可以用螺栓或其他便于拆装的手段来连接,因此非常适用于需要搬迁的结构,如建筑工地、油田和需野外作业的生产和生活用房的骨架等。钢筋混凝土结构施工用的模板和支架,以及建筑施工用的脚手架等也大量采用钢材制作。

1.3.7 容器和其他构筑物

冶金、石油、化工企业中大量采用钢板做成的容器结构包括油罐、煤气罐、高炉、热风炉等。另外,经常使用的还有皮带通廊栈桥、管道支架、锅炉支架等其他钢构筑物,海上采油平台也大多采用钢结构。

1.3.8 轻型钢结构

钢结构质量轻不仅对大跨结构有利,对屋面或荷载特别轻的小跨结构也有优越性。冷弯薄壁型钢屋架在一定条件下的用钢量可比钢筋混凝土屋架的用钢量还少。轻钢结构的结构形式有实腹变截面门式刚架、冷弯薄壁型钢结构(包括金属拱形波纹屋盖)及钢管结构等。

1.3.9 钢和混凝土的组合结构

钢构件和板件受压时必须满足稳定性要求,往往不能充分发挥其强度高的优势,而混凝土则最适用于受压,不适用于受拉。因而,将钢材和混凝土并用,使两种材料都充分发挥它的长处,一种很合理的结构。近年来,这种结构在我国获得了长足的发展,广泛应用于高层建筑(如深圳的赛格广场)、大跨桥梁、工业厂房和地铁站台柱等。其主要构件形式有钢与混凝土组合梁及钢管混凝土柱等。

1.3.10 景观钢结构

在建筑思想观念开放、市场经济十分发达、人民生活越来越好的今天，景观钢结构建筑越来越多地出现在人们身边，如景观塔、景观桥、城市标志性钢结构雕塑、住宅小区大门、大楼入口钢雨篷、大楼顶飘架飘板等。

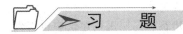

一、单选题
(1) 世界上最早的铁链桥为(　　)。
A. 泸定大渡河桥　　　B. 兰津桥　　　C. 赵州桥　　　D. 苏州桥
(2) 钢材的温度达到(　　)℃时，强度几乎为零。
A. 100　　　B. 200　　　C. 300　　　D. 600
(3) 钢结构需要防火时，不可以采用的防火措施是(　　)。
A. 外刷防火涂料　　　B. 外包混凝土　　　C. 外刷油漆　　　D. 外包石膏板

二、问答题
(1) 钢结构有哪些特点？
(2) 钢结构的应用范围有哪些？

三、实践题
调查若干钢结构工程，了解工程的结构组成。

单元 2　钢结构材料及材料选用

> **知识点**
>
> 钢材的力学性能，影响钢材性能的因素，钢材的选用。

2.1　钢材的力学性能

2.1.1　钢材的单向拉伸试验

低碳钢在常温、静载条件下的单向拉伸应力-应变曲线如图 2-1 所示，共分为四个阶段，即弹性阶段（OA）、弹塑性阶段（AB）、屈服阶段（BC）和应变硬化阶段（CD）。在 A 点以前，钢材处于弹性阶段，卸载后变形完全恢复；到达 A 点后，钢材进入弹塑性阶段，变形包含弹性变形和塑性变形两个部分，卸载后塑性变形不再恢复，称为残余变形或永久变形；到达 B 点后，钢材全部屈服，荷载不再增加，但变形持续增大，形成水平线段即屈服平台，由于 A 点与 B 点比较接近，为

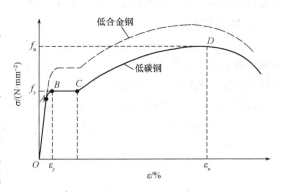

图 2-1　钢材的单向拉伸应力-应变曲线

简化计算模型，假设在 B 点以前钢材处于弹性状态；经历屈服阶段后，由于钢材内部晶粒重新排列，强度有所提高，进入硬化阶段，但变形增加非常快；到达 D 点时，钢材达到强度极限值，之后截面快速收缩，强度迅速降低，直至断裂。低合金钢的单向拉伸应力-应变曲线与低碳钢类似，只是强度提高了。

2.1.2　钢材的力学性能

钢材的力学性能是指标准条件下钢材的屈服强度、抗拉强度、伸长率、冷弯性能和冲击韧性，以及厚钢板的 Z 向（厚度方向）性能等，也称为机械性能。

1. 屈服强度

图 2-1 中与屈服平台 BC 段所对应的强度称为屈服强度，用符号 f_y 表示，也称为屈服点，它是建筑钢材的一个重要力学特征。屈服点是弹性变形的终点，而且在较大变形范围内应力不

会增加,形成理想的弹塑性模型,因此,将其作为弹性计算时强度的标准值。低碳钢和低合金钢都具有明显的屈服平台,而热处理钢材和高碳钢则没有。

2. 抗拉强度

单向拉伸应力-应变曲线中最高点,如图 2-1 所示与 D 点所对应的强度,称为抗拉强度,用符号 f_u 表示,其是钢材所能承受的最大应力值。由于钢材屈服后具有较大的残余变形,已超出结构正常使用范畴,因此,抗拉强度只能作为结构的安全储备。

3. 伸长率

伸长率是试件断裂时的永久变形与原标定长度的百分比。取圆形试件直径的 5 倍或 10 倍为标定长度,对应的伸长率分别记作 δ_5、δ_{10}。伸长率代表钢材断裂前具有的塑性变形能力,这种能力使得结构制造时,钢材即使经受剪切、冲压、弯曲及锤击作用产生局部屈服也无明显破坏。伸长率越大,钢材的塑性和延性越好。

屈服强度、抗拉强度、伸长率是钢材的三个重要力学性能指标,钢结构中所有钢材都应满足规范对这三个指标的规定。

4. 冷弯性能

根据试样厚度,在常温条件下按照规定的弯心直径将试样弯曲 $180°$,如图 2-2 所示。其表面无裂纹和分层即冷弯合格。冷弯性能是一项综合指标。冷弯合格一方面表示钢材的塑性变形能力符合要求,另一方面表示钢材的冶金质量(颗粒结晶及非金属夹杂等)符合要求。重要结构中需要钢材具有良好的冷加工、热加工工艺性能时,应有冷弯试验合格保证。

5. 冲击韧性

冲击韧性是钢材抵抗冲击荷载的能力,用钢材断裂时所吸收的总能量来衡量。单向拉伸试验所表现的钢材性能都是静力性能,韧性则是动力性能。韧性是钢材强度、塑性的综合指标,韧性低则发生脆性破坏的可能性大。冲击韧性通过带有夏比缺口的夏比试验法测量,如图 2-3 所示,用 A_{KV} 表示,其值为试件折断时所需要的功,单位为 J。缺口韧性值受温度影响很大,当温度低于某一值时将急剧下降,因此,应根据相应温度提出要求。

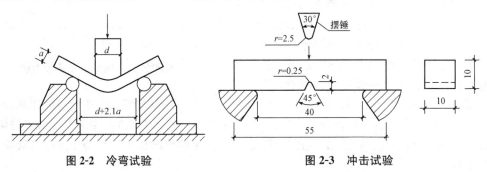

图 2-2 冷弯试验   图 2-3 冲击试验

2.2 影响钢材性能的因素

2.2.1 化学成分的影响

碳素结构钢由纯铁、碳及多种杂质元素组成。其中,纯铁约占 99%。在低合金结构钢中,还可加入合金元素,但总量通常不得超过5%。钢材的化学成分对其性能有着重要的影响。

(1)碳(C)是形成钢材强度的主要成分。纯铁较软,而化合物渗碳体(Fe_3C)及渗碳体与纯铁的混合物珠光体则十分坚硬,钢的强度来自渗碳体和珠光体。碳含量提高,钢材强度就会提高,但塑性、韧性、冷弯性能、可焊性及抗锈蚀性能下降,因此不能采用碳含量过高的钢材。含碳量低于0.25%时为低碳钢、0.25%~0.6%时为中碳钢、高于0.6%时为高碳钢,结构用钢材的含碳量一般不高于0.22%,对于焊接结构,以不大于0.2%为宜。

(2)锰(Mn)是有益元素,能显著提高钢材强度但又不会过多降低塑性和韧性。锰是弱脱氧剂,且能消除硫对钢的热脆影响。在低合金钢中,锰是合金元素,含量为1.0%~1.7%,因锰过多时会降低可焊性,故对其含量有所限制。

(3)硅(Si)是有益元素,有较强的脱氧作用,同时可使钢材颗粒变细,控制适量时可以提高强度而不显著影响塑性、韧性、冷弯性能及可焊性,过量则会恶化可焊性和抗锈蚀性能,碳素镇静钢中一般为0.12%~0.3%,低合金钢中一般为0.2%~0.55%。

(4)钒(V)、铌(Nb)、钛(Ti)的作用都是使钢材晶粒细化。我国的低合金钢都含有这三种元素,它们作为锰以外的合金元素,既可以提高钢材的强度,又可以保持良好的塑性、韧性。

(5)铝(Al)、铬(Cr)、镍(Ni)。铝不但是强脱氧剂,而且能细化晶粒,低合金钢的C级、D级、E级都规定铝含量不得低于0.015%,以保证必要的低温韧性。铬和镍是提高钢材强度的合金元素,用于Q390钢和Q420钢。

(6)硫(S)、磷(P)、氧(O)、氮(N)都是有害元素。硫容易使钢材在高温时出现裂纹(称为热脆),还会降低钢材的韧性、抗疲劳性能和抗腐蚀性能,必须严格控制含量。磷在低温下会使钢材变脆(称为冷脆),但也有有益的一面,其可以提高钢的强度和抗锈蚀能力,有时也可以作为合金元素。氧能使钢材热脆,其作用比硫剧烈。氮能使钢材冷脆,也必须严格控制。

2.2.2 生产过程的影响

钢生产过程的影响包括冶炼时的炉种、浇铸前的脱氧和热轧等的影响。

(1)钢的炉种。炼钢主要是将生铁或铁水中的碳和其他杂质如锰、硅、硫、磷等元素氧化成炉气和炉渣后而得到符合要求的钢液的过程。炼钢时采用的炉种有电炉、平炉和转炉等。电炉钢质量最佳,但耗电量很大,费用较贵,建筑用钢材不大采用电炉钢。平炉钢是利用平炉拱形炉顶的反射原理由燃烧煤气供给热能,使炉中含碳量少的废钢和含碳量高的生铁(或铁水)炼成含碳量适中的钢液,其在氧化过程中还可以将杂质除去。平炉钢的冶炼工艺容易控制,钢产量高,质量均匀,过去都认为其是建筑结构用钢中质量最好的钢,多用于各种重要的结构。转炉钢的钢液含杂质较多,质量较差,因而,在过去也只能用于次要构件中。氧气转炉钢所含有害元素及夹杂物少,钢材的质量和加工性能都不低于平炉钢,某些性能如含氮量低和冲击韧性较高等还优于平炉钢,且生产效率高、成本低,可用于制造各种结构。氧气转炉可用于生产低碳钢,也可用于生产普通低合金钢。

(2)钢的脱氧。钢液中残留氧,将使钢材晶粒粗细不均并发生热脆。因此,浇铸钢锭时在炉中或盛钢桶中加入脱氧剂以消除氧,可以大大改善钢材的质量。因脱氧程度不同,钢可分为沸腾钢、镇静钢和特殊镇静钢三类。

沸腾钢生产周期短,消耗脱氧剂少,冷却凝固后钢锭顶面无缩孔,轧制钢材时钢锭的切头率小,成本较低,但钢内形成许多小气泡,组织不够致密,有较多的氧化铁夹杂,化学成分不够均匀(称为偏析)。通过辊轧,沸腾钢的强度和塑性并不比镇静钢低多少,但其冲击韧性较低,脆性转变温度较高,抵抗冷脆性能差,抗疲劳性能也较镇静钢差。

镇静钢的化学成分较均匀，晶粒细而均匀，组织密实，含气泡和有害氧化物等夹杂少，冲击韧性较高，特别是其在低温时的韧性大大高于沸腾钢。镇静钢的抗低温冷脆能力和抗疲劳性能都较强，是质量较好的钢材。普通低合金钢则大多为镇静钢。

如用硅脱氧后再用更强的脱氧剂铝补充脱氧，则可得特殊镇静钢，其冲击韧性特别是低温冲击韧性都较高。

(3) 钢的轧制。我国的钢材大多是热轧型钢和热轧钢板。将钢锭加热至塑性状态通过轧钢机将其轧成钢坯，然后再令其通过一系列不同形状和孔径的轧机，最后轧成所需形状和尺寸的钢材，称为热轧。钢材在热轧成型的同时，也可细化钢的晶粒使其组织紧密，使原存在于钢锭内的一些微观缺陷如小气泡和裂纹等经过多次辊轧而弥合，改进了钢的质量。辊轧次数较多的薄型材和薄钢板，轧制后的压缩比大于辊轧次数较小的厚材。因而，薄型材和薄钢板的屈服点和伸长率等就大于厚材。

(4) 热处理。一般钢材以热轧状态交货，某些高强度钢材则在轧制后经热处理才可以出厂。热处理的目的是在取得高强度的同时能够保持良好的塑性和韧性。轧制后的钢材若再经过热处理可得到调质钢。热处理常采用下列方式：

1) 淬火：将钢材加热到 900 ℃ 以上，放入水或油中快速冷却，硬度和强度提高，但塑性和韧性降低。

2) 正火：将钢材加热至 850 ℃～900 ℃，并保持一段时间，在空气中缓慢冷却。可改善组织，细化晶粒，相当于热轧状态。

3) 回火：将淬火后的钢材加热至 500 ℃～600 ℃，在空气中缓慢冷却，可降低脆性，提高综合性能。我国结构用钢按照热轧状态交付使用，高强度螺栓和轨道表面要进行热处理。

2.2.3 影响钢材性能的其他因素

1. 冷加工硬化

钢结构在弹性阶段卸载后，不产生残余变形，也不影响工作性能，但是在弹塑性阶段或塑性阶段卸载再重复加载时，其屈服点将提高，而塑性和韧性降低，这种现象称为冷加工硬化。

钢结构在加工过程中一般要经过辊压、冲孔、剪切、冷弯等工序，这些工序通常会使钢材产生很大的塑性变形。就强度而言，提高了钢材的屈服点，甚至抗拉强度，但是降低了塑性和韧性，增加了脆性破坏的危险，对直接承受动力荷载的构件尤其不利。

2. 时效硬化

冶炼时留在纯铁体中少量的氮和碳的固熔体，随着时间的增长将逐渐析出，并形成自由的氮化物或碳化物微粒，约束纯铁体的塑性变形，从而使钢材的强度提高，塑性和韧性下降，这种现象称为时效硬化。

时效硬化的时间有长有短，可以从几天到几十年，但在材料经过塑性变形（约 10%）后加热到 250 ℃，可以使时效硬化加速发展，只需几个小时即可以完成，称为人工时效。对特别重要的结构，为了评定时效对钢材性能的影响，可经人工时效后测定其冲击韧性。

3. 温度的影响

钢材在常温下工作性能变化不大，当温度升高至约 100 ℃ 时，钢材的强度降低，塑性增大，但数值不大。当温度达到 250 ℃ 附近时，钢材的抗拉强度略有提高，而塑性和韧性均下降，此时加工有可能产生裂缝，因钢材表面氧化膜呈蓝色，故称为蓝脆现象。当温度超过 300 ℃ 以后，屈服点和极限强度明显下降，达到 600 ℃ 时强度几乎为零。

当钢材温度从常温下降到一定值时，钢材的冲击韧性急剧降低，试件断口属脆性破坏，这种现象称为"冷脆现象"。

4. 应力集中

钢结构中的构件，常因为构造而产生的空洞、槽口、凹角、裂缝、厚度变化、形状变化、内部缺陷等使一些区域产生局部高峰应力，称为应力集中现象。应力集中越严重，钢材塑性越差。

冲击韧性试验试件带有V形缺口，就是为了使构件受荷时产生应力集中，由此测得的冲击韧性值就能反映材料对应力集中的敏感性，从而能够全面反映材料的综合品质。

5. 残余应力

型钢和钢板热轧成材后，一般放置堆场自然冷却。在冷却过程中，其截面各部分散热速度不同可导致冷却不均匀。残余应力是钢材在冶炼、轧制、焊接、冷加工等过程中，由于不均匀的冷却、组织构造的变化而在钢材内部产生的不均匀应力。

钢材中残余应力的特点是应力在构件内部自相平衡，而与外力无关。残余应力的存在易使钢材发生脆性破坏。对钢材进行"退火"热处理，在一定程度上可以消除一些残余应力。

2.3 钢结构对材料性能的要求

钢结构对材料性能的要求是多方面的，使用时必须全面衡量，慎重地选择合适的材料。在工程使用中，对钢材材料性能的要求主要有强度、塑性、韧性、可焊性、冷弯性能、耐久性和Z向伸缩率等。

2.3.1 钢材的强度

钢材的强度体现了材料的承载能力，主要指标有屈服点f_y、抗拉强度f_u和伸长率δ，通过静力拉伸试验得到。它们是钢结构设计中对钢材力学性能要求的三项重要指标。

钢结构设计中常将屈服点f_y定为构件应力的限值，这是因为当$\sigma \geqslant f_y$时，钢材暂时失去了继续承载的能力并伴随产生很大的不适宜继续受力或使用的变形。

钢材的抗拉强度f_u是钢材塑性变形很大且即将破坏时的强度，它是钢材抗破坏能力的极限。此时已无安全储备，其只能作为衡量钢材强度的一个指标。

钢材的屈服点与抗拉强度之比(f_y/f_u)称为屈强比，它是表明设计强度储备的一项重要指标，f_y/f_u越大，强度储备越小，结构越不安全，因此在设计中要选用合适的屈强比。

2.3.2 钢材的塑性

钢材的塑性是指钢材应力超过屈服点后，能产生显著的残余变形（塑性变形）而不立即断裂的性质。塑性好坏可以用伸长率δ和断面收缩率φ表示，通过静力拉伸试验得到。

伸长率δ或断面收缩率φ越大，则塑性越好。结构或构件在受力时（尤其是承受动力荷载时）材料塑性好坏往往决定了结构是否安全可靠，因此，钢材塑性指标比强度指标更为重要。

2.3.3 钢材的韧性

钢材的韧性是钢材在塑性变形和断裂的过程中吸收能量的能力,也是表示钢材抵抗冲击荷载的能力,它是强度与塑性的综合表现。钢材韧性通过冲击试验测定冲击功来表示。

钢材的冲击韧性与钢材的质量、缺口形状、加载速度、时间厚度和温度有关。其中,温度的影响最大。试验表明,钢材的冲击韧性值随温度的降低而降低,但不同牌号和质量等级的钢材其降低规律又有很大的不同。因此,在寒冷地区承受动力荷载作用的重要承重结构,应根据工作温度和所用的钢材牌号,对钢材提出相当温度下的冲击韧性指标要求,以防止脆性破坏的发生。

《钢结构设计标准》(GB 50017—2017)对钢材的冲击韧性有常温和负温要求的规定,选用钢材时应根据结构的使用情况和要求提出相应温度的冲击韧性指标要求。

在负温范围内 f_y 与 f_u 都增高,但塑性变形能力减小,因而材料转脆,对冲击韧性的影响十分突出。材料由韧性破坏转到脆性破坏叫作该种钢材的转变温度,在结构设计中要求避免完全脆性破坏,所以,结构所处温度应大于脆性转变温度。

2.3.4 钢材的可焊性

钢材的可焊性是指在一定工艺和结构条件下,钢材经过焊接能够获得良好的焊接接头的性能。可焊性可分为施工上的可焊性和使用性能上的可焊性。施工上的可焊性是指焊缝金属产生裂纹的敏感性,使用性能上的可焊性是指焊接接头与焊缝的缺口韧性(冲击韧性)和热影响区的延伸性(塑性)。在焊接过程中要求焊缝及焊缝附近金属不产生热裂纹或冷却收缩裂纹,在使用过程中焊缝处的冲击韧性和热影响区内塑性良好。除 Q235A 不能保证作为焊接构件外,其他牌号钢材均具有良好的焊接性能。在高强度低合金钢中低合金元素大多对可焊性有不利影响,《钢结构焊接规范》(GB 50661—2011)推荐使用碳当量来衡量低合金钢的可焊性。其计算公式为

$$CEV = C + \frac{Mn}{6} + \frac{Cr + Mo + V}{5} + \frac{Cu + Ni}{15}$$

式中 C、Mn、Cr、Mo、V、Ni、Cu——碳、锰、铬、钼、钒、镍和铜的百分含量。

当 CEV≤0.38% 时,钢材的可焊性很好,可以不采取措施直接施焊;当 CEV=0.38%~0.45% 时,钢材呈现淬硬倾向,施焊时要控制焊接工艺、采用预热措施并使热影响区缓慢冷却,以免发生淬硬开裂;当 CEV>0.45% 时,钢材的淬硬倾向更加明显,需要严格控制焊接工艺和预热温度才能获得合格的焊缝。

钢材焊接性能的优劣除与钢材的碳当量有直接关系外,还与母材的厚度、焊接的方法、焊接工艺参数及结构形式等条件有关。

2.3.5 钢材的冷弯性能

冷弯性能是指钢材在冷加工(常温下加工)产生塑性变形时,对产生裂缝的抵抗能力。钢材的冷弯性能是衡量钢材在常温下弯曲加工产生塑性变形时,产生裂缝抵抗能力的一项指标。钢材的冷弯性能由冷弯试验确定。试验时根据钢材牌号和板厚,按国家相关标准规定弯心直径,在试验机上将试件弯曲180°,以试件内、外表面与侧面不出现裂缝和分层为合格,冷弯试验不仅能检验材料承受规定的弯曲变形能力的大小,还能显示其内部的冶金缺陷,因此,它是判断

钢材塑性变形能力和冶金质量的综合指标。焊接承重结构及重要的非焊接承重结构采用的钢材还应具有冷弯试验的合格保证。

2.3.6 钢材的耐久性

钢材的耐久性需要考虑耐腐蚀性、时效现象、疲劳现象等。时效：随着时间的增长，钢材的力学性能有所改变。疲劳：多次反复荷载作用下，钢材强度低于屈服点 f_y 发生的破坏。

2.3.7 Z 向伸缩率

当钢材较厚或承受沿厚度方向的拉力时，要求钢材具有板厚方向的收缩率要求，以防止厚度方向的分层、撕裂。

2.3.8 钢材的破坏形式

钢材具有两种性质完全不同的破坏形式，即塑性破坏和脆性破坏。钢结构所用钢材在正常使用的条件下，虽然有较高的塑性和韧性，但在某些条件下仍然存在发生脆性破坏的可能性。

(1) 塑性破坏也称延性破坏，在构件应力达到抗拉极限强度后，构件会产生明显的变形并断裂。破坏后的断口呈纤维状，色泽发暗。由于塑性破坏前总有较大的塑性变形发生，且变形持续时间较长，故容易被发现和抢修加固，不至于发生严重后果。

(2) 脆性破坏在破坏前无明显塑性变形，或根本就没有塑性变形，而突然发生断裂。破坏后的断口平直，呈有光泽的晶粒状。由于破坏前没有任何预兆，破坏速度又极快，无法及时察觉和采取补救措施，具有较大的危险性，因此在钢结构的设计、施工和使用过程中，需要特别注意这种破坏的发生。

2.4 钢材的种类、选用及规格

2.4.1 钢材的种类

钢结构用的钢材主要有碳素结构钢和低合金高强度结构钢两种。后者因含有锰、钒等合金元素而具有较高的强度。另外，处在腐蚀介质中的结构，则采用高耐候性结构钢，这种钢因含有铜、磷、铬、镍等合金元素而具有较高的抗锈能力。

1. 碳素结构钢

根据国家标准《碳素结构钢》（GB/T 700—2006），碳素结构钢的牌号（简称钢号）有 Q195，Q215A 及 B，Q235A、B、C 及 D，Q275A、B、C 及 D。其中，Q 是屈服强度中屈字汉语拼音的字首，后面的数字表示以"N/mm²"为单位的屈服强度的大小，A、B、C 及 D 等表示以质量划分的等级。

碳素结构钢的钢号由代表屈服强度的字母 Q、屈服点数值（单位为 N/mm²）、质量等级符号（如 A、B、C、D）、脱氧方法符号（如 F、Z、TZ）四个部分组成。前面已经提及，在浇铸过程中由于脱氧程度的不同，钢材有沸腾钢与镇静钢之分，以符号 F、Z 来表示。另外，还有用铝补充脱氧的特殊镇静钢，用 TZ 表示。按国家标准规定，符号 Z、TZ 在表示牌号时予以省略。以 Q235 钢来说，A、B 两级钢的脱氧方法可以是 F、Z；C 级钢的只能为 Z；D 级钢的只能为 TZ。其钢号的表示法和代表的意义举例如下：

(1) Q235A——屈服强度为 235 N/mm^2，A 级，镇静钢。

(2) Q235AF——屈服强度为 235 N/mm^2，A 级，沸腾钢。

(3) Q235B——屈服强度为 235 N/mm^2，B 级，镇静钢。

(4) Q235C——屈服强度为 235 N/mm^2，C 级，镇静钢。

(5) Q235D——屈服强度为 235 N/mm^2，D 级，特殊镇静钢。

从 Q195 到 Q275，是按强度由低到高排列的。Q195、Q215 的强度比较低，而 Q275 的含碳量超出了低碳钢的范围，所以，建筑结构在碳素结构钢中主要应用 Q235。

2. 低合金高强度结构钢

低合金高强度结构钢是在钢的冶炼过程中添加少量的几种合金元素（含碳量均不大于 0.02%，合金元素总量不大于 0.05%），使钢的强度明显提高，故称为低合金高强度结构钢。

根据国家标准《低合金高强度结构钢》（GB/T 1591—2018），低合金高强度结构钢的牌号由代表屈服强度的"屈"字的汉语拼音首字母 Q、规定的最小上屈服强度数值、交货状态代号、质量等级符号四个部分组成。其中，钢的强度等级可分为 Q355、Q390、Q420、Q460 四种；交货状态有热轧（AR 或 WAR）、正火（N）、正火轧制（+N）、热机械轧制（M）三种，括号内为表示符号，交货状态为热轧时，交货状态代号 AR 或 WAR 可省略，交货状态为正火或者正火轧制时，交货状态代号均用 N 表示；质量等级分为 B、C、D、E、F 五个质量等级。其钢号的表示法和代表的意义举例如下：

(1) Q355B——屈服强度为 355 N/mm^2，交货状态为热轧，质量等级为 B 级的低合金钢。

(2) Q355ND——屈服强度为 355 N/mm^2，交货状态为正火或者正火轧制，质量等级为 D 级的低合金钢。

(3) Q420ME——屈服强度为 420 N/mm^2，交货状态为热机械轧制，质量等级为 E 级的低合金钢。

在新的标准中，Q355 号钢替代了原来的 Q345 号钢。

另外，当钢板需要有厚度方向性能时，则在上述规定的牌号后加上代表厚度方向（Z 向）性能级别的符号，如 Q355NDZ25。

根据《钢结构设计标准》（GB 50017—2017），在低合金钢中所有的钢号都可以选用。

3. 建筑结构用钢板

根据国家标准《建筑结构用钢板》（GB/T 19879—2015）的规定，采用该标准生产的钢的牌号由代表屈服强度的汉语拼音（Q）、规定的最小屈服强度数值、代表高性能建筑结构用钢的拼音字母（GJ）、质量等级符号（B、C、D、E）组成。如 Q345GJC；对于厚度方向性能钢板，在质量等级后加上厚度方向性能级别（Z15、Z25 或 Z35），如 Q345GJCZ15。

在高层钢结构、大跨度钢结构或者重要的钢结构工程中，可以选用性能较高、符合《建筑结构用钢板》（GB/T 19879—2015）要求的钢板，这类钢板俗称"高建钢"。

2.4.2 钢材的选择

正确合理地选用钢材，是保证结构安全可靠和用材经济合理所必需的。钢材质量等级越高，钢材的价格也越高，因此，应根据实际需要来选用合适的钢材质量等级。一般情况下，选用钢材时应考虑以下五个因素：

(1)结构的重要性。重要性是因结构损坏带来的后果的严重性(如危及人的生命、造成经济损失及产生的社会影响等)而定的。重要的结构应采用质量较高的钢材。

(2)结构所受的荷载特征。一般情况下，经常承受动力荷载的结构要求钢材具有较高的质量等级；承受静力荷载的结构可以采用一般质量等级的钢材。

(3)结构的连接方法。当结构采用焊缝连接时，为了保证连接质量，应采用质量等级较高的钢材；采用螺栓连接时，可以采用一般要求的钢材。

(4)结构所处工作环境的温度情况。低温地区易产生钢材的冷脆。有腐蚀介质的环境，要求钢材质量较高。

(5)钢材的供货价格。供货价格影响着工程造价，也是要考虑的因素。

确定钢材强度的主要因素是结构构件的布置情况和荷载的大小。若构件设计是由强度控制时，提高钢材的牌号可以获得较高的性价比；若构件设计是由稳定或者刚度条件控制时，提高钢材牌号的意义不大。

确定钢材的质量等级时需要考虑前面提到的钢材选择时所要考虑的五个因素。《钢结构设计标准》(GB 50017—2017)有如下要求：

(1)A级钢仅可用于结构工作温度高于0 ℃的不需要验算疲劳强度的结构，且Q235A钢不宜用于焊接结构。

(2)需验算疲劳的焊接结构用钢材应符合下列规定：

1)当工作温度高于0 ℃时，其质量等级不应低于B级；

2)当工作温度不高于0 ℃但高于−20 ℃时，Q235、Q345钢不应低于C级，Q390、Q420及Q460钢不应低于D级；

3)当工作温度不高于−20 ℃时，Q235钢和Q345钢不应低于D级，Q390钢、Q420钢、Q460钢应选用E级。

(3)需验算疲劳的非焊接结构，其钢材质量等级要求可较上述焊接结构降低一级但不应低于B级。起重机起重量不小于50 t的中级工作制起重机梁，其质量等级要求应与需要验算疲劳强度的构件相同。

2.4.3 钢材的规格

钢结构构件一般宜直接选用型钢，这样可以减少制造工作量，降低造价。型钢尺寸合适或构件很大时则用钢板制作。构件之间或直接连接或附以连接钢板进行连接，所以钢结构中的元件是型钢及钢板。型钢有热轧(图2-4)及冷成型两种(图2-5)。现对它们分别进行介绍。

1. 热轧钢板

热轧钢板可分为厚板及薄板两种，厚板的厚度为4.5~60 mm，薄板的厚度为0.35~4 mm。前者广泛用来组成焊接构件和连接钢板；后者是冷弯薄壁型钢的原料。在图样中钢板用"厚×宽×长"(单位为mm)并在前面附加钢板横断面的方法表示，如−12×800×2 100等。

2. 热轧型钢

(1)角钢：有等边和不等边两种。等边角钢(也称等肢角钢)以边宽和厚度表示，如∟100×10为肢宽100 mm、厚10 mm的等边角钢。不等边角钢(也称不等肢角钢)则以两边宽度和厚度表示，如∟100×80×8等。我国目前生产的等边角钢，其肢宽为20~200 mm，不等边角钢的肢宽为25 mm×16 mm~200 mm×125 mm。

(2)槽钢：我国槽钢有两种尺寸系列，即热轧普通槽钢与热轧轻型槽钢。前者的表示法如

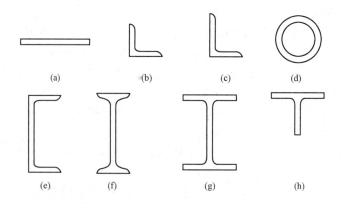

图 2-4 常用热轧型钢
(a)钢板；(b)等边角钢；(c)不等边角钢；(d)钢管；
(e)槽钢；(f)工字钢；(g)宽翼缘工字钢；(h)T字钢

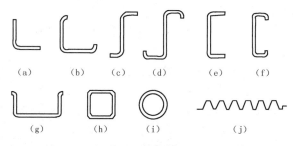

图 2-5 冷弯薄壁型钢
(a)等边角钢；(b)卷边等边角钢；(c)Z型钢；(d)卷边Z型钢；(e)槽钢；
(f)卷边槽钢；(g)向外卷边槽钢(帽型钢)；(h)方管；(i)圆管；(j)压型板

[30a，是指槽钢外廓高度为 30 cm 且腹板厚度为最薄的一种；后者的表示方法如[25Q，表示外廓高度为 25 cm，Q 是汉语拼音"轻"的拼音字首。同样号数时，轻型槽钢由于腹板薄及翼缘宽而薄，因而截面面积小(但回转半径大)，能节约钢材、减轻质量。不过轻型系列的实际产品较少。

(3)工字钢：与槽钢相同，也分成上述的两个尺寸系列，即普通型和轻型。与槽钢一样，工字钢外轮廓高度的厘米数即为型号，普通型工字钢当型号较大时腹板厚度分 a、b、c 三种，轻型工字钢由于壁厚薄，故不再按厚度划分。两种工字钢表示法如Ⅰ32c、Ⅰ32Q 等。

(4)H型钢：热轧 H 型钢可分为三类，即宽翼缘 H 型钢(HW)、中翼缘 H 型钢(HM)和窄翼缘 H 型钢(HN)。H 型钢型号的表示方法是先用符号 HW、HM 和 HN 表示 H 型钢的类别，后面加"高度(mm)×宽度(mm)"，如 HW300×300，即截面高度为 300 mm、翼缘宽度为 300 mm 的宽翼缘 H 型钢。

(5)剖分 T 型钢：剖分 T 型钢也可分为三类，即宽翼缘剖分 T 型钢(TW)、中翼缘剖分 T 型钢(TM)和窄翼缘剖分 T 型钢(TN)。剖分 T 型钢是由对应的 H 型钢沿腹板中部对等剖分而成的。其表示方法与 H 型钢类同，如 TN225×200 即表示截面高度为 225 mm、翼缘宽度为 200 mm 的窄翼缘剖分 T 型钢。

3. 冷弯薄壁型钢

冷弯薄壁型钢是用 2～6 mm 厚的薄钢板经冷弯或模压而成型的。在国外，冷弯型钢所用钢板的厚度有加大范围的趋势，如美国可用到 1 英寸(1 in≈25.4 mm)厚的钢板。

4. 压型钢板

压型钢板由热轧薄钢板经冷压或冷轧成型，具有较大的宽度及曲折外形，从而增加了惯性矩和刚度，是近年来开始使用的薄壁型材，所用钢板厚度为 0.4～2 mm，用作轻型屋面等构件。

热轧型钢的型号及截面几何特性见书后附表。薄壁型钢的常用型号及截面几何特性见《冷弯薄壁型钢结构技术规范》(GB 50018—2002)的附录。

习题

一、判断题

(1) 钢材的伸长率越大，说明钢材的韧性越好。　　　　　　　　　　　　　　　(　　)
(2) 钢材的含碳量提高，强度提高，塑性提高，韧性变差。　　　　　　　　　　(　　)
(3) 磷可以提高钢材的抗锈蚀能力。　　　　　　　　　　　　　　　　　　　　(　　)
(4) 钢材发生塑性变形后，强度会提高，塑性和韧性会降低。　　　　　　　　　(　　)
(5) 钢构件上的孔洞、槽口、凹角会使钢材塑性变差。　　　　　　　　　　　　(　　)
(6) 钢材塑性破坏在破坏前没有预兆，具有较大的危险性。　　　　　　　　　　(　　)
(7) 钢材的焊接性能的好坏与钢材的碳当量直接相关。　　　　　　　　　　　　(　　)
(8) 低温环境中的钢结构应选用质量等级较高的钢材。　　　　　　　　　　　　(　　)
(9) 牌号为 Q345 的钢材的抗拉强度是 345 MPa。　　　　　　　　　　　　　　 (　　)
(10) 焊接 H 型钢 H400×200×8×12 的腹板的厚度是 12 mm。　　　　　　　　(　　)

二、单选题

1. 钢材的三个重要力学指标不包括(　　)。
   A. 屈服强度　　　　　B. 抗拉强度　　　　　C. 冲击韧性　　　　　D. 伸长率
2. 钢材的单向拉伸应力-应变曲线中最高点对应的强度称为(　　)。
   A. 最高强度　　　　　B. 抗拉强度　　　　　C. 屈服强度　　　　　D. 强度极限
3. 下列钢材的性能中可以反映钢材加工性能好坏的是(　　)。
   A. 屈服强度　　　　　B. 伸长率　　　　　　C. 冷弯性能　　　　　D. 冲击韧性
4. 钢材的性能中反映钢材动力性能的是(　　)。
   A. 强度　　　　　　　B. 伸长率　　　　　　C. 冲击韧性　　　　　D. 冷弯性能
5. 下列牌号的钢材中属于碳素结构钢的是(　　)。
   A. Q235　　　　　　　B. Q345　　　　　　　C. Q390　　　　　　　D. Q420

三、问答题

(1) 什么是塑性破坏？什么是脆性破坏？
(2) 影响钢材性能的因素主要有哪些？
(3) 钢材的选择应考虑哪些因素？

单元 3　轴心受力构件计算

知识点

强度、刚度、整体稳定性、局部稳定性、构造要求、柱的设计。

3.1　轴心受力构件概述

在钢结构中，轴心受力构件的应用十分广泛，如桁架、塔架和网架、网壳等杆件体系。这类结构的节点通常假设为铰接，当无节间荷载作用时，杆件只受轴向力（轴向拉力或轴向压力）的作用，称为轴心受力构件（轴心受拉构件或轴心受压构件）。图 3-1 所示为轴心受力构件在工程上应用的一些实例。

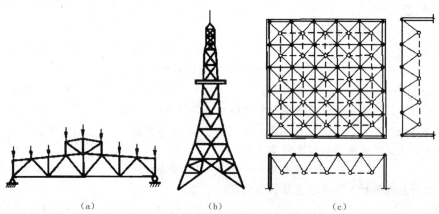

图 3-1　轴心受力构件在工程中的应用
(a)桁架；(b)塔架；(c)网架

轴心受力构件常用的截面形式可分为实腹式和格构式两大类。

(1)实腹式构件制作简单，与其他构件的连接也比较方便，常用的截面形式很多，可直接选用轧制型钢截面，如圆钢、钢管、角钢、工字钢、H 型钢、T 型钢等[图 3-2(a)]；也可选用由型钢或钢板组成的组合截面[图 3-2(b)]；在轻型结构中则可采用冷弯薄壁型钢截面[图 3-2(c)]。以上这些截面中，截面紧凑（如圆钢）或对两主轴刚度相差悬殊者（如单槽钢、工字钢），一般适用于轴心受拉构件，而受压构件通常采用较为开展、组成板件宽而薄的截面。

(2)格构式构件[图 3-2(d)]容易使压杆实现两主轴方向的稳定性。这种构件的刚度大、抗扭性好，用料较省。格构式截面一般由两个或多个型钢肢件组成，肢件之间采用缀条或缀板连成整体，缀条和缀板统称为缀材。

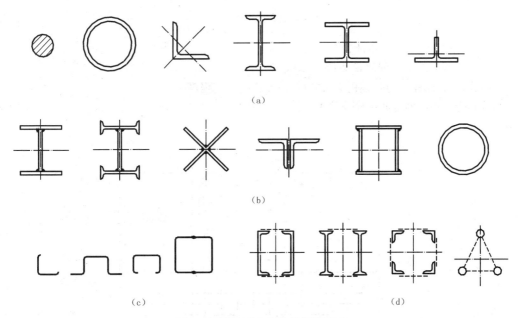

图 3-2 轴心受力杆件的截面形式
(a)轧制型钢截面；(b)焊接实腹式组合截面；(c)冷弯薄壁型钢截面；(d)格构式截面

3.2　轴心受力构件的强度及刚度

轴心受拉构件的设计除根据结构用途、构件受力大小和材料供应情况选用合理的截面形式外，还要对所选截面进行强度和刚度验算。强度要求就是使构件截面上的最大正应力不超过钢材的强度设计值，刚度要求就是使构件的长细比不超过容许长细比。

轴心受压构件在设计时，除使所选截面满足强度和刚度要求外，还应使其满足构件整体稳定性和局部稳定性的要求。整体稳定性要求是使构件在设计荷载作用下不致发生屈曲而丧失承载能力；局部稳定性要求一般是使组成构件的板件宽厚比不超过规定限值，以保证板件不会屈曲，或者使格构式构件的分肢不发生屈曲。

3.2.1　轴心受力构件的强度计算

1. 轴心受拉杆件的强度计算

轴心受拉杆件在没有局部削弱时，杆件的应力达到屈服强度时构件的变形过大而不能继续承受荷载。其强度计算公式为

$$\sigma = \frac{N}{A} \leqslant f \tag{3-1}$$

式中　N，A——拉力设计值和杆的毛截面面积；
　　　f——钢材的抗拉强度设计值。

用螺栓或铆钉连接的拉杆，其因孔洞削弱的截面是薄弱部位，故强度应按净截面计算，然而，当少数截面屈服时，杆件并未达到承载能力，还可以继续承受更大的拉力，直至净截面拉断为止。根据《钢结构设计标准》(GB 50017—2017)的要求，净截面强度的计算公式为

$$\sigma = \frac{N}{A_n} \leqslant 0.7 f_u \tag{3-2}$$

式中 A_n——拉杆的净截面面积；

f_u——钢材的抗拉强度最小值。

在用式(3-2)计算的同时，仍需按式(3-1)计算毛截面强度。

当轴心受力构件的普通螺栓连接采用错列排列时，如图3-3所示，A_n 应取Ⅰ—Ⅰ和Ⅱ—Ⅱ截面的较小面积计算。

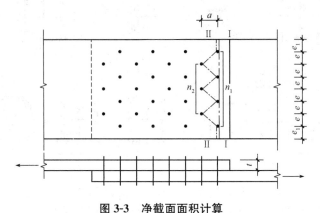

图3-3 净截面面积计算

对于Ⅰ—Ⅰ截面：
$$A_n = A - n_1 d_0 t \tag{3-3}$$

对于Ⅱ—Ⅱ截面：
$$A_n = [2e_1 + (n_2 - 1)\sqrt{a^2 + e^2} - n_2 d_0] t \tag{3-4}$$

式中 n_1——连接一侧的第一排的螺栓数目；

n_2——连接一侧的前两排的螺栓总数目；

e_1——连接一侧螺栓的边距；

a, e——连接一侧螺栓的中距。

当杆端采用高强度螺栓摩擦型连接时，考虑到孔轴线前摩擦面传递一部分力，上式修正为

$$\sigma = \left(1 - 0.5 \frac{n_1}{n}\right) \frac{N}{A_n} \leqslant 0.7 f_u \tag{3-5}$$

式中 n_1——所计算截面的螺栓数；

n——杆件一端的连接螺栓总数。

若拉杆为沿全长都用铆钉或螺栓连接而成的组合构件，如双槽钢贴合在一起，用螺栓相连，则净截面屈服成为承载极限。此时强度计算公式为

$$\sigma = \frac{N}{A_n} \leqslant f \tag{3-6}$$

对于单面连接的角钢轴心受力构件，连接偏心引起弯矩，使角钢受附加应力，因此《钢结构设计标准》(GB 50017—2017)规定，单边连接的单角钢按轴心受力计算强度时，钢材强度的设计值 f 应乘以折减系数0.85。

2. 轴心受压杆件强度计算

在计算压杆的截面强度时，可以认为孔洞由螺栓或铆钉填实，按全截面公式(3-1)计算。当孔洞为没有紧固件的虚孔时，则应按式(3-6)计算。一般情况下，压杆的承载力是由稳定条件决定的，强度计算不起控制作用。

3. 端部部分连接的杆件的有效截面

轴心受拉和轴心受压杆件,当组成板件在节点或拼接处并非全截面直接传力时,存在剪力滞后和正应力分布不均匀的问题,在达到全截面屈服前会出现裂缝,并非全截面有效,强度按式(3-7)计算:

$$\sigma = \frac{N}{\eta A} \leqslant f \tag{3-7}$$

式中,η 为有效截面系数,对仅有单边连接的单角钢取 0.85。工字型、H 型钢构件当仅有翼缘连接时取 0.90,当仅有腹板连接时取 0.7;当采用螺栓连接时,式(3-7)中的 A 取 A_n。

3.2.2 轴心受力构件的刚度计算

为满足结构的正常使用要求,避免杆件在制作、运输、安装和使用过程中出现刚度不足的现象,轴心受力构件不应做得过细,而应具有一定的刚度,以保证构件不会产生过度的变形。当构件的长细比过大时,会产生以下不利影响:

(1)在运输和安装过程中产生弯曲或过大的变形;

(2)使用期间因自重产生明显下挠;

(3)在动力荷载作用下发生较大的振动;

(4)当压杆的长细比过大时,除具有上述各种不利因素外,还会使得构件的极限承载能力显著降低。同时,初弯曲和自重产生的挠度也将会给构件的整体稳定性带来不利影响。

轴心受力构件的刚度通常用长细比来衡量,长细比是构件计算长度 l_0 与构件截面回转半径 i 的比值,即 $\lambda = l_0/i$。λ 越小,表示构件的刚度越大,柔度越小;反之,λ 越大,表示构件的刚度越小,柔度越大。计算构件的长细比时,应分别考虑围绕截面两个主轴即 x 轴与 y 轴的长细比 λ_x 和 λ_y,都应不超过《钢结构设计标准》(GB 50017—2017)规定的容许长细比 $[\lambda]$:

$$\left.\begin{array}{l} \lambda_x = l_{0x}/i_x \leqslant [\lambda] \\ \lambda_y = l_{0y}/i_y \leqslant [\lambda] \end{array}\right\} \tag{3-8}$$

式中 l_{0x}, l_{0y}——围绕截面主轴即 x 轴和 y 轴的构件计算长度(mm);

i_x, i_y——围绕截面主轴即 x 轴和 y 轴的构件截面回转半径(mm)。

当截面主轴在倾斜方向时,如图 3-2 所示的单角钢截面和双角钢十字形截面,其主轴常标志为 x_0 轴和 y_0 轴,此时应计算 $\lambda_{x0} = l_0/i_{x0}$ 和 $\lambda_{y0} = l_0/i_{y0}$,或只计算其中的最大长细比 $\lambda_{max} = l_0/i_{min}$。

构件的计算长度 l_0 取决于其两端的支撑情况。例如,两端铰接时 l_0 等于构件的几何长度 l,即 $l_0 = l$;一端铰接另一端固定时,$l_0 = 0.707l$;两端固定时,$l_0 = 0.5l$。

在总结了钢结构长期使用经验的基础上,根据构件的重要性和荷载情况,对受拉构件的容许长细比《钢结构设计标准》(GB 50017—2017)规定了不同的要求和数值,见表 3-1。

表 3-1 受拉构件的容许长细比

项次	构件名称	承受静力荷载或间接承受动力荷载的结构			直接承受动力荷载的结构
		一般建筑结构	对腹杆提供平面外支点的弦杆	有重级工作制起重机的厂房	
1	桁架的构件	350	250	250	250
2	起重机梁或起重机桁架以下柱间支撑	300	—	200	

续表

项次	构件名称	承受静力荷载或间接承受动力荷载的结构			直接承受动力荷载的结构
		一般建筑结构	对腹杆提供平面外支点的弦杆	有重级工作制起重机的厂房	
3	除张紧的圆钢外的其他拉杆、支撑、系杆等	400	—	350	—

注：验算容许长细比时，通常在直接或间接承受动力荷载的结构中；计算单角钢受拉构件的长细比时，应采用角钢的最小回转半径；但计算在交叉点相互连接的交叉杆件平面外的长细比时，可采用与角钢肢边平行轴的回转半径。受拉构件的容许长细比宜符合下列规定：
1. 除对腹杆提供平面外支点的弦杆外，承受静力荷载的结构受拉构件，可仅计算竖向平面内的长细比。
2. 中、重级工作制起重机桁架下弦杆的长细比不宜超过 200。
3. 在设有夹钳或刚性料耙等硬钩起重机的厂房中，支撑的长细比不宜超过 300。
4. 受拉构件在永久荷载与风荷载组合作用下受压时，其长细比不宜超过 250。
5. 跨度等于或大于 60 m 的桁架，其受拉弦杆和腹杆的长细比，承受静力荷载或间接承受动力荷载时不宜超过 300，直接承受动力荷载时不宜超过 250。
6. 受拉构件的长细比不宜超过本表规定的容许值。柱间支撑按拉杆设计时，竖向荷载作用下的柱子轴力应按无支撑时考虑

对于受压构件，长细比更为重要。长细比 λ 过大，会使其稳定承载能力降低很多，在较小荷载下就会丧失整体稳定性，因而，其容许长细比 $[\lambda]$ 限制得更加严格，见表 3-2。

表 3-2 受压构件的长细比容许值

构件名称	容许长细比
轴心受压柱、桁架和天窗架中的压杆	150
柱的缀条、起重机梁或起重机桁架以下的柱间支撑	150
支撑	200
用以减小受压计算长度的杆件	200

注：验算容许长细比时，可不考虑扭转效应，计算单角钢受压构件的长细比时，应采用角钢的最小回转半径，但计算在交叉点相互连接的交叉杆件平面外的长细比时，可采用与角钢肢边平行轴的回转半径。轴心受压构件的容许长细比宜符合下列规定：
1. 跨度等于或大于 60 m 的桁架，其受压弦杆、端压杆和直接承受动力荷载的受压腹杆的长细比不宜大于 120。
2. 轴心受压构件的长细比不宜超过本表规定的容许值，但当杆件内力设计值不大于承载能力的 50% 时，容许长细比值可取 200

【例 3-1】 如图 3-4 所示，某有重型起重机的厂房的钢屋架下弦的双角钢拉杆，承受轴心拉力设计值为 700 kN，截面为 2∟100×10，材质为 Q235，双角钢之间填板厚度为 10 mm，杆件节间长度为 6 m，角钢上有交错排列的普通螺栓孔，孔径 $d_0=21.5$ mm。试验算该拉杆是否满足强度和刚度要求。

【解】 查型钢表，2∟100×10，$i_x=30.5$ mm，$i_y'=45.2$ mm，$f=215$ N/mm²，$f_u=370$ N/mm²，重级工作制起重机厂房屋架弦杆 $[\lambda]=250$。确定危险截面之前先将其按中面展开，如图 3-4(b) 所示。

毛截面的面积为
$$A=2\times(45+100+45)\times10=3\,800(\text{mm}^2)$$

齿状净截面 I—I 的面积为
$$A_n=2\times(45+\sqrt{100^2+40^2}+45-2\times21.5)\times10=3\,094(\text{mm}^2)$$

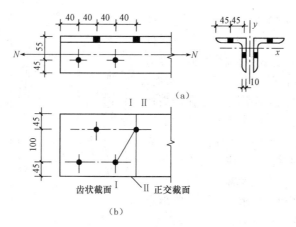

图 3-4 双角钢拉杆截面

正交净截面Ⅱ—Ⅱ的面积为

$$A_n = 2 \times (45 + 100 + 45 - 21.5) \times 10 = 3\,370 (\text{mm}^2)$$

毛截面强度验算

$$\sigma = \frac{N}{A} = \frac{700 \times 10^3}{3\,800} = 184.21(\text{N/mm}^2) < f$$

净截面危险截面是Ⅰ—Ⅰ齿状截面,验算该截面强度为

$$\sigma = \frac{N}{A_n} = \frac{600 \times 10^3}{3\,094} = 193.92(\text{N/mm}^2) < 0.7 f_u = 259 \text{ N/mm}^2$$

刚度验算:屋架弦杆按两端铰接考虑,计算长度 $l_{0x} = l_{0y} = 6\,000$ mm,截面绕 x 轴的回转半径小,仅需验算绕 x 轴的长细比。其计算如下:

$$\lambda_x = \frac{6\,000}{30.5} = 196.72 < [\lambda]$$

综上,该轴心受拉杆件的强度和刚度均满足要求。

3.3 轴心受压实腹构件的整体稳定验算

3.3.1 整体稳定的概念

对轴心受压构件,除构件很短及有孔洞等削弱时可能发生强度破坏外,通常是由整体稳定性控制其承载能力。轴心受压构件丧失整体稳定性常常是突发性的,容易造成严重后果,应予以特别重视。

直杆由稳定平衡过渡到不稳定平衡的分界标志是临界状态。临界状态下的轴心压力称为临界力 N_{cr},N_{cr} 除以毛截面面积 A 所得到的应力称为临界应力 σ_{cr}。临界应力常低于钢材的屈服应力,即构件在到达强度极限状态前就会丧失整体稳定。

当轴心受压构件截面为双轴对称,如 H 形、箱形、十字形,通常可能发生绕主轴,即 x 轴或 y 轴的弯曲屈曲[图 3-5(a)];当构件的截面为极点对称、扭转刚度较小的截面,如 Z 形、十字形截面时,常发生扭转屈曲[图 3-5(b)]。对称截面的两种弯曲是互不相关的,究竟发生哪种变形形态的屈曲,取决于截面绕 x 轴或 y 轴的抗弯刚度、抗扭刚度、构件长度、构件支撑约束条件等因素。每个屈曲形态都可求出相应的临界力,其中最小值将首先到达,起控制作用。

截面为单轴对称，如T形、Π形、Λ形的轴心受压构件，可能发生围绕非对称轴（不妨假设为 x 轴）弯曲屈曲，也可能发生绕对称轴（假设为 y 轴）弯曲变形并同时伴随有扭转变形的屈曲，称为弯曲扭转屈曲或失稳，简称弯扭屈曲或失稳[图3-5(c)]。这是因为轴心压力所通过的截面形心与截面剪切中心（简称剪心，或称扭转中心或弯曲中心，即构件弯曲时截面剪应力合力作用点通过的位置）不重合。所以，围绕对称轴的弯曲变形总是伴随着扭转变形，应求出每个屈曲形态的临界力，其最小者作为控制值。

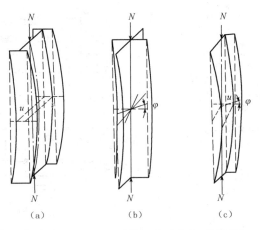

图 3-5 轴心受压构件的屈曲形态（两端铰接）
(a)弯曲屈曲；(b)扭转屈曲；(c)弯扭屈曲

截面没有对称轴的轴心受压构件很少采用，其屈曲形态都属于弯扭屈曲。

实践表明，一般钢结构中常用截面的轴心受压构件，由于构件厚度较大，其抗扭刚度也相对较大，失稳时主要发生弯曲屈曲。所以，在《钢结构设计标准》(GB 50017—2017)中，对轴心受压构件整体稳定计算所用的稳定系数 $\varphi=\sigma_u/f_y$ 主要是根据弯曲屈曲给出的。这里，σ_u 为轴心受压构件的极限承载力 N_u（综合考虑构件缺陷求得的稳定承载力）除以毛截面面积 A 得到的应力，f_y 为钢材的屈服应力，比值 φ 称为稳定系数。对单轴对称截面的构件绕对称轴弯扭屈曲的情况，则采用按弯曲屈曲而适当降低其稳定系数的办法来简化计算。

在普通钢结构构件中，起主要作用的是弯曲屈曲；当发生弯扭屈曲时，其临界力将比按弯曲屈曲计算时有所降低。在冷弯薄壁型钢构件中，则还需要考虑扭转失稳和弯扭失稳。

3.3.2 整体稳定计算

根据《钢结构设计标准》(GB 50017—2017)，对轴心受压构件应按下式计算整体稳定：

$$\frac{N}{\varphi A f} \leqslant 1.0 \tag{3-9}$$

式中 N——轴压构件的压力设计值；
A——构件的毛截面面积；
φ——轴压构件的稳定系数；
f——钢材的抗压强度设计值，见附表 1.1。

整体稳定系数 φ 应根据表 3-3 与表 3-4 的截面分类和构件的长细比，按照附录附表 1.11～附表 1.14 查出。

表 3-3 轴心受压构件的截面分类（板厚 $t<40$ mm）

截面形式		对 x 轴	对 y 轴
轧制（圆形截面）		a 类	a 类
轧制（工字形截面）	$b/h \leqslant 0.8$	a 类	b 类
	$b/h > 0.8$	a* 类	b* 类

续表

截面形式		对 x 轴	对 y 轴
轧制等边角钢		a* 类	a* 类
焊接、翼缘为焰切边	焊接	b 类	b 类
轧制			
轧制、焊接（板件宽厚比＞20）	轧制或焊接	b 类	b 类
焊接	轧制截面和翼缘为焰切边的焊接截面		
格构式	焊接，板件边缘焰切		
焊接，翼缘为轧制或剪切边		b 类	c 类
焊接，板件边缘轧制或剪切	轧制、焊接（板件宽厚比≤20）	c 类	c 类

注：1. a* 类含义为 Q235 钢取 b 类，Q355、Q390、Q420 和 Q460 钢取 a 类；b* 类含义为 Q235 钢取 c 类，Q355、Q390、Q420 和 Q460 钢取 b 类；

2. 无对称轴且剪心和形心不重合的截面，其截面分类可按有对称轴的类似截面确定，如不等边角钢采用等边角钢的类别；当无类似截面时，可取 c 类

表 3-4 轴心受压构件的截面分类（板厚 $t \geqslant 40$ mm）

截面形式		对 x 轴	对 y 轴
轧制工字形或 H 形截面	$t<80$ mm	b 类	c 类
	$t \geqslant 80$ mm	c 类	d 类
焊接工字形截面	翼缘为焰切边	b 类	b 类
	翼缘为轧制或剪切边	c 类	d 类
焊接箱形截面	板件宽厚比>20	b 类	b 类
	板件宽厚比≤20	c 类	c 类

3.4 轴心受压实腹构件的局部稳定验算

轴心受压构件不仅有丧失整体稳定的可能性，而且也有丧失局部稳定的可能性。组成构件的板件，如 H 形截面构件的翼缘和腹板，板件的厚度与其他两个尺寸相比都很小，在均匀压力的作用下，当压力达到某一数值时，板件不能继续维持平面平衡状态而产生凸曲现象，如图 3-6 所示，因为板件只是构件的一部分，所以将这种屈曲现象称为丧失局部稳定。丧失局部稳定的构件还可能继续维持着整体稳定的平衡状态，但因为部分板件已经屈曲，承载力会大大降低。

轴心受压构件中板件的局部屈曲，实际上是薄板在轴心压力作用下的屈曲问题，相连板件互为支承。例如，H

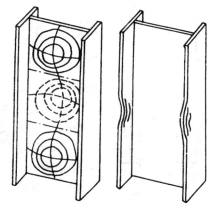

图 3-6 轴心受压构件局部屈曲

形截面柱的翼缘相当于单向均匀受压的三边支撑、一边自由的矩形薄板。在钢结构设计中，一般仍多以理想受压平板屈曲的临界应力为准，根据试验或经验综合考虑各种有利和不利因素的影响，以限制板件的宽厚比来防止发生局部屈曲。本节内容对板件宽厚比的规定是基于局部屈曲不先于整体屈曲考虑的，根据板件临界应力和构件临界应力相等的原则来确定板件的宽厚比。

3.4.1 翼缘的宽厚比

轴心受压构件中板件尺寸如图 3-7 所示。

板件的翼缘为三边简支、一边自由，腹板对翼缘嵌固作用很小，《钢结构设计标准》(GB 50017—2017)采用：

$$b/t_\mathrm{f} \leqslant (10+0.1\lambda)\varepsilon_\mathrm{k} \quad (3\text{-}10)$$

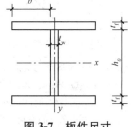

图 3-7 板件尺寸

式中　b，t_f——翼缘板自由外伸宽度和厚度；
　　　λ——取构件两个方向长细比的较大者，当$\lambda<30$时，取$\lambda=30$；当$\lambda\geqslant100$时，取$\lambda=100$；
　　　ε_k——钢号修正系数，$\varepsilon_k=\sqrt{235/f_y}$。

3.4.2　腹板的高厚比

H形截面的腹板为两边简支、两边弹性嵌固；翼缘对腹板的嵌固作用较大，采用式(3-11)进行验算：

$$\frac{h_0}{t_w}\leqslant(25+0.5\lambda)\varepsilon_k \tag{3-11}$$

式中　h_0，t_w——腹板的计算高度和厚度，对于热轧H型钢，h_0不包括翼缘板与腹板过渡处的圆弧段；
　　　λ——构件中长细比的较大者，当$\lambda<30$时，取$\lambda=30$；当$\lambda>100$时，取$\lambda=100$。

【例 3-2】　如图3-8所示，上下端均为铰接的钢柱，长度为9.0 m，在两个三分点处均有侧向支撑以阻止钢柱绕弱轴过早失稳，钢柱选用热轧宽翼缘H型钢HW200×200×8×12，材质为Q235。构件承受的最大设计压力$N=500$ kN，容许长细比取$[\lambda]=150$。试验算该柱是否符合要求。

【解】　(1)已知$l_x=9.0$ m，$l_y=3.0$ m，$f=215$ N/mm²。从附表2.5查得：
$A=64.28$ cm²，$i_x=8.16$ cm，$i_y=4.99$ cm。

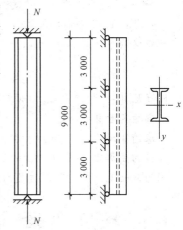

图 3-8　【例 3-2】图

(2)验算支柱的整体稳定、刚度和局部稳定。
先计算长细比，可得：$\lambda_x=900/8.16=110.29<[\lambda]=150$，
$\lambda_y=300/4.99=60.12<[\lambda]=150$

由于截面$b/h=1>0.8$，由表3-3知该截面对x轴为a^*类截面，对y轴为b^*类截面，由于材质为Q235，对x轴应查b类稳定系数表，对y轴应查c类稳定系数表，分别查附表1.13和附表1.14，并进行线性插值计算得：

$\varphi_x=0.491$，$\varphi_y=0.708$

取$\varphi=\min\{\varphi_x,\varphi_y\}=0.491$，则

$$\frac{N}{\varphi A f}=\frac{500\times10^3}{0.491\times6\,428\times215}=0.74<1$$

因此，截面符合对柱的整体稳定和容许长细比要求。因为轧制型钢的翼缘和腹板一般都较厚，故都能满足局部稳定的要求。

上面的题目若中点设一道支撑或者不设支撑是否可以满足要求，试进行相关计算并体会支撑在保持构件稳定中的作用。

【例 3-3】　图3-9所示为一根上端铰接、下端固定的轴心受压柱，所承受的轴心压力设计值$N=900$ kN，柱的长度$l=5.25$ m，柱截面采用焊接H型钢，翼缘为剪切边，翼缘宽度$b=25$ cm，厚度$t_f=1.0$ cm；腹板高度$h_0=20$ cm，厚度$t_w=0.6$ cm，材质为Q235。试验算该柱截面是否符合要求。

【解】　柱的计算长度系数$\varphi=0.707$，则$l_x=l_y=0.707\times5.25=3.712$(m)，$f=215$ N/mm²。
(1)截面特性计算。
$$A=2\times25\times1+20\times0.6=62(\text{cm}^2)$$
$$I_x=0.6\times20^3/12+50\times10.5^2=5\,913(\text{cm}^4)$$
$$i_x=\sqrt{I_x/A}=\sqrt{5\,913/62}=9.77(\text{cm})$$

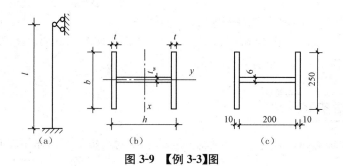

图 3-9 【例 3-3】图

$$I_y = 2 \times 1 \times 25^3/12 = 2\,604\,(\text{cm}^4)$$
$$i_y = \sqrt{I_y/A} = \sqrt{2\,604/62} = 6.48\,(\text{cm})$$
$$\lambda_x = 371.2/9.77 = 37.99,\ \lambda_y = 371.2/6.48 = 57.28$$

(2) 验算柱的整体稳定、刚度和局部稳定。截面绕 x 和 y 轴由表 3-3 可知分别属于 b 类和 c 类截面，查附表 1.13 得 $\varphi_x = 0.906$，查附表 1.14 得 $\varphi_y = 0.726$。

比较这两个值后取 $\varphi = \min\{\varphi_x, \varphi_y\} = 0.726$

$$\frac{N}{\varphi A f} = \frac{900 \times 10^3}{0.726 \times 6\,200 \times 215} = 0.93 < 1$$

刚度验算：　　　　$\lambda_x = 37.99 < [\lambda] = 150,\ \lambda_y = 57.28 < [\lambda] = 150$

局部稳定验算：

翼缘的宽厚比　　　$b_1/t_f = 122/10 = 12.2 < 10 + 0.1 \times 57.28 = 15.73$

腹板的高厚比　　　$h_0/t_w = 200/6 = 33.3 < 25 + 0.5 \times 57.28 = 53.64$

因为截面无削弱，所以该截面对强度、刚度、整体稳定和局部稳定都满足要求。

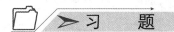习　题

一、判断题

1. 网架结构在进行力学分析时，杆件的连接节点通常假设为刚接。　　　　　　　　（　　）
2. H 型钢的截面形式为格构式截面。　　　　　　　　　　　　　　　　　　　　（　　）
3. 轴心受拉构件不需要验算整体稳定和局部稳定。　　　　　　　　　　　　　　（　　）
4. 构件的长细比是构件的几何长度与构件截面回转半径的比值。　　　　　　　　（　　）
5. 轴心受拉构件的容许长细比通常比轴心受压构件的容许长细比大。　　　　　　（　　）
6. 双轴对称的轴心受压构件整体失稳时通常发生扭转屈曲。　　　　　　　　　　（　　）
7. 极点对称的轴心受压构件整体失稳时通常发生扭转屈曲。　　　　　　　　　　（　　）
8. 轴心受压钢构件的强度设计值越高整体稳定承载力也越高。　　　　　　　　　（　　）
9. 轴心受压钢构件的整体稳定承载力与钢构件的加工制造方式没有关系。　　　　（　　）
10. 焊接 H 型钢 H400×200×8×10 的翼缘宽厚比是 20。　　　　　　　　　　　　（　　）
11. 焊接 H 型钢 H500×200×10×20 的腹板高厚比是 50。　　　　　　　　　　　　（　　）

二、计算题

1. 本章例题 3-2 若只在侧向加一道支撑，试为钢柱选定合适的热轧 H 型钢。
2. 本章例题 3-2 若侧向不加支撑，试为钢柱选定合适的热轧型钢。
3. 本章例题 3-3 若柱的长度变为了 8 m，试为钢柱选定合适的焊接 H 型钢。

三、上机实践题

用计算机软件（如旗云工具箱）核算本章中的计算例题和习题中的计算题，并打印计算书。

单元 4 受弯构件计算

> **知识点**
>
> 强度(正应力、剪应力、局部压应力、折算应力)、刚度(挠度),整体稳定性、局部稳定性,塑性发展系数,加劲肋、支承加劲肋,构造要求,梁的设计。

4.1 梁的类型和应用

钢梁在建筑结构中应用广泛,主要用于承受横向荷载。在工业和民用建筑中,最常见的是楼盖梁、墙架梁、工作平台梁、起重机梁、檩条等。

钢梁按制作方法的不同,可分为型钢梁和组合梁两大类,如图 4-1 所示。型钢梁又可分为热轧型钢梁和冷弯薄壁型钢梁。前者常用工字钢、槽钢、H 型钢制成,如图 4-1(a)、(b)、(c)所示,应用比较广泛,成本比较低廉。其中,H 型钢截面最为合理,其翼缘内外边缘平行,与其他构件连接方便。当荷载较小、跨度不大时可用冷弯薄壁 C 型钢[图 4-1(d)、(e)]或 Z 型钢[图 4-1(f)],可以有效节约钢材,如用作屋面檩条或墙面墙梁。

受到尺寸和规格的限制,当荷载或跨度较大时,型钢梁往往不能满足承载力或刚度的要求,这时需要用组合梁。最常见的是用三块钢板焊接而成的 H 形截面组合梁[图 4-1(g)],俗称焊接 H 型钢,其构造简单,加工方便。当所需翼缘板较厚时,可采用双层翼缘板组合梁[图 4-1(h)]。荷载很大而截面高度受到限制或对抗扭刚度要求较高时,可采用箱形截面梁[图 4-1(i)]。当梁要承受动力荷载时,由于对疲劳性能要求较高,需要采用高强度螺栓连接的 H 形截面梁[图 4-1(j)]。混凝土适用于受压,钢材适用于受拉,钢与混凝土组合梁[图 4-1(k)]可以充分发挥两种材料的优势,经济效果较明显。

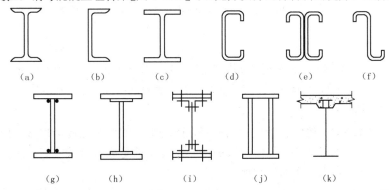

图 4-1 梁的截面形式

(a)工字钢;(b)槽钢;(c)H 型钢;(d)、(e)C 型钢;(f)Z 型钢;(g)H 形截面组合梁;
(h)双层翼缘板组合梁;(i)箱形截面梁;(j)高强度螺栓连接的 H 形截面梁;(k)钢与混凝土组合梁

为了更好地发挥材料的性能,钢材可以做成截面沿梁长度方向变化的变截面梁。常用的有楔形梁,这种梁仅改变腹板高度,而翼缘的厚度、宽度及腹板的厚度均不改变。因其加工方便,经济性能较好,目前已经广泛用于轻型门式刚架房屋中。简支梁可以在支座附近降低截面高度,除节约材料外,还可以节省净空,已广泛应用于大跨度起重机梁中,另外,还可以做成改变翼缘板的宽度或厚度的变截面梁。

根据梁的支承情况,梁可分为简支梁、悬臂梁和连续梁。简支梁较费钢材,但制造简单、安装方便,还可以避免支座沉降的不利影响,从而得到了广泛的应用。

按受力情况的不同,梁可分为单向受弯梁和双向受弯梁,如起重机梁、檩条等。

4.2 梁的强度和刚度

梁在横向荷载作用下,截面上将产生弯矩 M 和剪力 V,继而产生弯曲应力和剪切应力,在集中荷载作用处还有局部承压应力,故梁的强度应包括抗弯强度、抗剪强度和局部承压强度,在弯曲正应力、剪切应力及局部压应力共同作用处还应验算折算应力。

4.2.1 梁截面上的正应力

梁在纯弯曲时的弯矩-挠度曲线与材料拉伸试验的应力-应变曲线类似,屈服点也相差不多,分析时可采用理想弹塑性模型,在荷载作用下大致可以分为如图 4-2 所示的四个工作阶段。现以 H 形截面为例说明如下。

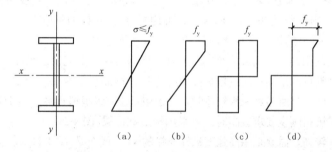

图 4-2 梁的正应力分布
(a)弹性工作阶段;(b)弹塑性工作阶段;(c)塑性工作阶段;(d)应变硬化工作阶段

1. 弹性工作阶段

钢梁受力最大部分的应力未超过钢材屈服强度的加载过程属于弹性工作阶段,如图 4-2(a)所示。对于直接承受动力荷载的梁,以受力最大部分的应力达到钢材屈服强度作为承载能力的极限状态。

2. 弹塑性工作阶段

随着荷载的继续增加,梁的翼缘板逐渐屈服,随后腹板的两侧也逐渐屈服。此时,梁的截面部分处于弹性、部分处于塑性,如图 4-2(b)所示。对于承受静力荷载或间接承受动力荷载的梁,国家相关规范适当考虑了截面的塑性发展。

3. 塑性工作阶段

荷载进一步增大,梁截面将出现塑性铰,如图 4-2(c)所示,梁将发生较大塑性变形。塑性设计的超静定梁允许出现塑性铰,直至形成几何可变体系。

4. 应变硬化工作阶段

实际材料的应力-应变关系并不是理想弹塑性，在应变进入硬化阶段后，梁在变形增加时，应力也继续有所增加，此时梁截面的应力分布图形如图 4-2(d)所示。

弹性工作阶段，梁的最大弯矩为

$$M_e = W_n f_y \tag{4-1}$$

塑性工作阶段，梁的塑性铰弯矩为

$$M_p = W_{pn} f_y \tag{4-2}$$

式中　f_y——钢材的屈服强度；

　　　W_n——净截面模量；

　　　W_{pn}——净截面塑性截面模量；

$$W_{pn} = S_{1n} + S_{2n}$$

　　　S_{1n}——中和轴以上净截面面积对中和轴的面积矩；

　　　S_{2n}——中和轴以下净截面面积对中和轴的面积矩。

为避免梁有过大的非弹性变形，承受静力荷载或间接承受动力荷载的梁，允许考虑截面有一定程度的塑性发展，并用截面的塑性发展系数来衡量其可以塑性发展的程度。

《钢结构设计标准》(GB 50017—2017)规定，梁的正应力验算公式如下：

单向受弯时：

$$\sigma = \frac{M_x}{\gamma_x W_{nx}} \leqslant f \tag{4-3}$$

双向受弯时：

$$\sigma = \frac{M_x}{\gamma_x W_{nx}} + \frac{M_y}{\gamma_y W_{ny}} \leqslant f \tag{4-4}$$

式中　M_x，M_y——绕 x 轴和 y 轴(对 H 形截面 x 轴为强轴，y 轴为弱轴)的弯矩设计值；

　　　W_{nx}，W_{ny}——对 x 轴和 y 轴的净截面模量(利用屈曲后强度的 S5 级截面为有效截面模量，详见钢结构设计标准)；

　　　f——钢材的抗弯强度设计值；

　　　γ_x、γ_y——截面塑性发展系数，对工字形和箱形截面，当截面板件宽厚比等级为 S4 或 S5 级时，截面塑性发展系数应取 1.0，当截面板件宽厚比等级为 S1、S2 及 S3 时，截面塑性发展系数应按下列规定取值：工字形截面(x 轴为强轴，y 轴为弱轴)：$\gamma_x = 1.05$，$\gamma_y = 1.20$；2)箱形截面：$\gamma_x = \gamma_y = 1.05$。对其他截面可按表 4-1 采用。对需要计算疲劳的梁，宜取 $\gamma_x = \gamma_y = 1.0$。

表 4-1　截面塑性发展系数 γ_x、γ_y

项次	截面形式	γ_x	γ_y
1			1.2
2		1.05	1.05

续表

项次	截面形式	γ_x	γ_y
3		$\gamma_{x1}=1.05$ $\gamma_{x2}=1.2$	1.2
4			1.05
5		1.2	1.2
6		1.15	1.15
7			1.05
8		1.0	1.0

4.2.2 梁截面上的剪应力

在横向荷载作用下，梁在受弯的同时又承受剪力。对于工字形截面和槽形截面，其最大剪应力在腹板上，剪应力的分布如图 4-3 所示。其计算公式为

$$\tau = \frac{VS}{It_w} \leqslant f_v \qquad (4-5)$$

式中 V——所计算截面沿腹板平面作用的剪力；
I——构件的毛截面惯性矩；
S——所计算剪应力处以上（或以下）毛截面对中和轴的面积矩；
t_w——构件的腹板厚度；
f_v——钢材抗剪强度设计值。

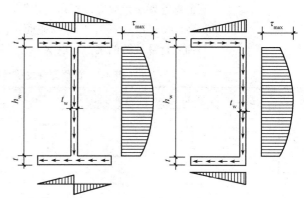

图 4-3 工字形截面和槽形截面上的剪应力流

4.2.3 腹板计算高度边缘的局部承压强度

当梁的翼缘承受较大的固定集中荷载（包括支座）且又未设支承加劲肋[图 4-4(a)]或受移动的集中荷载（如起重机轮压）[图 4-4(b)]时，应计算腹板高度边缘的局部承压强度。假定集中荷载从作用处在 h_y 高度范围内以 1∶2.5 扩散，在 h_R 高度范围内以 1∶1 扩散，均匀分布于腹板高度计算边缘，这样得到的 σ_c 与理论的局部压应力的最大值十分接近。局部承压强度可按式(4-6)计算：

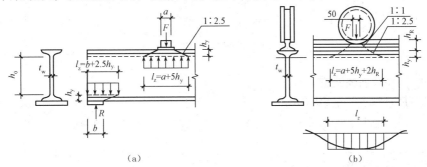

图 4-4 梁腹板局部压应力
(a)受固定集中荷载且未设支承加劲肋；(b)受移动的集中荷载

$$\sigma_c = \frac{\psi F}{t_w l_z} \leqslant f \tag{4-6}$$

式中 F——集中荷载，对动荷载应考虑动力系数；
ψ——集中荷载增大系数，对重级工作制起重机梁取 $\psi=1.35$，其他梁取 $\psi=1.0$；
l_z——集中荷载在腹板计算高度处的假定分布长度，对于跨中集中荷载，可按简化公式 $l_z=a+5h_y+2h_R$ 计算，宜按理论公式 $l_z=3.25\sqrt[3]{\dfrac{I_R+I_F}{t_w}}$ 计算；对于梁端支反力，有 $l_z=b+2.5h_{y1}$；
a——集中荷载沿跨度方向的支承长度，对起重机轮压，无资料时可取 50 mm；
h_y——自梁顶至腹板计算高度处的距离；
h_R——轨道高度，梁顶无轨道时取 0；
I_R——轨道绕自身形心轴的惯性矩；
I_F——梁上翼缘绕翼缘中面的惯性矩；
b——梁端至支座板外边缘的距离，取值不得大于 $2.5h_y$。

当计算不能满足时，对承受固定集中荷载或支座处，可以通过设置横向加劲肋予以加强，也可以修改截面尺寸；当承受移动集中荷载时，则只能修改截面尺寸。

4.2.4 折算应力

当腹板计算高度处同时承受较大的正应力、剪应力或局部压应力时，需要计算该处的折算应力(图 4-5)。

$$\sigma_{eq}=\sqrt{\sigma^2+\sigma_c^2-\sigma_c\sigma+3\tau^2}\leqslant\beta_1 f \tag{4-7}$$

式中 σ,τ,σ_c——腹板计算高度边缘同一点上同时产生的正应力、剪应力和局部压应力，以拉应力为正、压应力为负，其中，$\sigma=\dfrac{My_1}{I_n}$，$\tau=\dfrac{VS_1}{It_w}$，$\sigma_c=\dfrac{\psi F}{t_w l_z}$；

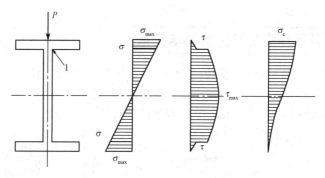

图 4-5 折算应力的验算截面

I_n——梁净截面惯性矩;

y_1——所计算点 1 至梁中和轴的距离;

β_1——强度增大系数,当 σ 与 σ_c 异号时,$\beta_1=1.2$;当 σ 与 σ_c 同号或 $\sigma_c=0$ 时,$\beta_1=1.1$。

4.2.5 梁的刚度

梁的刚度是指梁在使用荷载下的挠度,属正常使用极限状态。为了不影响结构或构件的正常使用和观感,设计标准规定,在荷载标准值的作用下,梁的挠度不应超过规范容许值。

$$v \leqslant [v] \tag{4-8}$$

式中 v——由荷载标准值(不考虑动力系数)求得的梁的最大挠度;

$[v]$——梁的容许挠度,见表 4-2。

表 4-2 受弯构件挠度容许值

项次	构件类别	挠度容许值	
		$[v_T]$	$[v_Q]$
1	起重机梁和起重机桁架(按自重和起重量最大的一台起重机计算挠度) (1)手动起重机和单梁起重机(含悬挂起重机); (2)轻级工作制桥式起重机; (3)中级工作制桥式起重机; (4)重级工作制桥式起重机	$l/500$ $l/750$ $l/900$ $l/1\,000$	—
2	手动或电动葫芦的轨道梁	$l/400$	—
3	有重轨(质量等于或大于 38 kg/m)轨道的工作平台梁; 有轻轨(质量等于或小于 24 kg/m)轨道的工作平台梁	$l/600$ $l/400$	—

4	楼(屋)盖梁或桁架、工作平台梁(第 3 项除外)和平台板。
	(1)主梁或桁架(包括设有悬挂起重设备的梁和桁架)。
	(2)仅支撑压型金属板屋面和冷弯型钢檩条。
	(3)除支撑压型金属板屋面和冷弯型钢檩条外,还有吊顶。
	(4)抹灰顶棚的次梁。
	(5)除(1)~(4)款外的其他梁(包括楼梯梁)。
	(6)屋盖檩条。
	  支撑压型金属板屋面者。
	  支撑其他屋面材料者。
	  有吊顶。
	(7)平台板
		$l/400$
		$l/180$
		$l/240$
		$l/250$
		$l/250$
		$l/150$
		$l/200$
		$l/240$
		$l/150$
			$l/500$
			
			$l/350$
			$l/300$

续表

项次	构件类别	挠度容许值	
		$[v_T]$	$[v_Q]$
5	墙架构件(风荷载不考虑阵风系数)。 (1)支柱(水平方向)。 (2)抗风桁架(作为连续支柱的支承时,水平位移)。 (3)砌体墙的横梁(水平方向)。 (4)支承压型金属板的横梁(水平方向)。 (5)支承其他墙面材料的横梁(水平方向)。 (6)带有玻璃窗的横梁(竖直和水平方向)	— — — — — $l/200$	$l/400$ $l/1\,000$ $l/300$ $l/100$ $l/200$ $l/200$

注：1. l 为受弯构件的跨度(对悬臂梁和伸臂梁为悬伸长度的2倍)。
　　2. $[v_T]$ 为永久和可变荷载标准值产生的挠度(如有起拱应减去拱度)的容许值；$[v_Q]$ 为可变荷载标准值产生的挠度的容许值。
　　3. 当起重机梁或起重机桁架跨度大于12 m时，其挠度容许值 $[v_T]$ 应乘以0.9的系数。
　　4. 当墙面采用延性材料或结构采用柔性连接时，墙架构件的支柱水平位移容许值可采用 $l/300$，抗风桁架(作为连续支柱的支承时)水平位移容许值可采用 $l/800$。

在计算梁的挠度值时，采用的荷载标准值必须与表4-1中计算的挠度相对应。由于截面削弱对梁的整体刚度影响不大，习惯上用毛截面特性按结构力学方法确定梁的最大挠度，表4-3给出了几种常用等截面简支梁的最大挠度计算公式。

表4-3　几种常用等截面简支梁的最大挠度计算公式

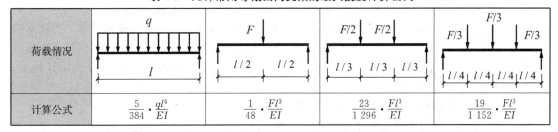

荷载情况				
计算公式	$\dfrac{5}{384}\cdot\dfrac{ql^4}{EI}$	$\dfrac{1}{48}\cdot\dfrac{Fl^3}{EI}$	$\dfrac{23}{1\,296}\cdot\dfrac{Fl^3}{EI}$	$\dfrac{19}{1\,152}\cdot\dfrac{Fl^3}{EI}$

4.3　受弯构件的整体稳定性验算

4.3.1　梁的整体失稳现象

在一个主平面内弯曲的梁，其截面常设计成窄而高的面，这样可以更有效地发挥材料的性能。如图4-6所示的H形截面钢梁，在梁的两端作用有弯矩 M_x，M_x 为绕梁惯性矩较大主轴即 x 轴(强轴)的弯矩。当 M_x 较小时，梁仅在弯矩作用平面内弯曲，但当 M_x 逐渐增加，达到某一数值

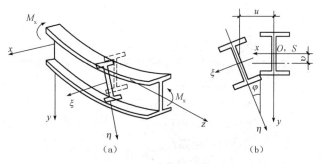

图4-6　梁的整体失稳

时，梁会突然发生侧向弯曲(绕弱轴的弯曲)和扭转，并丧失继续承载的能力，这种现象称为梁丧失整体稳定或梁的弯曲扭转屈曲。

4.3.2 《钢结构设计标准》(GB 50017—2017)关于钢梁整体稳定性验算的规定

1. 梁不需计算整体稳定性的情况

梁丧失整体稳定时必然同时发生侧向弯曲和扭转变形，因此，《钢结构设计标准》(GB 50017—2017)规定，当铺板(钢筋混凝土板或钢板)密铺在梁的受压翼缘上并与其牢固相连、能阻止梁受压翼缘的侧向位移时，可不计算梁的整体稳定性。这里必须注意的是要达到铺板能阻止梁受压翼缘发生侧向位移，必要条件有以下两个：

(1)铺板自身必须具有一定的刚度；
(2)铺板必须与钢梁牢固相连。
否则将达不到预期的目的。

2. 梁整体稳定性的验算公式

梁整体稳定性的验算公式为

$$\frac{M_x}{\varphi_b W_x f} \leqslant 1.0 \tag{4-9}$$

在两个主平面内受弯的 H 形截面构件的整体稳定性验算公式为

$$\frac{M_x}{\varphi_b W_x f} + \frac{M_y}{\gamma_y W_y f} \leqslant 1.0 \tag{4-10}$$

式中 M_x，M_y——绕 x 轴(强轴)、y 轴(弱轴)作用的最大弯矩设计值；

W_x，W_y——按受压最大纤维确定的对 x 轴(强轴)、y 轴(弱轴)的毛截面模量，当截面板件宽厚比等级为 S1 级、S2 级、S3 级或 S4 级时，应取全截面模量，当板件宽厚比等级为 S5 级时，应取有效截面模量，有效截面按《钢结构设计标准》(GB 50017—2017)规定确定；

φ_b——绕强轴弯曲确定的整体稳定系数。

绕 H 形截面弱轴 y 弯曲时因不会有稳定问题而只需要验算其抗弯强度。将对 x 轴的稳定和对 y 轴的强度两个验算公式相加即得式(4-10)，因此，式(4-10)不是一个理论公式，试验证明此式是可用的。

3. 梁的整体稳定性系数的计算

(1)等截面焊接工字形和轧制 H 型钢截面构件整体稳定系数按下式计算：

$$\varphi_b = \beta_b \frac{4\,320}{\lambda_y^2} \cdot \frac{Ah}{W_x} \left[\sqrt{1 + \left(\frac{\lambda_y t_1}{4.4h}\right)^2} + \eta_b \right] \varepsilon_k^2 \tag{4-11a}$$

$$\lambda_y = \frac{l_1}{i_y} \tag{4-11b}$$

式中 β_b——梁整体稳定的等效弯矩系数，按附表 1.6 采用；

λ_y——梁在侧向支承点间对截面弱轴 y 的长细比；

l_1——梁受压翼缘侧向支承点间的距离；

i_y——梁毛截面对 y 轴的回转半径；

A——梁的毛截面面积；

h——梁截面的全高；

t_1——受压翼缘的厚度；

η_b——截面不对称影响系数；

对双轴对称截面 $\eta_b=0$；

对单轴对称工字形截面：

加强受压翼缘时 $\eta_b=0.8(2\alpha_b-1)$，

加强受拉翼缘时 $\eta_b=2\alpha_b-1$。

其中，$\alpha_b=I_1/(I_1+I_2)$；I_1 和 I_2 分别为受压翼缘和受拉翼缘对 y 轴的惯性矩。ε_k 为钢号修正系数，$\varepsilon_k=\sqrt{\dfrac{235}{f_y}}$

上述整体稳定系数是按弹性理论求得的，研究表明，当按式(4-11a)算得的 φ_b 大于 0.6 时，梁已进入非弹性工字状态，整体稳定临界应力有明显的降低，须对 φ_b 进行修正，应用式(4-12)计算的 φ_b' 代替 φ_b：

$$\varphi_b'=1.07-\dfrac{0.282}{\varphi_b}\leqslant 1.0 \tag{4-12}$$

(2)轧制普通工字钢简支梁的整体稳定性系数 φ_b。轧制工字钢的截面虽然也是 H 形，但其翼缘厚度是变化的，不能将其翼缘板简化为矩形截面。另外，翼缘板与腹板交接处具有加厚的圆角。轧制工字钢简支梁的 φ_b 如简单地套用焊接 H 形截面简支梁的 φ_b 公式计算，将引起较大的误差。为此，《钢结构设计标准》(GB 50017—2017)对轧制工字钢简支梁的 φ_b 直接给出了附表 1.7，可按工字钢型号、荷载类型与作用点高度以及梁的侧向自由长度直接查表得到 φ_b。当查得的 $\varphi_b>0.6$ 时，也需按式(4-12)换算成 φ_b'。

(3)双轴对称工字形截面悬臂梁的整体稳定性系数 φ_b。双轴对称工字形截面悬臂梁的整体稳定性系数 φ_b，可按式(4-11)计算，但式中系数 β_b 应按附表 1.8 查得($\lambda_y=l_1/i_y$，l_1 为悬臂梁的悬伸长度)。当计算得到的 $\varphi_b>0.6$ 时，也需按式(4-12)换算成 φ_b'。

钢结构中真正的悬臂梁是较少的，用得较多的是由邻跨延伸出来的伸臂梁，两者在支座处的边界条件是不相同的。因此，当应用适用于悬臂梁的计算时，必须在构造上采取措施加强伸臂梁在支撑处的抗扭能力，否则其承载能力将有较大的降低。图 4-7 所示为加强伸臂梁在支撑处抗扭能力的一种构造措施，可供参考。

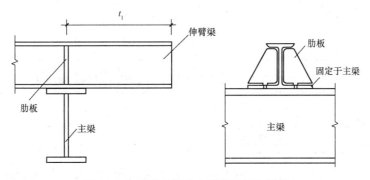

图 4-7 加强伸臂梁在支撑处的抗扭措施

另外，如在伸臂梁自由端有条件设置侧移约束或扭转约束时，伸臂梁的稳定承载力也将有所提高。

(4)整体稳定性系数 φ_b 的近似计算。受弯构件整体稳定性系数 φ_b 主要用于梁的整体稳定计算，但也用于压弯构件弯矩作用平面外的稳定计算公式中。用于前者时，φ_b 必须按上面介绍的规范规定的公式计算；用于后者时，《钢结构设计标准》(GB 50017—2017)特别给出了近似计算公式。

均匀弯曲的受弯构件，当 $\lambda_y\leqslant 120\varepsilon_k$ 时，其整体稳定性系数 φ_b 可按下列近似公式计算：

1)工字形截面。

双轴对称时

$$\varphi_b = 1.07 - \frac{\lambda_y^2}{44\,000\varepsilon_k^2} \tag{4-13}$$

单轴对称时

$$\varphi_b = 1.07 - \frac{W_{ix}}{(2\alpha_b+0.1)Ah} \cdot \frac{\lambda_y^2}{14\,000\varepsilon_k^2} \tag{4-14}$$

2)T形截面(弯矩作用在对称轴平面,绕 x 轴)。

①弯矩使翼缘受压时:

双角钢 T 形截面

$$\varphi_b = 1 - 0.001\,7\lambda_y/\varepsilon_k \tag{4-15}$$

剖分 T 型钢或两板组合 T 形截面

$$\varphi_b = 1 - 0.002\,2\lambda_y/\varepsilon_k \tag{4-16}$$

②弯矩使翼缘受拉且腹板高厚比不大于 $18\varepsilon_k$ 时

$$\varphi_b = 1 - 0.000\,5\lambda_y/\varepsilon_k \tag{4-17}$$

按上述五个公式算得的 $\varphi_b > 0.6$ 时,无须按表换算成 φ_b' 值,因在导出上述公式时,已考虑这种换算;但当算得的 $\varphi_b > 1.0$ 时,取 $\varphi_b = 1.0$。

钢梁简支端的抗扭构造措施如图 4-8 所示。

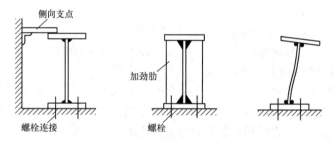

图 4-8 钢梁简支端的抗扭构造措施示意

4.4 受弯构件的局部稳定性

4.4.1 受弯构件的局部失稳

在进行受弯构件截面设计时,为了节省材料和提高构件的抗弯承载能力和刚度,常选择增大构件的截面高度,而为了提高梁的整体稳定性,会增大梁翼缘宽度。腹板高厚比、翼缘宽厚比变大的同时会带来一个问题:在构件发生强度破坏或丧失整体稳定之前,受压翼缘或腹板中的压应力或剪应力达到某一临界应力时,突然出现波形屈曲,这种现象称为丧失局部稳定,如图4-9所示。

局部失稳不会使整个构件立即丧失承载力,但会改变梁的受力状况、降低梁的整体稳定性和刚度。当梁的受压翼缘的宽厚比不超过受弯构件S4级截面的要求时,就可防止受压翼缘发生局部失稳。

腹板的局部稳定性,对于热轧型钢构件,腹板的高厚比一般都能满足局部稳定要求,不需要计算;对于焊接截面梁腹板的局部稳定性问题的处理,目前主要有以下两种方法:

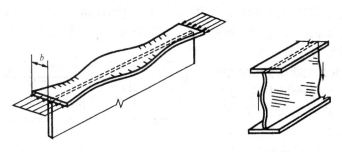

图 4-9 梁的局部屈曲

(1)对直接承受动力荷载的起重机梁及类似构件或其他不考虑屈曲后强度的焊接截面梁,以腹板的屈曲作为承载能力的极限状态,不允许腹板发生局部失稳,根据计算需要在腹板设置加劲肋,将腹板分成若干区格,然后验算腹板各区格的稳定性,保证不发生局部失稳。

承受反复荷载时,局部失稳后的变形更容易导致疲劳破坏,并且构件的承载性能也将逐步恶化,在此类受荷条件下一般不考虑利用屈曲后强度;或当结构进行塑性设计时,局部失稳将使构件塑性不能充分发展,此时也不考虑利用屈曲后强度。

(2)对承受静力荷载和间接承受动力荷载的焊接截面梁,可容许腹板局部失稳,考虑腹板的屈曲后强度。考虑屈曲后强度的设计方法有两种基本形式:一是考虑屈曲的部分退出了工作,采用有效截面的方法进行强度、整体稳定性的验算;二是按腹板屈曲后降低的承载力进行验算。

4.4.2　翼缘板的局部稳定

梁的翼缘板远离截面的形心,强度一般能够得到比较充分的利用。同时,翼缘板发生局部屈曲,会很快导致梁丧失继续承载的能力。因此,常采用限制翼缘宽厚比的方法,即保证必要厚度的方法,来防止其局部失稳。《钢结构设计标准》(GB 50017—2017)规定:

(1)允许边缘屈服的梁,即属于标准规定的 S4 级截面,受压翼缘的自由外伸宽度 b 与其厚度 t 之比,即宽厚比应满足:

$$\frac{b}{t} \leqslant 15\varepsilon_k \tag{4-18}$$

式中　ε_k——钢号修正系数,其值为 235 与钢牌号中屈服点数值对比值的平方根。

(2)当超静定梁采用塑性设计方法,即允许截面上出现塑性铰并要求有一定的转动能力时,翼缘的应变发展较大,甚至达到应变硬化的程度,对其翼缘的宽厚比要求比较严格,此时相当于标准规定的 S1 级截面,其宽厚比应满足:

$$\frac{b}{t} \leqslant 9\varepsilon_k \tag{4-19}$$

(3)当简支梁截面允许出现部分塑性时,相当于标准规定的 S3 级截面,翼缘宽厚比应满足:

$$\frac{b}{t} \leqslant 13\varepsilon_k \tag{4-20}$$

4.4.3　腹板的局部稳定

腹板的局部稳定计算按是否利用腹板屈曲后强度可划分为两类:承受静力荷载的受弯构件宜在腹板的局部稳定计算中利用腹板的屈曲后强度,达到充分利用材料的目的;而直接承受动力荷载的起重机梁与其他需要计算疲劳的构件通常在腹板的局部稳定计算中不考虑腹板屈曲后强度。高而薄的腹板常采用配置加劲肋的方法来保证局部稳定，即如图 4-10 所示设置加劲肋来予以加强。加劲肋主要可分为横向加劲肋、纵向加劲肋、短加劲肋和支承加劲肋等多种，设计中按照不同情况采用。如果不设置加劲肋，腹板厚度必须很大，而大部分应力很低，不够经济。下面论述在不考虑腹板屈曲后强度时，受弯构件腹板加劲肋的配置、计算和有关构造要求。

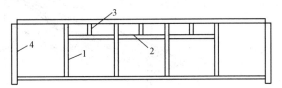

图 4-10 梁的加劲肋
1—横向加劲肋；2—纵向加劲肋；
3—短加劲肋；4—支承加劲肋

1. 腹板加劲肋的配置

(1)对于 $h_0/t_w \leqslant 80\varepsilon_k$ 的梁，如果有局部压应力，宜按构造要求配置横向加劲肋；但对无局部压应力的梁，可不配置横向加劲肋。

(2)直接承受动力荷载的起重机梁及类似构件，应按下列规定配置加劲肋：

1)当 $h_0/t_w > 80\varepsilon_k$ 时，应配置横向加劲肋；

2)当受压翼缘扭转受到约束且 $h_0/t_w > 170\varepsilon_k$、受压翼缘扭转未受到约束且 $h_0/t_w > 150\varepsilon_k$，或按计算需要时，应在弯曲应力较大区格的受压区配置纵向加劲肋。局部压应力很大的梁，必要时还宜在受压区配置短加劲肋。对单轴对称梁，当确定是否配置纵向加劲肋时，h_0 应取腹板受压区高度 h_c 的 2 倍。

(3)不考虑腹板屈曲后强度，当 $h_0/t_w > 80\varepsilon_k$ 时，宜配置横向加劲肋。

(4)任何情况下，h_0/t_w 均不应超过 250。

(5)梁的支座处和上翼缘受有较大固定集中荷载处，宜设置支承加劲肋。

腹板的计算高度 h_0 应按下列规定取值：对轧制型钢梁，为腹板以上、下翼缘相接处两内弧起点间的距离；对焊接截面，为腹板高度。

2. 腹板加劲肋配置的计算

配置腹板加劲肋时，一般需先进行加劲肋的布置，然后进行验算，并做必要的调整。验算局部稳定的计算可参阅《钢结构设计标准》(GB 50017—2017)的相关规定。

3. 腹板加劲肋的构造要求

(1)加劲肋常在腹板两侧成对配置[图 4-11(a)]，为了节省钢材和减轻制作工作量，其横向和纵向加劲肋也可考虑单侧配置[图 4-11(b)]。支承加劲肋、重级工作制起重机梁的加劲肋不应单侧配置。

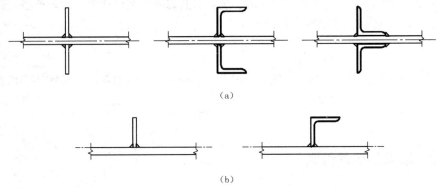

图 4-11 加劲肋的形式
(a)双侧成对配置；(b)单侧配置

(2)横向加劲肋的最小间距应为 $0.5h_0$,除无局部压应力的梁,当 $h_0/t_w \leq 100$ 时最大间距可采用 $2.5h_0$ 外,最大间距应为 $2h_0$。纵向加劲肋至腹板计算高度受压边缘的距离应为 $h_c/2.5 \sim h_c/2$。

(3)在腹板两侧成对配置的钢板横向加劲肋,其截面尺寸按下列公式规定:

外伸宽度:
$$b_s = \frac{h_0}{30} + 40 \tag{4-21}$$

厚度:承压加劲肋
$$t_s \geq \frac{b_s}{15} \tag{4-22a}$$

不受力加劲肋
$$t_s \geq \frac{b_s}{19} \tag{4-22b}$$

(4)在腹板一侧配置的钢板横向加劲肋,其外伸宽度应大于按式(4-21)算得的 1.2 倍,厚度应符合式(4-22)的要求。

(5)在同时用横向加劲肋和纵向加劲肋加强的腹板中,横向加劲肋的截面尺寸除应符合上述规定外,其截面惯性矩 I_z 还应符合式(4-23)要求:
$$I_z \geq 3h_0 t_w^3 \tag{4-23}$$

纵向加劲肋的截面惯性矩 I_y,应符合下式要求:

当 $a/h_0 \leq 0.85$ 时,$I_y \geq 1.5h_0 t_w^3$。 (4-24)

当 $a/h_0 > 0.85$ 时,$I_y \geq \left(2.5 - 4.5\dfrac{a}{h_0}\right)\left(\dfrac{a}{h_0}\right)^2 h_0 t_w^3$。 (4-25)

(6)短加劲肋的最小间距为 $0.75h_1$(h_1 为纵向加劲肋至腹板计算高度受压边缘的距离)。短加劲肋外伸宽度应取横向加劲肋外伸宽度的 $0.7 \sim 1.0$ 倍,厚度不应小于短加劲肋外伸宽度的 1/15。

(7)用型钢(H 型钢、工字钢、槽钢、肢尖焊于腹板的角钢)做成的加劲肋,其截面惯性矩不得小于相应钢板加劲肋的惯性矩。在腹板两侧成对配置的加劲肋,其截面惯性矩应按梁腹板中心线为轴线进行计算[图 4-12(a)];在腹板一侧配置的加劲肋,其截面惯性矩应按与加劲肋相连的腹板边缘为轴线进行计算[图 4-12(b)]。

(8)焊接梁的横向加劲肋与翼缘板、腹板连接处应切角,当作为焊接工艺孔时,切角宜采用 $R = 30$ mm 的 1/4 圆弧。

此条是为了避免三向焊缝交叉,横向加劲肋的端部一般切去宽约为 $b_s/3$(但不大于 40 mm)、高约为 $b_s/2$(但不大于 60 mm)的斜角[图 4-12(a)],以使梁的翼缘焊缝连续通过。在纵向加劲肋与横向加劲肋相交处,应将纵向加劲肋两端切去相应的斜角,使横向加劲肋与腹板连接的焊缝连续通过[图 4-12(b)]。

起重机梁横向加劲肋的上端应与上翼缘刨平顶紧。当为焊接起重机梁时,尚宜焊接;中间横向加劲肋的下端一般在距离受拉翼缘 $50 \sim 100$ mm 处断开[图 4-12(c)],不应与受拉翼缘焊接,以改善梁的抗疲劳性能。

4. 支承加劲肋的计算

支承加劲肋是指承受固定集中荷载或梁支座反力的横向加劲肋,这种加劲肋应在腹板两侧成对配置,其截面常较一般中间横向加劲肋的截面大,并需要按以下方式进行计算:

(1)支承加劲肋的稳定性计算。支承加劲肋按承受固定集中荷载或梁支座反力的轴心受压构件,计算其在腹板平面外的稳定性。此受压构件的截面面积 A 包括加劲肋和加劲肋每侧 $15t_w\varepsilon_k$ 范围内的腹板面积,计算长度近似地取 h_0。

(2)承压强度计算。梁支承加劲肋的端部应按所承受的固定集中荷载或支座反力计算

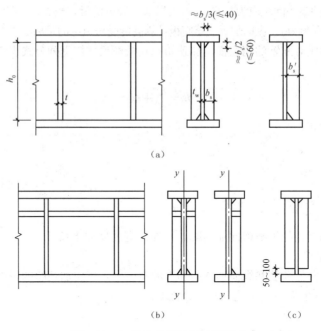

图 4-12 加劲肋的构造及计算尺寸
(a)双侧加劲肋；(b)单侧加劲肋；(c)中间横向加劲肋

[图 4-13(a)]，当加劲肋的端部刨平顶紧时，应用式(4-26)计算其端面承压应力：

$$\sigma = \frac{N}{A_b} \leqslant f_{ce} \qquad (4-26)$$

式中　f_{ce}——钢材端面承压的强度设计值；
　　　A_b——支承加劲肋与翼缘板或柱顶相接触的面积。

对于图 4-13(b)所示的凸缘支座，也可应用式(4-26)按端面承压验算，必须保证支承加劲肋向下的伸出长度不大于 $2t$。当端部为焊接时，应按传力情况计算其焊缝应力。支承加劲肋与腹板的连接焊缝应按传力需要进行计算。

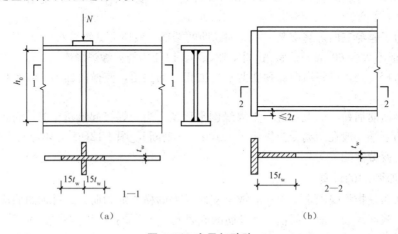

图 4-13 支承加劲肋
(a)端面承压；(b)凸缘支座承压

4.5 型钢梁的截面设计

型钢梁的截面设计通常采用的设计步骤是先根据抗弯强度或整体稳定性需要的截面弹性抵抗矩 W_x 和刚度需要的截面惯性矩 I_x 由型钢表选择合适的型钢梁截面,然后进行强度、整体稳定性和挠度验算(当能肯定由哪一个条件控制截面时,也可只由此条件试选截面)。

抗弯强度需要的截面抵抗矩为

$$W_x = \frac{M_x}{\gamma_x f} \tag{4-27}$$

整体稳定性需要的截面抵抗矩为

$$W_x = \frac{M_x}{\varphi_b f} \tag{4-28}$$

两者中选其较大值,两式中的 M_x 是梁所承受的最大弯矩设计值。式(4-28)中的整体稳定性系数 φ_b 需预先假定,因而由其求出的 W_x 是一个估算值,不是一个确切的需要值。

梁的刚度要求就是限制其在荷载标准值作用下的挠度不超过容许值。《钢结构设计标准》(GB 50017—2017)中对各种用途的钢梁规定了容许挠度,见表 4-1。梁的挠度可按材料力学公式计算。

4.6 焊接梁的截面设计

焊接 H 型钢梁的截面设计与轧制型钢梁的设计思路类似,可以先根据抗弯强度或整体稳定性需要的截面抵抗矩 W_x 和刚度需要的截面惯性矩 I_x 参照轧制 H 型钢的型钢表确定一个截面,然后进行试算,直至得到一个满意的截面为止。由于计算机软件的发展,也可以根据经验和所承受的荷载直接进行试算而得到满足要求并经济的截面。

【例 4-1】 某工作平台的布置如图 4-14 所示。平台板为现浇钢筋混凝土板,与次梁连接牢固。已知平台恒荷载标准值(包括平台板自重)$q_{Gk}=4.0 \text{ kN/m}^2$,平台活荷载标准值 $q_{Qk}=8.0 \text{ kN/m}^2$(为静力荷载),钢材选用 Q235B 钢。试设计此工作平台次梁的截面。

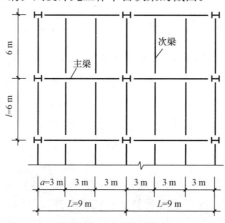

图 4-14 工作平台的布置

【解】 次梁为跨度 $l=6.0$ m 的两端简支梁。

(1)荷载及内力(暂不计次梁自重)。

荷载标准值 $q_k=(q_{Gk}+q_{Qk})a=(4+8)\times 3=36(kN/m)$

荷载设计值 $q=(\gamma_{Gk}q_{Gk}+\gamma_{Qk}q_{Qk})a=(1.2\times 4+1.4\times 8)\times 3=48(kN/m)$

最大弯矩标准值 $M_{xk}=\dfrac{1}{8}q_k l^2=\dfrac{1}{8}\times 36\times 6^2=162(kN\cdot m)$

最大弯矩设计值 $M_x=\dfrac{1}{8}q l^2=\dfrac{1}{8}\times 48\times 6^2=216(kN\cdot m)$

最大剪力设计值 $V=\dfrac{1}{2}ql=\dfrac{1}{2}\times 48\times 6=144(kN)$

(2)试选截面。设次梁自重引起的弯矩为 $0.02M_x$(估计值)。因次梁上为钢筋混凝土平台板并与之连接牢固,故对次梁不必计算整体稳定性。截面将由抗弯强度确定,需要的截面抵抗矩为

$$W_x\geqslant \dfrac{M_x}{\gamma_x f}=\dfrac{1.02\times 216\times 10^6}{1.05\times 215}=9.76\times 10^5(mm^3)$$

均布荷载下简支梁的挠度条件为

$$v=\dfrac{5}{384}\cdot\dfrac{ql^4}{EI_x}\leqslant [v]=\dfrac{l}{250}$$

需要的截面惯性矩为

$$I_x\geqslant \dfrac{5\times 250}{384}\cdot\dfrac{q_k l^3}{E}=\dfrac{5\times 250}{384\times 206\times 10^3}\times (1.02\times 36)\times 6\,000^3=1.253\,3\times 10^8(mm^4)$$

(3)选用热轧工字钢,按需要的 W_x 和 I_x 查附表 2.1,得最轻的热轧普通工字钢为 I40a,其截面特征如下:

$W_x=1.085\times 10^6\,mm^3$ $I_x=2.17\times 10^8\,mm^4>1.253\,3\times 10^8\,mm^4$

$S_x=6.31\times 10^5\,mm^3$ $t_w=10.5\,mm$ $t=16.5\,mm$

自重 $g=67.56\times 9.81=663(N/m)=0.663\,kN/m$

截面验算(计入次梁重量)。

弯矩设计值 $M_x=216+\dfrac{1}{8}\times 1.2\times 0.663\times 6^2=219.6(kN\cdot m)$

剪力设计值 $V=144+\dfrac{1}{2}\times 1.2\times 0.663\times 6=146.4(kN)$

抗弯强度 $\sigma=\dfrac{M_x}{\gamma_x W_x}=\dfrac{219.6\times 10^6}{1.05\times 1.085\times 10^6}=192.8(N/mm^2)<f=205\,N/mm^2$

抗剪强度 $\tau=\dfrac{VS_x}{I_x t_w}=\dfrac{146.4\times 10^3\times 6.31\times 10^5}{10.5\times 2.17\times 10^8}=40.5(N/mm^2)<f_v=120\,N/mm^2$

说明在型钢梁的设计中,抗剪强度常可不计算。

因供给的 $I_x=2.17\times 10^8\,mm^4>1.253\,3\times 10^8\,mm^4$(需要值),故挠度条件必然满足,不再验算。

习 题

一、判断题

1. 桥式起重机的起重机梁是单向受弯梁。 ( )
2. 箱形截面的钢梁通常比 H 形截面的钢梁抗扭刚度高。 ( )
3. 直接承受动力荷载的钢梁,强度计算时允许截面有一定程度的塑性发展。 ( )

4. 钢梁上固定集中荷载作用处即使设有支承加劲肋,也要进行局部承压强度计算。（   ）
5. 钢梁在荷载设计值的作用下,挠度不应超过设计规范允许值。（   ）
6. 梁的整体失稳是弯曲屈曲。（   ）
7. 当钢梁上有铺板密铺在梁的受压翼缘上时可不计算梁的整体稳定。（   ）
8. 钢梁设置横向加劲肋是为了提高翼缘板的局部稳定性。（   ）
9. 钢梁 H400×200×8×10 的翼缘宽厚比是 20。（   ）
10. 坡屋面上的檩条是单向受弯构件。（   ）

二、计算题

1. 本章例题 4-1 若选用热轧 H 型钢,试为次梁选定合适的热轧 H 型钢。
2. 本章例题 4-1 若选用焊接 H 型钢,试为次梁选定合适的焊接 H 型钢。
3. 本章例题 4-1 中的主梁若是简支梁,试为主梁选定合适的焊接 H 型钢。
4. 本章例题 4-1 中的次梁若受压翼缘没有与之牢固连接的钢筋混凝土板,试为该次梁选定合适的焊接 H 型钢。

三、上机实践题

用计算机软件(如旗云工具箱)核算本章中的计算例题和习题中的计算题,并打印计算书。

单元 5　拉弯和压弯构件计算

知识点

强度、刚度、整体稳定性、局部稳定性。

5.1　抗弯和压弯构件概述

同时承受弯矩和轴心拉力或轴心压力的构件称为拉弯构件或压弯构件(图 5-1)。承受节间荷载的简支桁架下弦杆是拉弯构件的典型例子；压弯构件的应用则更为广泛，如承受节间荷载的桁架上弦杆(图 5-2)、轻型厂房的刚架柱、多层和高层建筑的框架柱等。

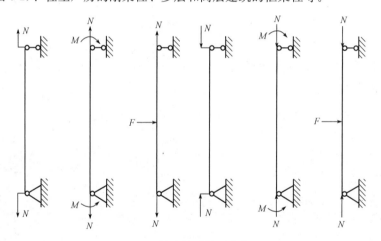

图 5-1　拉弯构件与压弯构件

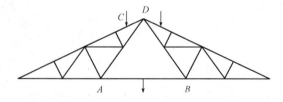

图 5-2　承受节间荷载的桁架上弦杆

拉弯、压弯构件的设计和其他构件的设计一样，要同时满足承载能力和刚度两方面的要求。拉弯构件的设计需要考虑强度和刚度两个方面的要求，而压弯构件的设计除要考虑强度要求和刚度要求外，也需要考虑稳定性的要求；压弯构件常采用单轴对称或双轴对称的截面。当弯矩只作用在构件的最大刚度平面内时称为单向压弯构件,而在两个主平面内都有弯矩作用的构件称为双向压弯构件。工程结构中大多数压弯构件可按单向压弯构件考虑,如图5-3所示。

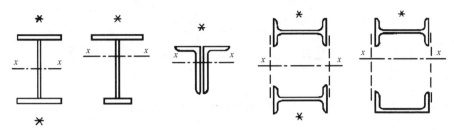

图 5-3　单向压弯构件的常用截面形式
*—轴心压力的作用点或弯矩产生的受压侧

拉弯、压弯构件的截面形式(图5-4)很多,一般可分为型钢截面和组合截面两类,而组合截面又可分为实腹式和格构式两类。如承受的弯矩很小而轴力很大时,其截面一般与轴心受力构件相似;但是当构件承受弯矩相对很大时,除采用截面高度较大的双轴对称截面外,还可以采用如图5-4所示的单轴对称截面以获得较好的经济效果。

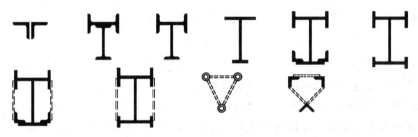

图 5-4　拉弯构件、压弯构件的截面形式

5.2　拉弯、压弯构件的强度和刚度

5.2.1　拉弯、压弯构件的强度

拉弯构件和不致整体及局部失稳的压弯构件,其最不利截面(最大弯矩截面或有严重削弱的截面)最终将形成塑性铰而达到承载能力极限。

以矩形截面构件来讨论这一问题。图5-5所示为一受轴力 N 和弯矩 M 共同作用的矩形截面构件。设 N 为定值而逐渐增加 M,当截面边缘纤维最大应力 $\dfrac{N}{A_n} \pm \dfrac{M}{W_n} = f_y$ 时,截面达到边缘屈服状态。当 M 继续增加时,最大应力一侧的塑性区将向截面内部发展,随后另一侧边缘达到屈服并向截面内部发展,最终以整个截面屈服形成塑性铰而达到强度承载能力极限。

计算拉弯压弯构件的强度时,根据不同情况,可以采用以下三种不同的强度计算准则:

(1)边缘纤维屈服准则:采用这个准则,当构件受力最大截面边缘处的最大应力达到屈服时,即认为构件达到了强度极限。按此准则,构件始终在弹性阶段工作。《钢结构设计标准》(GB 50017—2017)对需要计算疲劳的构件和部分格构式构件的强度计算采用这一准则。

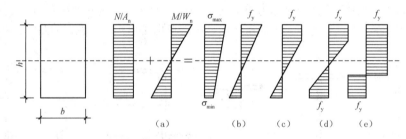

图 5-5 拉弯、压弯构件截面的应力状态

(2)全截面屈服准则：这一准则以构件最大受力截面形成塑性铰为强度极限。塑性设计的工字形截面梁，其计算公式为

当 $\dfrac{N}{A_n f} > 0.13$ 时：

$$M_x \leqslant 0.15\left(1-\dfrac{N}{A_n f}\right)W_{pnx} f \tag{5-1}$$

式(5-1)中 M 和 W 的下角标 x 表示弯曲轴为强轴。

当 $\dfrac{N}{A_n f} < 0.13$ 时，忽略 N 的影响，公式简化为

$$M \leqslant W_{pnx} f \tag{5-2}$$

(3)部分发展塑性准则：这一准则以构件最大受力截面的部分受压区和受拉区进入塑性为强度极限，截面塑性发展深度将根据具体情况给予规定。为了避免构件形成塑性铰时过大的非弹性变形，《钢结构设计标准》(GB 50017—2017)规定，一般构件以这一准则作为强度极限。为了计算简便并偏于安全，强度计算可用直线式相关关系，并和受弯构件的强度计算一样，用 $\gamma_x W_{nx}$ 和 $\gamma_y W_{ny}$ 分别代替截面对两个主轴的塑性抵抗矩。

单向拉弯、压弯构件的强度计算公式为

$$\dfrac{N}{A_n} \pm \dfrac{M_x}{\gamma_x W_{nx}} \leqslant f \tag{5-3}$$

除圆管截面外的双向拉弯、压弯构件的强度计算公式为

$$\dfrac{N}{A_n} \pm \dfrac{M_x}{\gamma_x W_{nx}} \pm \dfrac{M_y}{\gamma_y W_{ny}} \leqslant f \tag{5-4}$$

圆形截面拉弯构件和压弯构件，其截面强度按下列规定计算：

$$\dfrac{N}{A_n} \pm \dfrac{\sqrt{M_x^2 + M_y^2}}{\gamma_m W_n} \leqslant f \tag{5-5}$$

式中 N——同一截面轴心力设计值

  M_x，M_y——分别为同一截面处对 x 轴和 y 轴的弯矩设计值；

  γ_x，γ_y——截面塑性发展系数，根据受压板件的内力分布情况确定截面的宽厚比等级，当截面板件宽厚比不满足 S3 级要求时取 1.0；当截面板件宽厚比满足 S3 级要求时，可按表 4-1 取用；对需要验算疲劳强度的拉弯、压弯构件，取 $\gamma_x = \gamma_y = 1.0$；

  γ_m——圆形截面构件的塑性发展系数，对于实腹圆形截面取 1.2；不满足 S3 级要求时取 1.0；当圆管截面满足 S3 级要求时取 1.15；对需要验算疲劳强度的拉弯、压弯构件宜取 1.0；

  A_n，W_n——构件净截面面积和净截面模量。

5.2.2 拉弯、压弯构件的刚度

拉弯、压弯构件的刚度除个别情况(如作为墙架构件的支柱、厂房柱等)需做变形验算外,一般与轴心受力构件相同,拉弯和压弯构件的刚度也是通过限制长细比来保证的。《钢结构设计标准》(GB 50017—2017)规定,拉弯和压弯构件的容许长细比取轴心受拉或轴心受压构件的容许长细比值,即

$$\lambda \leqslant [\lambda]$$

式中 λ——拉弯和压弯构件绕对应主轴的长细比;

$[\lambda]$——受拉或受压构件的容许长细比。

【例 5-1】 试验算图 5-6 所示拉弯构件的强度和刚度。轴心拉力设计 $N=210$ kN;杆中点横向集中荷载 $F=30.0$ kN,均为静力荷载。钢材为 Q235 钢。杆中点螺栓孔直径 $d_0=21.5$ mm。

【解】 查附表 2.4 可知,一个角钢 $\llcorner$ 140×90×8 的截面特征为 $A_1=18.0$ cm²=1 800 mm², $q=14.2$ kg/m=0.139 N/mm, $i_y=4.5$ cm=45 mm, $z_y=45$ mm, $I_y=366$ cm⁴=3.66×10⁶ mm⁴

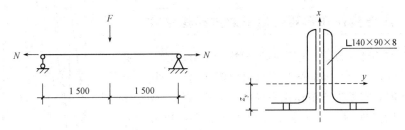

图 5-6 拉弯构件

(1)强度验算。

1)内力计算(杆中点为最不利截面)。

轴力: $N=2.1\times10^5$ N

最大弯矩(计入杆件自重):

$$M_{max}=\frac{Fl}{4}+\frac{ql^2}{8}=\frac{30.0\times10^3\times3\,000}{4}+\frac{2\times0.139\times3\,000^2}{8}=2.28\times10^7(\text{N}\cdot\text{mm})$$

2)截面几何特性。

净截面面积: $A_n=2\times(1\,800-21.5\times8)=3.26\times10^3(\text{mm}^2)$

净截面抵抗矩(假定中性轴位置与毛截面相同)。

肢背处: $W_{n1}=\dfrac{I_{ny}}{y_1}=\dfrac{2\times[3.66\times10^6-21.5\times8\times(45-4)^2]}{45}=1.50\times10^5(\text{N}\cdot\text{mm})$

肢尖处: $W_{n2}=\dfrac{I_{ny}}{y_2}=\dfrac{2\times[3.66\times10^6-21.5\times8\times(45-4)^2]}{140-45}=7.10\times10^4(\text{N}\cdot\text{mm})$

3)截面强度。查附表 1.9, $\gamma_{x1}=1.05$, $\gamma_{x2}=1.20$。

肢背处: $\dfrac{N}{A_n}+\dfrac{M_{max}}{\gamma_{x1}W_{n1}}=\dfrac{2.1\times10^5}{3.26\times10^3}+\dfrac{2.28\times10^7}{1.05\times1.5\times10^5}=64.4+144.8=209.2(\text{N/mm}^2)$
$<f=215$ N/mm²

肢尖处: $\dfrac{N}{A_n}-\dfrac{M_{max}}{\gamma_{x2}W_{n2}}=\dfrac{2.1\times10^5}{3.26\times10^3}-\dfrac{2.28\times10^7}{1.20\times7.1\times10^4}=64.4-267.6=-203.2(\text{N/mm}^2)$
$<f=215$ N/mm²

(2)刚度验算。承受静力荷载,仅需计算竖向平面长细比, $\lambda_x=\dfrac{l}{i_x}=\dfrac{3\,000}{45}=66.7<[\lambda]=350$

5.3 实腹式压弯构件的整体稳定性

对于压弯构件来说，弯矩和轴力都是主要荷载。轴压力的弯曲失稳是在两个主轴方向中长细比较大的方向发生的，而压弯杆件由于弯矩通常绕截面强轴作用，故构件可能在弯矩作用平面内发生弯曲失稳，称为平面内失稳[图 5-7(a)]；也可能像梁一样由于垂直于弯矩作用平面内的刚度不足，而发生由侧向弯曲和扭转引起的弯扭失稳，即通常所称的弯矩作用平面外失稳[图 5-7(b)]或平面外失稳。因此，压弯构件要分别计算弯矩作用平面内和弯矩作用平面外的整体稳定性。

5.3.1 压弯构件在弯矩作用平面内的稳定性

实腹式压弯构件在弯矩作用平面外的抗弯刚度较大，或截面抗扭刚度较大，或有足够的侧向支撑可以阻止弯矩作用平面外的弯扭变形时，将发生弯矩作用平面内的失稳破坏。确定压弯构件弯矩作用平面内稳定承载能力的方法很多，可分为两类：一类是边缘屈服准则的计算方法，以构件截面应力最大的边缘纤维开始屈服时的荷载作为其稳定承载力；另一类是极限承载能力准则的计算方法，以具有各种初始缺陷(初弯曲、初偏心等)的构件作为模型，容许截面发展塑性，求解其极限承载力。

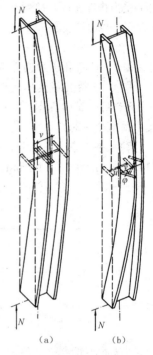

图 5-7 压弯构件整体失稳
(a)平面内失稳；(b)平面外失稳

《钢结构设计标准》(GB 50017—2017)规定，除圆管截面外，弯矩作用在对称平面的实腹式压弯构件，弯矩作用平面内稳定性按式(5-6)、式(5-7)计算：

$$\frac{N}{\varphi_x A f} + \frac{\beta_{mx} M_x}{\gamma_x W_{1x}(1-0.8N/N'_{Ex})f} \leqslant 1.0 \quad (5-6)$$

$$N'_{Ex} = \pi^2 EA/(1.1\lambda_x^2) \quad (5-7)$$

式中 N——所计算构件段范围内的轴心压力；
M_x——所计算构件段范围内的最大弯矩；
φ_x——弯矩作用平面内的轴心受压构件的稳定系数；
W_{1x}——弯矩作用平面内受压最大纤维的毛截面模量；
N'_{Ex}——修订的欧拉临界力；
β_{mx}——等效弯矩系数；
β_{mx} 的取值按下面规定采用。

1. 无侧移框架柱和两端支撑的构件

(1)无横向荷载作用时，β_{mx} 按式(5-8)计算：

$$\beta_{mx} = 0.6 + 0.4\frac{M_2}{M_1} \quad (5-8)$$

式中 M_1, M_2——端弯矩，使构件产生同向曲率(无反弯点)时取同号；使构件产生反向曲率(有反弯点)时取异号，$|M_1| \geqslant |M_2|$。

(2)无端弯矩但有横向荷载作用时，β_{mx}按下式计算：

跨中单个集中荷载：

$$\beta_{mx} = 1 - 0.36\, N/N_{cr} \tag{5-9}$$

全跨均布荷载：

$$\beta_{mx} = 1 - 0.18\, N/N_{cr} \tag{5-10}$$

式中　N_{cr}——弹性临界力；

$$N_{cr} = \frac{\pi^2 EI}{(\mu l)^2}$$

　　　　μ——构件的计算长度系数。

(3)有端弯矩和横向荷载同时作用时，将式(5-6)中的$\beta_{mx}M_x$按式(5-11)计算：

$$\beta_{mx}M_x = \beta_{mqx}M_{qx} + \beta_{m1x}M_1 \tag{5-11}$$

式中　M_{qx}——横向均布荷载产生的弯矩最大值(N·mm)；

　　　　M_1——跨中单个横向集中荷载产生的弯矩(N·mm)；

　　　　β_{m1x}——取本条第(1)款第1项计算的等效弯矩系数；

　　　　β_{mqx}——取本条第(1)款第(2)项计算的等效弯矩系数。

2. 有侧移框架柱和悬臂构件

(1)除本条第(2)款规定之外的框架柱，β_{mx}按式(5-10)计算：

$$\beta_{mx} = 1 - 0.36\, N/N_{cr} \tag{5-12}$$

(2)有横向荷载的柱脚铰接的单层框架柱和多层框架的底层柱，$\beta_{mx} = 1.0$；

(3)自由端作用有弯矩的悬臂柱，β_{mx}按下式计算：

$$\beta_{mx} = 1 - 0.36(1-m)N/N_{cr} \tag{5-13}$$

式中　m——自由端弯矩与固定端弯矩之比，当弯矩图无反弯点时取正号，有反弯点时取负号。

对于T型钢、双角钢组成的T形等单轴对称截面压弯构件，当弯矩作用于对称轴平面而且使较大翼缘受压时，构件失稳时出现的塑性区除存在前述受压区屈服和受压、受拉区同时屈服两种情况外，还可能在受拉区首先出现屈服而导致构件失去承载能力，故除按式(5-6)计算外，还应按式(5-14)计算：

$$\left| \frac{N}{Af} - \frac{\beta_{mx}M_x}{\gamma_x W_{2x}(1 - 1.25 N/N'_{Ex})f} \right| \leq 1.0 \tag{5-14}$$

式中　W_{2x}——受拉侧最外纤维的毛截面抵抗矩；

　　　　γ_x——与W_{2x}相应的截面塑性发展系数。

5.3.2　单向压弯构件弯矩作用平面外的整体稳定性

当实腹式压弯构件在弯矩作用平面外的抗弯刚度较小，或截面抗扭刚度较小，或侧向支撑不足以阻止弯矩作用平面外的弯扭变形时，将在弯矩作用平面内弯曲失稳之前发生弯矩作用平面外的弯扭失稳破坏。

《钢结构设计标准》(GB 50017—2017)规定，除圆管截面外，弯矩作用在对称平面的实腹式压弯构件的弯矩作用平面外稳定性按式(5-15)计算：

$$\frac{N}{\varphi_y A f} + \eta \frac{\beta_{tx} M_x}{\varphi_b W_{1x} f} \leq 1.0 \tag{5-15}$$

式中　M_x——所计算构件段范围内的最大弯矩；

　　　　η——截面影响系数，闭口截面$\eta=0.7$，其他截面$\eta=1.0$；

φ_y——弯矩作用平面外的轴心受压构件稳定系数;

φ_b——均匀弯曲的受弯构件整体稳定系数,对工字形(含H型钢)和T形截面的非悬臂构件,当$\lambda_y \leqslant 120\varepsilon_k$时,其整体稳定系数$\varphi_b$可以采用近似计算公式;

β_{tx}——等效弯矩系数。

β_{tx}的取值按下面规定采用:

(1)在弯矩作用平面外有支撑的构件,应根据两相邻支撑间构件段内的荷载和内力情况确定。

1)无横向荷载作用时,β_{tx}按式(5-16)计算:

$$\beta_{tx} = 0.65 + 0.35 \frac{M_2}{M_1} \tag{5-16}$$

式中 M_1,M_2——端弯矩,使构件产生同向曲率(无反弯点)时取同号;使构件产生反向曲率(有反弯点)时取异号,$|M_1| \geqslant |M_2|$。

2)端弯矩和横向荷载同时作用时,β_{tx}按下列规定取值:使构件产生同向曲率时,β_{tx}取1.0,使构件产生反向曲率时,β_{tx}取0.85。

3)无端弯矩有横向荷载作用时,β_{tx}取1.0。

(2)弯矩作用平面外为悬臂的构件,β_{tx}取1.0。

5.4 实腹式压弯构件的局部稳定性

实腹式压弯构件的截面组成与轴心受压构件和受弯构件相似,板件在均匀压应力或不均匀压应力和剪应力作用下,可能发生波形凸曲,偏离其原来所在的平面而屈曲,从而丧失局部稳定性,因此,应保证其翼缘和腹板的局部稳定性。通常采用与轴心受压构件相同的方法,限制板件的宽(高)厚比来保证局部稳定性。

5.4.1 实腹式压弯构件翼缘的宽厚比限值

实腹式压弯构件(图5-8)翼缘受力情况与轴心受压构件及受弯构件的受压翼缘基本相同,因而,采用受弯构件受压翼缘局部稳定性的控制方法。对于用作压弯构件的H形截面,如图5-8所示,《钢结构设计标准》(GB 50017—2017)对其翼缘宽厚比的规定如下:

(1)允许部分塑性发展的S3级H形截面的翼缘外伸宽度与厚度之比需要满足:

$$\frac{b}{t} \leqslant 13\varepsilon_k \tag{5-17}$$

(2)边缘纤维可达屈服强度,不能发展塑性的S4级H形截面的翼缘外伸宽度与厚度之比需要满足:

$$\frac{b}{t} \leqslant 15\varepsilon_k \tag{5-18}$$

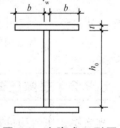

图5-8 实腹式H形压弯构件的截面

式中 b——翼缘板外伸宽度;

t——翼缘板厚度;

ε_k——钢号修正系数。

5.4.2 实腹式压弯构件腹板的高厚比限值

实腹式压弯构件的腹板受压、弯、剪共同作用，其截面可能是弹性状态，也可能是弹塑性状态，因此，其稳定性计算较复杂。

腹板的压应力与弯曲正应力叠加后的应力沿截面高度方向线性分布。最大压应力和最小拉应力(最小压应力或最大拉应力)分别为

$$\sigma_{\max} = \sigma_N + \sigma_{\max}^M \tag{5-19}$$

$$\sigma_{\min} = \sigma_N + \sigma_{\min}^M \tag{5-20}$$

式中 σ_N——轴心压力引起的压应力，取正值；

$\sigma_{\max}^M$，$\sigma_{\min}^M$——弯矩引起的腹板最大压应力和最小压应力或最大拉应力，压应力取正值，拉应力取负值。

腹板的稳定与其压应力不均匀分布的梯度 $\alpha_0 = (\sigma_{\max} - \sigma_{\min})/\sigma_{\max}$ 有关。$\alpha_0 = 0$ 为轴心受压，$\alpha_0 = 2$ 为纯弯曲，$\alpha_0 = 1$ 为三角形分布受压，腹板的剪应力可认为是均匀分布的。

《钢结构设计标准》(GB 50017—2017)规定，H 形截面的压弯构件的腹板高厚比 h_0/t_w 限值应符合：

(1) 允许部分塑性发展的 S3 级 H 形截面的腹板高厚比需要满足：

$$h_0/t_w \leq (40 + 18\alpha_0^{1.50})\varepsilon_k \tag{5-21}$$

(2) 边缘纤维可达屈服强度，不能发展塑性的 S4 级 H 形截面的腹板高厚比需要满足：

$$h_0/t_w \leq (45 + 25\alpha_0^{1.66})\varepsilon_k \tag{5-22}$$

式中 h_0——腹板的高度；

t_w——腹板的厚度；

α_0——应力分布不均匀梯度；

ε_k——钢号修正系数。

5.4.3 实腹式压弯构件的构造要求

实腹式压弯构件的构造要求与实腹式轴心受压构件相似。当腹板的 $h_0/t_w > 80$ 时，为防止腹板在施工和运输中发生变形，应设置间距不大于 $3h_0$ 的横向加劲肋。另外，在设置纵向加劲肋的同时也应设置横向加劲肋。为保持截面形状不变，提高构件抗扭刚度，防止施工和运输过程中发生变形，实腹式柱在受有较大水平力处和运输单元的端部应设置横隔，构件较长时应设置中间横隔，横隔的间距不得大于柱截面较大宽度的 9 倍或 8 m。压弯构件设置侧向支撑，当截面高度较小时，可在腹板加横肋或横隔连接支撑；当截面高度较大或受力较大时，则应在两个翼缘平面内同时设置支撑。

【例 5-2】 如图 5-9 所示，材质为 Q235 的焊接 H 形截面压弯构件，翼缘为火焰切割边，承受的轴线压力设计值为 $N = 900$ kN，构件一端承受 $M = 490$ kN·m 的弯矩，另一端弯矩为零。构件两端铰接，并在三分点处各有一侧向支撑点。若该构件为 S3 级截面，试验算此构件是否满足要求。

【解】 (1) 截面几何特性：

$A = 151.2$ cm², $I_x = 133\ 295.2$ cm⁴，$W_x = 3\ 400.4$ cm³，

$i_x = 29.69$ cm, $I_y = 3\ 125.0$ cm⁴, $i_y = 4.55$ cm = 45.5 mm

(2) 强度验算。

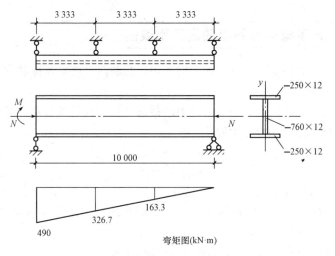

图 5-9 【例 5-2】图

$$\frac{N}{A_n}+\frac{M_x}{\gamma_x W_{nx}}=\frac{900\times 1\,000}{151.2\times 100}+\frac{490\times 10^6}{1.05\times 3\,400.4\times 10^3}=59.5+137.2=196.7(\text{N/mm}^2)<f=215\text{ N/mm}^2$$

(3) 弯矩作用平面内稳定验算。

$$\lambda_x=\frac{l_x}{i_x}=1\,000/29.69=33.68<[\lambda]=150，按 b 类截面查规范附表得 \varphi_x=0.922。$$

$$N'_{Ex}=\frac{\pi^2 EA}{1.1\lambda_x^2}=\frac{\pi^2\times 206\,000\times 15\,120}{1.1\times 33.68^2}\times 10^{-3}=24\,636.7(\text{kN})，\beta_{mx}=0.60$$

$$\frac{N}{\varphi_x Af}+\frac{\beta_{mx}M_x}{\gamma_x W_{1x}\left(1-0.8\dfrac{N}{N'_{Ex}}\right)f}=\frac{900\times 10^3}{0.922\times 15\,120\times 215}+$$

$$\frac{0.60\times 490\times 10^3}{1.05\times 3\,400.4\times\left(1-0.8\times\dfrac{900}{24\,636.7}\right)\times 215}$$

$$=0.300+0.395=0.695<1$$

(4) 弯矩作用平面外稳定验算。

$$\lambda_y=\frac{l_y}{i_y}=333.3/4.55=73.3<[\lambda]=150，按 b 类截面查规范附表得 \varphi_y=0.730。$$

因最大弯矩在左端，而左边第一段 β_{tx} 又最大，故只需验算该段。

$$\beta_{tx}=0.65+0.35\times 326.7/490=0.833$$

因 $\lambda_y=73.3\leqslant 120\varepsilon_k=120$，$\varepsilon_k=1$，故

$$\varphi_b=1.07-\frac{\lambda_y^2}{44\,000\varepsilon_k^2}=1.07-\frac{73.3^2}{44\,000}=0.948$$

$$\frac{N}{\varphi_y Af}+\eta\frac{\beta_{tx}M_x}{\varphi_b W_{1x}f}=\frac{900\times 10^3}{0.730\times 15\,120\times 215}+\frac{0.883\times 490\times 10^3}{0.948\times 3\,400.4\times 215}=1.004\approx 1.0$$

(5) 局部稳定验算。

翼缘板局部稳定验算：

$$\frac{b}{t}=\frac{(250-12)/2}{12}=9.9<13\varepsilon_k=13，满足要求$$

腹板局部稳定验算：

$$\sigma_{max} = \frac{N}{A} + \frac{M_x}{W_{1x}} = \frac{900 \times 10^3}{15\,120} + \frac{490 \times 10^3}{3\,400.4} = 59.5 + 144.1 = 203.6(\text{N/mm}^2)$$

$$\sigma_{min} = \frac{N}{A} - \frac{M_x}{W_{1x}} = \frac{900 \times 10^3}{15\,120} - \frac{490 \times 10^3}{3\,400.4} = 59.5 - 144.1 = -84.6(\text{N/mm}^2)$$

$$\alpha_0 = \frac{\sigma_{max} - \sigma_{max}}{\sigma_{max}} = \frac{203.6 - (-84.6)}{203.6} = 1.416$$

$$\frac{h_0}{t_w} = \frac{760}{12} = 63.3 \leqslant (40 + 18\alpha_0^{1.5})\varepsilon_k = (40 + 18 \times 1.416^{1.5}) \times 1 = 70.33$$

综上所述，该压弯构件的强度、刚度、整体稳定和局部稳定均满足要求。

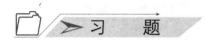习 题

一、判断题

1. 在进行钢构件设计时，钢框架的框架柱应按压弯构件进行设计。（   ）
2. 对于直接承受动力荷载作用或截面不允许出现塑性区的实腹式拉弯或压弯构件，强度计算时不考虑塑性发展。（   ）
3. 对于直接承受动力荷载作用或截面不允许出现塑性区的实腹式拉弯或压弯构件，强度计算时不考虑塑性发展。（   ）
4. 拉弯、压弯构件的刚度通常以挠度来控制。（   ）
5. 一个两端简支的钢桁架，若上弦节点上作用有方向向下的恒、活荷载，则节间作用有悬挂荷载的下弦杆应按压弯构件进行设计。（   ）
6. 截面局部有螺栓孔的拉弯构件在进行强度计算时用毛截面即可。（   ）
7. 压弯构件刚度计算时，容许长细比取轴心受压构件的容许长细比。（   ）
8. 压弯构件的长细比是构件的长度与截面回转半径的比值。（   ）
9. 截面局部有螺栓孔的拉弯构件在进行强度计算时用毛截面即可。（   ）
10. 型钢 H500×300×8×10，材质为 Q235B，若其为静荷载作用下的压弯构件，则在强度计算时可以部分考虑塑性发展。（   ）

二、计算题

1. 本章例题 5-2 若仅在跨中有 1 道支撑，试为该压弯构件选择合适的热轧 H 型钢截面。
2. 本章例题 5-2 若仅在跨中没有支撑，试为该压弯构件选择合适的焊接 H 型钢截面。

三、上机实践题

用计算机软件（如旗云工具箱）核算本章中的计算例题和习题中的计算题，并打印计算书。

单元6　钢结构连接计算

> **知识点**
>
> 对接焊缝的构造与计算、角焊缝的构造与计算、普通螺栓的构造与计算、高强度螺栓的构造与计算。

6.1　钢结构的连接方法

连接在钢结构中占有很重要的地位。钢结构中所用的连接方法主要有焊缝连接、螺栓连接、铆钉连接。连接的设计必须遵循"安全可靠、传力明确、构造简单、制造方便和节约钢材"的原则。

(1)焊缝连接是现代钢结构最主要的连接方式。其优点是对任何形状的结构都适用，构造简单。焊缝连接一般不需要拼接材料，省钢省工，且能实现自动化操作，生产效率较高。

(2)铆钉连接刚度大，传力可靠，韧性和塑性较好，易于检查，用于经常受动力荷载作用且荷载较大和跨度较大的结构。但是铆钉连接费钢费工，现在已经很少采用。

(3)螺栓连接可分为普通螺栓连接和高强度螺栓连接两种。普通螺栓可分为粗制螺栓(C级)和粗制螺栓(A级、B级)两种。精制螺栓的栓杆与栓孔加工严格，受力性能较好，但费用较高，建筑钢结构中所用普通螺栓一般为粗制螺栓。高强度螺栓连接可分为摩擦型、承压型两种。摩擦型连接的高强度螺栓剪切变形小，弹性性能好，施工简单，耐疲劳，特别适用于承受动力荷载的结构，承压型连接螺栓排布紧凑，但剪切变形大，不得用于承受动力荷载的结构中。除上述常用连接方式外，在轻钢结构中还经常采用射钉、自攻螺钉等连接方式。

6.2　焊缝连接

6.2.1　常用焊接方法

在钢结构中，一般采用的焊接方法有电弧焊、电渣焊、气体保护焊、电阻焊和气焊等。

6.2.2　焊缝连接的优缺点

焊缝连接与螺栓连接、铆钉连接相比有下列优点：

(1)不需要在钢材上制孔,既省工,又不减损钢材截面,可以充分利用材料;
(2)任何形状的构件都可以直接相连,不需要辅助零件,构造简单;
(3)焊缝连接的密封性好,结构刚度大。

焊缝连接也存在下列缺点:
(1)施焊时的高温作用,在焊缝附近形成热影响区,使钢材金属组织和机械性能发生变化,材质变脆;
(2)焊接残余应力使焊接结构发生脆性破坏的可能性增大,残余变形使其尺寸和形状发生变化,矫正费工;
(3)焊接结构局部裂缝一经发生便容易扩展到整体,对整体不利,低温冷脆问题比较突出。

6.2.3 焊缝连接形式

焊缝连接形式可以按被连接板件的相对位置、焊缝构造及施焊位置进行划分。

1. 按被连接板件的相对位置划分

焊缝连接形式按被连接板件的相对位置可分为平接、搭接、T形连接和角接四种,如图6-1所示。

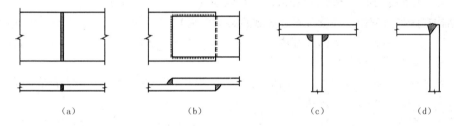

图 6-1 焊缝连接形式
(a)平接;(b)搭接;(c)T形连接;(d)角接

2. 按焊缝构造划分

焊缝按构造可分为对接焊缝和角焊缝两种。对接焊缝位于被连接板件之间的缝隙内,必然处于其中至少一个板件的平面内;角焊缝位于两个被连接板件的边缘角隅位置。

对接焊缝按作用力的方向与焊缝长度的相对位置可分为对接正焊缝和对接斜焊缝,如图6-2所示。

角焊缝根据焊缝轴线与焊件受力方向的关系可分为端面角焊缝与侧面角焊缝和斜向角焊缝,如图6-2所示。角焊缝根据沿长度方向是否连续可以分为连续角焊缝和断续角焊缝。连续角焊缝受力情况较好,断续角焊缝容易引起应力集中现象,重要结构应避免采用,但可以用于一些次要的连接中。

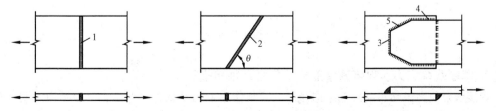

图 6-2 焊缝方向与受力方向的关系
1—对接正焊缝;2—对接斜焊缝;3—端面角焊缝;4—侧面角焊缝;5—斜向角焊缝

3. 按施焊位置划分

焊缝按施焊位置可分为平焊、横焊、立焊和仰焊等几种(图6-3)。平焊也称为俯焊，施焊条件最好，质量易保证；仰焊的施工条件最差，质量不易保证，在设计、制作和安装时应尽量避免。

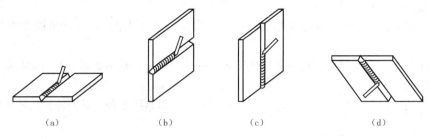

图 6-3 焊缝施焊位置
(a)平焊；(b)横焊；(c)立焊；(d)仰焊

6.2.4 焊接残余应力和焊接残余变形

1. 焊接残余应力和焊接残余变形的成因与分类

钢结构在施焊过程中，焊缝及附近区域的温度可达1 500 ℃以上，并由焊缝中心向周围区域急剧递降。这样，在施焊完毕的冷却中，焊缝各部分之间热胀冷缩不同步、不均匀，将使结构局部形成应力和变形，称为焊接残余应力和焊接残余变形。

焊接残余应力简称焊接应力，有沿焊缝长度方向的纵向焊接应力，垂直于焊缝长度方向的横向焊接应力和沿厚度方向的焊接应力。

焊接残余变形包括纵向、横向收缩，弯曲变形，角变形和扭曲变形等(图6-4)，且通常是几种变形的组合。当焊接残余变形超过验收规范的规定时，必须对其进行矫正，以免影响构件在正常使用条件下的承载能力。

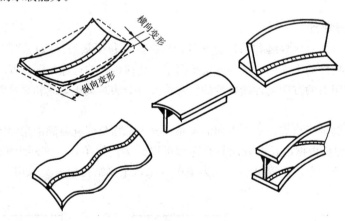

图 6-4 焊接残余变形

2. 焊接残余应力和焊接残余变形的危害及预防措施

焊接残余应力虽然不会影响结构在静力荷载作用下的承载力，但是它会使结构的刚度和稳定性下降，引起低温冷脆和抗疲劳强度的降低。因此，在设计和制作过程中必须考虑焊接残余应力对结构的不利影响。

焊接残余变形会使钢构件不能保持原来的设计尺寸及位置,影响结构的正常工作,严重时还会使构件无法正常安装就位。

减少焊接残余应力和残余变形的方法有以下几种:

(1)采取合理的施焊次序,例如,对厚焊缝分层施焊,对 H 形截面进行施焊时采用对称跳焊,钢板对接焊接时可采用分段施焊等方法。

(2)尽可能采用对称焊缝,焊缝厚度在满足计算和构造要求的基础上不宜太大。

(3)施焊前给构件施加一个与焊接残余变形相反的预变形,可以使构件在焊接后产生的变形正好与之抵消。

(4)对于小构件,焊前预热和焊后回火,可以消除焊接残余应力,减少焊接残余变形。

6.3 对接焊缝的构造与计算

6.3.1 对接焊缝的构造

对接焊缝的焊件常需做成坡口,故又称坡口焊缝。坡口形式(图6-5)与焊件的厚度有关,焊件厚度较薄(≤10 mm)时,可不做坡口,采用 H 形对接焊缝直接焊接;焊件厚度为 10~20 mm 时,可采用有坡口的 V 形焊缝、U 形焊缝;板件厚度再大时,可采用 K 形焊缝、X 形焊缝。图 6-5 中 c 为根部间隙,p 为钝边。坡口和根部间隙共同组成一个焊条能够运转的施焊空间,钝边有拖住熔化金属的作用。对于 V 形焊缝、U 形焊缝,需要对焊缝根部进行补焊。

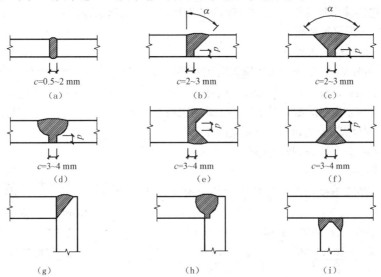

图 6-5 对接焊缝的坡口形式

(a)H 形;(b),(g)单边 V 形;(c)双边 V 形;(d),(h)双边 U 形;(e),(i)K 形;(f)X 形

对接焊缝用料经济,传力平顺均匀,没有明显的应力集中,承受动力荷载作用时采用对接焊缝最为有利。但对接焊缝的焊件边缘常需要进行坡口加工,焊件尺寸必须精确,施焊时焊件要保持一定的间隙。对接焊缝的起点和终点常因不能熔透而出现凹形的焊口,在受力后易出现裂缝及应力集中。为此,施焊时常采用引弧板(图 6-6)。

在对接焊缝的拼接中，当焊件的宽度不同或厚度相差 4 mm 以上时，应分别在宽度或厚度方向从一侧或两侧做成坡度不大于 1∶2.5 的斜坡（图 6-7），以使截面过渡和缓，减小应力集中。

图 6-6 引弧板

图 6-7 不同厚度及宽度的钢板连接

6.3.2　对接焊缝的计算

1. 轴心受力的对接焊缝计算

对接焊缝轴心受力是指作用力通过焊件截面形心，且垂直于焊缝长度方向[图 6-8(a)]。其计算公式为

$$\sigma = \frac{N}{l_w t} \leqslant f_t^w \text{ 或 } f_c^w \tag{6-1}$$

式中　N——轴心拉力或压力设计值；

　　　l_w——焊缝的计算长度，不采用引弧板施焊时取焊缝的实际长度减去 $2t$，采用引弧板施焊时为焊缝的实际长度，计算长度即为板宽；

　　　t——对接连接中连件较小的厚度，在 T 形接头中为腹板厚度；

　　　f_t^w——对接焊缝抗拉强度；

　　　f_c^w——对接焊缝抗压强度。

【例 6-1】　如图 6-8(a)所示，两块钢板采用对接焊缝。已知钢板宽度 b 为 600 mm，板厚 t 为 8 mm，轴心拉力 $N=950$ kN，钢材为 Q235 钢，焊条为 E43 型，手工焊，不采用引弧板。若焊缝为三级焊缝，问该焊缝是否可以满足荷载的要求？

【解】　该对接焊缝为三级焊缝且板厚为 8 mm，查附表 1.2 可知 $f_t^w=185$ N/mm²。

因轴力通过焊缝形心，假定焊缝受力均匀分布，不采用引弧板，则 l_w 为

$$l_w = l - 2t = 600 - 2 \times 8 = 584 \text{(mm)}$$

$$\sigma = \frac{N}{l_w t} = \frac{950 \times 10^3}{584 \times 8} = 203.3 \text{(N/mm}^2) > f_t^w$$

综上，该焊缝不能满足荷载的要求。

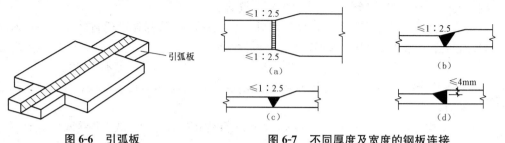

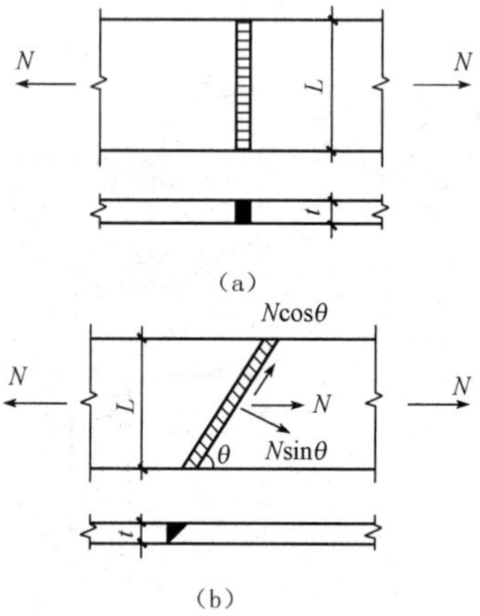

图 6-8　对接焊缝
(a)垂直焊缝；(b)斜对接焊缝

2. 斜向受力的对接焊缝计算

对接焊缝受斜向力是指作用力通过焊缝重心，与焊缝长度方向呈 θ 夹角。其计算公式为

$$\begin{cases} \sigma = \dfrac{N\sin\theta}{l_w t} \leqslant f_t^w \text{（或 } f_c^w) \\ \tau = \dfrac{N\cos\theta}{l_w t} \leqslant f_v^w \end{cases} \tag{6-2}$$

式中 θ——焊缝长度方向与作用力方向间的夹角；

l_w——斜向焊缝计算长度，即 $l_w=b/\sin\theta-2t$（无引弧板），$l_w=b/\sin\theta$（有引弧板）；

b——焊件的宽度。

由于一、二级检验的焊缝与母材强度相等，故只有三级检验的焊缝才需按式(6-2)进行抗拉强度验算。如果用直缝不能满足强度需要，则可采用如图 6-8(b)所示的斜对接焊缝。计算证明：焊缝与作用力间的夹角 θ 满足 $\tan\theta\leqslant 1.5$ 时，斜焊缝的强度不低于母材强度，可不再进行验算。

3. 弯矩和剪力共同作用的对接焊缝计算

在弯矩和剪力作用下矩形截面的对接焊缝，其正应力和剪应力的分布分别为三角形与抛物线形(图 6-9)，应分别计算正应力与剪应力。

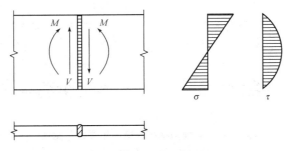

图 6-9 弯矩和剪力共同作用下矩形截面的对接焊缝

$$\sigma_{\max}=\frac{M}{W_x}\leqslant f_t^w(f_c^w) \tag{6-3}$$

式中 W_x——焊缝截面抵抗矩。

剪力作用下焊缝截面上中性轴处剪应力最大。其计算公式为

$$\tau_{\max}=\frac{VS_w}{I_w t_w}\leqslant f_v^w \tag{6-4}$$

式中 S_w——焊缝截面上计算点处以上截面对中和轴的面积矩；

I_w——焊缝截面中和轴的惯性矩；

f_v^w——对接焊缝的抗剪强度设计值。

对于 H 形截面，对于腹板和翼缘的交界点，正应力、剪应力虽不是最大，但都比较大(图 6-10)，所以，除分别验算最大正应力、最大剪应力外，还需验算此处的折算应力，即

$$\sigma_{zs}=\sqrt{\sigma_1^2+3\tau_1^2}\leqslant 1.1 f_t^w \tag{6-5}$$

式中 σ_1，τ_1——腹板与翼缘交界点处的正应力和剪应力；

1.1——考虑到最大折算应力只在部分截面的部分点出现，而将强度设计值适当提高。

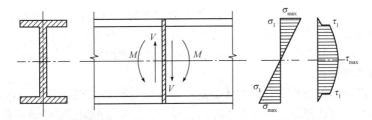

图 6-10 H 形截面的正应力和剪应力分布

6.4 角焊缝的构造与计算

6.4.1 角焊缝的形式和构造要求

1. 角焊缝的形式

角焊缝按其与作用力的关系可分为端面角焊缝、侧面角焊缝(图 6-11)。端面角焊缝的焊缝长度方向与作用力垂直,侧面角焊缝的焊缝长度方向与作用力平行。

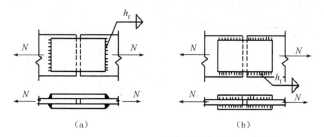

图 6-11　端面角焊缝、侧面角焊缝示意图
(a)端面角焊缝；(b)侧面角焊缝；

角焊缝按其截面形式可分为直角角焊缝和斜角角焊缝。直角角焊缝按截面形式可分为普通型、平坦型和凹面型三种。一般情况下采用前者,后两者只有在焊缝承受直接动力荷载时才会采用(图 6-12)。

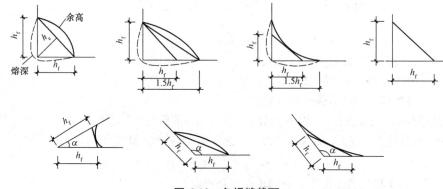

图 6-12　角焊缝截面

大量试验结果表明,侧面角焊缝主要承受剪应力,塑性较好,弹性模量低,强度也较低。传力线通过侧面角焊缝时产生弯折,应力沿焊缝长度方向的分布不均匀,呈两端大而中间小的状态。焊缝越长,应力分布越不均匀,但在进入塑性工作阶段时产生应力重分布,可使应力分布的不均匀现象渐趋缓和。

试验表明,端面角焊缝的静力强度高于侧面角焊缝,如 Q235 钢和 E43 型焊条焊成的端面角焊缝的平均破坏强度比侧面角焊缝要高出 35% 以上。低合金钢的试验结果也有类似情况。

2. 角焊缝的构造要求

(1)最小焊脚尺寸。角焊缝的焊脚尺寸不能过小,否则焊接时产生的热量较小,而焊件厚度较大，致使施焊时冷却速度过快，产生淬硬组织，导致母材开裂。《钢结构设计标准》(GB 50017—2017)规定，角焊缝的最小焊脚尺寸宜按表 6-1 取值，承受动荷载时角焊缝焊脚尺寸不宜小于 5 mm。

表 6-1 角焊缝最小焊脚尺寸　　　　　　　　　　　　　　　　　　　　mm

母材厚度 t	角焊缝最小焊脚尺寸 h_f
$t \leqslant 6$	3
$6 < t \leqslant 12$	5
$12 < t \leqslant 20$	6
$t > 20$	8

注：1. 采用不预热的非低氢焊接方法进行焊接时，t 等于焊接连接部位中较厚件厚度，宜采用单道焊缝；采用预热的非低氢焊接方法或低氢焊接方法进行焊接时，t 等于焊接连接部位中较薄件厚度；
　　2. 焊缝尺寸 h_f 不要求超过焊接连接部位中较薄件厚度的情况除外

(2)角焊缝的最小计算长度。对搭接的侧面角焊缝而言，如果焊缝长度过小，由于力线弯折大，也会造成严重的应力集中。为了使焊缝能够具有一定的承载能力，根据使用经验，角焊缝的计算长度不得小于 $8h_f$ 和 40 mm，焊缝计算长度应为扣除引弧、收弧长度后的焊缝长度。

(3)角焊缝的搭接焊缝连接中，当焊缝计算长度 l_w 超过 $60h_f$ 时，焊缝的承载力设计值应乘以折减系数 α_f，$\alpha_f = 1.5 - \dfrac{l_w}{120h_f}$，并不小于 0.50。

6.4.2　角焊缝的计算

1. 轴心力作用时的角焊缝计算

在图 6-13 的连接中，当轴心力通过连接焊缝中心时，可认为焊缝应力是均匀分布的。当只有侧面角焊缝时，按式(6-6)计算；当只有端面角焊缝时，按式(6-7)计算。

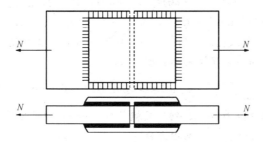

图 6-13　受轴心力的角焊缝连接

$$\tau_f = \frac{N}{h_e l_w} \leqslant f_f^w \tag{6-6}$$

$$\sigma_f = \frac{N_y}{h_e l_w} \leqslant \beta_f f_f^w \tag{6-7}$$

式中　h_e——角焊缝的有效厚度，对于直角角焊缝取 $0.7h_f$；
　　　l_w——焊缝的计算长度，焊缝两端各减去 h_f，若加引弧板则不减；
　　　f_f^w——角焊缝的强度设计值，查附表 1.2；
　　　β_f——正面角焊缝强度增大系数，取 1.22。

当采用三面围焊时,先按式(6-8)计算端面角焊缝所承担的内力:

$$N_1 = \beta_f f_f^w \sum h_e l_{w1} \tag{6-8}$$

式中 $\sum h_e l_{w1}$ ——连接一侧端面角焊缝有效面积的总和。

再由式(6-9)验算侧面角焊缝的强度:

$$\tau_f = \frac{N - N_1}{\sum h_e l_{w2}} \leqslant f_f^w \tag{6-9}$$

式中 $\sum h_e l_{w2}$ ——连接一侧侧面角焊缝有效面积的总和。

【例 6-2】 如图 6-14 所示,用拼接板进行平接连接,已知主板截面尺寸为 14 mm×400 mm,承受轴心力设计值 $N=920$ kN(静力荷载),钢材为 Q235B 钢,采用 E43 型焊条,手工焊,试按以下方式设计拼接板尺寸:
(1)用侧面直角焊缝;
(2)用三面围焊。

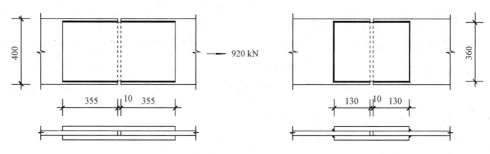

图 6-14 拼接板平接连接

【解】 (1)拼接板截面选择:根据拼接板和主板承载能力相等原则,拼接钢板钢材也采用 Q235B 钢,两块拼接板截面面积之和应不小于主板截面面积。考虑拼接板要侧面施焊,取拼接板宽度为 360 mm(主板与拼板宽度差要略大于 $2h_f$)。

拼接板厚度 $t_1 = (400 \times 14)/(2 \times 360) \approx 7.8$(mm),取 $t_1 = 8$ mm。

故拼接板截面尺寸为 360 mm×8 mm。

(2)焊缝计算:直角焊缝强度设计值 $f_f^w = 160$ N/mm²,根据构造要求取 $h_f = 6$ mm。

1)采用侧面焊缝时,侧面角焊缝实际长度。

$l_w = \dfrac{N}{4h_e f_f^w} + 2h_f = \dfrac{920 \times 10^3}{4 \times 0.7 \times 6 \times 160} + 2 \times 6 \approx 342 + 12 = 354$(mm),取 $l_w = 355$ mm。

被拼接两板间宜留出缝隙 10 mm,则拼接板长度 $l = 2l_w + 10 = 2 \times 355 + 10 = 720$(mm)。

2)采用三面围焊时,端部角焊缝承担力为

$N_1 = \beta_f f_f^w \sum h_e l_{w1} = 1.22 \times 160 \times 0.7 \times 6 \times 360 \times 2 = 590\,285$(N) ≈ 590 kN

侧面角焊缝实际长度为

$l_w = \dfrac{N - N_1}{4h_e f_f^w} + h_f = \dfrac{(920-590) \times 10^3}{4 \times 0.7 \times 6 \times 160} + 6 \approx 123 + 6 = 129$(mm),取 $l_w = 130$ mm。

拼接板长度为 $l = 2l_w + 10 = 2 \times 130 + 10 = 270$(mm)。

比较以上两种方案,可见三面围焊比仅在侧面施焊更经济合理。

当角钢用侧缝连接时(图6-15),由于角钢截面形心到肢背和肢尖的距离不相等,靠近形心的肢背焊缝承受较大的内力。设 N_1 和 N_2 分别为角钢肢背与肢尖焊缝承担的内力,由平衡条件可知:

$$N_1 + N_2 = N$$

$$N_1 e_1 = N_2 e_2$$
$$e_1 + e_2 = b$$

解上式得肢背和肢尖受力为

$$\begin{cases} N_1 = \dfrac{e_2}{b} N = k_1 N \\ N_2 = \dfrac{e_1}{b} N = k_2 N \end{cases} \quad (6\text{-}10)$$

式中　N——角钢承受的轴心力；

　　　k_1，k_2——角钢角焊缝的内力分配系数，按表 6-2 采用。

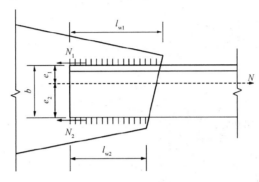

图 6-15　角钢的侧缝连接

表 6-2　角钢角焊缝的轴力分配系数

角钢种类	连接情况	角钢肢背 k_1	角钢肢尖 k_2
等肢角钢		0.70	0.30
不等肢角钢短肢相并		0.75	0.25
不等肢角钢长肢相并		0.65	0.35

在 N_1 和 N_2 作用下，侧缝的直角角焊缝计算公式为

$$\begin{cases} \dfrac{N_1}{\sum 0.7 h_{f1} l_{w1}} \leqslant f_f^w \\ \dfrac{N_2}{\sum 0.7 h_{f2} l_{w2}} \leqslant f_f^w \end{cases} \quad (6\text{-}11)$$

式中 h_{f1}，h_{f2}——肢背、肢尖的焊脚尺寸；

l_{w1}，l_{w2}——肢背、肢尖的焊缝计算长度。

考虑到每条焊缝两端的起灭弧缺陷，实际焊缝长度为计算长度加 $2h_f$，但对于三面围焊，由于在杆件端部转角处必须连续施焊，每条侧面角焊缝只有一端可能起灭弧，故焊缝实际长度为计算长度加 h_f；对于采用绕角焊的侧面角焊缝，其实际长度等于计算长度（绕角焊缝长度 $2h_f$ 不计入计算）。

角钢用三面围焊时（图 6-16），既要考虑到焊缝形心线基本上与角钢形心线一致，又要考虑到侧缝与端缝计算的区别。计算时先选定端缝的焊脚尺寸 h_{f3}，并算出它所能承受的内力：

$$N_3 = \beta_f \sum 0.7 h_{f3} l_{w3} f_f^w \tag{6-12}$$

式中 h_{f3}——端缝的焊脚尺寸；

l_{w3}——端缝的焊缝计算长度。通过平衡关系得肢背和肢尖侧焊缝受力为

$$\begin{cases} N_1 = k_1 N - 0.5 N_3 \\ N_2 = k_2 N - 0.5 N_3 \end{cases} \tag{6-13}$$

在 N_1 和 N_2 作用下，侧焊缝的计算公式与式（6-11）相同。

当采用 L 形围焊时（图 6-14），令 $N_2 = 0$，由式（6-13）得

$$\begin{cases} N_3 = 2k_2 N \\ N_1 = k_1 N - k_2 N = (k_1 - k_2) N \end{cases} \tag{6-14}$$

L 形围焊脚焊缝的计算公式为

$$\begin{cases} \dfrac{N_1}{\sum 0.7 h_{f1} l_{w1}} \leqslant f_f^w \\ \dfrac{N_3}{\sum 0.7 h_{f3} l_{w3}} \leqslant f_f^w \end{cases} \tag{6-15}$$

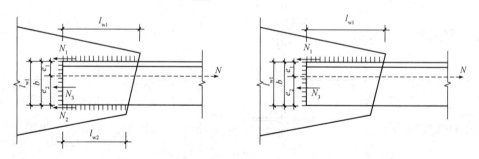

图 6-16 角钢角焊缝围焊的计算

【例 6-3】 角钢截面为 2∟140×10，与厚度为 16 mm 的节点板相连接，钢材为 Q235-B 钢，手工焊，焊条为 E43 型。杆件承受静力荷载，由恒荷载标准值产生的轴力 $N_G = 300$ kN，$\gamma_G = 1.2$；由活荷载标准值产生的轴力 $N_Q = 580$ kN，$\gamma_Q = 1.4$。试分别设计下列情况时此节点的连接：

(1) 采用三面围焊；

(2) 采用两面侧焊缝；

(3) 采用 L 形焊缝。

【解】 (1) 采用三面围焊。

根据构造要求选定焊脚尺寸 $h_f = 8$ mm。

轴心力的设计值

$$N = \gamma_G N_G + \gamma_Q N_Q = 1.2 \times 300 + 1.4 \times 580 = 1\ 172 \text{(kN)}$$

杆件截面应力
$$\sigma = \frac{N}{A_n} = \frac{1\ 172 \times 10^3}{5\ 474} = 214.1 \text{(N/mm}^2\text{)} < f = 215 \text{ N/mm}^2$$

端面角焊缝承受的力
$$N_3 = \beta_f \sum 0.7 h_{f3} l_{w3} f_f^w = 1.22 \times 2 \times 0.7 \times 8 \times 140 \times 160 \times 10^{-3} = 306.1 \text{(kN)}$$

侧面角焊缝承受的力
$$N_1 = k_1 N - \frac{N_3}{2} = 0.7 \times 1\ 172 - \frac{306.1}{2} = 667.4 \text{(kN)}$$

$$N_2 = N - N_1 - N_3 = 1\ 172 - 667.4 - 306.1 = 198.5 \text{(kN)}$$

肢背焊缝的计算长度
$$l_{w1} \geq \frac{N_1}{2h_e f_f^w} = \frac{667.4 \times 10^3}{2 \times 0.7 \times 8 \times 160} = 372.4 \text{(mm)} < 60 h_f = 480 \text{ mm}$$

实际焊缝长度 $l_1 = l_{w1} + h_f = 372.4 + 8 = 380.4 \text{(mm)}$,取 385 mm。

肢尖焊缝的计算长度
$$l_{w2} \geq \frac{N_2}{2h_e f_f^w} = \frac{198.5 \times 10^3}{2 \times 0.7 \times 8 \times 160} = 110.8 \text{(mm)} > 8 h_f = 64 \text{ mm}$$

实际焊缝长度 $l_2 = l_{w2} + h_f = 110.8 + 8 = 118.8 \text{(mm)}$,取 120 mm。

角钢端部:焊缝的实际长度与计算长度相等,即 $l_3 = l_{w3} = 140 \text{ mm}$。

(2)采用两面侧焊缝。两侧面角焊缝的焊角尺寸可以不同,可取 $h_{f1} > h_{f2}$。但焊角尺寸不同将导致施焊时需采用焊心直径不同的焊条,为避免这种情况,一般情况下宜采用相同的 h_f。本题中取 $h_f = 8 \text{ mm}$。

$$N_1 = k_1 N = 0.7 \times 1\ 172 = 820.4 \text{(kN)}$$

$$N_2 = N - N_1 = 1\ 172 - 820.4 = 351.6 \text{(kN)}$$

肢背焊缝的计算长度 $l_{w1} \geq \dfrac{N_1}{2h_e f_f^w} = \dfrac{820.4 \times 10^3}{2 \times 0.7 \times 8 \times 160} = 457.8 \text{(mm)} < 60 h_f = 480 \text{ mm}$。

实际焊缝长度 $l_1 = l_{w1} + 2h_f = 457.8 + 16 = 473.8 \text{(mm)}$,取 475 mm。

肢尖焊缝的计算长度 $l_{w2} \geq \dfrac{N_2}{2h_e f_f^w} = \dfrac{351.6 \times 10^3}{2 \times 0.7 \times 8 \times 160} = 196.2 \text{(mm)} > 8 h_f = 64 \text{ mm}$。

实际焊缝长度 $l_2 = l_{w2} + 2h_f = 196.2 + 16 = 212.2 \text{(mm)}$,取 215 mm。

(3)采用 L 形围焊。
$$N_3 = 2k_2 N = 2 \times 0.3 \times 1\ 172 = 703.2 \text{(kN)}$$

$$N_1 = (k_1 - k_2) N = (0.7 - 0.3) \times 1\ 172 = 468.8 \text{(kN)}$$

角钢端部传递 N_3 所需的端面角焊缝焊脚尺寸
$$h_{f3} \geq \frac{N_3}{2 \times 0.7 l_{w3} \beta_f f_f^w} = \frac{703.2 \times 10^3}{2 \times 0.7 \times (140 - 8) \times 1.22 \times 160} = 19.5 \text{(mm)}$$

超出了角钢的厚度,不能采用 L 形围焊。

2. 在弯矩、轴力和剪力共同作用下的角焊缝计算

角焊缝在弯矩、剪力和轴力作用下的内力,根据焊缝所处位置和刚度等因素确定。角焊缝在各种外力作用下的内力计算原则如下:

(1)求单独外力作用下角焊缝的应力,并判断该应力对焊缝产生端缝受力(垂直于焊缝长度方向),还是侧缝受力(平行于焊缝长度方向)。

(2)采用叠加原理,将各种外力作用下的焊缝应力进行叠加。叠加时注意应取焊缝截面上同

一点的应力进行叠加,而不能用各种外力作用下产生的最大应力进行叠加。因此,应根据单独外力作用下产生的应力分布情况判断最危险点进行计算。

(3)如图 6-17 所示,在轴力 N 作用下,在焊缝有效截面上产生均匀应力,即

$$\sigma_N = \frac{N}{A_e} \tag{6-16}$$

式中　σ_N——由轴力 N 在端缝中产生的应力;

　　　A_e——焊缝有效截面面积。

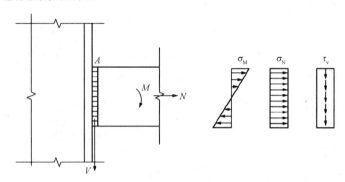

图 6-17　弯矩、轴力和剪力共同作用的角焊缝应力

(4)在剪力 V 作用下,根据与焊缝连接件的刚度来判断哪一部分焊缝截面承受剪力作用,在受剪截面上应力分布是均匀的,即

$$\tau_v = \frac{V}{A_e} \tag{6-17}$$

式中　τ_v——剪力 V 产生的应力。

(5)在弯矩 M 作用下,焊缝应力按三角形分布,即

$$\sigma_M = \frac{M}{W_e} \tag{6-18}$$

式中　σ_M——弯矩在焊缝中产生的应力。

　　　W_e——焊缝计算截面对形心的截面模量。

将弯矩和轴力产生的应力在 A 点叠加,即

$$\sigma_f = \sigma_N + \sigma_M$$

剪力 V 在 A 点的应力

$$\tau_f = \tau_v$$

焊缝的强度验算公式

$$\sqrt{\left(\frac{\sigma_f}{\beta_f}\right)^2 + \tau_f^2} \leqslant f_f^w \tag{6-19}$$

当连接直接承受动力荷载时,取 $\beta_f = 1.0$。

图 6-18 所示的工字形或 H 形截面梁与钢柱翼缘的角焊缝连接,通常承受弯矩 M 和剪力 V 的共同作用。计算时通常假设腹板焊缝承受全部剪力,弯矩则由全部焊缝承受。

为了焊缝的分布较合理,宜在每个翼缘的上、下两侧使用角焊缝,由于翼缘焊缝只承受垂直于焊缝长度方向的弯曲应力。所以,此弯曲应力沿梁高度呈三角形分布,最大应力发生在翼缘焊缝的最外纤维处。为了保证此焊缝的正常工作,应使翼缘焊缝最外纤维处的应力满足

$$\sigma_{fl} = \frac{M}{I_w} \cdot \frac{h}{2} \leqslant \beta_f f_f^w \tag{6-20}$$

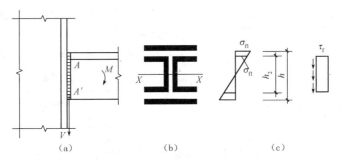

图 6-18 工字形或 H 形截面梁与钢柱翼缘的角焊缝连接

式中 M——全部焊缝所承受的弯矩；
I_w——全部焊缝有效截面对中心轴的惯性矩。

腹板焊缝承受两种应力共同作用，即垂直于焊缝长度方向且沿梁高呈三角形分布的弯曲应力和平行于焊缝长度方向且沿焊缝截面均匀分布的剪应力的作用，设计控制点为翼缘焊缝与腹板焊缝的交点 A。此处的弯曲应力和剪应力分别按下式计算：

$$\sigma_{f2} = \frac{M}{I_w} \cdot \frac{h_2}{2} \tag{6-21}$$

$$\tau_{f2} = \frac{V}{\sum h_{e2} l_{w2}} \tag{6-22}$$

式中 $\sum h_{e2} l_{w2}$——腹板焊缝有效面积之和。

腹板焊缝在点 A 处的强度验算式为

$$\sqrt{\left(\frac{\sigma_{f2}}{\beta_f}\right)^2 + \tau_f^2} \leqslant f_f^w \tag{6-23}$$

6.5 普通螺栓的构造与计算

6.5.1 螺栓的排列和构造要求

普通螺栓根据制造方法及精度不同可分为 A、B、C 三级。其中，A 级和 B 级螺栓为精制螺栓，精度高、价格也高。在钢结构中常用的普通螺栓一般为 C 级普通螺栓，用 Q235 钢制成，俗称 4.6 级普通螺栓。与 C 级普通螺栓配套的螺栓孔一般为 II 类孔，螺杆直径比孔径小 1~1.5 mm，以便于制作安装。但由于杆与孔之间有空隙，传递剪力时，连接变形大，不宜用于重要的连接中，一般用于承受拉力的连接中。A 级和 B 级螺栓一般要求用 I 类孔，孔径比螺杆直径大 0.2~0.5 mm。普通螺栓的常用公称直径有 12、16、18、20、24(mm)。

螺栓的排列应简单统一、整齐紧凑，通常分为并列和错列两种形式(图 6-19)。并列比较简单整齐，所用连接板尺寸小，但由于螺栓孔的规则分布，对构件截面的削弱较大；错列可以减小螺栓孔对截面的削弱，但孔的排列不如并列紧凑，连接板尺寸较大。

(1)受力要求：为避免钢板端部不被剪断，螺栓的端距不应小于 $2d_0$，d_0 为螺栓孔径。对于受拉构件各排螺栓的栓距和线距不应过小，否则螺栓周围应力集中相互影响较大，且对钢板的截面削弱过多，从而降低其承载能力。对于受压构件，沿作用力方向的栓距不宜过大，否则板

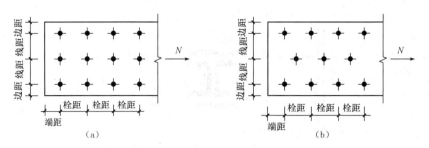

图 6-19 钢板上的螺栓排列
(a)并列排列；(b)错列排列

件之间容易发生凸曲现象。

(2)构造要求：若栓距及线距过大，则构件接触面不够紧密，潮气易于侵入缝隙面发生锈蚀。

(3)施工要求：要保证有一定的空间，便于转动螺栓扳手。

根据上述要求，钢板上排列的螺栓的间距、边距和端距容许值见表6-3。

表 6-3 螺栓的孔距、边距和端距容许值

名称	位置和方向			最大容许间距（取两者的较小值）	最小容许间距
中心间距	外排（垂直内力方向或顺内力方向）			$8d_0$ 或 $12t$	$3d_0$
	中间排	垂直内力方向		$16d_0$ 或 $24t$	
		顺内力方向	构件受压力	$12d_0$ 或 $18t$	
			构件受拉力	$16d_0$ 或 $24t$	
	沿对角线方向			—	
中心至构件边缘距离	顺内力方向			$4d_0$ 或 $8t$	$2d_0$
	垂直内力方向	剪切边或手工切割边			$1.5d_0$
		轧制边、自动气割或锯割边	高强度螺栓		
			其他螺栓或铆钉		$1.2d_0$

注：1. d_0 为螺栓或铆钉的孔径，对槽孔为短向尺寸，t 为外层较薄板件厚度；
    2. 钢板边缘与刚性构件（如角钢、槽钢等）相连的螺栓最大间距，可按中间排数值采用；
    3. 计算螺栓孔引起的截面削弱时可取 $d+4$ mm 和 d_0 的较大值

角钢、槽钢、普通工字钢上螺栓的排列应满足图6-20、图6-21和表6-4～表6-6的要求。H型钢腹板上的 c 值可参照普通工字钢，翼缘上 e 值或 e_1、e_2 值可根据外伸宽度参照角钢。

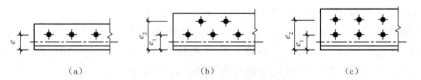

图 6-20 角钢上的螺栓排列
(a)单行排列；(b)双行错列；(c)双行并列

 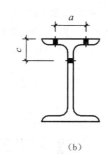 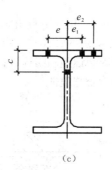

图 6-21　型钢上的螺栓排列
(a)槽钢；(b)普通工字钢；(c)H 型钢

表 6-4　角钢上螺栓或铆钉线距　　　　　　　　　　　　　　　　　　　mm

单行排列	角钢肢宽	40	45	50	56	63	70	75	80	90	100	110	125
	线距 e	25	25	30	30	35	40	40	45	50	55	60	70
	最大孔径	11.5	13.5	13.5	15.5	17.5	20	22	22	24	24	26	26

双行错列	角钢肢宽	125	140	160	180	200	双行并列	角钢肢宽	160	180	200
	e_1	55	60	70	70	80		e_1	60	70	80
	e_2	90	100	120	140	160		e_2	130	140	160
	最大孔径	24	24	26	26	26		最大孔径	24	24	26

表 6-5　工字钢和槽钢腹板上的螺栓线距

工字钢	型号	12	14	16	18	20	22	25	28	32	36	40	45	50	56	63
	线距 c_{min}/mm	40	45	45	45	50	50	55	60	60	65	70	75	75	75	75
槽钢	型号	12	14	16	18	20	22	25	28	32	36	40	—	—	—	—
	线距 c_{min}/mm	40	45	50	50	55	55	55	60	65	70	75				

表 6-6　工字钢和槽钢翼缘上的螺栓线距

工字钢	型号	12	14	16	18	20	22	25	28	32	36	40	45	50	56	63
	线距 c_{min}/mm	40	40	50	55	60	65	65	70	75	80	80	85	90	95	95
槽钢	型号	12	14	16	18	20	22	25	28	32	36	40	—	—	—	—
	线距 c_{min}/mm	30	35	35	40	45	45	45	50	56	60	—				

6.5.2　普通螺栓的工作性能

螺栓连接由于安装省时省力、所需安装设备简单、对施工工人的技能要求不及对焊工的要求高等优点，目前在钢结构连接中的应用仅次于焊缝连接。螺栓连接按受力情况又可分为抗剪螺栓连接、抗拉螺栓连接及同时承受剪力和拉力的螺栓连接三种。

1. 普通螺栓的抗剪连接

(1)螺栓受剪时的工作性能。抗剪螺栓连接在受力以后，很快超过摩擦力极限，钢板件发生相对滑动，螺栓杆和螺栓孔壁发生接触，使螺栓杆受剪，同时，螺栓杆和孔壁之间互相接触挤压。剪力主要靠螺栓杆受剪，以及与钢板件之间的挤压来传递。

螺栓连接受剪时的破坏可能出现五种形式，即螺栓杆剪切破坏[图 6-22(a)]；钢板孔壁挤压破坏[图 6-22(b)]；构件本身由于截面开孔削弱过多而破坏[图 6-22(c)]；由于钢板端部螺孔端距太小而被剪坏[图 6-22(d)]；由于钢板太厚、螺杆直径太小，发生螺杆弯曲破坏[图 6-22(e)]。后两种破坏用限制螺距和螺栓杆杆长 $l \leqslant 5d$（d 为螺栓杆直径）等构造措施来防止，前三种破坏需要在设计计算中验算保证。

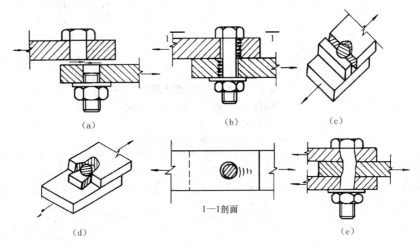

图 6-22 普通螺栓连接的破坏形式
(a)螺栓杆剪切破坏；(b)钢板孔壁挤压破坏；(c)截面开孔削弱过多而破坏；
(d)螺孔端距太小而被剪坏；(e)螺杆弯曲破坏

(2)单个普通螺栓的抗剪承载力。普通螺栓连接的抗剪承载力应考虑螺栓杆受剪和孔壁承压两种情况。

每个普通螺栓的抗剪承载力：

$$N_v^b = n_v \frac{\pi d^2}{4} f_v^b \tag{6-24}$$

每个普通螺栓的承压承载力：

$$N_c^b = d \sum t f_c^b \tag{6-25}$$

式中　n_v——受剪面数（图 6-23）；
　　　d——螺杆直径；
　　　$\sum t$——同一方向承压构件较小总厚度（图 6-23）；
　　　f_v^b，f_c^b——螺栓抗剪、抗压强度设计值。

对于抗剪螺栓的设计值，应取受剪和承压承载力设计值中的较小者，即

$$N_{min}^b = \min\{N_v^b, N_c^b\} \tag{6-26}$$

2. 普通螺栓的抗拉连接

螺栓连接在拉力作用下，构件的接触面有脱开趋势。此时，螺栓受到沿杆轴方向的拉力作用，故拉力螺栓连接的破坏形式为栓杆被拉断（图 6-24）。

单个螺栓的抗拉承载力：

$$N_t^b = \frac{\pi d_e^2}{4} f_t^b \tag{6-27}$$

式中　d_e——螺纹处有效直径；
　　　f_t^b——螺栓抗拉强度设计值。

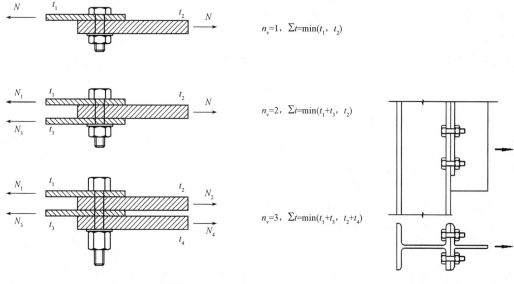

图 6-23 剪切面数和承压厚度

图 6-24 螺栓抗拉连接

在采用螺栓的 T 形连接中,必须借助辅助零件(角钢)才能实现(图 6-25)。通常角钢的刚度不大,受拉后,垂直于拉力作用方向的角钢肢会发生较大的变形[图 6-25(a)],并起到杠杆作用,在该肢外侧端部产生撬力 Q。因此,螺栓实际所受拉力 $P_f = N + Q$,由于确定 Q 力比较复杂,故在计算中一般不计 Q 力,而用降低螺栓强度设计值的方法解决,取 $f_t^b = 0.8f$。

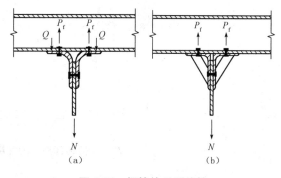

图 6-25 螺栓的 T 形连接
(a)角钢辅助;(b)有加劲肋的角钢辅助

如果在构造上采取一些措施加强角钢刚度,可使其不致产生撬力,或产生撬力甚小,如在角钢两肢间设置加劲肋[图 6-25(b)]就是增大刚度的有效方法。

6.5.3 普通螺栓群的工作性能及计算

1. 螺栓群在轴心力作用下的抗剪计算

当外力通过螺栓群形心时,计算时可假定轴心力由每个螺栓平均分担,即螺栓数目 n 为

$$n = \frac{N}{\beta N_{\min}^b} \tag{6-28}$$

式中 N——连接件中的轴心受力;

$N_{\min}^b$——单个螺栓抗剪承载力设计值;

β——螺栓群的承载力设计值折减系数。该系数与螺栓在构件节点处或拼接接头一端,沿受力方向的连接长度 l 和其孔径 d_0 之比有关,由式(6-29)确定:

$$\beta = 1.1 - \frac{l_1}{150 d_0} \tag{6-29}$$

式中 d_0——孔径。

当 $l_1 < 15d_0$ 时,取 $\beta = 1.0$;当 $l_1 > 60d_0$ 时,取 $\beta = 0.7$。

螺栓在构件上排列完成后,根据《钢结构设计标准》(GB 50017—2017)的规定还需验算构件的截面强度。

毛截面验算:

$$\sigma = \frac{N}{A} \leqslant f \tag{6-30}$$

净截面验算:

$$\sigma = \frac{N}{A_n} \leqslant 0.7 f_u \tag{6-31}$$

式中 A——构件毛截面面积;
f, f_u——构件钢材的强度设计值、抗拉强度;
A_n——构件净截面面积。根据螺栓排列形式取Ⅰ—Ⅰ或Ⅱ—Ⅱ截面进行计算(图 6-26)。
当螺栓并列布置时

$$A_n = A - n_1 d_0 t \tag{6-32}$$

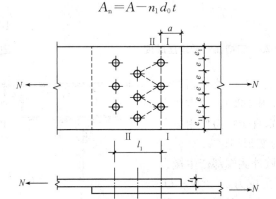

图 6-26 轴向力作用下的螺栓群受剪的净截面验算

当螺栓错列布置时,构件有可能沿Ⅰ—Ⅰ或Ⅱ—Ⅱ截面破坏,Ⅱ—Ⅱ的净截面面积可近似地取为

$$A_n = [2e_1 + (n_2 - 1)\sqrt{a^2 + e^2} - n_2 d_0] t \tag{6-33}$$

式中 n_1——第一排螺栓的数目;
n_2——前两排螺栓的总数目。
取Ⅰ—Ⅰ和Ⅱ—Ⅱ截面的较小值,验算构件的净截面强度。

【例 6-4】 设计两角钢拼接的普通粗制 4.6 级螺栓连接,角钢截面为 ∟75×5,轴心受拉设计值 $N = 120$ kN,拼接角钢采用与构件相同的截面,钢材为 Q235A-F 钢,螺栓直径 $d = 20$ mm,孔径 $d_0 = 21.5$ mm,如图 6-27 所示。

【解】 (1)螺栓连接计算。
单个螺栓的抗剪承载力设计值为

$$N_v^b = n_v \cdot \frac{\pi d^2}{4} \cdot f_v^b = 1 \times \frac{\pi \times 20^2}{4} \times 140 = 43\,982(\text{N}) \approx 44.0 \text{ kN}$$

单个螺栓的承压承载力设计值为

$$N_c^b = d \sum t f_c^b = 20 \times 5 \times 305 = 30\,500(\text{N}) = 30.5 \text{ kN}$$

$$N_{\min}^b = \min\{N_v^b, N_c^b\} = 30.5 \text{ kN}$$

构件一侧所需螺栓数目为

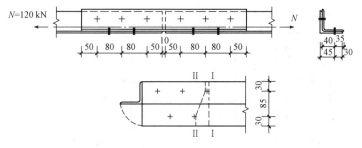

图 6-27 【例 6-4】图

$$n = \frac{N}{N_{min}^b} = \frac{120 \times 10^3}{30.5 \times 10^3} = 3.93$$

每侧采用 5 只螺栓，为了排列紧凑，在角钢两肢上交错排列，如图 6-27 所示。
（2）构件强度验算。

毛截面验算：将角钢展开，角钢的毛截面面积 $A=736.7 \text{ mm}^2$，则

$$\sigma = \frac{N}{A} = \frac{120 \times 10^3}{736.7} = 162.9 (\text{N/mm}^2) < f = 215 \text{ N/mm}^2 \text{ 满足要求}$$

净截面验算：

Ⅰ—Ⅰ 截面的净面积

$$A_n^I = A - n_1 d_0 t = 736.7 - 1 \times 21.5 \times 5 = 629.2 (\text{mm}^2)$$

Ⅱ—Ⅱ 截面的净面积

$$\begin{aligned} A_n^{II} &= [2e_1 + (n_2-1)\sqrt{a^2+e^2} - n_2 d_0]t \\ &= [2 \times 30 + (2-1)\sqrt{40^2+85^2} - 2 \times 21.5] \times 5 = 554.7 (\text{mm}^2) \end{aligned}$$

取其中较小者进行验算，$A_n = \min(A_n^I, A_n^{II}) = 554.7 \text{ mm}^2$，则

$$\sigma = \frac{N}{A_n} = \frac{120 \times 10^3}{554.7} = 216.3 (\text{N/mm}^2) < 0.7 f_u = 0.7 \times 370 = 259 (\text{N/mm}^2) \text{ 满足要求。}$$

2. 普通螺栓群在扭矩作用下的抗剪计算

承受扭矩的螺栓，一般是先布置好螺栓，再计算受力最大螺栓所承受的剪力，并与一个抗剪螺栓的承载力设计值进行比较。计算时假定被连接构件是刚性的，而螺栓则是弹性的；各螺栓绕螺栓群形心 O 旋转，其受力大小与其至螺栓群形心的距离成正比，力的方向与其和螺栓群形心的连线相垂直。

如图 6-28 所示的连接，螺栓群承受扭矩 T，而使每个螺栓受剪。设各螺栓至其形心的距离分别是 r_1、r_2、r_3、$\cdots$、r_n，所承受的剪力分别是 N_1^T、N_2^T、N_3^T、$\cdots$、N_n^T。

由力的平衡条件，外扭矩 T 等于各螺栓受到的剪力对螺栓群形心 O 的力矩的总和：

$$T = N_1^T r_1 + N_2^T r_2 + N_3^T r_3 + \cdots + N_N^T r_n \tag{6-34}$$

由于螺栓受力大小与其距 O 点的距离成正比，于是：

$$\frac{N_1^T}{r_1} = \frac{N_2^T}{r_2} = \frac{N_3^T}{r_3} = \cdots = \frac{N_n^T}{r_n} \tag{6-35}$$

由式(6-34)、式(6-35)可得：

$$N_1^T = \frac{Tr_1}{\sum r_i^2} = \frac{Tr_1}{\sum x_i^2 + \sum y_i^2} \tag{6-36}$$

设计时，受力最大的螺栓所承受的剪力应不大于螺栓的抗剪承载力设计值。

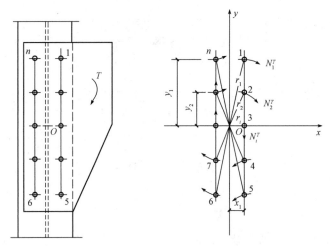

图 6-28　螺栓群在扭矩作用下的抗剪计算

3. 普通螺栓群在扭矩、剪力、轴力共同作用下的抗剪计算

如图 6-29 所示的螺栓群，承受扭矩 T、剪力 V、轴力 N 的共同作用，设计时通常先布置好螺栓，再进行验算。其计算步骤如下：

(1) 将连接所受外力向螺栓群形心平移，得到扭矩、剪力、轴力；
(2) 判断危险的螺栓；
(3) 计算危险螺栓在各力单独作用下的剪力；
(4) 将危险螺栓的各剪力分量合成，验算危险螺栓。

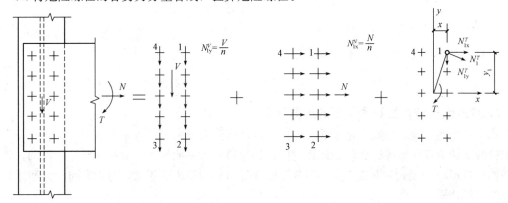

图 6-29　螺栓群在扭矩、剪力、轴力共同作用下的计算

在扭矩 T 作用下，螺栓 1、2、3、4 受力最大，为 N_1^T，其在 x、y 两个方向的分力为

$$N_{1x}^T = N_1^T \frac{y_1}{r_1} = \frac{Ty_1}{\sum x_i^2 + \sum y_i^2}$$

$$N_{1y}^T = N_1^T \frac{x_1}{r_1} = \frac{Tx_1}{\sum x_i^2 + \sum y_i^2}$$

在剪力和轴力作用下，螺栓受力均匀，每个螺栓受力为

$$N_{1y}^V = \frac{V}{n}$$

$$N_{1x}^N = \frac{N}{n}$$

受剪力最大螺栓 1 所承受的合力 N_1 应不超过螺栓的抗剪承载力设计值，即

$$N_1 = \sqrt{(N_{1x}^T + N_{1x}^N)^2 + (N_{1y}^T + N_{1y}^V)^2} \leqslant N_{\min}^b \tag{6-37}$$

4. 普通螺栓群在轴力作用下的抗拉计算

当设计拉力通过螺栓群形心时，所需要的螺栓数目为

$$n = \frac{N}{N_t^b} \tag{6-38}$$

5. 普通螺栓群在弯矩作用下的抗拉计算

普通螺栓群在图 6-30 所示弯矩 M 的作用下，上部螺栓受拉。与螺栓群拉力相平衡的压力产生于牛腿和柱的接触面上，精确确定中和轴位置的计算比较复杂。通常近似地假定在最下边一排螺栓轴线上，并且因力臂很小忽略压力所提供的力矩。因此由平衡关系可得：

$$M = m(N_1^M y_1 + N_2^M y_2 + \cdots + N_n^M y_n)$$

由于螺栓受力大小与其距中和轴的距离成正比，于是可得螺栓最大内力为

$$N_1^M = \frac{My_1}{m \sum y_i^2} \leqslant N_t^b \tag{6-39}$$

式中 m——螺栓排列的纵列数。

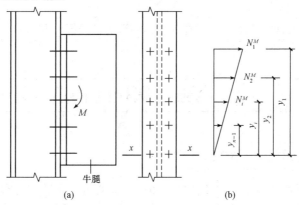

图 6-30 螺栓群在弯矩作用下的抗拉计算

6. 普通螺栓群同时承受剪力和拉力的计算

如图 6-31 所示，螺栓群承受剪力和拉力，这种连接可以有两种算法。

(1) 假定支托仅在安装时起临时支承作用，剪力 V 不通过支托传递。此时，螺栓承受弯矩 $M = Ve$ 和剪力 V 的共同作用，由式(6-39)可求得螺栓在弯矩 M 下所受到的拉力 N_1^M，在剪力作用下，螺栓受力为

$$N_v = \frac{V}{n} \tag{6-40}$$

根据《钢结构设计标准》(GB 50017—2017)，螺栓在剪力和拉力的共同作用下需要满足下式：

$$\sqrt{\left(\frac{N_v}{N_v^b}\right)^2 + \left(\frac{N_t}{N_t^b}\right)^2} \leqslant 1.0 \tag{6-41}$$

满足式(6-41)时，螺栓不会因受拉和受剪破坏，但是当板比较薄时，可能承压破坏，故还要满足式(6-42)：

$$N_v \leqslant N_c^b \tag{6-42}$$

式中 N_v，N_t——一个螺栓承受的剪力和拉力；

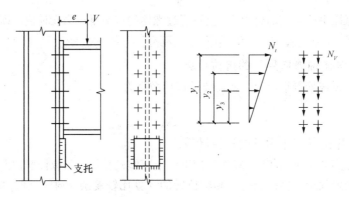

图 6-31 螺栓群同时承受拉力和剪力

N_v^b，N_c^b，N_t^b——一个螺栓的抗剪、承压和抗拉承载力设计值。

(2)假定剪力由支托承受，弯矩由螺栓承受，可按式(6-39)验算螺栓是否安全，另外，还需要验算支托与柱子的连接角焊缝，可按式(6-43)进行计算：

$$\tau_f = \frac{\alpha V}{h_e \sum l_w} \leqslant f_f^w \tag{6-43}$$

式中 α——一个增大系数，考虑 V 力对焊缝的偏心影响，其值可取 1.25～1.35。

6.6 高强度螺栓的构造与计算

6.6.1 高强度螺栓连接的工作性能

高强度螺栓按照性能等级有10.9级和8.8级，级别划分的小数点前的数字是螺栓热处理后的最低抗拉强度，小数点后的数字是屈强比(屈服强度与抗拉强度的比值)，如8.8级高强度螺栓所用钢材的最低抗拉强度是830 N/mm²，屈服强度是$0.8 \times 830 = 644 (N/mm^2)$。高强度螺栓连接孔应采用钻成孔，孔型尺寸可按表6-7采用。高强度螺栓承压型连接采用标准孔，摩擦型连接可采用标准孔、大圆孔和槽孔。

表 6-7 高强度螺栓连接的孔型尺寸匹配　　　　　　　　　　　　　　　mm

螺栓公称直径			M12	M16	M20	M22	M24	M27	M30
孔型	标准孔	直径	13.5	17.5	22	24	26	30	33
	大圆孔	直径	16	20	24	28	30	35	38
	槽孔	短向	13.5	17.5	22	24	26	30	33
		长向	22	30	37	40	45	50	55

高强度螺栓连接按受力特征划分为高强度螺栓摩擦型连接、高强度螺栓承压型连接和承受拉力的高强度螺栓连接。

(1)高强度螺栓摩擦型连接依靠被连接构件之间的摩擦阻力传递剪力，以剪力等于最大静摩擦力为承载能力的极限状态。

(2)高强度螺栓承压型连接的传力特征是当剪力超过摩擦力后，构件之间发生相互滑移，螺栓杆身与孔壁接触，受剪同时孔壁承压，板件之间摩擦面在滑移过程中遭到破坏，摩擦阻力随滑移的继续而逐渐减弱，可以偏于安全地认为剪力全由杆身承担。高强度螺栓承压型连接以螺栓栓杆剪坏、孔壁压坏或钢板破坏为承载能力的极限状态，可能的破坏形式和普通螺栓相同。

(3) 承受拉力的高强度螺栓连接，由于预拉力作用，板件之间在承受荷载前已经有较大的挤压力，预拉力首先要抵消外部的拉力而使原来板件之间的挤压力减小，直至构件完全被拉开后，高强度螺栓的受拉情况就和普通螺栓受拉相同。不过这种连接的变形要小很多。当拉力小于挤压力时，构件未被拉开，可以减少锈蚀危害，改善连接的疲劳性能。

6.6.2 高强度螺栓的承载力设计值

1. 摩擦型连接高强度螺栓抗剪承载力设计值

摩擦型连接的承载力取决于构件接触面的摩擦力，而此摩擦力的大小与螺栓所受预拉力和摩擦面的抗滑移系数及连接的传力摩擦面数有关。

单个摩擦型连接高强度螺栓的抗剪承载力设计值为

$$N_v^b = 0.9 k n_f \mu P \tag{6-44}$$

式中 0.9——抗力分项系数 γ_R 的倒数，即取 $\gamma_R = 1/0.9 = 1.111$；

k——孔型系数，标准孔取 1.0，大圆孔取 0.85，内力与槽孔长向垂直时取 0.7，内力与槽孔长向平行时取 0.6；

n_f——传力摩擦面数目：单剪时，$n_f = 1$；双剪时，$n_f = 2$；

μ——摩擦面的抗滑移系数，按表 6-8 采用；

P——每个高强度螺栓的预拉力，按表 6-9 采用。

表 6-8 摩擦面的抗滑移系数 μ mm

连接处构件接触面的处理方法	构件的钢材牌号		
	Q235 钢	Q345 钢或 Q390 钢	Q420 钢或 Q460 钢
喷硬质石英砂或铸钢棱角砂	0.45	0.45	0.45
抛丸（喷砂）	0.40	0.40	0.40
钢丝刷清除浮锈或未经处理的干净轧制面	0.30	0.35	—

注：1. 钢丝刷除锈方向应与受力方向垂直；
2. 当连接构件采用不同钢材品牌时，μ 按相应较低强度者取值；
3. 采用其他方法处理时，其处理工艺及抗滑移系数值均需经试验确定

表 6-9 每个高强度螺栓的预拉力设计值 P kN

螺栓的承载性能等级	螺栓公称直径/mm					
	M16	M20	M22	M24	M27	M30
8.8 级	80	125	150	175	230	280
10.9 级	100	155	190	225	290	355

2. 承压型连接高强度螺栓抗剪承载力设计值

高强度螺栓承压型连接的传力特征是剪力超过摩擦力后，构件之间发生相对滑移，螺杆杆身与孔壁接触，使螺杆受剪和孔壁受压，破坏形式与普通螺栓相同。

高强度螺栓连接承压型的抗剪承载力设计值与普通螺栓计算相同，也可分为螺栓杆抗剪和孔壁承压两部分，承载力设计值仍按式(6-24)和式(6-25)计算，只是 f_v^b、f_c^b 要用高强度螺栓的强度设计值。另外，当计算的剪切面位于螺纹处时，其受剪承载力设计值应按螺纹处的有效面积进行计算。

3. 高强度螺栓抗拉承载力设计值

高强度螺栓受到外拉力作用时，首先要抵消钢板件之间的挤压力。在克服挤压力之前，螺杆的预拉力基本不变。如图 6-32(a)所示，设高强度螺栓在外力作用之前，螺杆受预拉力 P，钢板接触面上产生挤压力 C，而挤压力 C 与预拉力 P 相平衡。试验表明，当外拉力过大时，螺栓将发生松弛现象，这对连接件抗剪性能是不利的，因此对于摩擦型连接，《钢结构设计标准》(GB 50017—2017)规定，每个高强度螺栓的抗拉承载力设计值为：

$$N_t^b = 0.8P \tag{6-45}$$

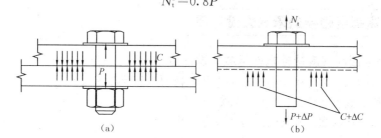

图 6-32 高强度螺栓受拉

对于承压型连接，每个高强度螺栓的受拉承载力设计值的计算方法与普通螺栓相同。

6.6.3 高强度螺栓群的抗剪计算

1. 轴心力作用时

(1)螺栓数：高强度螺栓连接所需螺栓数，仍按式(6-30)计算，其中 N_{min}^b 对摩擦型连接为按式(6-44)算得的 N_v^b，对于承压型连接计算 N_{min}^b 时用高强度螺栓的 f_v^b、f_c^b。

(2)构件净截面强度的计算：对于承压型连接，构件净截面强度验算与普通螺栓相同。对于摩擦型连接，要考虑摩擦阻力作用，有一部分剪力由孔前接触面传递(图 6-33)，按照标准规定，孔前传力占螺栓传力的 50%。这样，截面1—1处净截面传力为

$$N' = N\left(1 - \frac{0.5n_1}{n}\right) \tag{6-46}$$

式中　n_1——所计算截面上的螺栓数；

　　　n——连接一侧的螺栓总数。

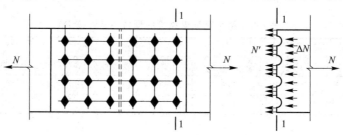

图 6-33 孔前传力

然后按式(6-47)验算净截面强度：

$$\sigma = \frac{N'}{A_n} = \frac{N}{A_n}\left(1 - \frac{0.5n_1}{n}\right) \leq 0.7f_u \tag{6-47}$$

另外，还需要按式(6-48)验算毛截面强度：

$$\sigma = \frac{N}{A} \leqslant f \tag{6-48}$$

2. 扭矩作用时以及扭矩、剪力、轴力共同作用时

扭矩作用时以及扭矩、剪力、轴力共同作用时的高强度螺栓的抗剪计算，其计算方法与普通螺栓相同，只是用高强度螺栓的承载力设计值进行计算。

6.6.4 高强度螺栓抗拉连接计算

如图 6-34 所示，在外拉力 N（设计值）的作用下，高强度螺栓受拉，连接所需螺栓数：

$$n \geqslant \frac{N}{N_t^b} \tag{6-49}$$

如图 6-35 所示，在弯矩 M 的作用下，由于高强度螺栓的预拉力很大，被连接构件的接触面一直保持紧密结合，中和轴位置在截面高度中心，可以认为在螺栓群形心轴线上。这种情况以板不被拉开为条件，因此，最上端的螺栓预拉力应满足下列公式：

$$N_1 = \frac{My_1}{\sum y_i^2} \leqslant N_t^b \tag{6-50}$$

式中 y_1——螺栓群形心轴到螺栓的最大距离；

y_i^2——形心轴上、下所有螺栓到形心轴距离的平方和。

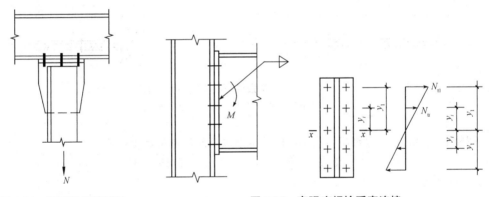

图 6-34 高强度螺栓受拉　　图 6-35 高强度螺栓受弯连接

6.6.5 同时承受剪力和拉力的高强度螺栓连接计算

图 6-31 所示的连接，当采用高强度螺栓时，若支托仅作安装之用，则螺栓同时承受剪力和拉力。

(1) 对高强度螺栓摩擦型连接，随着外力的增大，板件间的挤压力逐渐变小，每个螺栓的抗滑移承载力也随之减小。另外，由试验可知，抗滑移系数也随板件间挤压力的减小而降低。考虑这些因素的影响，对同时承受剪力和拉力的高强度螺栓摩擦型连接，每个螺栓的承载力按式(6-51)计算，抗滑移系数仍采用原值：

$$\frac{N_v}{N_v^b} + \frac{N_t}{N_t^b} \leqslant 1 \tag{6-51}$$

式中　N_v，N_t——单个高强度螺栓所承受的剪力和拉力；

N_v^b，N_t^b——单个高强度螺栓受剪、受拉承载力设计值。

(2) 同时承受剪力和拉力的承压型连接高强度螺栓的计算方法与普通螺栓相同。当承压型连接高强度螺栓受有杆轴拉力时,板件的挤压力随外拉力的增加而减小,因而其承压强度设计值也随之降低。为了计算简单,《钢结构设计标准》(GB 50017—2017)规定,只要有外拉力存在,就应将承压强度除以 1.2 的系数予以降低。因为所有高强度螺栓的外拉力一般均不大于 $0.8P$,故可认为整个板件始终处于紧密接触状态。

对于同时受剪力和拉力的承压型连接高强度螺栓,要按式(6-52)计算:

$$\sqrt{\left(\frac{N_v}{N_v^b}\right)^2 + \left(\frac{N_t}{N_t^b}\right)^2} \leqslant 1 \tag{6-52}$$

$$N_v \leqslant N_c^b/1.2 \tag{6-53}$$

式中 N_v,N_t——所计算的某个高强度螺栓所承受的剪力和拉力;

N_v^b,N_t^b,N_c^b——一个高强度螺栓按普通螺栓计算时的受剪、受扭和承压承载力设计值。

【例 6-5】 如图 6-36 所示,设计用高强度螺栓的双拼接板连接,承受轴心拉力设计值 $N=1\ 250$ kN,钢板截面尺寸为 340 mm×20 mm,钢材为 Q355 钢,采用 8.8 级 M22 高强度螺栓,连接处构件接触面做抛丸处理,$d_0=23.5$ mm。

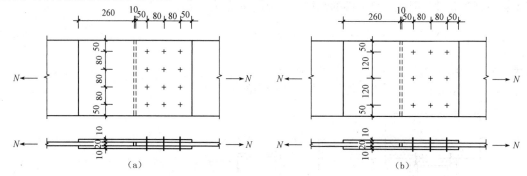

图 6-36 高强度螺栓双拼接板连接
(a)摩擦型高强度螺栓;(b)承压型高强度螺栓

【解】 (1)采用摩擦型高强度螺栓时,单个螺栓的抗剪承载力设计值。

$$N_v^b = 0.9 k n_f \mu P = 0.9 \times 1 \times 2 \times 0.4 \times 150 = 108 \text{(kN)}$$

所需螺栓数为

$$n = N/N_v^b = 1\ 250/108 = 11.57$$

取 $n=12$ 个,螺栓排列如图 6-36(a)所示。

构件净截面强度验算:钢板端部最外排螺孔截面最危险。

$$N' = N\left(1 - \frac{0.5 n_1}{n}\right) = 1\ 250 \times \left(1 - \frac{0.5 \times 4}{12}\right) = 1\ 042 \text{(kN)}$$

$$A_n = t(b - n_1 d_0) = 20 \times (340 - 4 \times 23.5) = 4\ 920 \text{(mm}^2)$$

$$\sigma = \frac{N'}{A_n} = \frac{1\ 042 \times 10^3}{4\ 920} = 212 \text{(N/mm}^2) < 0.7 f_u = 0.7 \times 470 = 329 \text{(N/mm}^2)\text{(安全)}$$

构件毛截面强度验算:

$$\sigma = \frac{N}{A} = \frac{1\ 250 \times 10^3}{340 \times 20} = 184 \text{(N/mm}^2) < f = 295 \text{ N/mm}^2\text{(安全)}$$

(2)采用承压型高强度螺栓时,单个螺栓的抗剪承载力设计值为

$$N_v^b = n_v \cdot \frac{\pi d^2}{4} \cdot f_v^b = 2 \times \frac{\pi \times 22^2}{4} \times 250 = 1.901 \times 10^5 \text{ (N)} = 190.1 \text{ kN}$$

$$N_c^b = d \sum t f_c^b = 22 \times 20 \times 590 = 259\ 600 \text{ (N)} = 259.6 \text{ kN}$$

$$N_{min}^b = \min\{N_v^b, N_c^b\} = 190.1 \text{ kN}$$

所需螺栓数为

$$n = n/N_{min}^b = 1\,250/190.1 = 6.58$$

取 $n=9$，螺栓排列如图 6-36(b)所示。

构件截面强度验算，钢板端部最外排螺孔截面最危险。

$$A_n = t(b - n_1 d_0) = 20 \times (340 - 3 \times 21.5) = 5\,510 \text{ (mm}^2)$$

$$\sigma = N/A_n = 1\,250 \times 10^3/5\,510 = 226.9 \text{(N/mm}^2) < 0.7 f_u = 329 \text{ N/mm}^2 \text{ (安全)}$$

【例 6-6】 已知被连接构件钢材为 Q235B 钢，8.8 级 M20 的高强度螺栓，接触面处理方法为抛丸。试验算图 6-37 所示高强度螺栓摩擦型连接的强度是否满足设计要求。

【解】 8.8 级 M20 的高强度螺栓，高强度螺栓预拉力 $P = 125$ kN，抗滑移系数 $\mu = 0.4$。

作用于螺栓群形心处的内力为

$$N = \frac{4}{5}F = \frac{4}{5} \times 250 = 200 \text{(kN)}$$

$$V = \frac{3}{5}F = \frac{3}{5} \times 250 = 150 \text{(kN)}$$

$$M = Ne = 200 \times 100 = 20\,000 \text{(kN·mm)}$$

每个高强度螺栓的承载力设计值为

$$N_t^b = 0.8P = 0.8 \times 125 = 100 \text{(kN)}$$

$$N_v^b = 0.9 k n_f \mu P = 0.9 \times 1 \times 1 \times 0.4 \times 125 = 45 \text{(kN)}$$

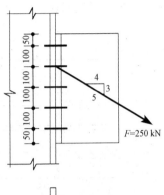

图 6-37 高强度螺栓摩擦型连接

最上排单个螺栓所承受的内力为

$$N_t = \frac{N}{n} + \frac{My}{m y_i^2} = \frac{200}{10} + \frac{20\,000 \times 200}{2 \times 2 \times (100^2 + 200^2)} = 40 \text{(kN)}$$

$$N_v = \frac{V}{n} = \frac{150}{10} = 15 \text{(kN)}$$

同时承受拉力和剪力的高强度螺栓承载力验算：

$$\frac{N_v}{N_v^b} + \frac{N_t}{N_t^b} = \frac{15}{45} + \frac{40}{100} = 0.73 < 1$$

此连接安全。

习 题

一、判断题

1. 钢结构连接中所用的普通螺栓一般为 A 级螺栓。（   ）
2. 高强度螺栓承压型连接特别适合用于承受动荷载的结构。（   ）
3. 在平焊、横焊、立焊、仰焊中，平焊的质量最易保证。（   ）
4. 焊缝连接按构造可分为平接和角接。（   ）
5. 与力的作用线平行的角焊缝称为端面角焊缝。（   ）
6. 一、二级检验的对接焊缝与母材等强。（   ）
7. 矩形截面的对接焊缝在弯矩作用下，正应力的分布呈抛物线形。（   ）
8. 侧面角焊缝的静力强度高于端面角焊缝。（   ）
9. 角焊缝的有效厚度就是角焊缝的焊脚尺寸值。（   ）

10. 在计算角焊缝的强度时，角焊缝的实际长度就是其计算长度。( )
11. 螺栓排列时的最小中心间距的容许距离是5倍的孔径尺寸。( )
12. 10.9级高强度螺栓所用材质的屈服强度是900 MPa。( )
13. 高强度螺栓连接孔应采用钻成孔。( )

二、计算题

1. 某简支梁及其荷载设计值如图6-38所示，在距离支座2.4 m处有翼缘和腹板的拼接，试验算其拼接的对接焊缝。已知钢材材质为Q235，采用E43系列焊条，手工焊，焊缝质量检验等级三级，施焊时采用引弧板。

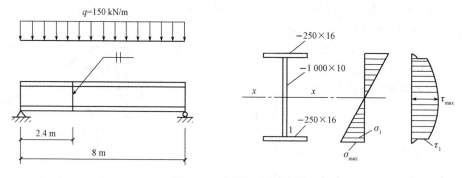

图6-38　计算题(1)附图

2. 牛腿与钢柱连接，牛腿尺寸及作用力的设计值(静力荷载)如图6-39所示。钢材为Q235钢，采用E43系列焊条，手工焊，试验算角焊缝。

3. 如图6-40所示，某钢梁用4.6级普通螺栓与柱翼缘连接，剪力设计值为230 kN，弯矩设计值为40 kN·m，梁端无支托，钢材为Q235钢，螺栓直径为20 mm，试验算螺栓是否安全。

4. 如图6-40所示的连接，若采用高强度螺栓摩擦型连接，高强度螺栓为10.9级，螺栓直径为20 mm，标准孔，接触面处理方法为抛丸，试验算高强度螺栓是否安全。若将该连接设计成承压型连接，试验算高强度螺栓是否安全。

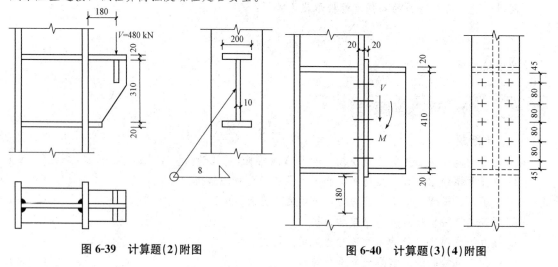

图6-39　计算题(2)附图　　**图6-40　计算题(3)(4)附图**

三、上机实践题

用计算机软件(如探索者结构软件或者旗云工具箱)核算本章中的计算例题和习题中的计算题，并打印计算书。

单元7　钢结构施工图识读

7.1　识图基本知识

7.1.1　图线

根据现行国家标准《建筑结构制图标准》(GB/T 50105—2010)中的有关规定，在钢结构施工图中图线的宽度 b 宜从 1.4 mm、1.0 mm、0.7 mm、0.5 mm、0.35 mm、0.25 mm、0.18 mm、0.13 mm 线宽系列中选取。图线宽度不应小于 0.1 mm。每个图样应根据复杂程度与比例大小，先选定基本线宽 b，再选用相应的线宽，根据表达内容的层次，基本线宽 b 和线宽比可适当增加或减少。各种线型及其所表示的内容见表 7-1。

表 7-1　图线　　　　　　　　　　　　　　　　　　　　　　　　　　mm

名称		线型	线宽	一般用途
实线	粗	———————	b	螺栓、钢筋线、结构平面图中的单线结构构件线，钢木支撑及系杆线，图名下横线、剖切线
	中粗	———————	$0.7b$	结构平面图及详图中剖到或可见的墙身轮廓线、基础轮廓线，钢、木结构轮廓线、钢筋线
	中	———————	$0.5b$	结构平面图及详图中剖到或可见的墙身轮廓线、基础轮廓线、可见的钢筋混凝土构件轮廓线、钢筋线
	细	———————	$0.25b$	标注引出线、标高符号线、索引符号线、尺寸线
虚线	粗	--------	b	不可见的钢筋线、螺栓线、结构平面图中不可见的单线结构构件线及钢、木支撑线
	中粗	--------	$0.7b$	结构平面图中的不可见构件，墙身轮廓线及不可见钢、木结构构件线、不可见的钢筋线
	中	--------	$0.5b$	结构平面图中的不可见构件，墙身轮廓线及不可见钢、木结构构件线、不可见的钢筋线
	细	--------	$0.25b$	基础平面图中的管沟轮廓线、不可见的钢筋混凝土构件轮廓线
单点长画线	粗	—·—·—	b	柱间支撑、垂直支撑、设备基础轴线图中的中心线
	细	—·—·—	$0.25b$	定位轴线、对称线、中心线、重心线
双点长画线	粗	—··—··—	b	预应力钢筋线
	细	—··—··—	$0.25b$	原有结构轮廓线

续表

名称	线型	线宽	一般用途
折断线	⟋⟍	0.25b	断开界线
波浪线	～～	0.25b	断开界线

7.1.2 定位轴线

钢结构施工图中定位轴线采用细单点长画线表示,编号注写在轴线端部的圆内。圆采用细实线绘制,直径为8~10 mm。定位轴线圆的圆心在定位轴线的延长线或延长线的折线上。定位轴线由建筑专业确定,钢结构施工图中的定位轴线应与建筑图相对应。当建筑图所确定的轴线不能满足结构定位要求时,结构图中可附加轴线,附加定位轴线的编号以分数形式表示,分母表示前一轴线的编号,分子表示附加轴线的编号,编号用阿拉伯数字顺序编写。在通用详图中的定位轴线,只画圆而不注写轴线编号(图7-1)。

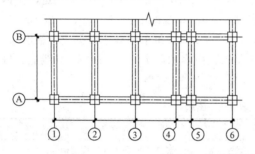 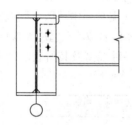

图7-1 轴线编号示意

7.1.3 比例

在钢结构施工图中,结构布置图的常用比例为1:100、1:150,也可用1:200;详图的常用比例为1:10、1:20,也可用1:5、1:15、1:25、1:30。当构件的纵、横向断面尺寸相差悬殊时,可在同一详图中的纵、横向选用不同的比例绘制,轴线尺寸与构件尺寸也可选用不同的比例绘制。例如,起重机梁和支撑构件图通常采用不同比例绘制。

7.1.4 符号

1. 剖切符号

施工图中剖视的剖切符号由剖切位置线和投射方向线组成,用粗实线表示。剖切位置线的长度大于投射方向线的长度,一般剖切位置线的长度为6~10 mm,投射方向线的长度为4~6 mm,剖视剖切符号的编号为阿拉伯数字,顺序由左至右、由上至下连续编排,并注写在剖视方向线的端部。如需转折的剖切位置线,在转角的外侧加注与该符号相同的编号(图7-2)。构件剖面图的剖切符号通常标注在构件的平面图或立面图上。

断面的剖切符号用粗实线表示,但仅有剖切位置线,没有投射方向线。断面的剖切符号编号所在的一侧为该断面的剖视方向(图7-3)。

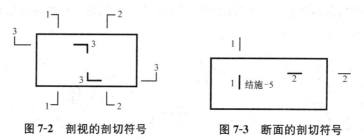

图 7-2 剖视的剖切符号　　　　图 7-3 断面的剖切符号

剖面图或断面图与被剖切图样不在同一张图纸内时，在剖切位置线的另一侧标注其所在图纸的编号，或在图纸上集中说明。

2. 索引符号和详图符号

施工图中的某局部或构件需另见详图时，以索引符号索引，索引符号由直径为 10 mm 的圆和水平直径组成，圆和水平直径用细实线表示。索引出的详图与被索引出的详图同在一张图纸时，在索引符号

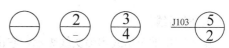

图 7-4 索引符号

的上半圆中用阿拉伯数字注明该详图的编号，在下半圆中间画一段水平细实线。若索引出的详图与被索引出的详图不在同一张图纸，则在符号索引的上半圆中用阿拉伯数字注明该详图的编号，在下半圆中用阿拉伯数字注明该详图所在图纸的编号，数字较多时，也可加文字标注。索引出的详图采用标准图时，在索引符号水平直径的延长线上加注该标准图册的编号，如图 7-4 所示。

索引符号用于索引剖视详图时，在被剖切的部位绘制剖切位置线，并用引出线引出索引符号，引出线所在的一侧即为投射方向。索引符号的编号同上，如图 7-5 所示。

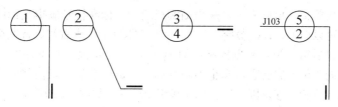

图 7-5 用于索引剖面详图的索引符号

零件、杆件的编号用阿拉伯数字按顺序编写，如图 7-6 所示，以直径为 4～6 mm 的细实线圆表示，同一图样圆的直径要相同。其编号从上到下、从左到右，先型钢后钢板。

图 7-6 零件编号

详图符号的圆用直径为 14 mm 的粗线表示，当详图与被索引出的图样在同一张纸内时，在详图符号内用阿拉伯数字注明该详图编号，如图 7-7 所示。当详图与被索引出的图样不在同一张图纸时，用细实线在详图符号内画一水平直径，上半圆中注明详图的编号，下半圆中注明被索引图纸的编号，如图 7-8 所示。

图 7-7 与被索引图样在同一　　图 7-8 与被索引图样不在同一
　　　张图纸内的详图符号　　　　　　　张图纸内的详图符号

当结构平面图或立面图中节点较为复杂时,可将复杂节点分解成多个简化节点进行索引。但复杂节点详图分解的多个简化节点详图中有部分或全部相同时,可按规定简化标注索引,如图 7-9、图 7-10 所示。

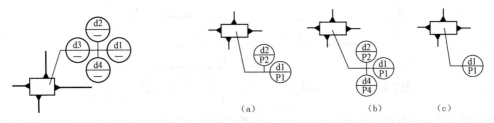

图 7-9 复杂节点分解为简化节点详图的索引示意

图 7-10 节点详图分解索引的简化标注

(a)同方向节点相同;(b)d1 与 d3 相同, d2 与 d4 不同;(c)所有节点相同

3. 引出线

施工图中的引出线用细实线表示,它由水平方向的直线或与水平方向成 30°、45°、60°、90°的直线和经上述角度转折的水平直线组成。文字说明注写在水平线的上方或端部。索引详图的引出线与水平直径线相连接,同时引出几个相同部分的引出线,引出线可相互平行,也可集中于一点(图 7-11)。

图 7-11 引出线

4. 标高

标高符号以直角等腰三角形表示,采用细实线绘制。标高符号应指至标注高度的位置,尖端一般应向下,也可以向上,标注数字可写在标高符号的左侧或右侧。标高数字应以"m"为单位,注写到小数点以后第三位,零点标高应写成"0.000",正数标高不注"+",负数标高应注"−";在图纸中的同一位置需要表示几个不同标高时,标注数字可以按竖向排列的方式写在标高符号上,如果标注位置不够,则可以将标注线引至外侧,如图 7-12 所示。

5. 其他符号

对称符号由对称线和两端的两对平行线组成(图 7-13)。对称线用细单点长画线绘制,平行线用细实线绘制,其长度宜为 6~10 mm,每对的间距宜为 2~3 mm。对称线垂直平分两对平行线,两端超出平行线宜为 2~3 mm。

连接符号应以折断线表示需连接的部位。两部位相距过远时,折断线两端靠图样一侧应标注大写拉丁字母表示连接编号。两个被连接的图样应用相同的字母编号(图 7-14)。

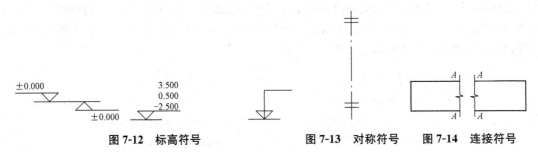

图 7-12 标高符号　　图 7-13 对称符号　　图 7-14 连接符号

7.1.5 尺寸标注

图纸上的尺寸由尺寸线、尺寸界线、尺寸起止点等组成。尺寸单位除标高以"m"为单位外，其他均以"mm"为单位，并且尺寸数字应以标注数字为准，不得从图纸上直接按比例量取。在钢结构施工图中，常用的尺寸形式有以下几种。

(1)两构件的两条很近的重心线，应在交会处将其各自向外错开(图7-15)。

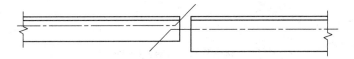

图 7-15 两构件重心不重合的表示方法

(2)弯曲构件的尺寸应沿其弧度的曲线标注弧的轴线长度(图7-16)。

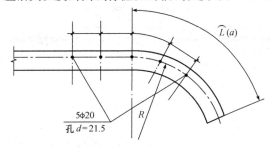

图 7-16 弯曲构件尺寸的标注方法

(3)切割的板材，应标注各线段的长度及位置(图7-17)。

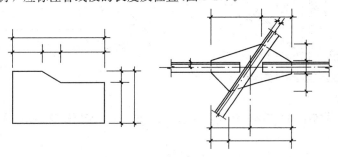

图 7-17 切割板材尺寸的标注方法

(4)不等边角钢的构件，必须标注出角钢一肢的尺寸，当构件为双型钢时，在型钢规格前标注型材数量(图7-18)。

(5)节点尺寸应注明节点板的尺寸和各杆件螺栓孔中心或中心距，以及杆件端部至几何中心线交点的距离(图7-19)。

(6)双型钢组合截面的构件，应注明缀板的数量及尺寸。引出横线上方标注缀板的数量及缀板的宽度、厚度，引出横线下方标注缀板的长度尺寸(图7-20)。

(7)非焊接的节点板，应注明节点板的尺寸，以及螺栓孔中心与几何中心线交点的距离(图7-21)。

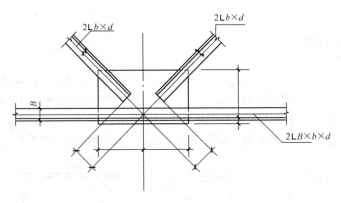

图 7-18　不等边角钢的标注方法

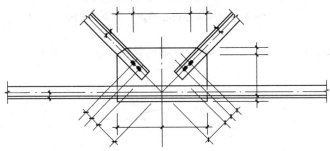

图 7-19　节点尺寸的标注方法

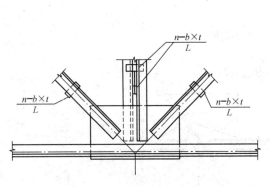

图 7-20　缀板的标注方法

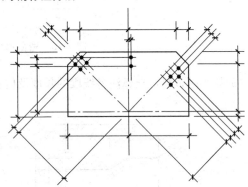

图 7-21　非焊接节点板尺寸的标注方法

7.1.6　常用型钢标注方法

根据现行国家标准《建筑结构制图标准》(GB/T 50105—2010)，常用型钢按表 7-2 标注。

表 7-2　常用型钢标注方法

序号	名称	截面	标注	说明
1	等边角钢	∟	∟$b \times t$	b 为肢宽； t 为肢厚
2	不等边角钢	∟	∟$B \times b \times t$	B 为长肢宽； b 为短肢宽； t 为肢厚

续表

序号	名称	截面	标注	说明
3	工字钢	I	I N Q I N	轻型工字钢加注 Q
4	槽钢	[	[N Q [N	轻型槽钢加注 Q
5	方钢		□b	—
6	扁钢		$-b \times t$	—
7	钢板		$-\dfrac{b \times t}{L}$	$\dfrac{宽 \times 厚}{板长}$
8	圆钢		ϕd	d 为直径
9	钢管	○	$\phi d \times t$	d 为外径；t 为壁厚
10	薄壁方钢管	□	B□$b \times t$	
11	薄壁等肢角钢	L	BL$b \times t$	
12	薄壁等肢卷边角钢		B$b \times a \times t$	薄壁型钢加注 B，t 为壁厚
13	薄壁槽钢		B[$h \times b \times t$	
14	薄壁卷边槽钢		B[$h \times b \times a \times t$	
15	薄壁卷边Z型钢		B$h \times b \times a \times t$	
16	T型钢	T	TW×× TM×× TN××	TW 为宽翼缘 T 型钢 TM 为中翼缘 T 型钢 TN 为窄翼缘 T 型钢
17	H型钢	H	HW×× HM×× HN××	HW 为宽翼缘 H 型钢 HM 为中翼缘 H 型钢 HN 为窄翼缘 H 型钢
18	起重机钢轨		⊥ QU××	详细说明产品规格、型号
19	轻轨及钢轨		⊥ ××kg/m 钢轨	

7.1.7 螺栓、孔、电焊铆钉的表示方法

螺栓、孔、电焊铆钉的表示方法见表 7-3。

表 7-3 螺栓、孔、电焊铆钉的表示方法

序号	名称	图例	说明
1	永久螺栓	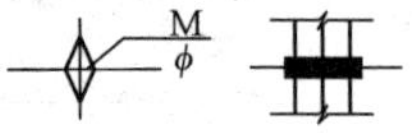	
2	高强度螺栓	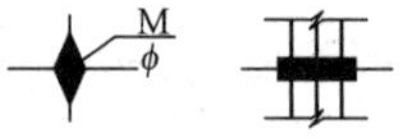	
3	安装螺栓	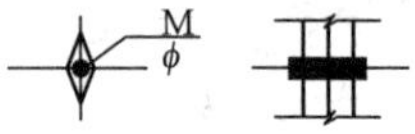	1. 细"+"线表示定位线； 2. M 表示螺栓型号； 3. ϕ 表示螺栓孔直径； 4. d 表示膨胀螺栓、电焊铆钉直径； 5. 采用引出线标注螺栓时，横线上标注螺栓规格，横线下标注螺栓孔直径
4	膨胀螺栓	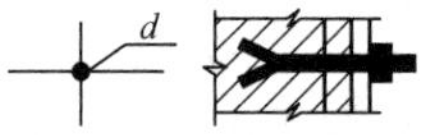	
5	圆形螺栓孔	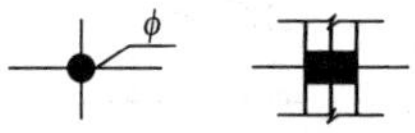	
6	长圆形螺栓孔	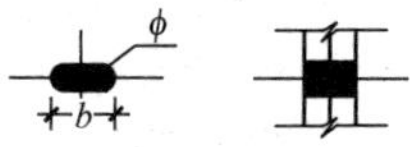	
7	电焊铆钉	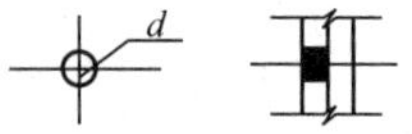	

7.1.8 常用焊缝的表示方法

根据现行国家标准《焊缝符号表示法》(GB/T 324—2008)和《建筑结构制图标准》(GB/T 50105—2010)中的有关规定，焊接钢构件的焊缝表示方法应符合下列要求。

1. 单面焊缝

(1)当箭头指向焊缝所在的一面时，应将图形符号和尺寸标注在横线的上方，如图 7-22(a)所示；当箭头指向焊缝所在另一面(相对应的那面)时，应按图 7-22(b)的规定执行，将图形符号和尺寸标注在横线的下方。

(2)表示环绕工件周围的焊缝时，应按图 7-22(c)的规定执行；其围焊焊缝符号为圆圈，绘制在引出线的转折处，并标注焊角尺寸 K。

2. 双面焊缝

双面焊缝的标注应在横线的上、下都标注符号和尺寸，如图 7-23(a)所示。上方表示箭头一面的符号和尺寸，下方表示另一面的符号和尺寸；当两面的焊缝尺寸相同时，只需在横线上方标注焊缝的符号和尺寸，如图 7-23(b)、(c)、(d)所示。

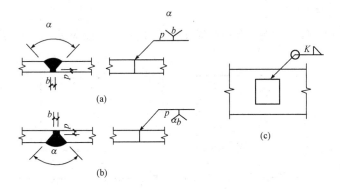

图 7-22 单面焊缝的标注方法

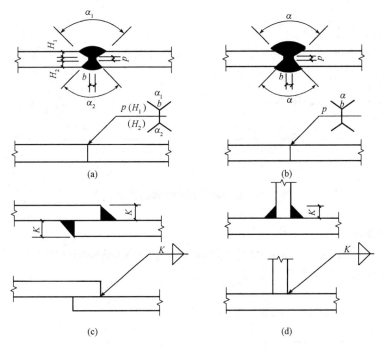

图 7-23 双面焊缝的标注方法

3. 3 个及 3 个以上焊件的焊缝

3 个及 3 个以上焊件相互焊接的焊缝，不得作为双面焊缝标注，即其焊缝符号和尺寸应分别标注，如图 7-24 所示。

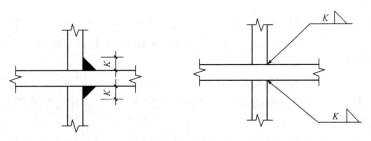

图 7-24 3 个及 3 个以上焊件的焊缝的标注方法

4. 单边坡口对接焊缝

相互焊接的两个焊件中，当只有一个焊件带坡口时（如单面 V 形），引出线箭头必须指向带坡口的焊件，如图 7-25 所示。

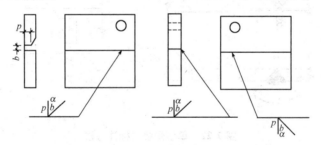

图 7-25 单边坡口对接焊缝的标注方法

5. 双边坡口对接焊缝

相互焊接的两个焊件，当为单面带双边不对称坡口焊缝时，引出线箭头必须指向较大坡口的焊件，如图 7-26 所示。

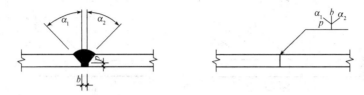

图 7-26 双边坡口对接焊缝的标注方法

6. 不规则焊缝

当焊缝分布不规则时，在标注焊缝符号的同时，宜在焊缝处加中实线（表示可见焊缝）或加细栅线（表示不可见焊缝），如图 7-27 所示。

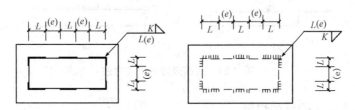

图 7-27 不规则焊缝的标注方法

7. 相同焊缝

（1）在同一图形上，当焊缝形式、断面尺寸和辅助要求均相同时，应按图 7-28(a) 的规定，只选择一处标注焊缝的符号和尺寸，并加注"相同焊缝符号"，相同焊缝符号为 3/4 圆弧，绘制在引出线的转折处。

（2）在同一图形上，当有数种相同的焊缝时，宜按图 7-28(b) 的规定，可将焊缝分类标注编号。在同一类焊缝中可选择一处标注焊缝符号和尺寸。分类编号采用大写的拉丁字母 A、B、C。

8. 现场焊缝

需要在施工现场进行焊接的焊件焊缝应按图 7-29 的规定标注现场焊缝符号。现场焊缝符号为涂黑的三角形旗号，绘制在引出线的转折处。

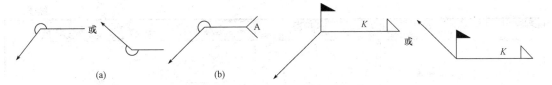

图 7-28 相同焊缝的标注方法　　　　图 7-29 现场焊缝的标注方法

9. 建筑钢结构常用焊缝符号及符号尺寸

根据现行国家标准《建筑结构制图标准》(GB/T 50105—2010)中的有关规定，建筑钢结构常用焊缝符号及符号尺寸见表 7-4。

表 7-4　建筑钢结构常用焊缝符号及符号尺寸

序号	焊缝名称	形式	标注方法	符号尺寸/mm
1	V 形焊缝			
2	单边 V 形焊缝			注：箭头指向剖口
3	带钝边单边 V 形焊缝			
4	带垫板、带钝边单边 V 形焊缝			
5	带垫板 V 形焊缝			
6	Y 形焊缝			
7	带垫板 Y 形焊缝			
8	双单边 V 形焊缝			

续表

序号	焊缝名称	形式	标注方法	符号尺寸/mm
9	双V形焊缝			
10	带钝边U形焊缝			
11	带钝边双U形焊缝			—
12	带钝边J形焊缝			
13	带钝边双J形焊缝			
14	角焊缝			
15	双面角焊缝			
16	剖口角焊缝			
17	喇叭形焊缝			
18	双面半喇叭形焊缝			
19	塞焊			

7.1.9 构件名称代号

构件的名称可用代号表示,一般用汉字拼音的第一个字母表示。当材料为钢材时,前面加"G",代号后标注的阿拉伯数字为该构件的型号或编号,或构件的顺序号。构件的顺序号可采用不带角标的阿拉伯数字连续编排。在钢结构施工图中,常见的构件名称代号见表7-5。

表 7-5 常用构件代号

序号	名称	代号	序号	名称	代号	序号	名称	代号
1	刚架	GJ	11	钢框梁	GKL	21	门梁	ML
2	屋架	WJ	12	抗风柱	KFZ	22	起重机梁	DL
3	托架	TJ	13	墙皮柱	QZ	23	制动梁	ZDL
4	天窗架	TCJ	14	墙面檩条	QL	24	制动板	ZDB
5	柱间支撑	ZC	15	屋面檩条	WL	25	辅助桁架	FZXJ
6	水平支撑	SC	16	直拉条	LT	26	车挡	CD
7	垂直支撑	CC	17	斜拉条	XLT	27	连接板	LB
8	刚性系杆	GXG	18	撑杆	CG	28	天沟	TG
9	柔性系杆	XG	19	隅撑	YC	29	预埋件	YM
10	钢框柱	GKZ	20	门柱	MZ	30	雨篷	YP

7.1.10 钢结构施工图的表示方法

钢结构施工图是提供给编制钢结构施工详图(也称钢结构加工制作详图)的单位作为深化设计的依据,所以,钢结构施工图在内容和深度方面应满足编制钢结构施工详图的要求。钢结构施工图纸通常包括图纸目录,设计总说明,柱脚锚栓布置图,纵面、横面、立面图,构件布置图,构件图,节点详图等内容。

(1)钢结构布置图可采用单线表示法、复线表示法及单线加短构件表示法,并应符合下列规定:

1)单线表示时,应使用构件重心线(细点画线)定位,构件采用中实线表示;非对称截面应在图中注明构件摆放方式。

2)复线表示时,应使用构件重心线(细点画线)定位,构件使用细实线表示构件外轮廓,用细虚线表示腹板或肢板。

3)单线加短构件表示时,应使用构件重心线(细点画线)定位,构件采用中实线表示;短构件使用细实线表示构件外轮廓,细虚线表示腹板或肢板;短构件长度一般为构件实际长度的1/3~1/2。

4)为方便表示,非对称截面可采用外轮廓线定位。

(2)构件断面可采用原位标注或编号后集中标注,并应符合下列规定:

1)平面图中主要标注内容为梁、水平支撑、栏杆、铺板等平面构件。

2)剖面图、立面图中主要标注内容为柱、支撑等竖向构件。

(3)构件连接根据设计深度的不同要求,采用以下表示方法:

1)索引图加节点详图的表示方法。

2)标准图集的方法。

7.2 门式刚架构造及施工图识读

7.2.1 门式刚架基本知识

在门式刚架轻型房屋钢结构体系中,主刚架由边柱、刚架梁、中柱等构件组成。边柱和梁通常根据门式刚架弯矩包络图的形状制作成变截面,以达到节约材料的目的。根据门式刚架横向平面承载、纵向支撑提供平面外稳定的特点,要求边柱和梁在横向平面内具有较大的刚度,一般采用焊接 H 形截面。中柱以承受轴压力为主,通常采用强弱轴惯性矩相差不大的宽翼缘工字钢、矩形钢管或圆管截面,主刚架斜梁下翼缘和刚架柱内翼缘处平面的稳定性,由与檩条或墙梁相连接的隅撑来保证,主刚架之间的交叉支撑可采用张紧的圆钢。刚架的主要构件运输到现场后通过高强度螺栓节点相连。屋面宜采用压型钢板屋面板和冷弯薄壁型钢檩条,外墙宜采用压型钢板墙面板和冷弯薄壁型钢墙梁。

7.2.2 门式刚架识图

门式刚架钢结构施工图主要包括钢结构设计说明、预埋锚栓布置图、刚架及屋面支撑布置图、柱间支撑布置图、门式刚架详图、屋面檩条布置图、墙面墙梁布置图、节点详图等图纸。

1. 钢结构设计说明

在钢结构设计说明中主要包括工程概况、设计依据、设计荷载、结构设计、材料的选用、制作与安装、防腐防火处理要求及其他需要说明的事项等内容,如图 7-30 所示。

(1)工程概况:主要包括建筑功能、平面尺寸、高度、跨度、主体结构体系、起重机吨位及布置等基本资料,由此可以大体了解建筑的整体情况。

(2)设计依据:主要包括甲方的设计任务书,现行国家、行业和地方规范与规程及标准图集等,施工时也必须以此为依据。

(3)设计荷载:主要包括恒载、活载、风荷载、雪荷载及抗震设防烈度等有关参数,在施工和后期使用过程中,结构上的荷载均不得超过所给出的荷载值。

(4)结构设计:结构设计中主要包括结构使用年限、安全等级和结构计算原则、结构布置以及主要节点构造,由此可以了解结构的整体情况。

(5)材料的选用:主要包括钢材、螺栓、焊条、锚栓、压型钢板等有关材料的强度等级,以及应符合的有关标准等,在材料采购时必须以这些作为依据和标准进行。

(6)制作与安装:主要包括切割、制孔、焊接等方面的有关要求和验收的标准,以及运输与在安装过程中要注意的事项和应满足的有关要求。

(7)防腐防火处理要求:主要包括钢构件的防锈处理方法、防锈等级和漆膜厚度等钢结构涂装,以及钢结构防火等级和构件的耐火极限等方面的要求。

(8)其他:主要包括钢结构建筑在后期使用过程中需要定期维护的要求,以及钢结构材料替换、雨期施工等其他需要注意的有关事项,以保证使用和施工过程中的结构安全。

2. 预埋锚栓布置图(图 7-31)

(1)在预埋锚栓布置图中,细点画线表示轴线;圆圈内的阿拉伯数字和大写英文字母分别为两个方向上的轴线号；1/A～3/A 为分轴线号。

(2) 圆黑点表示预埋锚栓位置，图中"2M24"和"4M24"中，"M"表示预埋锚栓；"M"前面的数字"2"和"4"表示每组预埋锚栓的个数；"M"后面的数字"24"表示预埋锚栓的直径。由此可以看出，在Ⓐ轴和Ⓑ轴交①～⑨轴上的每个刚架柱的预埋锚栓数量为 4 个，直径为 24 mm，与轴线上下距离为 100 mm，左右为 75 mm；与①和⑨轴交 1/A～3/A 分轴线上的每个抗风柱的预埋锚栓数量为 2 个，直径为 24 mm，与轴线上下距离为 75 mm，与①和⑨轴距离为 75 mm。

(3) 预埋锚栓共 84 副，右侧为预埋锚栓详图。从详图中可以看出，锚栓总长度为 650 mm，露丝长度为 170 mm，下端弯钩为 100 mm。

(4) 预埋锚栓安装时采用双螺母固定，在柱底板下设调节螺母，以调节刚架柱的高度，在柱底板上设 20 mm 厚、70 mm×70 mm 的垫板，垫板开直径为 26 mm 的圆孔。

3. 刚架、屋面及柱间支撑布置图（图 7-32）

(1) "GJ"表示刚架，刚架间距为 7.5 m，跨度为 24 m，均沿轴线居中布置。刚架截面详见刚架详图。

(2) "SC"表示屋面水平支撑，共两道，分别设于厂房两端，宽度为 6 m。

(3) "ZC"表示柱间支撑，中心高度为 7.950 m。屋面水平支撑和柱之间支撑均采用十字交叉的圆钢，圆钢直径为 25 mm。

(4) "KFZ"表示抗风柱，布置在①和⑨轴交 1/A～3/A 分轴线上，共 6 根抗风柱，抗风柱偏心放置，偏轴线 100 mm。抗风柱规格为焊接 H 型钢 H400×20×6×8。

(5) "GXG"表示刚性系杆，布置在Ⓐ、Ⓑ及 2/A 轴即刚架的檐口和屋脊处，规格为直径为 140 mm、壁厚为 5 mm 的圆焊接钢管。

4. 门式刚架详图（图 7-33）

(1) 刚架柱、刚架梁端部和屋脊处采用变截面焊接 H 型钢，其余为等截面焊接 H 型钢。"H(900～400)×200×6×10"表示变截面的大头高度为 900 mm、小头高度为 400 mm，翼缘宽度为 200 mm，腹板厚度为 6 mm，翼缘厚度为 10 mm。

(2) 屋面梁坡度为 1∶20。

(3) 刚架柱和刚架梁翼缘与腹板焊接采用双面角焊缝，焊脚高度为 5 mm。

(4) 柱翼缘厚度为 10 mm，端板厚度为 20 mm，两者厚度差 10 mm＞4 mm，其对接焊接采用节点Ⓐ的形式，端板端部做坡度不大于 1∶2.5 的斜坡。

(5) 刚架柱底设抗剪键，与底板采用周围角焊缝焊接，焊脚高度为 6 mm。

(6) 刚架柱与刚架梁及刚架梁之间的拼接采用高强度螺栓，"10M20"中"M"表示高强度螺栓；"M"前面的数字表示每组高强度螺栓的个数；"M"后面的数字"20"表示高强度螺栓的直径。"孔 $d=21.5$"表示端板开圆孔，直径为 21.5 mm。

5. 屋面檩条布置图（图 7-34）

(1) 左侧标注的檩条间距为沿屋面的斜向长度，非水平投影长度。

(2) "WL"表示屋面檩条，规格为 Z200×70×20×2.0，薄壁卷边 Z 型钢，高度为 200 mm，翼缘宽度为 70 mm，卷边宽度为 20 mm，厚度为 2.0 mm；"LT"表示直拉条，"XLT"表示斜拉条，规格均为直径 12 mm 的圆钢；"CG"表示撑杆，规格为直径为 32 mm、厚度为 2.5 mm 的钢管并内套直径为 12 mm 的圆钢；"YC"表示隅撑，规格为 L 50×3，等边角钢，肢长为 50 mm，厚度为 3 mm。钢材均为 Q235B 钢。

门式刚架钢结构设计说明

一、工程概况
本工程为某公司钢结构厂房。宽度24 m；长60 m；柱距7.5 m；柱高：8 m；柱脚：铰接；屋面和墙面用单层压型钢板。

二、设计依据
1. 甲方提供的设计委托书等资料。
2. 本工程所遵循的标准、规范、规程：
《建筑结构荷载规范》(GB 50009—2012)
《钢结构设计标准》(GB 50017—2017)
《冷弯薄壁型钢结构技术规范》(GB 50018—2002)
《钢结构焊接规范》(GB 50661—2011)
《钢结构工程施工质量验收标准》(GB 50205—2020)
《钢结构高强度螺栓连接技术规程》(JGJ 82—2011)

三、设计荷载
屋面恒荷：0.30 kN/m²（含檩条） 屋面活荷：0.50 kN/m²
基本风压：$W_0=0.55$ kN/m²（50年一遇） 地面粗糙度：B类 基本雪压：$S_0=0.40$ kN/m²
抗震设防烈度：7度（0.10 g），设计地震分组第一组（场地类别：Ⅱ类）

四、结构设计
1. 结构设计使用年限为50年。
2. 本工程安全等级为二级。重要性系数1.0。
3. 门式刚架变截面实腹刚架，内力计算采用弹性分析方法确定。
4. 在门房两端第一柱间的斜梁上翼缘布置水平交叉支撑，在两个交叉支撑之间设置刚性系杆，并在对称位置设双向交叉支撑。
5. 在门式刚架斜梁下翼缘设置隅撑隅撑，每隔两个檩条设一道。
6. 在屋面檩条和墙面檩条的三分之一处设一道拉条；在墙面檐口处增设斜拉条；墙梁采用薄壁卷边C型钢斜拉条。
7. 屋面檩条采用薄壁卷边Z型钢连续檩条；墙梁采用薄壁卷边C型钢檩条。

五、材料选用
1. 本工程所采用的钢材均采用Q235B钢。其质量应符合现行国家标准《碳素结构钢》(GB/T 700—2006)的规定。且钢材的实测屈服强度不应大于0.85，应具有明显的屈服台阶，伸长率不小于20%，其技术条件应符合现行国家标准和合格保证，应有良好的焊接性和合格的冲击韧性。
2. 手工焊Q235钢焊接采用E43XX系列焊条。焊条应符合现行国家标准《非合金钢及细晶粒钢焊条》(GB/T 5117—2012)的规定。
3. 埋弧自动焊或半自动焊用焊丝和焊剂应与主体金属力学性能相适应。焊丝应符合现行国家标准《熔化焊用焊丝》(GB/T 14957—1994)的规定，焊剂应符合现行国家标准《埋弧焊用非合金钢及细晶粒钢实心焊丝、药芯焊丝和焊剂—焊剂组合分类要求》(GB/T 5293—2018)的规定。
4. 普通螺栓：均为4.6 C级。其性能应符合《六角头螺栓 C级》(GB/T 5780—2016)和《六角头螺栓》(GB/T 5782—2016)的规定。
5. 高强度螺栓采用10.9级组扭剪型。其螺栓、螺母和垫圈的尺寸和技术性能应符合钢结构用扭剪型高强度螺栓连接副》(GB/T 3632—2008)的规定。
6. 锚栓采用符合国家标准《GB/T 700—2006）规定的Q235B钢，由其加工的圆钢制成。
7. 屋面板采用YX82—475U475，360°直立锁边型热镀铝锌压型钢板，板厚0.6 mm，强度等级S350，紧固连接。
8. 墙面板采用YX35—280—840热镀铝锌压型钢板，板厚0.5 mm，强度等级S350。

六、制作与安装
1. 制作和安装的技术要求和允许偏差应符合《钢结构工程施工质量验收标准》(GB 50205—2020)的规定。
2. 门式刚架梁、柱翼缘和腹板的对接焊缝与端板连接焊缝采用全熔透焊缝，其焊缝质量检验等级为二级；梁柱翼缘与腹板对接焊缝采用角焊缝，角焊缝其外观要求按三级检验。
3. 所有螺栓孔均按Ⅱ类孔制造。高强度螺栓孔应采用钻孔不小于15 mm×15 mm，孔径比螺栓公称直径大1~2 mm。
4. 所有加劲肋板在焊接前表面处均切角不小于高强度螺栓的拼装接头处采用高强度螺栓连接。
5. 门式刚架梁和柱的安装接头采用高强度螺栓的拼装接头处采用高强度螺栓连接。在出厂前应进行预拼装。
6. 钢构件在发运时，应选定好吊点。吊运过程中应注意吊点、吊运时应采取措施、防止构件扭曲和损坏。
7. 门式刚架在安装过程中应对安装中的构件及时增设缆风绳临时固定，以防倾斜。
8. 钢结构构件安装完毕后，应对所有构件的拼接紧固应及其不允许构件拉弯作为原则。
9. 屋面板应采用有长寸定螺钉。安装时屋面板和墙面板时应采取有效措施，以保证屋面板和墙面板外观美观。

七、防腐与防火
1. 所有钢结构构件表面应处理进行除锈处理。除锈质量等级要求达到GB 8923中的Sa2.5等级。
2. 在与混凝土紧贴或埋入混凝土接触面范围内、高强度螺栓摩擦接触面范围内，工地焊接部位及其两侧100 mm范围内禁止涂漆。
3. 所有钢构件表面应以下列两种标准涂装：非埋入部位，均为环氧富锌底漆两遍，厚度不小于70 μm，环氧云铁中间漆两遍，厚度不小于60 μm，聚氨酯面漆两遍。
4. 所有钢构件应根据建筑要求（如装饰建筑要维护（如对钢结构重新涂装、更换损坏构件等）以保护结构使用过程中的结构安全。
5. 钢构件安装完毕后须对结合部的外露部分进行补漆。

八、其他
1. 在使用过程中，应根据材料表面使用性（如列下所列不常涂部位），图护结构使用年限、结构使用环境条件等）进行定期维护检查。对结构进行必要的维护（如对钢结构防腐涂装技术规程》(JG/T 251—2011)的规定。
2. 施工单位应根据本设计施工图进行招投标深化设计，无论是材质或加工制作单位均应由加工制作单位和原设计单位申报，经设计确认后方可制作。
3. 当钢结构材料带代用时，应征得设计人员确认后方可加工制作。
4. 本设计未考虑雷雨面施工，雨期施工时应采取相应的施工技术措施。

图 7-30 门式刚架钢结构设计说明

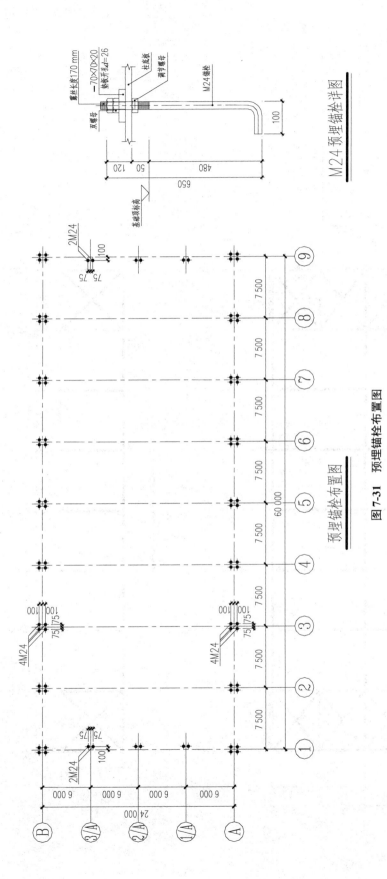

图 7-31 预埋锚栓布置图

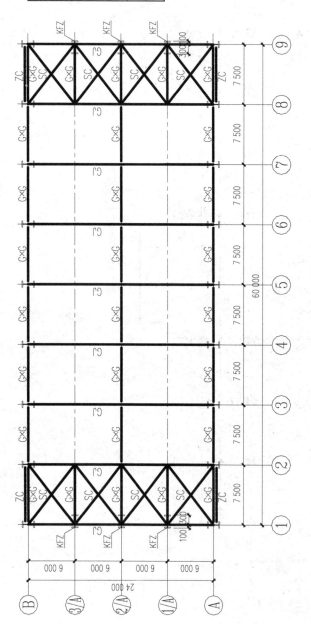
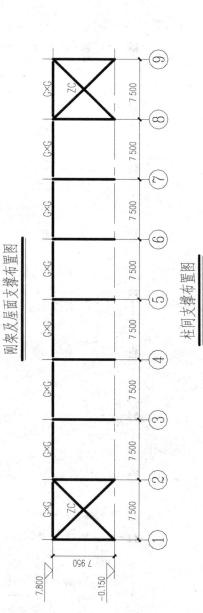

图 7-32 刚架、屋面及柱间支撑布置图

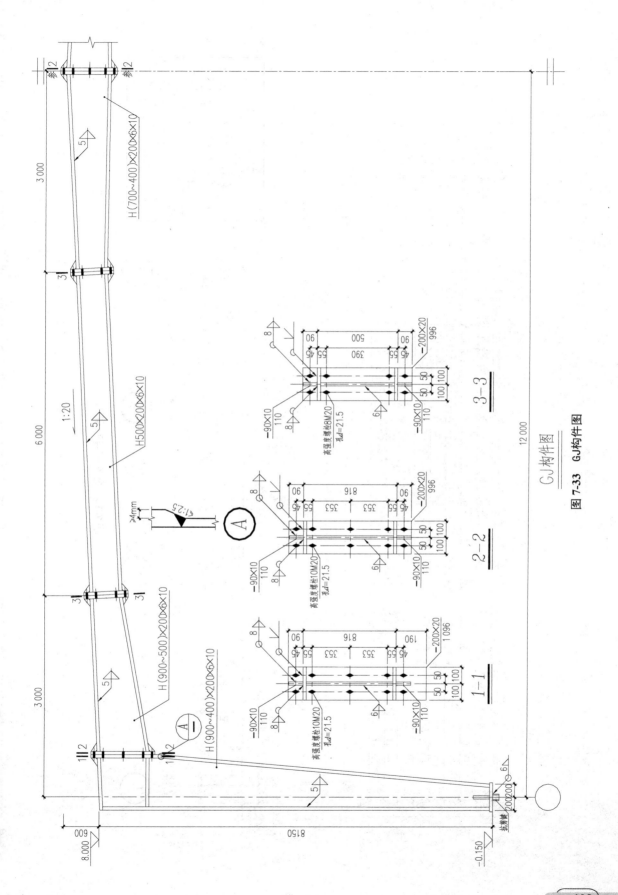

图 7-33 GJ构件图

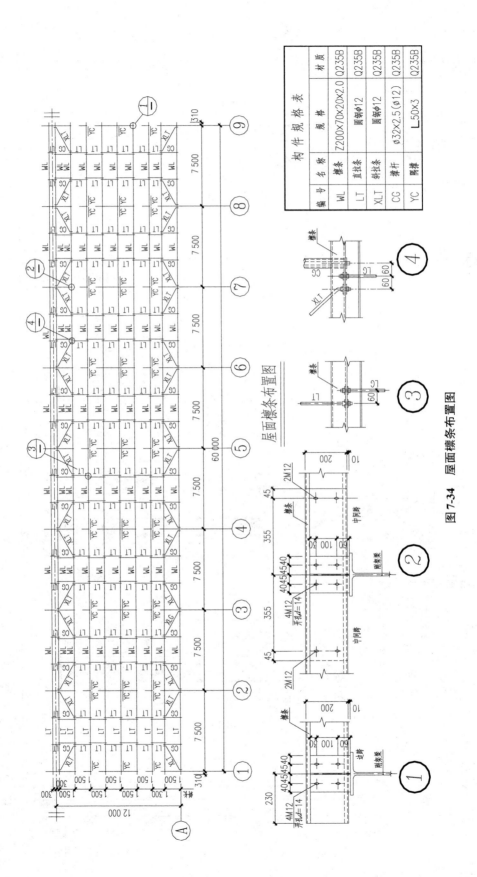

图 7-34 屋面檩条布置图

(3)节点①为檩条端部节点,采用4个直径为12 mm的普通螺栓连接;节点②为檩条中间节点,两跨檩条互相搭接,表示檩条形式为连续檩条,在檩托处采用4个普通螺栓连接,端部采用2个普通螺栓连接,檩条开圆孔直径为14 mm。节点③和④为拉条与撑杆和檩条的连接节点,拉条与撑杆间距为60 mm。

6. 墙面墙梁布置图(图7-35)

(1)"QL"表示墙梁,规格为C200×70×20×2.5,薄壁卷边C型钢,高度为200 mm,翼缘宽度为70 mm,卷边宽度为20 mm,厚度为2.5 mm;"LT"表示直拉条,"XLT"表示斜拉条,规格均为直径12 mm的圆钢;"CG"表示撑杆,规格为直径32 mm、厚度2.5 mm的钢管并内套直径为12 mm的圆钢;"YC"表示隅撑,规格为∟50×3,等边角钢,肢长为50 mm,厚度为3 mm。"MZ"和"ML"表示门洞处的门柱和门梁,规格为20a号普通热轧槽钢。钢材均为Q235B钢。

(2)节点①为墙梁中间节点,采用4个直径为12 mm的普通螺栓连接,两跨墙梁在檩托处断开,间隔为5+5=10(mm),表示墙梁形式为简支墙梁,墙梁开圆孔直径为14 mm;节点②为拉条与墙梁的连接节点,拉条间距为60 mm;在1—1剖面中可以看出,檩托与钢柱翼缘采用双面角焊缝焊接,焊脚高度为4 mm;在2—2剖面中可以看出,拉条靠近檩条内侧放置。

7. 节点详图(图7-36)

(1)抗风柱的作用是将山墙风荷载传递给屋面支撑,抗风柱本身并不承受屋面梁的竖向荷载,因此,抗风柱是只承受弯矩而不承受轴力的受弯构件,其端部构造只需传递剪力而不需要传递轴力,一般抗风柱的端部都采用竖向能够滑动的连接形式。在抗风柱顶部连接详图中,抗风柱顶部与刚架梁采用长圆孔连接,在刚架梁下设厚度为10 mm的连接板,连接板与刚架梁采用单边V形坡口熔透焊,连接板上开圆孔直径为22 mm,抗风柱腹板开长圆孔,长度为100 mm、直径为22 mm,并通过两个直径为20 mm的普通螺栓连接在一起,抗风柱顶与刚架梁底留有50 mm变形间隙,以免刚架梁产生竖向变形时压在抗风柱上。刚架梁在抗风柱对应位置两侧对称设置厚度为8 mm的加劲肋,加劲肋与刚架梁的腹板和翼缘采用双面角焊缝,焊脚高度为6 mm,为便于刚架梁腹板和翼缘连接角焊缝的通过,在加劲肋角部设有15 mm×15 mm的切角。为有效地传递抗风柱传递来的风荷载,在抗风柱对应位置设有刚性系杆(GXG),刚性系杆与刚架梁的加劲肋采用两个直径为20 mm的高强度螺栓连接。

(2)为保证刚架梁的平面外稳定,减小其面外计算长度,通常在檩条上设置隅撑来保证。在隅撑YC连接详图中,YC为角钢隅撑,其上端通过直径为12 mm的普通螺栓连接在屋面檩条的腹板上,下端也是通过直径为12 mm的普通螺栓连接在刚架梁的加劲肋上,隅撑和檩条及加劲肋上均开直径为14 mm的圆孔,隅撑的倾斜角度为45°。为保证檩条对刚架梁的侧向支撑作用,不得将隅撑连接在檩条翼缘上,以防止檩条翼缘的局部畸变屈曲致使隅撑失效。刚架柱与隅撑连接形式基本与刚架梁相同,仅屋面檩条和墙面墙梁的截面形式不同。

(3)在水平支撑(SC)详图中,屋面水平支撑采用直径为25 mm的圆钢,水平支撑两端与刚架梁的腹板连接,且在水平支撑两端设有调节螺母,在安装过程中通过调节两端螺母将水平支撑张紧,但在张紧过程中不得将刚架梁拉弯,为适应不同角度的水平支撑,在刚架梁腹板上设半圆形垫块,在刚架梁腹板上应开长圆形孔,长度为50 mm,直径为25 mm,以便于水平支撑斜向穿入。支撑长度L根据放样确定,套丝长度为200 mm,以便于调节和张紧水平支撑。

(4)在水平支撑与刚架梁连接详图中,为便于水平支撑的安装,水平支撑与刚性系杆中心线未交于刚架梁腹板上,各错开150 mm,屋面水平支撑应与刚性系杆位于同一平面内。

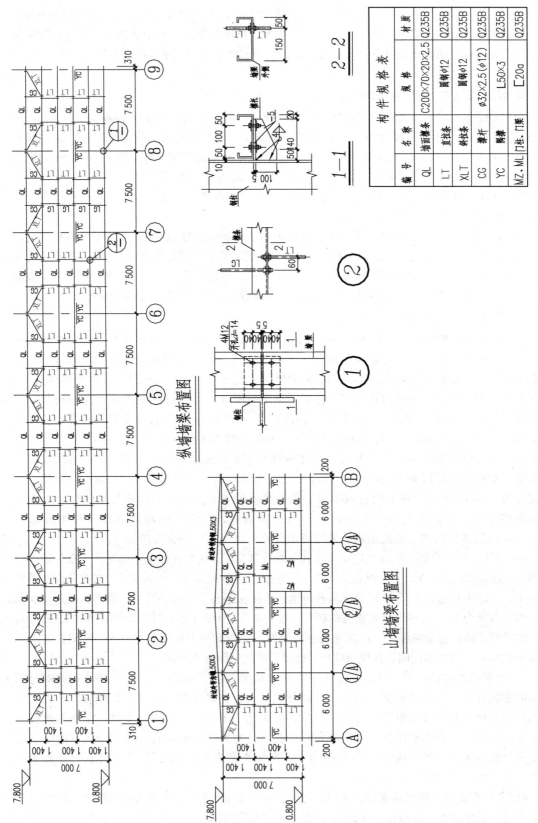

图 7-35 墙面墙梁布置图

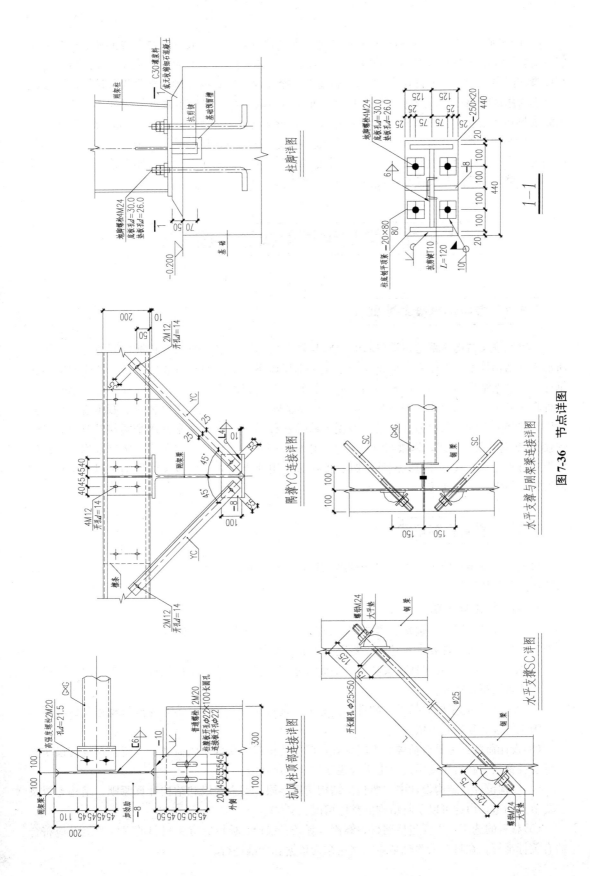

图7-36 节点详图

(5)门式刚架柱脚形式有刚接和铰接两种,刚接时地脚螺栓应放置在柱翼缘的外侧;铰接时应将地脚螺栓放置在柱翼缘内侧,柱截面高度较小时放置两根、柱截面高度较大时放置4根。在柱脚详图中,采用4个直径为24 mm的地脚螺栓放置在柱翼缘内侧,柱脚为铰接。柱脚安装时首先采用调节螺母将柱脚标高调节准确,再采用不低于基础混凝土强度等级的无收缩混凝土或灌浆料将柱底灌实。地脚螺栓安装时采用双螺母固定,在柱底板上设20 mm厚、70 mm×70 mm的垫板,垫板开直径为26 mm的圆孔,垫板与柱底板在现场采用周围角焊缝焊接,焊脚高度为10 mm,底板开直径为30 mm的圆孔,以便于调节柱的水平位置。刚架柱底端应刨平并于底板顶紧,其翼缘与底板采用坡口熔透焊,腹板采用双面角焊缝焊接。

7.3 多层钢框架构造及施工图识读

7.3.1 多层钢框架基本知识

多层钢框架结构体系是指沿房屋的纵向与横向均采用框架作为承重和抵抗侧力的主要构件所形成的结构体系。该体系类似于钢筋混凝土框架体系,不同的是将混凝土梁、柱改为钢梁和钢柱。钢框架结构体系刚度比较均匀,质量较轻,对地震作用不敏感,且具有较好的延性,是一种较好的抗震结构形式。钢柱截面可选用宽翼缘热轧H型钢、焊接H型钢、圆钢管、冷弯方钢管、焊接方钢管及圆形和方形钢管混凝土截面各种形式;钢梁通常采用窄翼缘热轧H型钢、焊接H型钢等截面形式。钢梁与钢柱通常采用柱贯通式的刚性连接,主梁、次梁采用铰接;柱脚形式可采用埋入式或外包式刚性柱脚。楼板可采用现浇混凝土楼板或压型钢板组合楼板,并通过栓钉与钢梁可靠连接。

7.3.2 多层框架识图

多层框架钢结构施工图主要包括钢结构设计说明、钢柱及柱脚平面布置图、各层结构平面布置图、节点详图等。

1. 钢结构设计说明

钢结构设计说明主要包括工程概况、设计依据、设计荷载、结构设计、材料的选用、制作与安装、防腐防火处理要求及其他需要说明的事项等内容(图7-37)。

(1)工程概况:主要包括建筑功能、平面尺寸、高度、柱网、主体结构体系等,由此可以大体了解建筑的整体情况。

(2)设计依据:主要包括甲方的设计任务书,现行国家、行业和地方规范与规程及标准图集等,施工时也必须以此为依据。

(3)设计荷载:主要包括楼面不同位置,屋面的恒载、活载、风荷载、雪荷载及抗震设防烈度等有关参数。在后期使用过程中不得改变建筑使用功能。

(4)结构设计:结构设计中主要包括结构使用年限、安全等级和结构计算原则、结构布置及主要节点构造,由此可以了解结构的整体情况。

(5)材料的选用:主要包括钢材、螺栓、焊条、锚栓、栓钉等有关材料的强度等级及应符合的有关标准等。在材料采购时必须以这些作为依据和标准进行。

多层钢结构框架设计说明

一、工程概况
本工程为某酒店建筑。宽度为 18.9 m；长为 42 m；结构高度为 15.9 m；基本柱网 4.2 m×6.3 m，柱脚为刚接；钢结构体系。

二、设计依据
1. 甲方提供的设计委托书等资料。
2. 本工程设计遵循的标准、规范、规程：
《建筑结构荷载规范》(GB 50009—2012)
《钢结构设计标准》(GB 50017—2017)
《建筑抗震设计规范》(GB 50011—2010)
《冷弯薄壁型钢结构技术规范》(GB 50018—2002)
《钢结构工程质量验收标准》(GB 50205—2020)
《钢结构焊接规范》(GB 50661—2011)
《钢结构高强度螺栓连接技术规程》(JGJ 82—2011)

三、设计荷载
楼面恒载(kN/m²)：客房：5.0；屋面：8.0；
楼面活载(kN/m²)：客房：2.0；屋面：3.5；楼梯：0.5。
基本风压：$W_0 = 0.50$ kN/m² (50年一遇)；地面粗糙度：B类 基本雪压：$S_0 = 0.40$ kN/m²。
抗震设防烈度：7度(0.10 g)，设计地震分组第一组（场地类别：Ⅱ类）。

四、结构设计
1. 结构设计使用年限为 50 年。
2. 结构安全等级为二级，重要性系数 1.0。
3. 主体结构采用钢框架结构体系。柱采用方钢管，梁采用热轧 H 型钢。
4. 钢柱与钢梁采用高强度螺栓栓焊贯通式刚接，其翼缘为钢梁翼缘与钢梁板焊平面内高强度螺栓板焊平面内高强度螺栓板焊平面内以钢梁腹板用高强度螺栓摩擦型连接，钢板次梁与主梁连接采用高强度螺栓摩擦型连接，外包深度不小于柱截面高度的 3 倍。
5. 柱脚采用外包式柱脚，外包采用现浇混凝土楼盖。通过栓钉与钢梁连接为一体。
6. 楼板采用现浇混凝土楼盖。

五、材料选用
1. 本工程钢材采用 Q345B 钢，其质量应满足《低合金高强度结构钢》(GB/T 1591—2018)的规定。所有钢材应具有抗拉强度、伸长率、屈服强度和碳、磷、硫当量及冷弯试验的合格保证，且钢材的实测屈强比不应大于 0.85，应具有良好的可焊性和合格的冲击韧性。
2. 手工焊 Q345 钢材焊接采用 E50XX 系列焊条，其技术条件应符合《热强钢焊条》(GB/T 5118—2012)的规定。
3. 埋弧自动焊或半自动焊用焊丝和相应的焊剂应与主体金属相匹配，焊丝应符合现行国家标准《埋弧焊用热强钢实心焊丝、药芯焊丝和焊剂组合分类要求》(GB/T 12470—2018)的规定。焊剂应符合《碳钢焊条熔敷金属化学成分分类》(GB/T 14957—1994)的规定，焊剂应符合相应的施工技术标准。
4. 普通螺栓：均为 4.6 C 级，其性能应符合《六角头螺栓 C 级》(GB/T 5780—2016)和《六角头螺栓》(GB/T 5782—2016) 的规定。
5. 高强度螺栓检用 10.9 级的扭剪型连接副(GB/T 3632—2008)的规定。
6. 锚栓采用符合国家标准《碳素结构钢》(GB/T 700—2006)规定的 Q235B 钢，由未加工的圆钢制成。
7. 圆柱头焊钉应满足《电弧螺柱焊用圆柱头焊钉》(GB/T 10433—2002)的有关规定。
8. 方钢管应符合《建筑结构用冷弯矩形钢管》(JG/T 178—2005)的有关规定。

六、制作与安装
1. 钢结构的制作和安装的技术要求和允许偏差应符合《钢结构工程施工质量验收标准》(GB 50205—2020)的规定。梁与翼缘采用和腹板的对接焊缝采用全熔透焊缝，其焊缝质量检验等级为二级。梁翼缘与加劲板在焊缝重叠处均应作切角坡 1~2 mm。
2. 框架梁翼缘和腹板接的对接焊缝等采用角焊缝。加劲助处采用角焊缝，角焊缝外观要求按三级检验。
3. 所有螺栓孔均按 Ⅱ 类孔制造。高强度螺栓孔应用钻成形的孔，孔径比螺栓公称直径大 1~2 mm。
4. 钢柱脚加劲处应焊缝满焊。腹板和加劲助均要求下端做喷砂处理。处理后铜板均应要求剖平顶紧后施焊。
5. 所有加劲板或焊接型钢柱的构件应翼缘、腹板和焊接连接的构件均匀为切角焊 15 mm×15 mm。加劲助均要求剖平顶紧后施焊。
6. 所有高强度螺栓连接的构件接触面抗滑移系数不小于 0.50。施工前应做抗滑移试验，并应报请监理单位的认可。
7. 钢构件外露端口均采用焊板用焊缝封闭，使内空气气隔绝，并应保组装，安装过程中构件内不得有积水。
8. 柱与梁、梁与梁之连接节点，应先安装腹板高强度螺栓连接。高强度螺栓摩擦连接接触面范围内，工地焊接焊接断面范围两侧 100 mm 范围内应禁止涂装。柱与梁的现场连接，应在所示不需喷涂漆处部位，均涂环氧富锌底漆两遍，聚氨酯面漆两遍，厚度不小于 70 μm。

七、防腐与防火
1. 所有钢构件制件前表面均应作除锈处理，除锈质量等级要求达到 GB/T 8923—2011 中 Sa2.5 等级。
2. 在与混凝土接触伸入混凝土部位，高强度螺栓接触接触面范围内，工地焊接焊接断面范围两侧 100 mm 范围内禁止涂装。然后按焊缝要求，焊后再按翼缘连接处，焊接环缝连接后发生两面焊接翼缘焊接，然后终拧完高强度螺栓。
3. 防腐涂装按设计要求。防火涂料应与防腐涂料相匹配，两者不得发生化学反应。
4. 防火涂料(GB 14907—2018)的技术要求，柱应根据建筑要求进行大等二级进行防火处理。耐火级限应满足设计要求。
5. 钢柱、钢梁：所有钢梁耐前表面均应作除锈处理，除锈质量等级要求达到 GB/T 8923—2011 中 Sa2.5 等级。均涂环氧富锌底漆两遍，聚氨酯面漆两遍，厚度不小于 70 μm。
   厚度不小于 60 μm；聚氨酯面漆两遍，厚度不小于 70 μm。

八、其他
1. 在使用过程中，应根据材料特性(如装饰材料使用年限、围护结构使用年限、结构使用环境条件等)，进行定期和特殊检查，对结构有必要维护(如对钢结构重新进行涂装、更换损坏构件等)，以保证结构的使用安全。
2. 施工单位应根据施工图进行施工图深化设计，待设计人员确认后方可加工制作。
3. 当因材料需代用时，无论是材质、规格尺寸和种类代用，均应由加工制作单位向原设计单位申报，经设计确认后方可代用。
4. 本设计未考虑雨期施工，雨期施工时应采取相应的施工技术措施。

图 7-37 多层钢结构框架设计说明

(6)制作与安装:主要包括切割、制孔、焊接等方面的有关要求和验收的标准,以及运输与安装过程中要注意的事项和应满足的有关要求。

(7)防腐防火处理要求:主要包括钢构件的防锈处理方法和防锈等级及漆膜厚度等钢结构涂装及钢结构防火等级和构件的耐火极限等方面的要求。

(8)其他:主要包括钢结构建筑在后期使用过程中需要定期维护的要求,以及钢结构材料替换、雨期施工等其他需要注意的有关事项,以保证使用和施工过程中的结构安全。

2. 钢柱及钢柱脚平面布置图(图 7-38)

(1)平面轴线尺寸为 18.9 m×42 m,基本轴网为 4.2 m×6.3 m。

(2)柱的形状采用粗实线表示,柱脚形状采用细虚线表示。柱的平面布置反映结构柱在建筑平面中的位置,本图中的柱均沿轴线居中布置。

(3)"GKZ"表示钢框架柱,"GZJ"表示钢柱柱脚,可根据柱和柱脚截面尺寸、高度的不同分别进行编号。

(4)在构件规格表中可查出钢柱采用方钢管,截面高度为 300 mm,厚度为 10 mm,柱底标高为-1.150 m,即柱底板底标高,顶标高为 15.470 m,即屋顶楼板板底标高。

(5)在钢柱脚截面示意图中可以查出钢柱与钢柱脚的截面形式和相互关系,柱脚平面尺寸为 700 mm×700 mm,每边厚度为 200 mm,标高为-1.200~-0.250 m。

3. 结构平面布置图(图 7-39)

(1)钢框架、次梁及钢柱均采用粗实线表示,当绘图比例较大时也采用双线(构件轮廓线)表示。本图中的梁均沿轴线居中布置。

(2)"GKL"表示钢框梁,"CL"表示钢次梁。数字"1"为钢框梁的编号,不同的截面形式编号也不同。

(3)黑三角符号"▶——"表示梁柱刚接,其余为铰接。"⌐⌐"表示楼梯间、天井、设备洞口等楼板开洞。

(4)图中③轴交Ⓐ和Ⓑ轴间的梁右侧标注的标高表示梁顶标高与该层钢梁结构标高不一致,此梁顶标高较该层钢梁结构标高低 0.200 m。

(5)从构建规格表中可查出 GKL-1 和 CL-1 均采用窄翼缘热轧 H 型钢,其截面特性可查国家现行标准《热轧 H 型钢和剖分 T 型钢》(GB/T 11263—2017),热轧 H 型钢示意图中也给出了 H 型钢表示方法中各数字的意义。

4. 柱脚详图(图 7-40)

(1)本图中的柱脚为外包式刚接柱脚。

(2)钢柱截面为宽度 300 mm、厚度 10 mm 的方钢管,底板长度和宽度均为 500 mm,厚度为 16 mm,钢柱端部刨平并与底板顶紧后采用焊脚高度为 6 mm 的周围角焊缝焊脚。端部刨平顶紧的目的是让柱承担的轴力直接传递给底板,而不需要角焊缝承担轴力,角焊缝仅按构造设置即可。底板与基础采用 4 个直径为 20 mm 的地脚螺栓固定。地脚螺栓安装时采用单螺母固定,在柱底板上设 20 mm 厚 70 mm×70 mm 的垫板,垫板开直径为 22 mm 的圆孔,垫板与柱底板在现场采用周围角焊缝焊接,焊脚高度为 10 mm,底板开直径为 26 mm 的圆孔。

(3)在柱底板中心设直径为 200 mm 的泌浆孔,在二层浇灌层浇筑时可以有效地将底板下的空气排出,以保证二层浇灌层密实。

(4)为保证钢柱与外围混凝土可靠连接,在钢柱四边设置 8 个直径为 16 mm 的圆头栓钉,栓钉长度为 100 mm,栓钉竖向的间距为 140 mm。

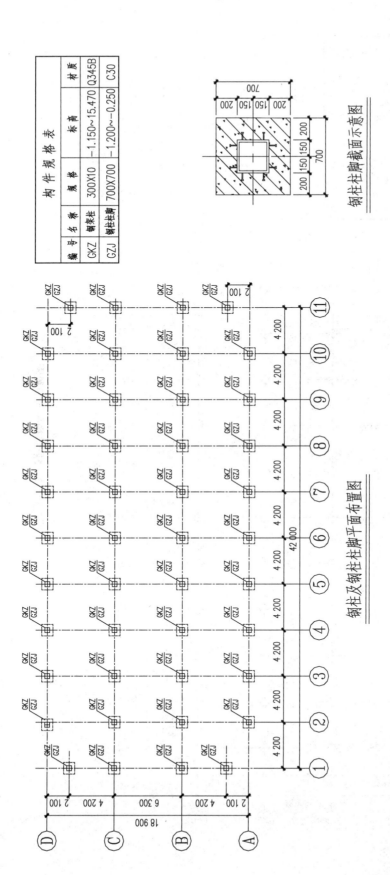

图 7-38 厂钢柱及钢柱柱脚平面布置图

编号	名称	规格 $H×B×t_w×t$	材质
GKL-1	钢框梁	HN400×200×8×13	Q345B
CL-1	钢次梁	HN250×125×6×9	Q345B

构件规格表

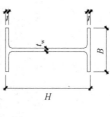

热轧H型钢示意图

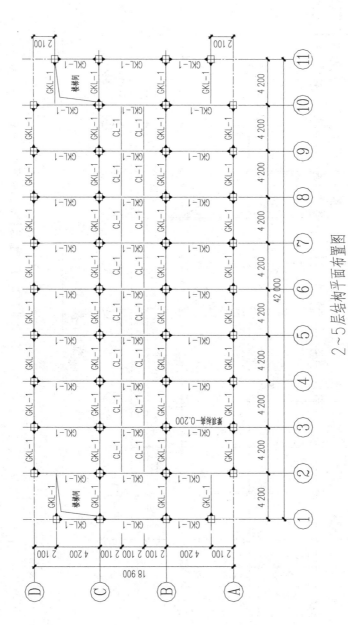

图 7-39　2～5 层结构平面布置图

(5)钢柱外包混凝土厚度为 200 mm,高度为 900 mm,外包混凝土内设 16 根直径为 20 mm 的 HRB400 级纵筋,箍筋为直径 10 mm、间距 100 mm 的 HPB300 级钢筋,在柱脚顶部设 3 道直径为 12 mm、间距为 50 mm 的 HRB400 级加强箍筋。

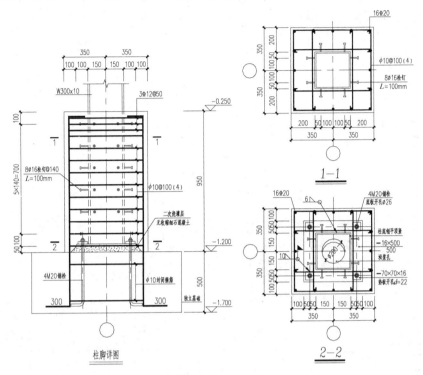

图 7-40 柱脚详图

5. 梁柱和梁梁连接详图(图 7-41)

(1)节点①和②为钢框架边柱节点,表示梁柱采用栓焊混合的刚性连接,节点①为中间层节点,采用柱贯通的形式;节点②为顶层节点,采用钢梁上翼缘贯通的形式。在 1—1 剖面中,主梁腹板采用正反两块厚度为 8 mm 的连接板,由 16 个直径为 20 mm 的高强度螺栓连接,梁翼缘、加劲肋与钢柱以及梁翼缘现场对接均采用带垫板带钝边单边 V 形熔透焊缝焊接。钢梁腹板与柱和梁翼缘采用双面角焊缝焊接,焊脚高度为 6 mm。

(2)钢梁与混凝土楼板采用直径为 16 mm 的双排圆头栓钉连接,栓钉沿梁纵向的间距为 150 mm,距离钢梁边距为 50 mm,栓钉长度为 100 mm,距离板顶为 30 mm。

(3)主次梁连接采用铰接节点,次梁腹板伸入钢梁内与主梁加劲肋采用两个直径为 20 mm 的高强度螺栓连接,腹板和加劲肋开直径为 22 mm 的圆孔。

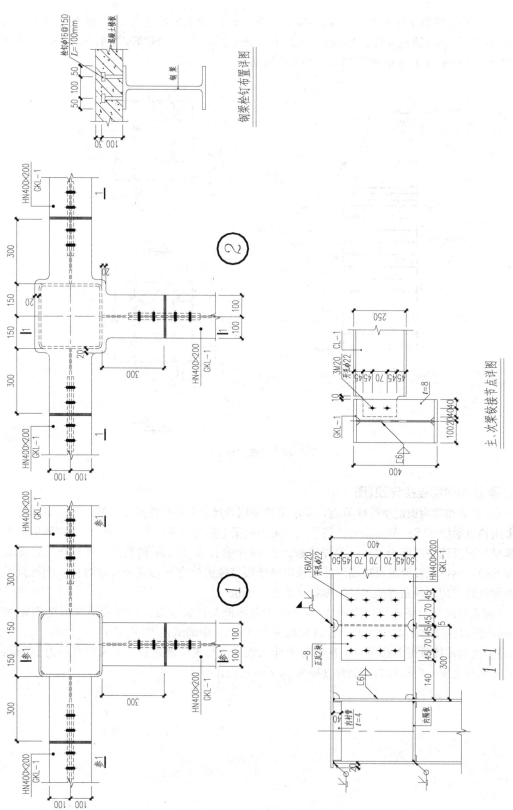

图 7-41 梁柱和梁梁连接详图

7.4 平面网架构造及施工图识读

7.4.1 平面网架基本知识

平面网架是由多根杆件按照一定的网格形式通过节点连接而成的平板式空间结构,具有空间受力、质量轻、刚度大、抗震性能好等优点,可用作采光顶、体育馆、展览厅、候车厅、飞机库等大跨度屋盖。平面网架按组成形式可分为三类:第一类是由平面桁架组成的,有两向正交正放网架、两向正交斜放网架、两向斜交斜放网架及三向网架;第二类由四角锥体单元组成,有正放四角锥网架、正放抽空四角锥网架、斜放四角锥网架、棋盘形四角锥网架及星形四角锥网架;第三类由三角锥体单元组成,有三角锥网架、抽空三角锥网架及蜂窝形三角锥网架。平面网架按节点形式的不同则可分为十字板节点、焊接空心球节点及螺栓球节点三种形式。十字板节点适用于型钢杆件的网架结构;焊接空心球节点及螺栓球节点适用于钢管杆件的网架结构。

7.4.2 平面网架

平面网架钢结构施工图主要包括钢结构设计说明、网架预埋件布置图、网架平面布置图、网架杆件截面图、节点详图等图纸,有时还包括屋面檩条布置图和马道布置图。

1. 钢结构设计说明

在钢结构设计说明(图7-42)中主要包括工程概况、设计依据、设计荷载、结构设计、材料的选用、制作与安装、防腐防火处理要求及其他需要说明的事项等内容。

(1)工程概况:主要包括建筑功能、平面尺寸、跨度、主体结构体系、周边支撑情况等基本资料,由此可以大体了解建筑的整体情况。

(2)设计依据:主要包括甲方的设计任务书,现行国家、行业和地方规范与规程及标准图集等,施工时也必须以此为依据。

(3)设计荷载:主要包括恒载、活载、风荷载、雪荷载及抗震设防烈度等有关参数。在施工和后期使用过程中结构上的荷载均不得超过所给出的荷载值。

(4)结构设计:结构设计中主要包括结构使用年限、安全等级和结构计算原则、结构布置以及主要节点构造,由此可以了解结构的整体情况。

(5)材料的选用:主要包括钢材、螺栓、焊条、钢球、钢管等有关材料的强度等级及其应符合的有关标准等。在材料采购时必须以这些作为依据和标准进行。

(6)制作与安装:主要包括切割、制孔、焊接等方面的有关要求和验收的标准,以及运输和安装过程中需要注意的事项和应满足的有关要求。

(7)防腐防火处理要求:主要包括钢构件的防锈处理方法和防锈等级与漆膜厚度等钢结构涂装,以及钢结构防火等级和构件的耐火极限等方面的要求。

(8)其他:主要包括钢结构建筑在后期使用过程中需要定期维护的要求,以及钢结构材料替换、雨期施工等其他需要注意的有关事项,以保证使用和施工过程中的结构安全。

螺栓球节点网架钢结构设计说明

一、工程概况
本工程为某建筑中庭采光顶，宽度 24 m；长 24 m；下部为混凝土结构，网架支座支撑在屋面周边框架梁上。甲方不提供设计委托书等资料。

二、设计依据
1.《建筑结构荷载规范》(GB 50009—2012)
2.《钢结构设计标准》(GB 50017—2003)
3.《空间网格结构技术规程》(JGJ 7—2016)
4.《冷弯薄壁型钢结构技术规范》(GB 50018—2002)
5.《钢结构工程施工质量验收标准》(GB 50205—2020)
6.《钢网架螺栓球节点用高强度螺栓》(GB/T 16939—2011)

三、设计荷载
屋面活载：0.80 kN/m²（含檩条） 屋面雪载：0.50 kN/m² 温度：温度+30℃
基本风压：$W_0 = 0.55$ kN/m²（50 年一遇）地面粗糙度：B 类 基本雪压 $S_0 = 0.40$ kN/m²
抗震设防烈度：7 度（0.10 g），设计地震分组第一组（场地类别：Ⅱ类）

四、结构设计
1. 本工程安全等级为二级，重要性系数 1.0。
2. 屋面结构采用开放四角锥螺栓球节点网架，周边上弦支承。
3. 屋面支座采用橡胶板式支座。
4. 网架支座采用橡胶板式支座。
5. 杆件计算长度取中 $L = L$，受压杆件最大长细比为 180，受拉杆件最大长细比为 250。
6. 静载不包括结构自重，自重由程序自动生成。其余荷载必须杆作用在节点上，杆件不承受横向荷载。

五、材料选用
1. 本工程所采用钢管、套筒、锥头、连接板均为 Q235B 钢，其质量应符合现行国家标准《碳素结构钢》(GB/T 700—2006)的规定。钢材应具有抗拉强度、伸长率、屈服强度和碳、磷、硫及冷弯试验的合格保证。
2. 手工焊 Q235 钢材焊接用 E43XX 系列焊条，其技术条件应符合现行国家标准《非合金钢及细晶粒钢焊条》(GB/T 5117—2012)中的规定。
埋弧自动焊或半自动焊用焊剂和相应的焊剂应与主体金属力学性能相适应。焊丝应符合现行国家标准《熔化焊用焊丝》(GB/T 14957—1994)的规定。焊剂应符合现行国家标准《埋弧焊用非合金钢及细晶粒钢实心焊丝、药芯焊丝和焊剂—焊剂组合分类要求》(GB/T 5293—2018)的规定。
3. 普通螺栓：均为 4.6 C 级，其性能应符合《六角头螺栓 C 级》(GB/T 5780—2016)和《六角头螺栓》(GB/T 5782—2000)的规定。
4. 高强度螺栓，材质为 40Cr，10.9 级，其尺寸和技术条件应符合《合金结构钢》(GB 3077—1999)和《钢网架螺栓球节点用高强度螺栓》(GB/T 16939—2016)的规定。
5. 紧定螺钉，材质为 45 号钢，其技术条件应符合《优质碳素结构钢》(GB/T 699—2015)的规定。
6. 锥头，材质为 40Cr，其尺寸和技术条件应符合《合金结构钢》(GB 3077—2015)的规定。
7. 钢管采用无缝钢管，其尺寸和技术条件应符合《结构用无缝钢管》(GB/T 8162—2018)的规定。
8. 钢管直径≥75 mm 时采用锥头，焊缝及焊缝任何截面应与连接的钢管等强，厚度应保证强度和变形要求，并有试验报告。

六、制作与安装
1. 钢管直径≥75 mm 时采用锥头，焊缝及焊缝任何截面应与连接的钢管等强，厚度应保证强度和变形要求，并有试验报告。
2. 所标注的杆件长度允许误差为螺栓球中心间距。
3. 为保证焊接质量，焊缝与螺栓杆连接球应根据球的规格和锥头尺寸，并考虑焊接收缩量。
4. 网架杆件对接焊缝应符合现行国家标准《钢结构工程施工及验收标准》(GB 50205—2020) 规定的二级焊缝检验标准。
5. 网架杆件在受拉侧有节点、焊接与螺栓过渡与锥头焊接。受压杆件需加热焊球预热至 150～200 ℃后再进行施焊。
6. 网架施工单位在进场现场前，必须对土建支座与预埋件预埋钢板进行复查。并做出复查结果。目有下节点外要做严格复查，并做出复查结果。且目有下节点外要做严格复查，并做出复查结果。方以后可进行网架安装。
7. 网架拼装就位后，须将螺栓杆全部拧紧，应用油漆于将所有接缝与多余的螺栓孔应用油漆加以密封。
8. 网架拼装完成后，应用油漆于将所有接缝与多余的螺栓孔应用油漆加以密封。
9. 网架的制造、运输、安装、验收应遵守《空间网格结构技术规程》(JGJ 7—2010)、《钢网架螺栓球节点》(JG/T 10—2009)等有关规定。

七、防腐与防火
1. 所有钢构件制作前表面均应进行除锈处理。除锈质量符合现行国家标准《涂装前钢材表面锈蚀等级和除锈等级》(GB 8923—2011 中的 Sa2.5 等级。
2. 所有钢构件表面均须涂环氧富锌底漆两道，厚度不小于 70 μm；环氧云铁中间两道，厚度不小于 70 μm；聚氨酯面漆两道厚度不小于 70 μm。
3. 本网架的防火等级为二级，网架杆件的耐火极限为 1.5 h，应采用薄型或超薄型防火涂料，遵守《钢结构防火涂料应用技术规范》CECS 24—1990 的有关规定。所有防火材料均须通过有关消防部门认可，同时还应满足建筑装饰效果的要求。防火涂料应与防腐涂料相匹配，两者不得发生化学反应。

八、其他
1. 在使用过程中，应根据材料特性（如涂装材料使用年限）对钢结构进行必要维护（如对钢结构再次进行涂装、更换损坏构件等），以确保使用过程中的结构安全。特殊检查、对结构进行必要维护（如对钢结构再次进行涂装、更换损坏构件等），以确保使用过程中的结构安全。进行定期的咨询和周期要求应符合《建筑钢结构防腐蚀技术规范》(JGJ/T 251—2011)的规定。
2. 施工单位必须根据本施工图进行图纸深化设计，待施工人员确认后方可加工制作。
3. 当网架材质变化代用时，无论是材质还是规格代用，均应由加工制作单位申报，经设计确认后方可代用。
4. 本设计未考虑雨期施工，雨期施工时应采取相应的施工技术措施。

图 7-42 螺栓球节点网架钢结构设计说明

2. 网架预埋件布置图(图 7-43)

(1)"YM"表示预埋件,采用粗实线表示,混凝土框架梁采用双细实线(轮廓线)表示,轴线采用细点画线表示。

(2)预埋件布置在混凝土框架梁上,间距为 3 000 mm,预埋件沿轴线居中布置。

(3)从 1—1 剖面中可以看出,预埋件沿梁居中布置,预埋件顶与混凝土梁顶平齐。

(4)从预埋件详图中可以看出,锚板长度和宽度均为 360 mm,厚度为 16 mm,采用 4 根直径为 16 mm 的 HRB335 级锚筋与锚板穿孔塞焊。

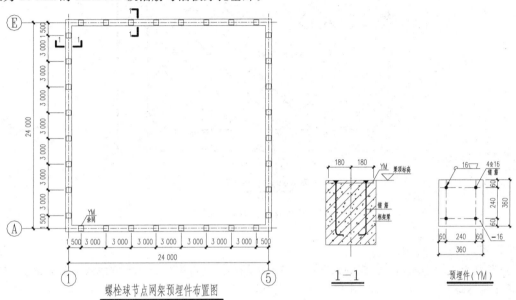

图 7-43 螺栓球节点网架预埋件布置图

3. 网架平面布置图(图 7-44)

(1)从平面布置图可以看出网架平面尺寸为 24 m×24 m,网架高度为 1.8 m,为平板网架结构。上弦杆与建筑轴线呈 45°,节间长度为 $1\,500\times\sqrt{2}=2\,121(\text{mm})$;下弦杆和腹杆与建筑轴线平行,下弦杆节间长度为 3 000 mm,腹杆节间长度为 $\sqrt{1\,500^2+1\,800^2}=2\,343(\text{mm})$,网架组成形式为斜放四角锥结构。

(2)网架上弦杆采用粗实线表示,下弦杆采用细虚线表示,腹杆采用细实线表示,节点用"○"表示,支座用"□"表示。

(3)下部混凝土梁仅与网架上弦节点连接,支撑形式为上弦周边支撑。

(4)Rz 表示网架竖向的反力,"−"表示方向向下,"+"表示方向向上,一般正号省略不写。反力单位为 kN。

(5)从对称符号上看,网架杆件在两个方向上分别沿中心线对称。

4. 网架杆件截面图(图 7-45)

(1)本图是按照网架杆件在两个方向上分别沿中心线对称的方式给出的网架上、下弦杆和腹杆的杆件截面图。

(2)在杆件编号中,上弦杆用"S"表示、下弦杆用"X"表示、腹杆用"F"表示。第二个数字是按照杆件截面的不同进行编号的,a 及后面的数字是按杆件截面相同而长度不同进行编号的。ϕ 表示圆钢管,其后的数字为直径×厚度。钢管有无缝钢管和焊接钢管之分,两者受压性能不同,

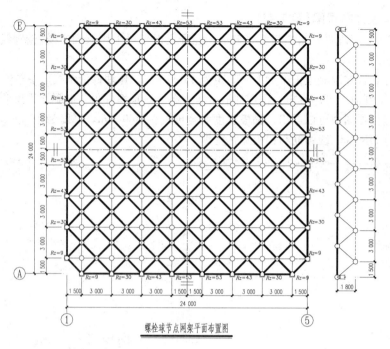

图 7-44 螺栓球节点网架平面布置图

因而应按设计说明选用。

(3)球节点用①表示,○内的数字按照球规格的不同进行编号。"BS"表示螺栓球,其后的数字表示螺栓球直径。螺栓球采用 45 号优质碳素结构钢。

5. 节点详图(图 7-46)

(1)平板网架的支座节点根据受力特点不同可选用压力支座、拉力支座、可滑动和转动的弹性支座及刚性支座等,节点①选用的支座形式是可转动和变形的橡胶板式支座。

(2)节点①中,螺栓球焊接在支承斜板上,在螺栓球上焊接时应将钢球预热到 150 ℃~200 ℃ 后再施焊,以防止 45 号钢常温焊接时出现裂缝。

(3)十字板采用焊脚高度 10 mm 的双面角焊缝焊接在底板上。底板长度和宽度均为 280 mm,厚度为 16 mm,开直径为 30 mm 的圆孔。

(4)橡胶垫板长度和宽度均为 260 mm,厚度为 50 mm,板上开直径为 60 mm 的圆孔,以防止橡胶垫板阻碍支座变形。

(5)过渡板长度和宽度均为 280 mm,厚度为 16 mm,过渡板与螺栓采用穿孔塞焊,与预埋件采用焊脚高度 10 mm 的周围角焊缝现场焊接。

(6)支座底板与过渡板采用 2 个直径为 24 mm 的螺栓固定。地脚螺栓安装时采用双螺母固定,在底板上设厚度为 16 mm、70 mm×70 mm 的垫板,垫板开直径为 26 mm 的圆孔,垫板与柱底板采用焊脚高度 10 mm 的周围角焊缝现场焊接。

(7)节点②为网架上弦杆与腹板的连接节点,当杆件直径小于 75 mm 时,杆件采用平封板;杆件直径不小于 75 mm 时应设锥头,以防止杆件端部碰撞,尽量减少螺栓球直径。在螺栓球上部通过普通螺栓连接屋面檩条支托。

(8)节点③为网架下弦杆与腹杆的连接节点,与节点②相似,当网架下弦杆有吊挂灯具等设备时,可利用螺栓球工艺孔吊挂。

6. 焊接球节点网架钢结构设计说明(图 7-47)

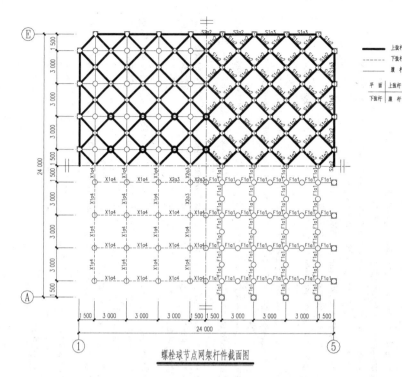

图 7-45　螺栓球节点网架杆件截面图

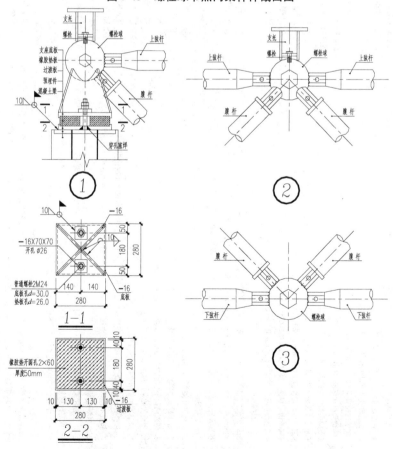

图 7-46　节点详图

焊接球节点网架钢结构设计说明

一、工程概况

本工程为某建筑中庭轻质屋面。宽度 24 m；长 24 m；下部为混凝土结构，网架支座支撑在屋面周边框架梁上。

二、设计依据

1. 甲方提供的设计委托书等资料。

2. 本工程设计遵循的标准、规范、规程：

《建筑结构荷载规范》(GB 50009—2012)

《钢结构设计标准》(GB 50017—2003)

《空间网格结构技术规程》(JGJ 7—2016)

《冷弯薄壁型钢结构技术规程》(GB 50018—2002)

(钢结构焊接规范》(GB 50661—2011)

《钢结构工程施工质量验收标准》(GB 50205—2020)

《钢网架焊接空心球节点》(JG/T 11—2009)

三、设计荷载

屋面恒载：0.50 kN/m²(含檩条)　屋面活载：0.50 kN/m²。

基本风压：W_0=0.55 kN/m²(50 年一遇)地面粗糙度：B类　基本雪压：So=0.40 kN/m²。

抗震设防烈度：7 度(0.10 g)，设计地震分组第一组(场地类别：Ⅱ类)。

四、结构设计

1. 结构设计使用年限为 50 年。

2. 本工程安全等级为二级，重要性系数 1.0。

3. 屋面结构采用正放四角锥焊接球节点网架，周边上弦支撑。

4. 屋面找坡采用焊接球上的支托找坡。

5. 网架支座采用平板压力支座。

6. 杆件计算长度取中 $L=L_0$，受压杆件最大长细比为 180，受拉杆件最大长细比为 250。

7. 静载不包括结构自重，自重由程序自动生成。其余荷载必须作用在节点上，杆件不承受横向荷载。

五、材料选用

1. 本工程所采用钢管、连接板均采用 Q235B 钢，其质量应符合现行国家标准《碳素结构钢》(GB/T 700—2006)的规定。钢材应具有抗拉强度、伸长率、屈服强度和硫、磷、碳当量及冷弯试验的合格保证。

2. 手工焊 Q235 钢焊接采用 E43XX 系列焊条，其技术条件应符合《非合金钢及细晶粒钢焊条》(GB/T 5117—2012)中的规定要求。

3. 埋弧自动焊或半自动焊用焊丝和相应的焊剂应与主体金属力学性能相适应，焊丝应符合现行国家标准《熔化焊用焊丝》(GB/T 14957—1994)的规定，焊剂应符合现行国家标准《埋弧焊用非合金钢及细晶粒实心焊丝、药芯焊丝和焊丝—焊剂组合分类要求》(GB/T 5293—2018)的规定。

4. 普通螺栓：均为 4.6 C级，其性能应符合《六角头螺栓 C级》(GB/T 5780—2016)和(六角头螺栓》(GB/T 5782—2016)的规定。

5. 橡胶，采用氯丁橡胶，其物理和力学性能应符合《空间网格结构技术规程》(JGJ 7—2010)的规定。

6. 铜球，材质为 Q235B 钢，其技术条件应符合《碳素结构钢》(GB/T 700—2006)的规定。

7. 钢管均采用无缝钢管，其尺寸和技术条件应符合《结构用无缝钢管》(GB/T 8162—2018)的规定。

六、制作与安装

1. 焊接球与杆件采用剖口焊，确保焊接强度与杆件等强，与球体之间应留有一定空隙，焊接前应作好焊接工艺试验，网架杆件对接以及跟钢球连接焊缝应符合现行国家标准《钢结构工程施工及验收标准》(GB 50205—2020)规定的二级焊缝检验标准。

3. 所标注的杆件长度为螺栓球中心间距，实际下料长度应根据螺栓球尺寸，并考虑焊接收缩量。

4. 球体与杆件铜管焊接时，球体的焊缝平面应与弦杆平面平行。

5. 网架杆件不允许受拉杆有接缝，受压杆接缝时需加衬管焊接，且每个节点有接缝的杆件不得多于一根。

6. 网架施工单位在进现场前，必须对土建单位的测量结果做严格复查，并做出复查结果，方可进行网架安装。

7. 网架拼装就位后，须将网架支座过渡板与预埋件钢板焊接。

8. 焊缝超声波探伤应符合《钢结构超声波探伤方法及质量分级法》(JG/T 203—2007)的规定。

9. 网架的制造、运输、安装、验收应遵守《空间网格结构技术规程》(JGJ 7—2010)、《钢网架螺栓球节点》(JG/T 10—2009)等有关规定。

10. 橡胶垫板在安装、使用过程中，应避免与油脂等油类物质以及其他对橡胶有害的物质接触。

11. 安装后橡胶垫板与预埋钢板之间应采用 502 胶粘结，在橡胶垫板周围涂以酚醛树脂，并粘结泡沫塑料以防老化。

七、防腐与防火

1. 所有钢构件制作前表面均应进行除锈处理，除锈质量等级要求达到 GB/T 8923—2011 中的 Sa2.5 等级。

2. 所有钢构件表面均涂环氧富锌底漆两遍，厚度不小于 70 μm；环氧云铁中间漆两遍，厚度不小于 60 μm；聚氨酯面漆两遍，厚度不小于 70 μm。

3. 本网架的防火等级为二级，网架杆件的耐火极限为 1.5 h，应采用薄型或超薄型防火涂料，遵守《钢结构防火涂料应用技术规范》(CECS 24—1990)的有关规定，所有防火材料均须通过有关消防部门认可，同时还应满足建筑装饰设计的要求。防火涂料应与防腐涂料相匹配，两者不得发生化学反应。

八、其他

1. 在使用过程中，应根据材料特性(如涂装材料使用年限，围护结构使用年限，结构使用环境条件等)，进行定期和特殊检查，对结构进行必要维护(如对钢结构重新进行涂装，更换损坏构件等)，以确保使用过程中的结构安全。检查内容和周期要求应符合《建筑钢结构防腐蚀技术规程》(JGJ/T 251—2011)的规定。

2. 施工单位应根据本施工图进行图纸深化设计，待设计人员确认后方可加工制作。

3. 当因故材料需代用时，无论是材质还是规格代用，均应由加工制作单位并向原设计单位申报，经设计确认后方可代用。

4. 本设计未考虑雨期施工，雨期施工时应采取相应的施工技术措施。

图 7-47　焊接球节点网架钢结构设计说明

7. 网架预埋件布置图(图7-48)

(1)"YM"表示预埋件,采用粗实线表示;混凝土框架梁采用双细实线(轮廓线)表示,轴线采用细点画线表示。

(2)预埋件布置在混凝土框架梁上,间距为3 000 mm,预埋件沿轴线居中布置。

(3)从1—1剖面中可以看出,预埋件沿梁居中布置,预埋件顶与混凝土梁顶平齐。

(4)从预埋件详图中可以看出,锚板长度和宽度均为300 mm,厚度为16 mm,采用4根直径为16 mm的HRB400级锚筋与锚板穿孔塞焊。

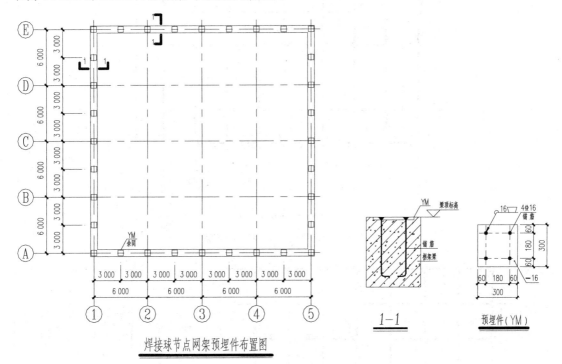

图7-48 焊接球节点网架预埋件布置图

8. 网架平面布置图(图7-49)

(1)从平面布置图中可以看出,网架平面尺寸为24 m×24 m,网架高度为2.0 m,为平板网架结构。上、下弦杆与建筑轴线平行,上、下弦杆节间长度为3 000 mm,腹杆与建筑轴线呈45°,节间长度为$\sqrt{2\,121^2+2\,000^2}=2\,915$(mm),网架组成形式为正放四角锥结构。

(2)网架上弦杆采用粗实线表示,下弦杆采用细虚线表示,腹杆采用细实线表示,节点用"○"表示,支座用"□"表示。

(3)下部混凝土梁仅与网架上弦节点连接,支撑形式为上弦周边支撑。

(4)Rz表示网架竖向的反力,"—"表示方向向下,"+"表示方向向上,一般正号可省略不写。反力单位为kN。

(5)从对称符号上看,网架杆件在两个方向上分别沿中心线对称。

9. 网架杆件截面图(图7-50)

(1)本图是按照网架杆件在两个方向上分别沿中心线对称的方式给出的网架上弦杆、下弦杆和腹杆的杆件截面图。

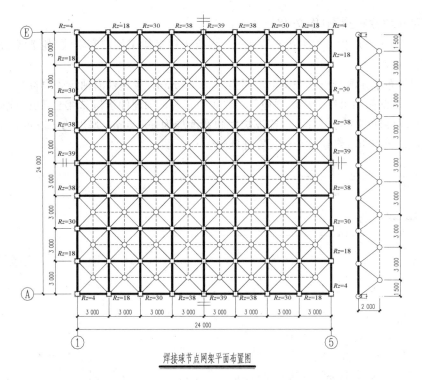

图 7-49 焊接球节点网架平面布置图

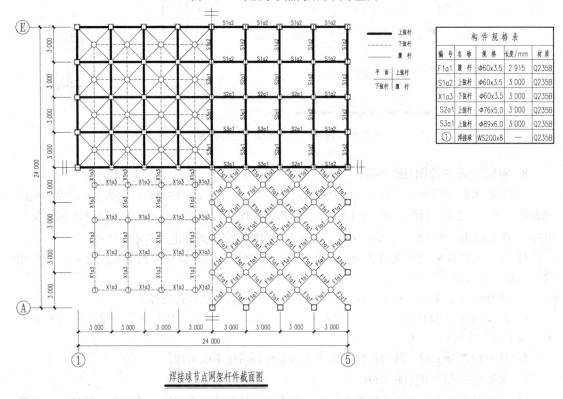

图 7-50 焊接球节点网架杆件截面图

(2)杆件编号中,上弦杆用"S"表示、下弦杆用"X"表示、腹杆用"F"表示。第二个数字是按照杆件截面的不同进行编号的，a 及后面的数字是按杆件截面相同而长度不同进行编号的。ϕ 表示圆钢管，其后的数字为直径×厚度。钢管有无缝钢管和焊接钢管之分，两者受压性能不同，应按设计说明选用。

(3)球节点用①表示，○内的数字按照球规格的不同进行编号。焊接空心球有焊接空心球和加肋焊接空心球两种，"WS"表示焊接空心球，"WSR"表示加肋焊接空心球，其后的数字表示焊接球的直径×厚度。焊接空心球的材质为 Q235B 碳素结构钢。

10. 节点详图（图 7-51）

(1)节点①选用的支座形式是平板压力支座。
(2)节点①中，空心球焊接在支撑斜板上。

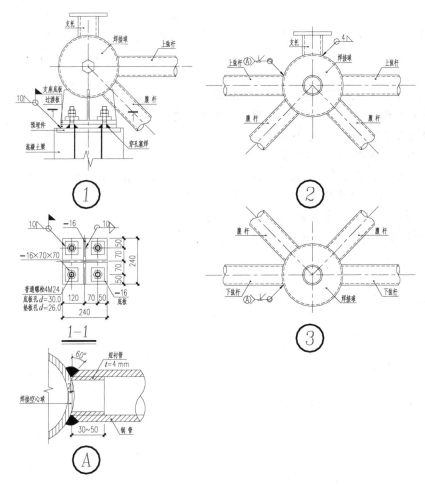

图 7-51 节点详图

(3)十字板采用焊脚高度为 10 mm 的双面角焊缝焊接在底板上。底板长度和宽度均为 240 mm，厚度为 16 mm，开直径为 30 mm 的圆孔。

(4)过渡板长度和宽度均为 240 mm，厚度为 16 mm。过渡板与螺栓采用穿孔塞焊，与预埋件采用焊脚高度为 10 mm 的周围角焊缝现场焊接。

(5)支座底板与过渡板采用 4 个直径为 24 mm 的螺栓固定。地脚螺栓安装时采用双螺母固定，在底板上设厚度为 16 mm、70 mm×70 mm 的垫板，垫板开直径为 26 mm 的圆孔，垫板与柱底板采用焊脚高度为 10 mm 的周围角焊缝现场焊接。

(6) 节点②为网架上弦杆与腹板的连接节点，网架杆件直接焊接在空心球上，屋面檩条支托采用周围角焊缝直接焊接在空心球上。

(7) 节点③为网架下弦杆与腹杆的连接节点，与节点②相似。当网架下弦杆有吊挂灯具等设备时，可利用焊接空心球直接焊接吊挂。

(8) 在焊缝详图Ⓐ中可以看出，网架杆件与焊接空心球采用带垫板单边V形熔透焊缝焊接，钢管内设长度为30～50 mm、厚度为4 mm的短衬管，剖口角度为60°，预留间隙2 mm。

1. 门式刚架、多层框架和网架结构主要包括哪些图纸？
2. 螺栓球节点网架与焊接球节点网架在节点构造上有哪些区别？
3. 高强度螺栓、普通螺栓分别在哪些连接中使用？
4. 角焊缝与熔透焊缝分别应用于哪些连接？
5. 门式刚架中梁柱连接一般采用什么连接形式？
6. 多层框架结构中梁柱刚接一般采用什么连接形式？
7. 基本线宽 b 通常选取哪些宽度？
8. 剖视与断面的剖切符号有什么区别？
9. 高强度螺栓、普通螺栓、安装螺栓的标注方法是什么？有哪些区别？
10. 工厂焊缝与现场焊缝的标注方法有什么区别？
11. 坡口熔透焊中各数字的含义是什么？
12. 间断焊中各数字的含义是什么？

单元 8　钢结构工厂制作

知识点

零、部件加工，组装，预拼装，焊接，涂装，成品检验，管理包装。

8.1　钢结构设计图与施工详图

8.1.1　设计图与施工详图的区别

我国钢结构施工图设计按设计图与施工详图两个阶段出图，始于20世纪50年代，且一直沿用至今。多年实践证明，采用两阶段出图的做法分工合理，有利于保证工程质量且方便施工。钢结构构件的制作、加工必须以施工详图为依据，设计图是施工详图编制的主要依据。

1. 设计图的特征

根据施工工艺、建筑要求及初步设计等，并经施工设计方案与计算等工作来编制设计图；设计图的深度、目的及内容仅为编制详图提供依据，由设计单位编制。图纸内容一般包括设计总说明与布置图、构件图、节点图、钢材订货表等。设计图的图纸表示简明，数量少。

2. 施工详图的特征

施工详图是对设计图进行的深化，是直接指导钢结构构件的生产、施工和安装用图，一般由制造厂或施工单位编制。图纸内容包括构件安装布置图、构件详图、零件图等；图纸表示详细，数量多。

8.1.2　施工详图的设计

因施工详图编制比较烦琐，费工费时且需要一定的设计周期，因此，施工单位、建设单位等应了解钢结构工程特有的分工设计特点，在编制施工计划中予以考虑。

1. 施工详图设计内容

施工详图设计内容主要包括详图的构造设计与连接计算。设计图在深度上一般只绘制出构件布置、构件截面与内力及主要节点构造。在详图设计中还需补充进行部分构造设计与连接计算，一般包括以下内容：

（1）构造设计：包括桁架、支撑等节点板设计与放样，桁架或大跨度实腹梁起拱构造与设计，梁支座加腋或纵加劲肋、横加劲肋构造设计，构件运输单元横隔设计，组合截面构件缀板、填板布置、构造，板件、构件变截面构造设计，螺栓群或焊缝群的布置与构造，拼接、焊接坡口及切槽构造，张紧可调圆钢支撑构造，隅撑、椭圆孔、板铰、滚轴支座、橡胶支座、抗剪键、托座、连接板、刨边及人孔、手孔等细部构造，施工施拧最小空间构造，现场组装的定位，夹具耳板设计等。

(2)连接计算：一般连接节点的焊缝长度与螺栓数量计算，小型拼接计算，材料或构件焊接变形调整余量及加工余量计算，起拱高度、高强度螺栓连接长度、材料数量及几何尺寸与相贯线等计算。

2. 施工详图绘制内容

详图图纸绘制一般应按构件系统(如屋盖结构、刚架结构、起重机梁、工作平台等)分别绘制各系统的布置图(含必要的节点详图)、施工设计总说明、构件详图(一般含材料表)，主要包括：图纸目录；根据设计图总说明编制的详图设计总说明；安装节点图；按设计图及布置图中的构件编制的构件详图；安装现场用的总布置图等内容。

8.2 钢结构制作前的准备工作

8.2.1 设计图纸的审查

钢结构的制作、加工必须以施工详图为依据，施工详图则必须根据设计图来绘制。施工图完成后，必须进行必要的审查。设计图纸审查的目的，首先是检查图纸设计的深度能否满足施工要求，如构件之间有无矛盾、尺寸是否全面等；其次是对结构的工艺性进行审查，如工艺上是否合理、是否满足设计要求等。

图纸审查主要包括：设计文件是否齐全；构件的几何尺寸是否标注全；相关构件的尺寸是否正确；构件之间的连接形式是否合理；节点是否清楚；加工符号、焊缝符号是否齐全；标注方法是否符合规定；标题栏内构件的数量是否符合工程的总数量；本单位能否满足图纸上的技术要求等内容。

图纸在审查过程中发现的各类问题应及时报送原设计单位处理，需要修改设计的必须有书面的设计修改、变更文件。

8.2.2 材料的采购和代用

1. 材料采购

为避免因采购材料耽误施工，材料采购一般应与详图设计同时进行。根据图纸材料表计算出各种材质材料的规格、型号及净用量等，再加上一定数量的损耗，提出材料需用量计划。工程预算时，一般可按净用量所需数值再增加10%～15%进行提料。

钢材订货合同应对材料牌号、规格尺寸、性能指标、检验要求、尺寸偏差等有明确的约定。定尺钢材应留有复验取样的余量，钢材的交货状态宜按设计文件对钢材的性能要求与供方商定。

2. 材料代用

如需要进行材料代用时，必须经原设计部门同意，材料代用一般按以下原则进行：

(1)当钢号满足设计要求，而生产厂商提供的材质保证书中缺少设计提出的部分性能要求时，应做补充试验，合格后方可使用。每炉钢材、每种型号规格一般不宜少于3个试件。

(2)当钢材性能满足设计要求,而钢号的质量优于设计提出的要求时,应注意节约,避免以优代劣。

(3)当钢材性能满足设计要求,而钢号的质量低于设计提出的要求时,一般不允许代用,如代用必须经设计单位同意。

(4)当钢材的钢号和技术性能都与设计提出的要求不符时,首先应检查钢材,然后按设计重新计算,改变结构截面焊缝尺寸和节点构造。

(5)对于成批混合的钢材,如用于主要承重结构时,必须逐根进行化学成分和机械性能试验。当钢材的化学成分允许偏差在规定的范围内时可以使用。当采用进口钢材时,应验证其化学成分和机械性能是否满足相应钢号的标准。

(6)当钢材规格与设计要求不符时,不能随意以大代小,须经计算后才能代用。

(7)钢材规格、品种供应不全时,可根据钢材选用原则灵活调整。钢结构对材质的要求一般是:受拉构件高于受压构件;焊接高于螺栓或铆接连接的结构;厚钢板高于薄钢板的结构;低温结构高于高温结构;承受动力荷载高于承受静力荷载的结构。

(8)钢材机械性能所需保证项目仅有一项不合格,当冷弯合格时,抗拉强度的上限值可以不限;伸长率比规定的数值低1%时允许使用,但不宜用于塑性变形构件;冲击值一组3个试样,允许其中一个单值低于规定值,但不得低于规定值的70%。

8.2.3 材料复验及工艺试验

钢结构工程采用的钢材及焊接材料等应符合设计文件的要求,并应具有钢厂和焊材厂出具的产品质量证明书或检验报告,其化学成分、力学性能及其他质量指标均应符合国家现行标准的要求。

为确保钢结构工程的材料质量,必须对所采购的材料按要求进行复验;为保证施工的顺利进行,必须对所采用的加工方法等进行工艺试验。

1. 有关试验

(1)钢材复验。对于属于下列情况之一的钢材,下料加工前应进行抽样复验:

1)国外进口钢材;

2)钢材混批;

3)板厚≥40 mm,且设计有 Z 向要求的厚板;

4)建筑结构安全等级为一级,大跨度钢结构中主要受力构件所采用的钢材;

5)设计有复验要求的钢材;

6)对质量有疑义的钢材。

钢材复验内容应包括:化学成分、力学性能及设计要求的其他指标应符合现行国家有关标准的规定,进口钢材各指标应符合供货国相应标准的规定。

设计文件无特殊要求,在钢结构工程中常用牌号钢材的抽样复验宜按以下规定执行:

1)牌号为 Q235、Q345 且板厚小于 40 mm 的钢材,应按同一生产厂家、同一牌号、同一质量等级的钢材组成检验批,每批质量不应大于 150 t;当同一生产厂家、同一牌号的钢材供货质量超过 600 t 且全部复验合格时,每批的组批质量可扩大至 400 t。

2)牌号为 Q235、Q345 且板厚大于或等于 40 mm 的钢材,应按同一生产厂家、同一牌号、同一质量等级的钢材组成检验批,每批质量不应大于 60 t;当同一生产厂家、同一牌号的钢材供货质量超过 600 t 且全部复验合格时,每批的组批质量可扩大至 400 t。

3)牌号为 Q390 的钢材,应按同一生产厂家、同一质量等级的钢材组成检验批,每批质量不应大于 60 t;当同一生产厂家的钢材供货质量超过 600 t 且全部复验合格时,每批的组批质量可扩大至 300 t。

4)牌号为 Q235GJ、Q345GJ、Q390GJ 的钢材,应按同一生产厂家、同一牌号、同一质量等级的钢材组成检验批,每批质量不应大于 60 t;当同一生产厂家、同一牌号的钢材供货质量超过 600 t 且全部复验合格时,每批的组批质量可扩大至 300 t。

5)牌号为 Q420、Q460、Q420GJ、Q460GJ 的钢材,每个检验批应由同一牌号、同一质量等级、同一炉号、同一厚度、同一交货状态的钢材组成,每批质量不应大于 60 t。

6)对有厚度方向要求的钢板,宜附加逐张超声波无损探伤复验。

(2)连接材料复验。

1)焊接材料。焊接材料的品种、规格、性能应符合现行国家标准要求,焊材应与设计选用的钢材相匹配,且应符合现行国家标准《钢结构焊接规范》(GB 50661—2011)的有关规定。

用于重要焊缝的焊材,或对质量合格证明文件有疑义的焊材,应进行抽样复验,复验时焊丝宜按 5 个批取一组试验、焊条宜按 3 个批取一组试验。

2)紧固件。钢结构连接用的普通螺栓、高强度螺栓等紧固件,应符合现行国家相关标准的要求。

高强度螺栓副应分别有扭矩系数和紧固轴力(预拉力)的出厂合格检验报告,并随箱携带。当高强度螺栓副保管时间超过 6 个月时,应按相关要求重新进行扭矩系数或紧固轴力试验,合格后方能使用。

高强度螺栓副应分别进行扭矩系数和紧固轴力(预拉力)复验,试验螺栓应从施工现场待装的螺栓批中随机抽取,每批应抽取 8 套连接副进行复验。

建筑结构安全等级为一级、跨度为 40 m 及以上的螺栓球节点钢网架结构,其连接高强度螺栓应进行表面硬度试验。

普通螺栓作为永久性连接螺栓,设计文件有要求或对螺栓质量有疑义时,应进行螺栓最小拉力荷载复验,复验时每一规格螺栓应抽查 8 个。

(3)工艺试验。工艺试验一般可分为以下三类:

1)焊接试验。钢材可焊性试验、焊接工艺性试验、焊接工艺评定试验等均属于焊接试验范畴。其中,焊接工艺评定试验是钢结构工程制作时最常遇到的试验。焊接工艺评定是焊接工艺的验证,是衡量制造单位是否具备合格生产能力的一个重要的基础技术资料,未经焊接工艺评定的焊接方法、技术参数不能用于工程施工。焊接工艺评定对提高劳动生产率、降低制造成本、提高品质、搞好焊工技能培训也是必不可少的。

2)摩擦面的抗滑移系数试验。当钢结构构件的连接采用摩擦型高强度螺栓连接时,应对连接面进行处理,使其连接面的抗滑移系数能达到设计规定的数值。连接面的技术处理方法有喷砂或喷丸、酸洗、砂轮打磨、综合处理等。

3)工艺性试验。对构造复杂的构件,必要时应在正式投产前进行工艺性试验。工艺性试验可以是单工序,也可以是几个工序或全部工序;可以是个别零件,也可以是整个构件,甚至是一个安装单元或全都是安装构件。

2. 编制工艺规程

钢结构工程施工前,制作单位应按施工图纸等技术文件要求编制出完整、正确的施工制作工艺,以用于指导、控制施工过程。

(1)编制施工工艺规程的依据。

1)工程设计图纸及施工详图;

2)图纸设计总说明和相关技术文件;

3)图纸和合同中规定的国家标准、技术规范等要求;

4)制作单位的实际制造能力等。

(2)制定工艺规程的原则。制定工艺规程的原则是在一定的生产技术条件下，能以最快的速度、最少的劳动量和最低的费用，可靠地加工出符合设计要求的产品，应体现出技术上的先进性、经济上的合理性和良好的劳动条件及安全性。

(3)工艺规程的主要内容。

1)根据产品执行的标准编制成品技术要求。

2)为保证成品达到设计要求制定相关措施：关键零件的精度要求、检查方法和检查工具；主要构件的工艺流程、工序质量标准、工艺措施；采用的加工设备和工艺装备。

工艺规程是钢结构在制造过程中主要的和根本性的指导文件，也是生产制作中最可靠的质量保证措施。工艺规程必须经过审批，一经确定就必须严格执行，不得随意更改。

8.2.4 其他工艺准备

除上述准备工作外，还有工号划分、编制工艺流程卡、零件流水卡、配料与材料拼接、确定焊缝收缩量和加工余量、工艺装备、设备和工具等工艺准备工作。

1. 工号划分

根据产品特点、任务量大小及施工顺序、速度等，将整个工程划分成若干个生产工号(生产单元)，以便分批投料，配套加工，配套出成品。

生产工号(生产单元)的划分有以下几点要求：

(1)在条件允许的情况下，同一张图纸上的构件宜安排在同一生产工号中加工；

(2)相同构件或加工方法相同的构件宜放在同一生产工号中加工；

(3)较大的工程划分生产工号时要考虑施工顺序，先安装的构件要优先安排加工；

(4)同一生产工号中的构件数量不要过多。

2. 编制工艺流程卡

从施工详图中摘出各零件，编制出工艺流程卡(或工艺过程表)。加工工艺过程由若干个工序组成，工序内容根据零件加工性质确定，工艺流程卡就是反映这个过程的文件。工艺流程卡的内容包括零件名称、件号、材料编号、规格、工序顺序号、工序名称和内容、所用设备和工艺装备名称及编号、工时定额等。关键零件还需要标注加工尺寸和公差，重要工序还需要画出零件工序图等。

3. 零件流水卡

根据工程设计图纸和技术文件提出的成品要求，确定各工序的精度要求和质量要求，结合制作单位的设备和实际加工能力，确定各个零件下料、加工的流水程序，即编制出零件流水卡。零件流水卡是编制工艺卡和配料的依据。

4. 配料与材料拼接

根据来料尺寸和用料要求，统筹安排，合理配料。由于零件尺寸过长或过大无法运输而在现场拼接的材料，都需确定材料拼接位置，材料拼接应遵循以下原则：

(1)拼接位置应避开安装孔和形状复杂部位。

(2)双角钢断面的构件，两角钢应在同一处拼接。

(3)一般接头属于等强度连接，应尽量布置在受力较小的部位。

(4)焊接H型钢的翼缘板、腹板拼接缝应尽量避免在同一断面处，上、下翼缘板拼接位置应与腹板错开200 mm以上。

5. 确定焊接收缩量和加工余量

焊接收缩量受焊缝大小、气候条件、施焊工艺和结构断面等因素影响，其值变化范围较大。

由于铣刨加工时常常成叠进行操作，尤其是长度较大时，材料不易对齐，在编制加工工艺时要对加工边预留较多的加工余量，一般以 3～5 mm 为宜。

6. 工艺装备

钢结构在制作过程中的工艺装备一般可分为原材料在加工过程中所需的工艺装备和拼装焊接所需的工艺装备两类。前者主要保证单个零件符合图纸的尺寸要求，如定位元件、模具等；后者主要保证构件的整体几何尺寸和减少变形量，如夹紧器、拼装胎等。工艺装备的生产周期一般较长，精度要求较高，应根据工艺要求提前准备，先进行安排加工。

7. 设备和工具

根据产品加工需要来确定加工设备和操作工具，有时还需要调拨或添置必要的设备和工具，这些都必须提前做好准备。

8.2.5 生产场地布置

生产场地应根据产品的品种、特点和批量，工艺流程，产品的进度要求，每班的工作量，生产面积，现有生产设备和起重运输能力等布置。

生产场地布置有以下一些基本原则：

(1)根据工艺顺序安排生产场地，以减少零件转运量，避免逆工序安排生产场地(即倒流水)，如图 8-1 所示。

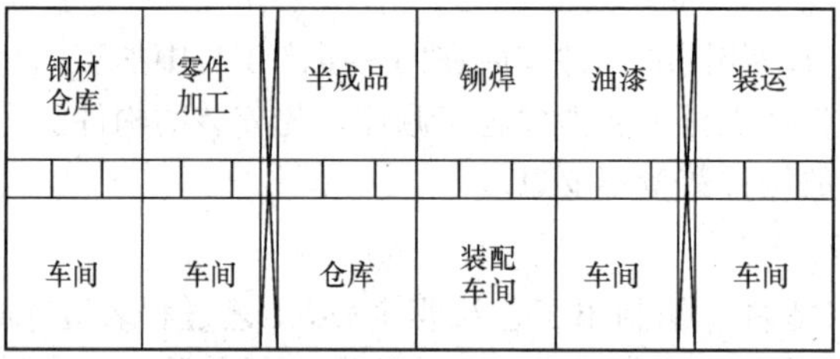

钢材
仓库
零件
加工
半成品
铆焊
油漆
装运
车间
车间
仓库
装配
车间
车间
车间

图 8-1 钢结构制造厂车间平面图

(2)根据生产需要合理安排操作面积及间距，以保证操作安全并要保证材料和零件的堆放场地。

(3)保证成品能顺利转运。

(4)合理的供电、供气、照明线路布置。

8.3 钢结构零、部件的加工

钢结构制作的工序较多，对加工顺序要周密安排，避免或减少倒流，以缩短往返运输和周转的时间。图 8-2 所示为钢结构制作的基本工艺流程，表 8-1 所示为具体方法和使用设备说明。

③
⑧
①
②
④
⑤
⑥
⑦
⑨
⑪
⑫
⑬
⑭
⑮
⑯
⑰
⑱
⑩
⑲

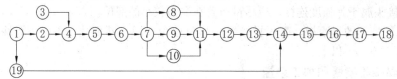

图 8-2 钢结构制作的基本工艺流程

表 8-1 钢结构制作的方法及设备

工序号	工序名称	具体方法	所需设备
1	材料验收	化学成分检验、性能检验等	化验设备、拉力机等
2	材料堆放		起重机
3	材料校正	调直、校平	校直机
4	放样	以足尺比例画出样板	尺、量规等
5	号料	按放样在原材料上画出实样	样板
6	切割	冲、剪、锯、气割、等离子切割	冲床、剪板机、锯床、各种切割机等
7	矫正		矫正机
8	成形	模压、热弯	压力机等
9	加工	铣、刨、铲	铣床、刨床、碳弧气刨
10	制孔	冲、钻	冲床、钻床
11	组装		起重设备
12	焊接	自动焊、气体保护焊、手工焊	各种电焊机
13	后处理		千斤顶、校正机械、热处理设备
14	预拼装		起重设备
15	除锈	喷砂、抛丸、钢丝刷除锈	喷抛设备、钢丝刷
16	涂装	喷漆	喷涂设备
17	存储		起重设备
18	出厂		
19	辅材准备		

8.3.1 放样和号料

放样是钢结构制作工艺中的第一道工序,只有放样尺寸准确,减少以后各道加工工序的累积误差,才能保证整个工程的质量。半个世纪以来,放样已从手工 1∶1 实尺放样发展到现在的电脑放样。

1. 放样的工作内容

人工放样的工作内容包括核对图纸的安装尺寸和孔距,以 1∶1 的大样放出节点,核对各部分的尺寸,制作样板和样杆。

人工放样时以 1∶1 的比例在放样台上利用几何作图方法画出大样。放样经检查无误后,用薄钢板或塑料板制作样板,用木杆、薄钢板皮或扁铁制作样杆。样板、样杆上应注明工号、图号、零件号、数量及加工边、坡口部位、弯折线和弯折方向、孔径和滚圆半径等,然后用样杆、样板进行号料,如图 8-3 所示。样杆、样板应妥善保存,直至工程结束以后。

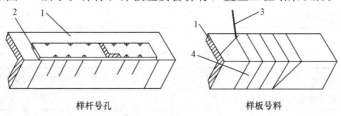

图 8-3 样板号料

1—角钢;2—样杆;3—划针;4—样板

电脑放样,又称计算机辅助放样,其在大、中型建筑钢结构企业中的应用日渐广泛。其实施方法有以下两种:

(1)工程技术人员直接在计算机上,利用CAD绘制二维或三维大样图,完成钢结构的放样工作,提供控制尺寸直接输入数控机床,完成下料工序。

(2)利用空间三维软件在计算机上建立钢结构总体的实体模型,再从模型中自动提取各个构件单体的成型数据,利用软件的输出接口和数控机床的输入接口进行网络连接,完成数据传输,且数控机床直接下料。

2. 号料的工作内容

号料是指根据草图或者样板,在钢板、型钢上划出轮廓线、中心线、断线及加工符号。

号料的工作内容包括检查核对材料,在材料上画出切割、铣、刨、弯曲、钻孔等加工位置,打样冲孔,标出零件编号等。

钢材如有较大弯曲等问题时应先矫正,根据配料表和样板进行套裁,尽可能节约材料。当工艺或设计有规定时,应按规定的方向进行取料,号料应有利于切割和保证零件质量。

3. 放样号料用具

放样号料用具及设备有划针、样冲、手锤、粉线、弯尺、直尺、钢卷尺、大钢卷尺、剪子、小型剪板机、折弯机。

用作计量长度的各量具,必须经有资质的计量单位计量,且附有偏差卡片,使用时按偏差卡片的记录数值核对其误差数。

钢结构制作、安装、验收及土建施工用的量具,必须用同一标准进行鉴定,且其应有相同的精度等级。

4. 放样号料应注意的问题

(1)放样时,需要机加工的零件必须考虑加工余量。焊接构件要按工艺要求留出焊接收缩量,高层钢结构的框架柱还应预留弹性压缩量。

(2)号料时要根据切割方法留出适当的切割余量。

(3)如图纸要求桁架起拱,放样时上、下弦应同时起拱,起拱后垂直杆的方向仍然垂直于水平线,而不与下弦杆垂直。

(4)样板的允许偏差见表8-2,号料的允许偏差见表8-3。

表8-2 样板(样杆)的允许偏差

项目	允许偏差
平行线距离和分段尺寸	±0.5 mm
样板长度、宽度	±0.5 mm
样板对角线差	1.0 mm
样杆长度	±1.0 mm
样板的角度	±20′

表8-3 号料的允许偏差　　　　　　　　　　　　　　　mm

项目	允许偏差
零件外形尺寸	±1.0
孔距	±0.5

8.3.2 下料切割

钢材下料的切割方法有气割、机械切割、等离子切割等方法,具体采用何种方法应根据要求和实际条件经济合理地选用。切割后钢材不得有分层,断面上不得有裂纹,应清除切口处的毛刺、熔渣和飞溅物。气割和机械剪切的允许偏差应符合表 8-4 和表 8-5 的规定。

表 8-4 气割的允许偏差　　　　　　　　　　　　　　　　　　mm

项目	允许偏差
零件宽度、长度	±3.0
切割面平面度	$0.05t$,且不应大于 2.0
割纹深度	0.3
局部缺口深度	1.0

注:t 为切割面厚度

表 8-5 机械剪切的允许偏差　　　　　　　　　　　　　　　　mm

项目	允许偏差
零件宽度、长度	±3.0
边缘缺棱	1.0
型钢端部垂直度	2.0

1. 气割

气割是以氧气与燃料燃烧时产生的高温来熔化钢材,并借助喷射压力将熔渣吹去,造成割缝,以达到切割金属的目的,但熔点高于火焰温度或难以氧化的材料和氧化物熔点高于火焰温度都不宜采用气割,氧与各种燃料燃烧时的火焰温度为 2 000 ℃~3 200 ℃。

气割能切割各种厚度的钢材,设备灵活,费用经济,切割精度也高,是目前广泛使用的切割方法。气割按切割设备可分为手工气割、半自动气割、仿形气割、多头气割、数控气割和光电跟踪气割。

手工气割大多采用氧-乙炔燃烧,主要的设备是割炬。手工气割由于比较灵活,在钢构件加工中大量应用,但是加工精度较差。

图 8-4 直条多头气割机

一般流水化的钢构件加工企业均配备有直条多头气割机,如图 8-4 所示,使用多头气割机进行板条的下料效率较高。

数控气割机可以省去放样划线等工序而直接切割,在零件下料时配合套料软件进行操作是比较方便的,是自动化切割的发展方向。

2. 机械切割

机械切割使用的设备有带锯机床、剪板机、型钢冲剪机、无齿锯(图 8-5)等。

机械切割的零件厚度一般不大于 12 mm,剪切面应平整,无飞边、毛刺等。

(1)带锯机床是利用高速运动的带状锯条切削金属来实现金属的分离,一般用来切割型钢。

其切割效率高，断面的质量也好。

(2) 剪板机是利用剪刀的冲裁力来剪切分离金属，主要用来剪切钢板。需要注意的是切口附近的金属由于发生了塑性变形，硬度会提高，材料有变脆的倾向，所以对于重要结构和焊缝的接口位置需要用铣、刨等方式进行边缘处理。钢结构加工厂常用的剪板机为龙门式剪板机。

(3) 型钢冲剪机主要用来剪切中小型的型钢，是利用剪刀的冲裁力来剪切分离金属的。

(4) 无齿锯就是砂轮切割机，如图 8-5 所示，是利用砂轮与金属之间摩擦产生的高温分离金属。其优点是速度快、效率高，设备小型且易于搬运；缺点是切口不光洁，噪声大。

3. 等离子切割

等离子切割是利用高温的等离子弧融化金属而进行切割，适用于不锈钢、铝、铜及其合金等，也可以代替乙氧炔焰切割一般的碳钢和低合金钢，在一些尖端技术上应用广泛。其具有切割温度高、冲刷力大、割边质量好、变形小、可以切割任何高熔点金属等特点。如图 8-6 所示的龙门式数控等离子切割机在加工零件板时效率要比火焰切割机高。

在工程施工中，常用如图 8-7 所示的小型等离子切割机来切割压型钢板，在工地现场使用非常方便。

图 8-5　无齿锯

图 8-6　龙门式数控等离子切割机

图 8-7　等离子切割机

8.3.3　矫正和成形

1. 矫正

钢结构在制作过程中，由于原材料变形、切割变形、焊接变形、运输变形等经常影响结构的制作及安装，因此就需要对变形进行矫正。矫正就是通过一定的方法产生新的变形去抵消已经发生的变形。材料的矫正可分为机械矫正、加热矫正、加热与机械联合矫正等。

型钢的机械矫正一般在矫正机上进行，使用时应根据矫正机的技术性能和实际情况进行选择。手工矫正一般用在小规格的型钢上，依靠锤击力进行矫正；加热矫正是在构件局部用火焰加热，利用金属热胀冷缩的物理性能，冷却时产生很大的冷缩应力来矫正变形。

碳素结构钢在环境温度低于 $-16\ ℃$、低合金结构钢在环境温度低于 $-12\ ℃$ 时，不应进行冷矫正或弯曲。碳素结构钢和低合金结构钢在加热矫正时，加热温度为 $700\ ℃\sim 800\ ℃$，最高温度不得超过 900 ℃，最低温度不得低于 600 ℃。

矫正后的钢材表面，不得有明显的凹痕或损伤，划痕深度不应大于 0.5 mm，且不应超过钢材厚度允许负偏差的 1/2。

型钢在矫正前必须确定弯曲点的位置，这是矫正工作不可缺少的步骤。目测法是现在常用的找弯方法，确定型钢的弯曲点时应注意型钢自重产生的弯曲影响准确性，对于较长的型钢要放在水平面上，用拉线法测量。型钢矫正后的允许偏差见表 8-6。

表 8-6 钢材矫正后的允许偏差　　　　　　　　　　　　　　　　　　　　　　mm

项目		允许偏差	图例
钢板的局部平面度	$t \leq 6$	3.0	
	$6 < t \leq 14$	1.5	
	$t > 14$	1.0	
型钢弯曲矢高		$l/1000$，且不大于 5.0	
角钢肢的垂直度		$b/100$ 双肢栓接角钢的角度不得大于 90°	
槽钢翼缘对腹板的垂直度		$b/80$	
工字钢、H 型钢翼缘对腹板的垂直度		$b/100$，且不大于 2.0	

2. 弯曲成形

型钢冷弯曲的工艺方法有滚弯机滚弯、压力机压弯，还有顶弯、拉弯等。先按型材的截面形状、材质规格及弯曲半径制作相应的胎模，经试验符合要求后方准加工。

钢结构零、部件在冷矫正和冷弯曲时，根据验收规范要求，最小弯曲率半径和最大弯曲矢高应符合表 8-7 的规定。

表 8-7 冷矫正的最小曲率半径和最大弯曲矢高　　　　　　　　　　　　　　　mm

钢材类别	图例	对应轴	冷矫正	
			最小曲率半径 r	最大弯曲矢高 f
钢板扁钢		$x-x$	$50t$	$l^2/(400t)$
		$y-y$（仅对扁钢轴线）	$100b$	$l^2/(800b)$
角钢		$x-x$	$90b$	$l^2/(720b)$

钢材类别	图例	对应轴	冷矫正	
			最小曲率半径 r	最大弯曲矢高 f
槽钢	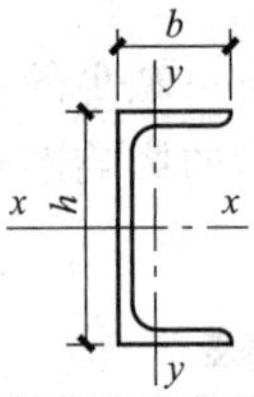	$x-x$	$50h$	$l^2/(400h)$
		$y-y$	$90b$	$l^2/(720b)$
工字钢	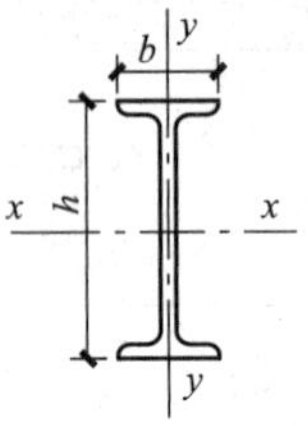	$x-x$	$50h$	$l^2/(400h)$
		$y-y$	$50b$	$l^2/(400b)$

注：l 为弯曲弦长；t 为钢板厚度；h 为型钢高度；r 为曲率半径；f 为弯曲矢高。

8.3.4 材料边缘加工

因切割产生硬化等缺陷的材料边缘，钢柱脚和梁承压支撑面及其他图纸要求的加工面，焊接坡口边缘，尺寸要求严格的加劲肋、隔板、腹板和有孔眼的节点板，一般需要进行边缘加工，故对边缘有特殊要求时宜采用精密切割。

1. 边缘加工方法

常用的边缘加工方法有铲边、刨边、铣边、气割等。

（1）对加工表面质量要求不高并且工作量不大的采用铲边，可分为手工铲边和机械铲边。手工铲边工具有手锤和手铲；机械铲边工具主要是风动铲锤。

（2）刨边是使用刨边机，由刨刀来切削板材的边缘。

（3）铣边的设备为铣床，是利用高速旋转的盘形铣刀对构件进行铣削加工，比刨边机工效高、能耗少、质量优。

（4）气割有碳弧气刨、半自动与自动气割机等方法。碳弧气刨是将碳棒作为电极，在与被刨削的金属间产生电弧，电弧具有 6 000 ℃ 左右高温，足以将金属加工到融化状态，然后用压缩空气的气流将熔化的金属吹掉，达到刨削金属的目的。碳弧气刨在刨削过程中会产生烟雾，为保证工人健康，施工现场须具备良好的通风条件。

2. 边缘加工偏差

边缘加工允许偏差见表 8-8～表 8-10。

表 8-8 边缘加工的允许偏差

项目	允许偏差
零件宽度、长度	±1.0 mm
加工边直线度	$l/3\,000$，且不大于 2.0 mm
加工面垂直度	$0.025t$，且不大于 0.5 mm
加工面表面粗糙度	$Ra \leqslant 50\ \mu m$

注：l 为加工边长度；t 为加工面的厚度。

表 8-9　焊缝坡口的允许偏差

项目	允许偏差
坡口角度	±5°
钝边	±1.0 mm

表 8-10　零部件铣削加工后的允许偏差　　　　　　　　　　mm

项目	允许偏差
两端铣平时零件长度、宽度	±1.0
铣平面的平面度	0.02t，且不大于 0.3
铣平面的垂直度	l/1 500，且不大于 0.5

注：t 为铣平面的厚度；h 为铣平面的高度。

8.3.5　制孔

钢结构中大量采用高强度螺栓连接，使孔的加工在制造中占有很大比重，在精度上的要求也越来越高。

1. 制孔的方法

制孔可以采用钻孔、冲孔、铣孔、铰孔、镗孔和锪孔等方法。常用的有钻孔和冲孔两种方法。钻孔是采用钻床切削加工成孔，包括人工钻孔和机床钻孔。前者多用于直径较小、壁厚较薄的孔；后者施钻方便快捷，精度高。钻孔前先选钻头，再根据钻孔的位置和尺寸情况选择相应的钻孔设备。冲孔是使用冲切设备依靠冲裁力产生的孔，孔壁质量差，已较少采用。镗孔是将已有孔扩大到需要的直径。锪孔是将已钻好的孔上表面加工成一定形状的孔。铰孔是将已经粗加工的孔进行精加工以减小孔的表面粗糙度及提高孔的精度。

2. 孔的质量要求

(1) 精制螺栓孔。精制螺栓孔（A 级、B 级螺栓孔——Ⅰ类孔）的直径应与螺栓公称直径相等，孔应具有 H12 的精度，孔壁表面粗糙度 $Ra \leqslant 12.5\ \mu m$。其孔径允许偏差应符合表 8-11 的规定。

表 8-11　精制螺栓孔孔径允许偏差　　　　　　　　　　　　mm

螺栓公称直径、螺孔直径	螺栓公称直径允许偏差	螺栓孔直径允许偏差
10～18	0.00 −0.18	+0.18 0.00
18～30	0.00 −0.21	+0.21 0.00
30～50	0.00 −0.25	+0.25 0.00

(2) 普通螺栓孔。普通螺栓孔（C 级螺栓孔——Ⅱ类孔）包括高强度螺栓（大六角头螺栓、扭剪型螺栓等）、普通螺钉孔、半圆头铆钉等的孔。其孔径应比螺栓杆、钉杆的公称直径大 1.0～3.0 mm，孔壁表面粗糙度 $Ra \leqslant 25\ \mu m$。其孔径允许偏差应符合表 8-12 的规定。

表 8-12　普通螺栓孔孔径允许偏差　　　　　　　　　　　　mm

项目	允许偏差
直径	+1.0 0.0
圆度	2.0
垂直度	0.03t，且不大于 2.0

注：t 为板厚

(3)孔距。螺栓孔孔距的允许偏差应符合表 8-13 的规定，如超过偏差应采用与母材材质相匹配的焊条补焊后再重新制孔。

表 8-13　螺栓孔孔距的允许偏差　　　　　　　　　　　　mm

螺栓孔孔距范围	≤500	501～1 200	1 201～3 000	>3 000
同一组内任意两孔间距离	±1.0	±1.5	—	—
相邻两组的端孔间距离	±1.5	±2.0	±2.5	±3.0

注：1. 在节点中连接板与一根杆件相连的所有连接孔为一组。
　　2. 对接接头在拼接板一侧的螺栓孔为一组。
　　3. 在两相邻节点或接头间的连接孔为一组，但不包括 1 和 2 所指的螺栓孔。
　　4. 受弯构件翼缘上的连接螺栓孔，每米长度内的孔为一组。

8.3.6　组装

组装是按照施工图纸的要求，将零件组合成部件，或者由零件组合成构件，或者由零件和部件组合成构件的过程。这部分在 8.4 节有详细表述。

8.3.7　焊接

组装完成后，需要根据图纸的要求将零件板焊接起来形成部件或构件。这部分内容在 8.5 节有详细表述。

8.3.8　表面处理

表面处理必须在涂装工序前进行，主要是去除材料表面的油、铁锈等，主要有喷抛丸、喷砂等方法。表面处理工序直接关系到涂装工程质量的好坏。

喷砂是选用干燥的石英砂，喷嘴距离钢材表面 10～15 mm 处喷射，处理后的钢材表面呈灰白色，目前应用不多。现在常用的是喷丸，磨料是钢丸，处理过的摩擦面的抗滑移系数值较高。酸洗是先用浓度 18% 的硫酸洗，再用清水冲洗，此法会腐蚀摩擦面。砂轮打磨是用电动砂轮打磨，方向与构件受力方向垂直，不得在表面磨出明显的凹坑。

高强度螺栓摩擦面处理是为了保证抗滑移系数值满足设计要求。摩擦面处理在连接节点处的钢材表面进行加工，一般有喷砂、喷丸、酸洗、砂轮打磨等方法，可根据实际条件进行选择。

处理好的摩擦面严禁有飞边、毛刺、焊疤和污损等，不得涂油漆，在运输过程中应防止摩擦面受损，出厂前按批检验抗滑移系数。

8.3.9 涂装

构件完成并除锈后，需要根据图纸要求进行涂装，这部分内容在8.6节有详细表述。

8.4 钢构件的组装及预拼装

8.4.1 组装与预拼装的概念

(1)钢结构的组装是按照施工图的要求，将已加工完成的零件或半成品部件装配成独立的成品，根据组装程度可分为部件组装、构件组装。部件组装是指由两个或两个以上零件按要求装配成半成品的部件，是装配的最小组合单元；构件组装是把零件或半成品按要求装配成独立的成品构件。

(2)预拼装也称总装，是将一个较大构件的各个部分或者一个整体结构的各个组成部分在工厂制作场地或者工地现场，按各部分的空间位置总装起来，其目的是客观反映各构件装配节点，保证安装质量。

8.4.2 组装的一般规定

(1)构件组装前，应熟悉施工图纸、组装工艺及有关技术文件的要求。检查组装用的零部件的材质、规格、外观、尺寸、数量等，均应符合设计要求。

(2)组装焊接处的连接接触面及沿边缘30～50 mm范围内的铁锈、毛刺、污垢等必须清除干净。

(3)板材、型材的拼接应在组装前进行，构件的组装应在部件组装、焊接、矫正并检验合格后进行。

(4)构件组装应根据设计要求、构件形式、连接方式、焊接方法和顺序等确定合理的组装顺序。

(5)构件的隐蔽部位应在焊接和涂装检验合格后封闭，完全封闭的构件内表面可不涂装。

(6)布置组装胎具时，其定位必须考虑预放出焊接收缩量及加工余量。

(7)为减少大件组装焊接的变形，一般应先采取小件组装焊，经矫正后，再组装大部件。

(8)组装好的构件应立即用油漆在明显部位编号，写明图号、构件号、件数等，以方便查找。

(9)构件组装的尺寸偏差应符合设计文件和国家标准《钢结构工程施工质量验收标准》(GB 50205—2020)的规定。

8.4.3 组装条件

在进行部件或构件组装时，无论采取何种方法，都必须具备支撑、定位和夹紧三个基本条件，俗称组装三要素。

(1)支撑是解决工件放置位置的问题。而实质上,支撑就是组装工作的基准面。用何种基准面作为支撑,需根据工件的形状大小和技术要求,以及作业条件等因素确定。图8-8所示为H形梁的组装平台,是以平台作为支撑的。

(2)定位是指确定零件在空间的位置或零件间的相对位置。只有在所有零件都送到确定位置时,部件或构件才能满足设计尺寸。如图8-8所示,H形梁两翼缘板的相对位置由腹板与挡板来定位,而腹板的高低位置是由垫块来定位的。

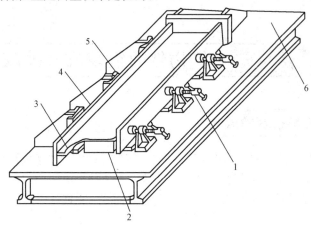

图8-8 H形梁的组装平台
1—调节螺栓;2—垫铁;3—腹板;4—翼缘;5—挡板;6—平台

(3)夹紧是定位的保障。其以借助外力将定位后的零件固定为目的,这种外力即夹紧力。夹紧力通常由刚性夹具来实现,也可以利用气化力或液化力进行。图8-8中翼缘板与腹板之间的夹紧力是由调节螺杆产生的。

上述三个基本条件是相辅相成的,缺一不可。例如没有夹紧,定位就不能实现;没有定位,夹紧也就成了无的放矢;没有支撑,更不存在在定位和夹紧。组装技术总是围绕这三个条件来进行的。

现在,常用的钢结构截面形式具有专用的组装机械,大大提高了生产效率和组装质量。

图8-9 H型钢组立机

如图8-9所示的H型钢组立机,可用于T形、H形等截面或变截面钢构件的组装定位,由主机、输入滚道、输出滚道、液压系统及电气控制系统组成,可以连续完成零件的送进、定位夹紧、点焊定位、出料,大大提高了生产效率。

8.4.4 组装方法

1. 钢构件的组装特点

(1)钢构件由于精度低、互换性差,所以组装时多数需选配或调整。

(2)钢构件的连接大多采用焊接等不可拆连接,因而返修困难,易导致零部件的报废,所以对组装程序有严格的要求。

(3)在装配过程中常伴有大量焊接工作,必须掌握焊接的应力和变形的规律并在装配时采取适当措施,以防止或减少焊后变形和矫正工作。

(4)钢构件一般体积庞大,刚性较差,易变形,装配时要考虑加固措施。

(5)某些特别庞大的构件需分组出厂至工地总装,甚至还要求先在厂内试装,必要时将不可拆连接改为临时的可拆连接。

(6)钢构件装配用的工具、夹具等制作周期短、见效快、通用性强、可变性大,有利于组织生产。

2. 确定组装步骤

任何装配工作都是按事先拟订的工艺规程进行的。工艺规程不同,组装的方法也不同。而拟订组装工艺规程,首先必须确定组装步骤。

钢结构产品是一个独立和完整的总体,其由一系列的零件和部件所构成。零件是组成产品的最小单元。由若干个零件组合成一个独立的、比较完整的单元称为部件或构件。确定组装步骤,实际上是分析产品是否采用部件组装和如何进行部件组装。对于简单的钢结构产品可以一次组装成功。对于大型复杂的结构,通常是将总体分成若干个部件,将各部件组装或焊接后再进行总装。这样可以减少总装时间,并使很多的立焊、仰焊变为平焊,扩大了自动焊、半自动焊的应用,减少了高空作业,提高了生产效率,保证了组装的质量。同时,也有利于实现装配工作机械化。

部件划分时需要考虑下列几点:

(1)要尽量使所划分的部件都有一个比较规则、完整的轮廓形状。

(2)部件之间的连接处不宜太复杂,以便总装时进行操作和校准尺寸。

(3)部件装配之后能有效地保证总装质量,使总体结构合乎设计要求。

3. 选择装配基准

装配基准的选择直接关系到组装的全部工艺过程。正确地选择组装基准能使夹具的结构简单,工件定位比较容易,夹紧牢靠,操作方便。

对各种结构都要作具体分析,选择的基准不同其组装方法也不同。以构件的底面为基准采用的是正装,以顶面为基准的可进行反装,以侧面为基准则需做倒装。即使是同一构件,由于组装基准不同,组装方法变化也很大。

4. 组装方法

部件或构件的组装方法较多,主要有以下几种:

(1)地样法。用1:1的比例在装配平台上放出实样,然后根据零件在实样上的位置进行组装,此法适用于桁架、构架等小批量结构的组装。

(2)仿形复制组装法。先用地样法组装成单面的结构,进行定位点焊后翻身,以此作为复制胎模,再装配另一面的结构,此法适用于横断面互为对称的桁架结构。

(3)胎模组装法。将构件的零件用胎模定位在其装配位置上进行组装,此法要注意各种加工余量,适用于构件批量大、精度高的产品。

(4)立装。根据构件的特点及其零件的稳定位置,选择自上而下或自下而上的方法组装,此法用于放置平稳、高度不大的结构或大直径圆筒。

(5)卧装。将构件放在卧的位置进行组装,此法适用于断面不大但长度较长的细长构件。

钢结构组装,必须根据构件的特性和技术要求,制作厂的加工能力、机械设备等选择安全可靠、满足要求、效益高的方法。

5. 定位焊

组装时需要进行定位焊。定位焊需满足以下要求:

(1)定位焊的起头和结尾处应圆滑,否则,易造成未焊透现象。

(2)焊接件要求预热,则定位焊时也应进行预热,其温度应与正式焊接温度相同。

(3)定位焊的电流比正常焊接的电流大10%~15%。

(4)在焊缝交叉处和焊缝方向急剧变化处不要进行定位焊,确需定位焊时,宜避开该处50 mm左右。

(5)定位焊缝高度不超过设计规定的焊缝的2/3,越小越好。

(6)含碳量大于0.25%或厚度大于16 mm的焊件,在低温环境下定位焊后应尽快进行打底焊,否则应采取后热缓冷措施。

(7)定位焊应考虑焊接应力引起的变形,因此,定位焊点的选定应合理,不能影响焊接的质量,并保证在焊接过程中焊缝不致开裂。

8.4.5 组装实例

1. T型钢组装

T型钢由两块钢板焊接而成,如图8-10所示。T型钢的立板通常称为腹板,与平台面接触的底板称为面板或翼缘板。

T型钢根据工程实际需要,腹板和翼缘板有的相互垂直,有的倾斜呈一定的角度。在组装时,先定出面板中心线,再按腹板厚度画线定位,该位置就是腹板和面板结构接触的连接点(基准线)。如果是垂直的T型钢,则可用直角尺找正,并在腹板两侧

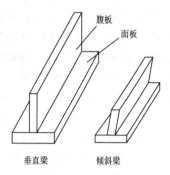

图8-10 T形梁拼接

按200~300 mm距离交错点焊;如果属于倾斜一定角度的T型钢,则用同样角度样板进行定位,按设计规定进行点焊。

T型钢两侧点焊完成后,为了防止焊接变形,可在腹板两侧临时用增强板将腹板和面板点焊固定,以增加刚性、减小变形;在焊接时,采用对称分段退步焊接方法焊接角焊缝,这是防止焊接变形的一种有效措施。

2. H型钢组装

H型钢是由两块翼缘板和一块腹板组装而成的。当单件或小批量生产时,可采用像T型钢那样的划线法,也可采用挡铁定位组装法。组装步骤见表8-14。

表8-14 挡铁定位组装法组装H型钢

顺序	简图	组装说明	顺序	简图	组装说明
一		在已经校平的翼缘板1、3上划出腹板线,然后按线焊接上挡块2	二		将已经校平的腹板4用两个角钢对齐并用压紧螺栓夹紧

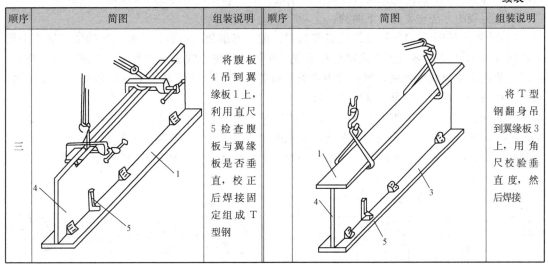

挡铁定位组装法组装 H 型钢比单纯用划线法在质量和效率上都高,但是其主要缺点是挡铁要事先焊到翼缘板上,组装完成后还要逐个拆除,并且会在翼缘板上留下疤痕,另外,腹板和翼缘板的垂直度用角尺校验不够精确,效率也不够高。

当 H 型钢的组装数量较多,或者尺寸规格多变的情况下,最好用胎具组装。

3. 箱形单元组装

箱形单元有钢板组成的,也有型钢与钢板混合组成的,但大多数箱形单元是采用钢板组装的。箱形梁由上下面板、中间隔板及左右侧板组成。

箱形单元的组装过程是:首先在底面板划线定位,如图 8-11(a)所示;按位置组装中间定向隔板,如图 8-11(b)所示。为防止移动和倾斜,应将两端和中间隔板与面板用型钢条临时固定,然后以各隔板的上平面和两侧面为基准,同时组装箱形梁左右立板,如图 8-11(c)所示。两侧立板的长度要以底面板的长度为准靠齐并点焊。如两侧板与隔板侧面接触间隙过大,则可用活动型卡具夹紧,再进行点焊。最后,组装梁的上面板,如果上面板与隔板上平面接触间隙大、误差多,则可用手砂轮将隔板上端找平,并用卡具压紧进行点焊和焊接,如图 8-11(d)所示。

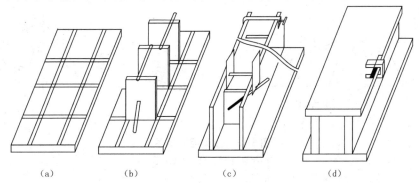

图 8-11 箱形梁组装示意
(a)梁底板;(b)组装定向隔板;(c)组装立板;(d)装配好的箱形梁

4. 钢柱组装

若在工厂将钢柱的各部分都组合成整体,应属于组装的范畴,若将钢柱分成几部分组装好再将这几部分在工厂装配起来检查组装的质量或者运输到现场再装配起来应属于预拼装的范畴。

钢柱组装的方法主要有以下两种：

(1)卧装。图8-12(a)所示是钢柱组装的俯视图。其组装的步骤是：先在柱的适当位置用枕木搭设3~4个支点。各支撑点高度应拉通线，使柱轴线中心线成一水平线，先吊下节柱找平，再吊上节柱，使两端头对准，然后找中心线，并将安装螺栓或夹具上紧，最后进行接头焊接，采取对称施焊。焊完一面再翻身焊另一面。

(2)立装。图8-12(b)所示是钢柱组装的侧视图。其组装的步骤是：在下节柱适当位置设2~3个支点，上节柱设1~2个支点，各支点用水平仪测平、垫平。组装时先吊下节，使牛腿向下，并找平中心，再吊上节，使两节的节头端相对准，然后找正中心线，并将安装螺栓拧紧，最后进行接头焊接。

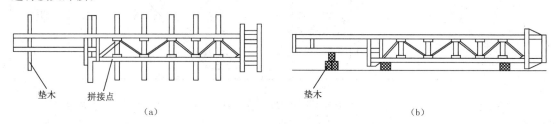

图 8-12　钢柱组装示意
(a)卧装示意；(b)立装示意

5. 屋架组装

将弦杆与节点板组合起来，就会更接近组装的范畴。若先将屋架分成几部分，分部分组装好，然后将这几部分在工厂装配起来检验组装的质量或者分部分运输到现场，再将这几部分装配起来，则更接近预拼装的范畴。

(1)组装准备。钢屋架多数用底样采用仿形复制组装法进行组装。其过程如下：

按设计尺寸，并按长、高尺寸，以其1/1 000预留焊接的收缩量，在组装平台上放出组装底样，如图8-13和图8-14所示。因为屋架在设计图纸的上、下弦处不标注起拱量，所以才放底样，按跨度比例画出起拱。

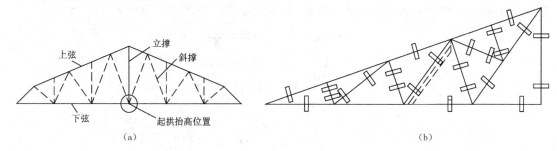

图 8-13　屋架组装示意
(a)组装底样；(b)屋架组装

在底样上一定按图画好角钢面宽度、立面厚度，作为组装时的依据。如果在组装时，角钢的位置和方向能记牢，其立面的厚度可省略不画，只画出角钢面的宽度即可。

组装时，应给下一步运输和安装工序创造有利条件。除按设计规定的技术说明外，还应结合屋架的跨度(长度)，做整体或按节点分段进行组装。

屋架组装一定要注意平台的水平度，如果平台不平，则可在组装前用仪器或拉粉线调整垫

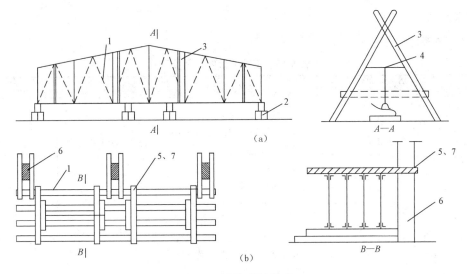

图 8-14 屋架的立组装

(a)36 m 钢屋架立组装；(b)多榀钢屋架立组装

1—36 m 屋架块体；2—枕木或墩；3—人字架；4—固定用横挡；5—8 号铁丝固定上弦；6—柱子；7—木方

平，否则组装成的屋架会在上、下弦及中间位置产生侧向弯曲。

(2)组装作业。放好底样后，将底样上各位置上的连接板用电焊点牢，并用挡铁定位，作为第一次单片屋架组装基准的底模，接着就可将大小连接板按位置放在底模上。将屋架的上、下弦及所有的立、斜撑限位板放到连接板上面，进行找正对齐，用卡具夹紧点焊。待全部点焊牢固后，可用起重机做 180°翻身，这样就可用该扇单片屋架作为基准组合组装，如图 8-15 所示。

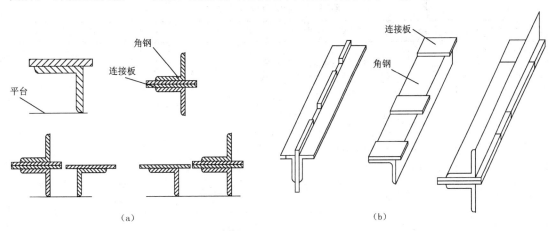

图 8-15 屋架仿效组装示意

(a)仿效过程；(b)复制过程

仿效复制组装法具有效率高、质量好、便于组织流水作业等优点。因此，对于截面对称的钢结构，如梁、柱和框架等都可应用。

8.4.6 组装工程质量验收

钢结构工程组装验收除要满足设计文件要求外，还应满足《钢结构工程施工质量验收标准》

(GB 50205—2020)的要求。

（1）主控项目。主控项目应符合表8-15的规定。

表8-15　主控项目内容及要求

项目	项目内容	规范章节	验收要求	检验方法	检查数量
部件拼接与对接	钢材、钢部件拼接或对接所采用的焊缝质量等级	8.2.1	应满足设计要求，设计无要求时，应采用质量等级不低于二级的熔透焊缝，对直接承受拉力的焊缝，应采用一级熔透焊缝	检查超声波探伤报告	全数检查
组装	吊车梁和吊车桁架	8.3.1	钢吊车梁的下翼缘不得焊接工装夹具、定位板、连接板等临时工件。焊接完成后在自重荷载下不应下挠	构件直立，在两端支承后，用水准仪和钢尺检查	全数检查
端部铣平及顶紧接触面	端部铣平精度	8.4.1	端部铣平的允许偏差应符合规范规定	用钢尺、角尺、塞尺等检查	按铣平面数量抽查10%，且不应小于3个
钢构件外形尺寸	外形尺寸	8.5.1	钢构件外形尺寸主控项目的允许偏差应符合规范规定	用钢尺检查	全数检查

（2）一般项目。钢构件组装工程质量验收的一般项目应符合表8-16的规定。

表8-16　一般项目内容及要求

项目	项目内容	规范章节	验收要求	检验方法	检查数量
焊接H型钢	接缝	8.2.2	翼缘板拼接缝和腹板拼接缝的间距不应小于200 mm。翼缘板拼接长度不应小于2倍板宽且不应小于600 mm；腹板拼接宽度不应小于300 mm，长度不应小于600 mm	观察和钢尺检查	全数检查
组装	精度要求	8.3.2	允许偏差应符合相关的规定	用钢尺检查	按构件数抽查10%，且不应小于3件
	顶紧接触面	8.3.3	应有75%以上的面积紧贴	用0.3 mm塞尺检查，其塞入面积不大于25%，边缘间隙不大于0.8 mm	按构件数抽查10%，且不应小于10件
	轴线交点错位	8.3.4	允许偏差不大于3.0mm	钢尺检查	按构件数抽查10%，且不应小于3个，每个抽查构件按节点数抽查10%，且不应小于3个节点

续表

项目	项目内容	规范章节	验收要求	检验方法	检查数量
端部铣平及安装焊缝坡口	坡口精度	8.4.2	允许偏差应符合表 7-4 的规定	用焊缝量规检查	按坡口数量抽查 10%,且不小于 3 条
	防锈保护	8.4.3	外露铣平面应做防锈保护	观察检查	全数检查
钢构件外形尺寸	外形尺寸	8.5.2	钢构件外形尺寸一般项目的允许偏差应符合相关规定		按构件数抽查 10%,且不应小于 3 件

8.4.7 预拼装的方法

1. 实体预拼装

大型的钢结构构件由于受运输、起吊等条件限制,不能整体出厂而必须分成单元。为保证施工现场安装的顺利进行,应根据构件或结构的复杂程度、设计要求或合同协议规定,在构件出厂前进行预拼装,以检验构件制作的质量,保证安装的精度,可以及时发现不合格构件并在厂内及时处理、调整制作及组装方案,避免出现不合格构件,也避免了将构件拉到现场无法安装又要返回制造厂的恶果。另外,在工地现场把本属于一个构件的各个部分组合成一个构件应属于预拼装的范畴,例如,门式刚架的刚架梁通常分成多段加工运输到现场再拼装起来。另外,有时候为了检验整体钢结构是否能够达到安装的精度,通常在工厂或者在现场将整体结构的各个部分组合起来以检验整体结构的精度是否达到了安装的要求,以避免构件吊升到安装位置无法固定或者结构的大部分无法合拢,这通常叫作总装。以上所说的预拼装是以加工好的真实的钢构件进行拼装,称为实体预拼装。对于实体预拼装有如下要求:

(1)预拼装场地应平整、坚实,预拼装所用的临时支撑架、支撑凳或平台应经测量准确定位,并应符合工艺文件要求。重型构件预拼装所用的临时支撑结构应进行结构安全验算。

(2)预拼装单元可根据场地条件、起重设备等选择合适的几何形态进行预拼装。

(3)构件应在自由状态下进行预拼装。

(4)构件预拼装应按设计图的控制尺寸定位,对有预起拱、焊接收缩等的预拼装构件,应按预起拱值或焊接收缩量的大小对尺寸定位进行调整。

(5)采用螺栓连接的节点连接件,必要时可在预拼装定位后进行钻孔。

(6)当多层板叠采用高强度螺栓或普通螺栓连接时,宜先使用不少于螺栓孔总数 10% 的冲钉定位,再采用临时螺栓紧固。临时螺栓在一组孔内不得少于螺栓孔数量的 20%,且不应少于两个;预拼装时应使板层密贴。螺栓孔应采用试孔器进行检查,并应符合下列规定:

1)当采用比螺栓公称直径小 1.0 mm 的试孔器检查时,每组孔的通过率不应小于 85%;

2)当采用比螺栓公称直径大 0.3 mm 的试孔器检查时,通过率应为 100%。

(7)预拼装检查合格后,宜在构件上标注中心线、控制基准线等标记,必要时可设置定位器。

实体预拼装的方法与组装的方法一样,主要有以下几种:

(1)平装法。平装法操作方便,无须稳定加固措施,无须搭设脚手架;焊缝焊接大多数为平焊缝,焊接操作简易,无须技术很高的焊接工人,焊缝质量易于保证;校正及起拱方便、准确。

平装法适用于拼装跨度较小、构件相对刚度较大的钢结构,如长为 18 m 以内钢柱、跨度为 6 m 以内大窗架及跨度为 21 m 以内的钢屋架的拼装。

(2)立装法。立装法可一次拼装多个部分,块体占地面积小,不用铺设或搭设专用拼装操作平台或枕木墩,节省材料和工时;省去翻身工序,质量易于保证,不用增设专供块体翻身、倒运、就位、堆放的起重设备,缩短工期;块体拼装连接件或节点的拼接焊缝可两边对称施焊,可防止预制构件连接件或钢构件因节点焊接变形而使整个块体产生侧弯。

立装法需搭设一定数量的稳定支架;块体校正、起拱较难;钢构件的连接节点及预制构件的连接件的焊接立缝较多,增加了焊接操作的难度。

立装法适用于跨度较大、侧向刚度较差的钢结构,如 18 m 以上钢柱、跨度 9 m 及 12 m 的窗架、24 m 以上的钢屋架及屋架上的天窗架。

(3)利用模具拼装法。模具是指符合工件几何形状或轮廓的模型(内模或外模)。用模具来拼装组焊钢结构,具有产品质量最好、生产效率高等多种优点。对成批的板材结构、型钢结构,应当考虑采用模具拼装。

2. 计算机辅助模拟预拼装

构件除可采用实体预拼装外,还可采用计算机辅助模拟预拼装方法,模拟构件或单元的外形尺寸应与实物的几何尺寸相同。

计算机辅助模拟预拼装方法具有速度快、精度高、节能环保、经济实用的优点。钢结构构件计算机模拟拼装方法对制造已完成的构件进行三维测量,用测量数据在计算机中构造构件模型,并进行模拟拼装,检查拼装干涉和分析拼装精度,得到构件连接件加工所需要的信息。计算机模拟预拼装有两种方法,一是按照构件的预拼装图纸要求,将构造的构件模型在计算机中按照图纸要求的理论位置进行预拼装,然后逐个检查构件之间的连接关系是否满足产品技术要求,反馈回检查结果和后续作业需要的信息;二是保证构件在自重作用下不发生超过工艺允许的变形的支撑条件下,以保证构件间的连接为原则,将构造的构件模型在计算机中进行模拟预拼装,检查构件的拼装位置与理论位置的偏差是否在允许范围内,并反馈回检查结果作为预拼装调整及后续作业的调整信息。当采用计算机辅助模拟预拼装方法时,要求预拼装的所有单个构件均有一定的质量保证;模拟拼装构件或单元外形尺寸均应严格测量,测量时可采用全站仪、计算机和相关软件配合进行。

当采用计算机辅助模拟预拼装的偏差超过现行国家标准《钢结构工程施工质量验收标准》(GB 50205—2020)的有关规定时,应进行实体预拼装。

8.4.8 预拼装实例

某机场航站楼中央大厅主钢构件为立体钢管拱形桁架,如图 8-16 所示。总长为 60.50 m,跨距为 36.00 m,最大安装标高为 28.25 m。钢管材料弦杆为 $\phi 244.5 \times 6.3$,腹杆为 $\phi 139.7 \times 5$、$\phi 114.3 \times 5$。

立体钢管拱属超长轻型构件,根据运输及安装要求,采取钢结构制造厂内下料、切好对接相贯口、弯好弧度,编号打包,成捆运输,现场拼装,拼装工艺如下:

(1)拼装工艺流程:桁架整体胎架制作→桁架整体拼装定位校正、检验→对接焊缝焊接→焊缝无损检验→焊后校正→涂装→检验合格。

(2)在塔式起重机回转半径之内建立总装平台,总装平台由 $300 \times 1\,800 \times 9\,000$ 路基板组成,下浇混凝土墩子,以保证平台水平。

(3)在拼装平台上立胎架,胎架尺寸须经监理验收合格后方可拼装桁架。

(4)拼装时需要考虑焊后变形,需要对节点通过胎具加固约束。

(5)钢管对接采取内加衬管坡口对接,坡口对接间隙采用预紧器,以调整其尺寸。

(6)梯形钢管拱的上下弦杆定位,根据节点标高,用水管连通原理定其标高,若个别位置弯管标高不符合设计要求,则重新用火烤;冷却残余变形达到设计要求,上下弦杆中心位置用线坠与与拼装平台样板线重合为止,然后安好斜腹杆,校正、检查后交监理验收。

(7)对接坡口焊接,按焊接工艺评定有关参数,由持有相应合格证的焊工施焊。

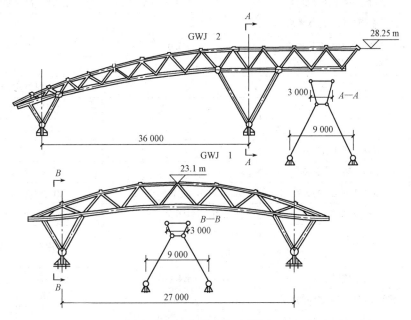

图 8-16 钢管屋架立面图

8.4.9 钢构件预拼装的质量验收

1. 主控项目

(1)高强度螺栓和普通螺栓连接的多层板叠,应采用试孔器进行检查,并应符合下列规定:

1)当采用比孔公称直径小 1.0 mm 的试孔器检查时,每组孔的通过率不应小于 85%;

2)当采用比螺栓公称直径大 0.3 mm 的试孔器检查时,通过率应为 100%。

检查数量:安预拼装单元全数检查。

检查方法:采用试孔器检查。

2. 一般项目

(1)实体预拼装时宜先使用不少于螺栓总数 10% 的冲钉定位,再采用临时螺栓紧固。临时螺栓在一组孔内不得少于螺栓孔数量的 20%,且不应少于 2 个。

检查数量:安预拼装单元全数检查。

检查方法:观察检查。

(2)实体预拼装的允许偏差应符合表 8-17 的要求。

检查数量:安预拼装单元全数检查。

检查方法:应符合表 8-17 的规定。

表 8-17　实体预拼装的允许偏差　　　　　　　　　　　　　　　mm

构件类型	项目		允许偏差	检验方法
多节柱	预拼装单元总长		±5.0	用钢尺检查
	预拼装单元弯曲矢高		$l/1\,500$，且不大于±10	用拉线和钢尺检查
	接口错边		2.0	用焊缝量规检查
	预拼装单元柱身扭曲		$h/200$，且不大于5.0	用拉线、吊线和钢尺检查
	顶紧面至任一牛腿距离		±2.0	用钢尺检查
梁、桁架	跨度最外两端安装孔或两端支撑面最外侧距离		+5.0 −10.0	用钢尺检查
	接口截面错位		2.0	用焊缝量规检查
	拱度	设计要求起拱	±$l/5\,000$	用拉线和钢尺检查
		设计未要求起拱	$l/20\,000$	用拉线和钢尺检查
	节点处杆件轴线错位		4.0	画线后用钢尺检查
管构件	预拼装单元总长		±5.0	用钢尺检查
	预拼装单元弯曲矢高		$l/1\,500$，且不大于±10	用拉线和钢尺检查
	对口错边		$t/10$，且不大于3.0	用焊缝量规检查
	坡口间隙		+2.0 −1.0	用焊缝量规检查
构件平面总体预拼装	各楼层柱距		±4.0	用钢尺检查
	相邻楼层梁与梁之间的距离		±3.0	
	各层间框架两对角线之差		$H_i/2\,000$，且不大于5.0	
	任意两对角线之差		$\sum H_i/2\,000$，且不大于8.0	

注：H_i 为各结构楼层高度。

8.5　钢结构焊接

8.5.1　焊接方法与设备

金属焊接是指通过适当的手段，使两个分离的金属物体（同种或者异种金属）产生原子（分子）间结合而成为一体的连接方法。基本的焊接方法有熔化焊接、固相焊接和钎焊。建筑钢结构制造和安装焊接方法多采用熔化焊接。熔化焊接是以各种高温集中热源加热待连接金属，使之局部熔化、冷却后形成牢固连接的过程。

用于加热和熔化金属的高温能源有电弧、焊渣、气体火焰、等离子体、电子束、激光等。熔焊方法按加热能源的不同可分为电弧焊、电渣焊、气焊、等离子焊、电子束焊、激光焊等。其中，电弧焊又可分为熔化电极与不熔化电极电弧焊、气体保护与自保护电弧焊、栓焊。熔焊方法因焊接过程的自动进行程度不同还可分为手工焊、半自动焊和自动焊。

限于成本、应用条件等原因，钢结构领域中广泛使用的是电弧焊。在电弧焊中又以手工电弧焊、埋弧焊、CO_2 气体保护焊和自保护焊为主。在某些特殊应用场合,则必须使用电渣焊和栓焊。

1. 手工电弧焊

(1)焊接原理。手工电弧焊是用手工操纵焊条进行焊接。焊接时,在焊条末端和工件之间的电弧产生高温使焊条药皮与焊芯及工件熔化,熔化的焊芯端部迅速形成细小的金属熔滴,通过电弧柱过渡到局部熔化的工件表面,融合在一起形成熔池。药皮在熔化过程中产生的气体和熔渣,使熔池和电弧与周围空气隔离,并且和熔化的焊芯、母材发生一系列冶金反应,保证所形成焊缝的性能,随着手工连续移动焊条,熔池液态金属逐步冷却结晶,形成焊缝。图 8-17 所示为手工电弧焊原理图。

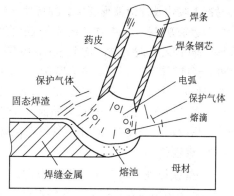

图 8-17 手工电弧焊原理图

(2)焊接电源。因焊接电流可以是交流电也可以是直流电,故焊接电源可分为交流电源、直流电源,以及交直流两用电源的特殊形式。

1)交流弧焊机实质上是一种通过可调高漏抗以得到下降外特性和所要求空载电压的降压变压器。其种类主要可分为动铁式(BX1 系列)、动圈式(BX3 系列)和抽头式(BX6 系列)。前两种交流弧焊机为目前一般钢结构制作、安装领域中应用最为广泛的电焊机。抽头式弧焊变压器只适用于小功率焊机,但其价格低廉,在小型企业制作、安装轻型结构和家庭装修、维修领域得到广泛的应用。

2)直流弧焊机可分为直流发电机和弧焊整流器两种。传统的弧焊发电机使用较少,常用于药皮焊条手工电弧焊的整流电源主要有硅整流式(ZXG 系列)、可控硅整流式(ZX-5 系列)和逆变整流式(ZX-7 系列)。可控硅整流器的外特性可控,动态特性好,网络补偿方便,功率因素高,属于节能产品,因而得到了广泛的发展和应用。

(3)焊接工艺参数。焊接工艺参数是指焊接时为保证焊接质量而选定的各物理量(如焊接电流、电弧电压、焊接速度等)的总称。手工焊工艺参数主要为焊条直径、焊接电流、电源极性、电弧电压、焊接速度、运条方式和焊接层次及预热温度等。

1)焊条直径。焊条直径可根据焊件厚度、焊接位置、接头形式、焊接层数等进行选择。厚度较大的焊件,搭接和 T 形接头的焊缝选用直径较大的焊条;小坡口焊件,采用较细直径的焊条。通常平焊选用较粗的焊条,立焊、仰焊、横焊选用较细的焊条。

2)焊接电流。焊接电流是电弧焊的主要工艺参数。焊接电流的选择直接影响焊接质量和劳动生产率。焊接电流大则焊缝熔深大,焊条熔化快,焊接效率也高,易得到凸起的表面堆高;反之则有熔深浅,电流太小时不易起弧,焊接时电弧不稳定、易熄弧,易产生未焊透、未熔合等缺陷;电流太大时则飞溅很大,易产生咬边、焊瘤、烧穿等缺陷。

3)电源极性。采用交流电源时,焊条与工件的极性随电源频率而变换,电弧稳定性较差,碱性低氢型焊条药皮中需要增加低电离电势的物质作为稳弧剂才能稳定施焊。采用直流电源时,工件接正极称为正极性(或正接)、工件接负极称为反极性(或反接),一般药皮焊条直流反接可以获得稳定的焊接电弧,焊接时飞溅较小。

4)电弧电压。电弧电压主要是由电弧长度决定的。电弧长则电压高;反之则低。电弧过长则会出现电弧燃烧不稳定、飞溅大、熔深浅及咬边、气孔等缺陷;电弧短则易粘焊条。一般情况下,电弧长度等于焊条直径的 0.5~1.0 倍为好,相应的电弧电压为 16~25 V。碱性焊条的电弧长度不超过焊条直径,为焊条直径的一半较好;酸性焊条电弧长度应等于焊条直径。

5)焊接速度。焊接速度即单位时间内完成的焊缝长度。焊接速度过慢可使焊缝变宽,余高增加，母材易过热变脆，效率降低；焊接速度过快则造成熔池长、焊缝变窄、严重凹凸不平，容易产生咬边及焊缝波形变尖。焊接速度应与选择的电流相配合。

6) 运条方式和焊接层次。运条方式有直线形式及横向摆动式。横向摆动式还可分为螺旋形、月牙形、锯齿形、八字形等，均由焊工具体掌握以控制焊道的宽度。各种焊缝应根据板厚和焊道厚度、宽度来安排焊接层次以完成整个焊缝。多层焊时由于后焊道对先焊道(层)有回火作用，可改善接头的组织和力学性能，故要求焊缝晶粒细密、冲击韧性较高时，宜指定采用多道、多层焊接。

7) 预热温度。预热是焊接开始前对被焊工件的全部或局部进行适当加热的工艺措施，预热可减少焊后冷却速度，避免产生淬硬组织，减少焊接应力及变形，是防止产生焊接裂纹的有效措施。

2. 埋弧焊

(1) 焊接原理。埋弧焊是利用电弧热作为熔化金属热源的机械化焊接方法。焊丝外表没有药皮，熔渣是由覆盖在焊接坡口区的焊剂形成的。当焊丝与母材之间施加电压并互相接触引燃电弧后，电弧热将焊丝端部与电弧区周围的焊剂及母材熔化，形成金属熔滴、熔池及熔渣。

金属熔池受到浮于表面的熔渣和焊剂蒸气的保护而不与空气接触，有效地保护了电弧和熔池。随着焊丝向前方移动，熔池冷却凝固后形成焊缝，熔渣冷却后形成渣壳，如图 8-18 所示。熔渣与熔化金属发生冶金反应，影响并改善焊缝金属的化学成分和力学性能。

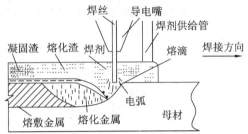

图 8-18 埋弧焊原理图

(2) 埋弧焊的特点。

1) 生产效率高。埋弧焊所用焊接电流大，加上焊剂和熔渣的保护，使得电弧的熔透能力和焊丝的熔敷速度都得以大大提高。单丝埋弧焊不开坡口一次熔深最大可达 20 mm。埋弧焊已成为大型构件制作中应用最广的高效焊接方法。

2) 焊接质量好。埋弧焊的热输入大、冷却速度慢、熔池存在时间长使冶金反应充分，各种有害气体能及时从熔池中逸出，避免气孔产生，也减小了冷裂纹的敏感性。因焊接工艺参数通过自动调节保持稳定，故对焊工操作技术水平要求不高，且焊缝成形好，成分稳定，力学性能好。

3) 劳动条件好。埋弧焊弧光不外露，无弧光辐射。

4) 埋弧焊采用颗粒状焊剂进行保护，一般适用于平焊和角焊位置，其他位置的焊接则要采用特殊装置来保证焊剂对焊缝区的覆盖和防止熔池金属的漏淌。

5) 坡口加工精度稍高，或需要加导向装置，使焊丝与坡口对准以避免焊偏。

6) 使用电流大，不适宜厚度小于 1 mm 的薄件。

(3) 埋弧焊设备。

1) 埋弧焊设备组成。自动埋弧焊设备由交流焊接电源或直流焊接电源、焊接小车、控制盒和电缆等附件组成。

① 焊接电源：交流焊接电源由接触器、降压变压器、电抗器及其他附件组成，适用于一般碳钢使用中性熔炼焊剂时的焊接，其成本较低且维护较简易；还可应用于大型构件焊接时需要防止磁偏吹的场合，或与另一直流电源配合做双丝焊接。由于自动埋弧焊通常用粗焊丝大电流焊接厚板，焊接电源额定电流一般需要达到 1 000 A 才能满足不同情况下高效焊接的要求。直流电源一般使用可控硅整流器，其外特性有平特性及降特性两种。平特性用于细丝焊薄板，降特性用于粗丝焊厚板。直流电源广泛应用于重要结构中高强钢构件使用碱性焊剂时的焊接。

② 焊接小车：焊接小车由送丝机构和行走机构(含电机)、焊头的各方向调整机构和手轮、支架、底座及焊剂斗(或设有焊剂回收及输送装置)、焊丝盘等附件组成。

③控制盒：控制盒由焊机及送丝调速控制板、程序操作控制板、电流及电压显示仪表或数码显示器、各种调节旋钮、按钮开关、导线插座等组成。

半自动埋弧焊设备不设置焊接小车，但增设软管连接手持焊枪，焊枪上带有导丝嘴、按钮开关及小型焊剂斗，其他则与自动焊装置类同。半自动埋弧焊机的功率因受手持焊枪质量及可操作性的限制，一般配用额定电流 630 A 的电源，适用于中板构件和薄板构件的焊接。

2) 自动埋弧焊焊机的种类。焊机按其特定用途可分为角焊机和对焊与角焊通用焊机；按其使用功能可分为单丝或双丝焊机、单头或双头焊机；按其机头行走方式可分为独立小车式、门架式或悬臂式焊机。

①自动埋弧焊角焊机的特点是不设轨道，利用焊机底架上的两个靠轮直接贴在 T 形工件的翼缘上，使焊机在腹板上行走，实现焊头对焊缝的自动对准，传统上应用于 H 型钢船形位置焊接，并已广泛应用于钢结构中 H 形构件的焊接。

②自动埋弧焊对焊与角焊通用型焊机。MZ-1000 型自动埋弧焊焊机以传统的焊接小车带有机头调整装置、控制盒、丝盘、送丝装置，配以 ZX5-1000 或 ZX5-1250 弧焊整流器，是生产中使用最为广泛的焊机，用于对接焊、角接焊、搭接焊，使用方便、可靠。

③自动埋弧焊双头双丝焊机。自动埋弧焊双头双丝焊机的特点是使用带双机头(各有两套送丝机构、导电嘴、焊剂斗和控制盒)的焊机，电源则采用一台交流电源和一台直流电源。用作双丝焊时，两丝前后串联排列焊同一条焊缝；用作双头焊时，机头旋转 90°后两丝并列各焊一条焊缝。串列双丝焊接在钢结构大型断面构件焊接中得到广泛应用。

④自动埋弧焊门架式焊机。其特点为：焊机门架为自行式，轨道铺设于地面。整机以两组直流电动机驱动，并带有回程定位装置，可于起焊位置自动停车。门架上装有两台自动埋弧焊机并配备两套焊剂回收和导弧装置。其适用于双边双极、双边单极或单边单极埋弧焊接，通常用于钢结构大型断面构件纵向组合焊缝的高效焊接。

⑤自动埋弧焊轻型圆管内焊机。其特点为：机头设计紧凑，小车可行走于直径 400 mm 的圆管内进行纵缝焊接。控制盒可与机头分离以便于筒体内焊接。

⑥悬臂式自动焊机。其特点为：焊接机头悬挂于横臂前端，可随横臂上下升降、前后伸缩，随立柱做 360°回转；行走及回转采用交流变频驱动，无级调速，数字显示，参数可预置。

(4) 埋弧焊焊接工艺参数。影响埋弧焊焊缝成形和质量的因素有焊接电流、焊接电压、焊接速度、焊丝直径、焊丝倾斜角度、焊丝数目和排列方式、焊剂粒度和焊剂堆放高度等。前面五个因素的影响趋势与其他电弧焊接方法相似，仅影响程度不同，最后三个因素的影响是埋弧焊所特有的。

1) 焊剂堆放高度。焊剂堆放高度一般为 25~50 mm。堆放高度太小时对电弧的包围保护不完全，影响焊接质量；堆放高度太大时，透气性不好，易使焊缝产生气孔和表面成形不良。因此必须根据使用电流的大小适当选择焊剂堆放高度。电流及弧压大时，弧柱长度及范围大，应适当增大焊剂堆放高度和宽度。

2) 焊剂粒度。焊剂粒度的大小也是根据电流值选择，电流大时应选用细粒度焊剂，否则焊缝外形不良；电流小时，应选用粗粒度焊剂，否则透气性不好，焊缝表面易出现麻坑。一般粒度时为 8~40 目，细粒度时为 14~80 目。

3) 焊剂回收次数。焊剂回收反复使用时要清除飞溅颗粒、渣壳、杂物等，反复使用次数过多时应与新焊剂混合使用；否则会影响焊缝质量。

4) 焊丝直径。由于细焊丝比粗焊丝的电阻热大，因而熔化系数大，在同样焊接电流时，细焊丝比粗焊丝可提高焊接速度及生产率。同时，由于利用了焊丝的电阻热因而可以节约电能。

5) 焊丝数目。双焊丝并列焊接时，可以增加熔宽并提高生产率。双焊丝串联焊接可分为双焊经共熔池和不共熔池两种形式。前者可提高生产率、调节焊缝成形系数；后者除可提高生产率外，前丝电弧形成的温度场还能对后丝的焊缝起到预热作用，后丝电弧则对前丝焊缝起后热作用，降低了熔池冷却速度，可改善焊缝的组织性能，减小冷裂纹倾向。

在实际生产中，根据各工艺参数对焊缝成形和质量的影响，结合施工生产各方面的实际情况，如接头形式、板厚、坡口形式、焊接设备条件等，通过焊接工艺评定试验仔细选择焊丝直径、电流、电压、焊接速度、焊接层数等参数值，对于获得优良的焊缝质量是很重要的。

3. CO_2 气体保护焊及自保护焊

(1) 焊接原理。CO_2 气体保护焊是熔化极气体保护焊的一种，也是熔化极电弧焊的一种。其电弧产生及焊接过程原理与手工电弧焊、埋弧焊相似。其区别在于没有手工焊条药皮及埋弧焊剂所产生的大量熔渣；所使用的熔化电极为实芯焊丝或药芯焊丝；由保护气罩导入的 CO_2 气体或与其他惰性气体混合的混合气体围绕导丝嘴及焊丝端头隔离空气，对电弧区及熔池起保护作用。其熔池的脱氧反应和必要合金元素的渗入，大部分只能由焊丝的合金成分完成。而药芯焊丝管内包含的少量焊剂成分仅起辅助的冶金反应作用和保护作用。图 8-19 所示为 CO_2 气体保护焊原理示意图。

(2) 分类。用于钢结构焊接的 CO_2 气体保护焊分类如下：

1) 按焊丝分类：有实芯焊丝 CO_2 气体保护焊、药芯焊丝 CO_2 气体保护焊。

2) 按熔滴过渡形式分类：有短路过渡、滴状过渡和射滴过渡。

3) 按保护气体性质分类：有纯 CO_2 气体保护焊及 CO_2+Ar 混合气体保护焊（统称为 MAG）。

(3) 特点。

1) 因可用机械连续送丝方式，不仅适合于构件长焊缝的自动焊，还因不用焊剂而使设备较简单，操作较简便，也适用于半自动焊接短焊缝。

2) 因使用细焊丝、大电流密度以及有 CO_2 保护气体的冷却、压缩作用，而使电弧能量集中，焊缝熔深比手工电弧焊大，焊接效率高，一般是手工电弧焊的 3～4 倍。

3) 因焊道窄，故母材加热较集中，热影响区较小，相应的变形及残余应力较小。

4) 因明弧作业，工件坡口形状可见，故易于电弧对准待焊部位。

5) 用实芯焊丝时基本无熔渣，用药芯焊丝时熔渣很薄，易于清除。与手工电弧焊和埋弧焊比较，减少了焊工大量辅助工作时间和体力消耗。

6) 使用气体纯度及含水量符合相应规程要求时，它是低氢焊接方法。对焊接延迟裂纹产生的敏感性较小。

(4) 焊接设备。CO_2 气体保护焊设备由焊接电源、送丝机两大部分和气瓶、流量计及预热器、焊枪、电缆等附件组成，如图 8-20 所示。

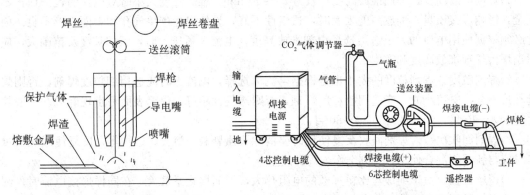

图 8-19 CO_2 气体保护焊原理示意图　　图 8-20 CO_2 气体保护焊设备组成

1) 焊接电源由变压器，可控硅（晶闸管）或晶体管整流主电路，元件触发控制线路，过流过压保护电路,起弧时缓慢送丝以减小电流、电压的控制电路,以及停弧时焊丝回烧、填弧坑、去球等附加控制电路组成,以保证起弧可靠、稳定,焊接电流、电压可调,防止弧坑裂纹产生,再引弧方便简单,整个电弧过程稳定,焊接质量优越的要求。

2)送丝机由枪体、导电嘴、导丝嘴、导气嘴、保护罩及开关等组成。焊枪电缆一般为电缆与送丝、送气软管同轴式,使焊枪轻巧、便于操作。

3)保护气供气系统由气瓶、气流流量调节器和气管组成。

(5)焊接工艺参数。CO_2气体保护焊工艺参数除有与一般电弧焊相同的电流、电压、焊接速度、焊丝直径及倾斜角度等参数外,还有CO_2气体保护焊所特有的保护气体成分配合比及流量、焊丝伸出长度(即导电嘴与工件之间距离)、保护气罩与工件之间距离等,对焊缝的成形和质量有重大影响。

1)焊接电流和电压的影响。与其他电弧焊接方法相同的是,当电流大时焊缝熔深大、余高大,当电压高时熔宽大、熔深浅;反之,则得到相反的焊缝成形。同时,焊接电流大,则焊丝熔敷速度大,生产效率高。采用恒压电源(平特性)等速送丝系统时,一般规律为送丝速度大则焊接电流大,熔敷速度随之增大。但对CO_2气体保护焊来说,电流、电压对熔滴过渡形式有更为特殊的影响,进而影响焊接电弧的稳定性及焊缝成形,因而有必要对熔滴过渡形式进行更深一步的说明。

在电弧焊中焊丝作为外加电场的一极(用直流电源,焊丝接正极时称为直流反接,接负极时称为直流正接),在电弧激发后被产生的电弧热熔化而形成熔滴向母材熔池中过渡,其过渡形式有多种,因焊接方法、工艺参数变化而异。对于CO_2气体保护焊而言,主要存在短路过渡、滴状过渡、射滴过渡三种熔滴过渡形式。以下简述这三种过渡形式的特点与工艺参数(主要是电流、电压)的关系及其应用范围。

①短路过渡。短路过渡是在细焊丝、低电压和小电流情况下发生的。焊丝熔化后由于斑点压力对熔滴有排斥作用,使熔滴悬挂于焊丝端头并集聚长大,甚至与母材的熔池相连并过渡到熔池中,这就是短路过渡形式。

短路过渡的主要特征是短路时间和短路频率。影响短路过渡稳定性的因素主要是电压,当电压为 18～21 V 时,短路时间长,过程较稳定。

焊接电流和焊丝直径也即焊丝的电流密度,对短路过渡过程的影响也很大。在最佳电流范围内短路频率较高,短路过渡过程稳定,飞溅较小。电流达到允许电流范围的上限时,短路频率低,过程不稳定,飞溅大,必须采取增加电路电感的方法以降低短路电流的增长速度,避免产生熔滴的瞬时爆炸和飞溅。另外一个措施是采用CO_2＋Ar 混合气体(各约 50%),因富氩气体下斑点压力较小,电弧对熔滴的排斥力较小,过程比较稳定和平静。细焊丝工作范围较宽,焊接过程易于控制;粗焊丝则工作范围很窄,过程难以控制。因此,只有焊丝直径在 1.2 mm 以下时,才能采用短路过渡形式。短路过渡形式一般适用于薄钢板的焊接。

②滴状过渡。滴状过渡是在电弧稍长、电压较高时产生的。此时,熔滴受到较大的斑点压力,熔滴在CO_2气体中一般不能沿焊丝轴向过渡到熔池中,而是偏离焊线轴向,甚至上翘。由于产生较大的飞溅,因此滴状过渡形式在生产中很难采用。只有在富氩混合气焊接时,熔滴才能形成轴向过渡和得到稳定的电弧过程。但因富氩气体的成本是纯CO_2气体的几倍,故在建筑钢结构的生产和施工安装中应用较少。

③射滴过渡。CO_2气体保护焊的射滴过渡是一种自由过渡的形式,但其中也伴有瞬时短路。其是在 1.6～3.0 mm 的焊丝、大电流条件下产生的,是一种稳定的电弧过程。

焊丝直径为 1.2～3.0 mm 时,若电流较大、电弧电压较高,就能产生如前所述的滴状过渡。如电弧电压降低,电弧的强烈吹力将会排出部分熔池金属,而使电弧部分潜入熔池的凹坑中,随着电流增大则焊丝端头几乎全都潜入熔池,同时熔滴尺寸减小、过渡频率增加、飞溅明显降低，形成典型的射滴过渡。但电流增大有一定限度，电流过大时，电弧力过大，会强烈扰动熔池，破坏正常焊接过程。

由于射滴过渡时电源动特性要求不高，而且电流大，熔敷速度高，故适用于中厚板的焊接，不易出现未熔合缺陷；但由于熔深大，熔宽也大，故射滴过渡用于空间位置焊接时焊缝成形不易控制。

2)CO_2+Ar混合气配比的影响。无论短路过渡还是滴状过渡的情况，在CO_2气体中加入Ar，飞溅率都能减少。短路过渡时CO_2含量为50%～70%都有良好效果；在大电流滴状过渡，Ar含量为75%～80%时，可以达到喷射过渡，电弧稳定，飞溅很少。

对于焊缝成形来说，20%CO_2+80%Ar混合气体条件下，焊缝表面最光滑，但同时使熔透率减小，熔宽变窄。

3)保护气流量的影响。气体流量大时保护较充分，但流量太大时对电弧的冷却和压缩很剧烈，电弧力太大会扰乱熔池，影响焊缝成形。

4)导电嘴与焊丝端头距离的影响。导电嘴与焊丝伸出端的距离，也称为焊丝伸出长度。该长度大则由于焊丝电阻而使焊丝伸出段产生的热量大，有利于提高焊丝的熔敷率，但伸出长度过大时会发生焊丝伸出段红热软化而使电弧过程不稳定的情况，应避免。通常，1.2 mm焊丝伸出长度保持为15～20 mm，按焊接电流大小做选择。

5)焊炬与工件的距离。焊炬与工件距离太大时，保护气流到达工件表面处的温度低，空气易侵入，保护效果不好，焊缝易出气孔。距离太小则保护罩易被飞溅堵塞，使保护气流不顺畅，需经常清理保护罩。严重时出现大量气孔，使焊缝金属氧化，甚至使导电嘴与保护罩之间产生短路而烧损，必须频繁更换。合适的距离应根据使用电流大小而定。

6)电源极性的影响。采用反接时（焊丝接正极，母材接负极），电弧的电磁收缩力较强，熔滴过渡的轴向性强且熔滴较细，因而电弧稳定；反之，则电弧不稳。

7)焊接速度的影响。CO_2气体保护焊，焊接速度的影响与其他电弧焊方法相同。焊接速度太慢则熔池金属在电弧下堆积，反而减小熔深，热影响区太宽，对热输入敏感的母材易造成熔合线及热影响区脆化。焊接速度太快，则熔池冷却速度太快，不仅易出现焊缝成形不良（波纹粗）、气孔等缺陷，而且对淬硬敏感性强的母材易出现延迟裂纹。因此，焊接速度应根据焊接电流、电压的选择来加以合理匹配。

8)CO_2气体纯度的影响。气体的纯度对焊接质量有一定影响，杂质中的水分和碳氢化合物会使熔敷金属中扩散的氢含量增高，对厚板多层焊易产生冷裂纹或延迟裂纹。

总之，CO_2气体保护焊影响焊接电弧稳定性和焊缝成形、质量的参数较多，在实际施焊时必须加以注意，仔细选配。

4. 电渣焊

电渣焊是利用电流通过熔渣所产生的电阻热作为热源，将填充金属和母材熔化，凝固后形成金属原子间牢固连接。其是一种用于立焊位置的焊接方法。

电渣焊种类有熔嘴电渣焊、非熔嘴电渣焊、丝极电渣焊和板极电渣焊。在建筑钢结构中应用较多的是管状熔嘴电渣焊和非熔嘴电渣焊，它们是箱形梁、柱隔板与面板全焊接连接的必要手段。而丝极电渣焊和板极电渣焊则在重型机械行业中应用较多。以下将主要介绍前两种电渣焊：

(1)熔嘴电渣焊。

1)熔嘴电渣焊过程特点。熔嘴电渣焊是电渣焊的一种形式，将母材坡口两面均用马形卡装设水冷固定式或滑动式铜成形块（根据构件条件也可用永久性钢垫块），钢焊丝穿过外涂药皮的导电钢管组合成熔嘴作为熔化电极，熔嘴从顶端伸入母材的坡口间隙内，施加一定数量的焊剂，主电源通电，同时焊丝送进。由于焊丝与母材坡口底部的引弧板接触产生电弧，电弧热使熔嘴钢管和外敷的药皮及焊剂同时熔化而形成渣池。渣池达到一定深度后电弧过程转为电渣过程，同时，使母材熔化形成熔池，随着熔化电极、焊剂、母材的不断熔化，形成的金属熔池在水冷钢成形块的冷却作用下不断凝固，而比熔融金属相对密度轻的熔渣在熔池之上形成保护渣池，随着熔池及渣池的不断上升而形成立焊缝。熔池上升到待焊母材坡口全长后，继续进行焊接过程，直至将渣池及熔池引出母材上端的引出板夹缝，方可断电停止焊接。图8-21所示为管状熔嘴电渣焊原理图。

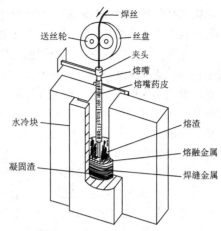

图8-21 管状熔嘴电渣焊原理图

其电渣焊过程可分为引弧、焊接和收弧三个阶段。由于引弧区过程不稳定，热量不足，不能形成渣池与熔池明确区分的电渣过程，因而焊缝不连续、不致密，夹渣、未熔合缺陷严重，而收弧区由于熔池收缩、渣池流失和弧坑裂纹的存在，焊后均需割除。一般引弧区及引弧板长度应达到板厚的2～2.5倍，引出板长度则应达到板厚的1.5～2倍。

2) 熔嘴电渣焊的优点和用途。

①优点：熔嘴外涂药皮与母材坡口绝缘，因而，坡口间隙减小到比熔嘴外径只增大4～6 mm时仍可以连续施焊而不发生短路故障。

设定长度的熔嘴被固定夹持于机头上，焊丝通过熔嘴中心连续送进，机头则无须向下行进，也无须摆动，因而，水冷铜成形块可以沿焊缝全长固定而无须滑动，也可以设置永久性钢垫块使焊缝成形，大大简化了装置，并使操作简易方便。熔嘴电渣焊的焊接效率高，厚板焊接一道即可完成，特厚板焊接可以板厚的一半为界分两道完成。

②用途：由于以上特点而使熔嘴电渣焊在建筑钢结构的厚板对接、角接接头中得到广泛应用，尤其是高层钢结构中的箱形柱面板和内置横隔板的T形接头，必须采用熔嘴电渣焊才能完成。

相对于熔嘴电渣焊而言，普通丝极电渣焊的铜导电嘴不熔化，焊接过程中需不断随机头的上升而上升，因而必须使用滑动式水冷铜成形块，而且焊丝导嘴需不断沿板厚方向往复摆动，增加了机构的复杂性和因短路中断焊接过程的可能性，应用上限制较多。但由于其通过焊丝品种、成分调节焊缝性能的可能性较大，故也有一定的适用领域。

3) 熔嘴电渣焊设备。熔嘴电渣焊设备由大功率交流或直流电源和装卡固定于构件上的机头及控制盒组成。电源的性能要求与埋弧焊电源相同，平特性与降特性均可使用，机头由送丝机构及控制器、焊丝盘、机架、熔嘴夹持、机头固定、位置调整装置组成。其结构与功能除了机架为固定不能行走且没有焊剂输送装置以外，其他与埋弧焊相近。电源则采用MZ-1000型整流电源。

4) 熔嘴电渣焊焊接工艺参数。影响焊接质量的主要工艺参数有起弧电压与电流、焊接电压与电流、送丝速度与渣池深度。各参数的影响简述如下：

①焊接电压。焊接电压与熔缝的熔宽成正比关系，在起弧阶段所需电压稍高，一般为50～55 V，便于尽快熔化母材边缘和形成稳定的电渣过程。正常焊接阶段时（电渣过程），所需电压稍低，一般为45～50 V。如果电压太高，焊丝易于渣池产生电弧，母材边缘的熔化也太宽。如果电压太低，焊丝易于金属熔池短路，电渣过程不稳定，同时，母材也会因熔化不足而产生未熔合缺陷。

②焊接电流。一般等速送丝的焊机，其送丝速度快时焊接电流也会增大。送丝速度太快、焊接电流太大时，焊接电压低而接近短路状态，形不成稳定过程，而焊丝露出渣池，易产生电弧而破坏正常的电渣过程，因此要考虑送丝速度。焊接电流与焊接区产生的热能成平方正比关系，焊接电流越大，产生热量越高，熔嘴、焊丝与母材的熔化越快，相应焊接速度快，但焊接

电流的选择受熔嘴直径的限制，如焊接电流过大，钢管因承受电流密度太大而发热严重，熔嘴的药皮发红失去绝缘性能，因此，焊接电流应根据熔嘴直径和板厚选择。

③渣池深度。渣池深度与产生的电阻热成正比，渣池深度稳定则产生的热量稳定，焊接过程也稳定。渣池深度一般为 30～60 mm。渣池太深则电阻增大使焊接电流减小，母材边缘熔化不足，焊缝不成形；反之，则电渣过程不稳定。如果成形块与母材贴合不严造成熔渣流失，此时熔嘴端离开渣池表面，仅有焊丝在渣池中，导电面积减小，焊接电流突降，焊接电压升高，必须立即添加焊剂方能继续焊接过程。

5）焊接过程操作步骤。

①焊前准备。熔嘴需经烘干(100～150 ℃/h)，焊剂如受潮也须烘干(150～350 ℃/h)。

检查熔嘴钢管内部是否通顺，导电夹持部分及待焊构件坡口是否有锈、油污、水分等有害物质，以免在焊接过程中产生停顿、飞溅或焊缝缺陷。

用马形卡具及楔子安装、卡紧水冷铜成形块(如采用永久性钢垫块则应焊于母材上)，检查其与母材是否贴合，以防止熔渣和熔融金属流失而使过程不稳甚至被迫中断。检查水流出入成形块是否通畅、管道接口是否牢固，以防止冷却水断流而使成形块与焊缝熔合。

在起弧底板处施加焊剂，一般为 120～600 g，以使渣池深度能达到 40～60 mm。

②引弧。采用短路引弧法，焊丝伸出长度为 30～40 mm，伸出长度太小时，引弧的飞溅物易造成熔嘴端部堵塞；太大时焊丝易爆断，过程不能稳定进行。

③焊接。应按预先设定的参数值调整电流、电压，随时检测渣池深度，当渣池深度不足或电流过大时，电压下降，可随时添加少量焊剂。随时观测母材红热区不超出成形块宽度以外，以免熔宽过大，随时控制冷却水温为 50 ℃～60 ℃，水流量应保持稳定。

④熄弧。熔池必须引出到被焊母材的顶端以外，熄弧时应逐步减少送丝速度与电流，并采取焊丝滞后停送填补弧坑的措施以避免裂纹、减小收缩。

(2)非熔嘴电渣焊。非熔嘴电渣焊与熔嘴电渣焊的区别是焊丝导管外表不涂药皮，焊接时导管不断上升并且不熔化、不消耗。其焊接原理与熔嘴电渣焊是相同的。该方法使用细直径焊丝配用直流平特性电源，电流密度高、焊速大。由于焊接热输入减小，焊缝和母材热影响区的性能比熔嘴电渣焊有所提高，因此在近年来得到重视和应用。

5. 栓焊(螺柱焊)

(1)栓焊原理。栓焊是在栓钉与母材之间通以电流，局部加热熔化栓钉端头和局部母材，并同时施加压力挤出液态金属，使栓钉整个截面与母材形成牢固结合的焊接方法。

(2)栓焊种类。

1)电弧栓焊：将栓钉端头置于陶瓷保护罩内与母材接触并通以直流电，以使栓钉与母材之间激发电弧，电弧产生的热量使栓钉和母材熔化，维持一定的电弧燃烧时间后将栓钉压入母材局部熔化区内。电弧栓焊还可分为直接接触方式与引弧结(帽)方式两种。直接接触方式是在通电激发电弧的同时向上提升栓钉，使电流由小到大，完成加热过程。引弧结(帽)方式是在栓钉端头镶嵌铝制帽，通电以后不需要提升或略微提升栓钉后再压入母材。

陶瓷保护罩的作用是集中电弧热量，隔离外部空气，保护电弧和熔化金属免受氮、氧的侵入，并防止熔融金属的飞溅。

2)储能栓焊：其利用交流电使大电容的电容器充电后向栓钉与母材之间瞬时放电，达到熔化栓钉端头和母材的目的。由于电容放电能量的限制，故一般用于小直径(12 mm 以下)栓钉的焊接。

(3)栓焊过程。将栓钉放在焊枪的夹持装置中，将相应直径的保护瓷环置于母材上，将栓钉插入瓷环内并与母材接触；按下电源开关，栓钉自动提升，激发电弧；焊接电流增大，使栓钉端部和母材局部表面熔化；设定的电弧燃烧时间到达后，将栓钉自动压入母材；切断电流，熔化金属凝固，并使焊枪保持不动；冷却后，栓钉端部表面形成均匀的环状焊缝余高，敲碎并清除保护环。栓焊过程可以用图 8-22 表示。

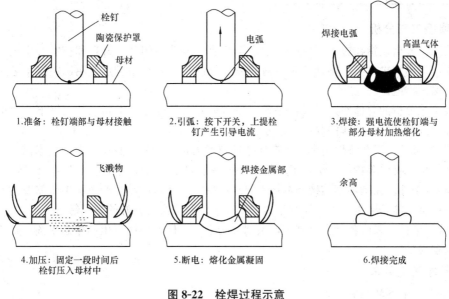

图 8-22　栓焊过程示意

(4) 栓焊设备。电弧栓焊设备由以下各部分组成：

1) 以大功率弧焊整流器为主要构成的焊接电源；

2) 通断电开关、时间控制电路或微电脑控制器；

3) 栓钉夹持、提升、加压、阻尼装置，主电缆及电控接头、开关和把手组成的焊枪；

4) 主电缆和控制导线，由于栓钉焊接要求快速连续操作，大容量的焊机一次电缆截面要求为 60 mm²（长度为 30 m 以内），二次电缆截面要求为 100 mm²（长度为 60 m 以内），如图 8-23 所示。

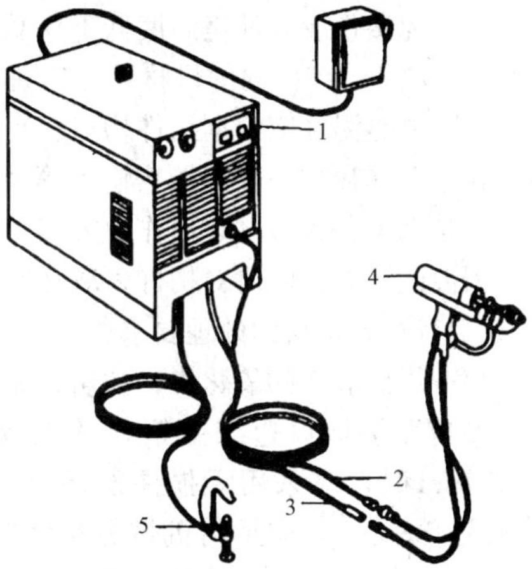

储能栓焊机则以交流电源及大容量电容器组为基础，其他部分与电弧栓焊机相似。

(5) 栓焊工艺参数。栓焊工艺参数主要有电流、通电时间、栓钉伸出长度及提升高度。根据栓钉的直径不同以及被焊钢材表面状况、镀层材料选定相应的工艺参数。一般栓钉的直径增大或母材上有镀锌层时，所需的电流、时间等各项工艺参数相应增大。

(6) 栓焊的优点。纯焊接时间仅 1 s 左右，栓钉装卡辅助作业时间仅为 2～3 s，生产率比手工电弧焊高几倍；栓钉的整个横截面熔化焊接，连接强度高；作业方法简单、自动化，与手工电弧焊相比，操作工人的培训较简易，技能要求不高；减小了弧光、烟雾对工人的危害。

图 8-23　栓焊设备组成示意

1—电源；2—控制电缆；3—焊接电缆；4—焊枪；5—地线卡具

(7) 栓焊的应用。栓焊技术已广泛应用于石化、建筑、冶金、机电、桥梁等工业领域中，如在炉、窑耐火衬层与金属壳体的结合和混凝土与金属构件的结合中作为剪力键，以及各种销、柱、针、螺母等零件与基体的连接。在钢结构制造与安装中，栓焊技术主要用于钢柱、梁与外浇混凝土以及钢混凝土组合楼板中的剪力键焊接。栓钉的可焊直径可达到 25 mm。

8.5.2 焊接工艺分析与要求

1. 焊接工艺分析

焊接工艺分析是指在整个焊接产品正式投产前对其结构构造、材料和技术要求进行全面的分析研究,提出解决方案,特别是对结构的关键部件找出其技术难点,明确关键工艺及采取适当的质量保证措施。

焊接工艺分析的总体原则是:在保证产品质量、满足设计技术要求的前提下,争取最好的经济和社会效益。进行具体的焊接工艺分析时,一般从以下三个方面着手考虑:

(1) 工艺条件。工艺条件是完成生产任务的技术力量和产品本身所具有的技术潜能,根据产品结构、数量、材料等特征,结合工厂的生产条件采取相应的技术措施,以生产合格的产品。

(2) 经济条件。在满足钢结构制造技术要求前提下,估算产品生产过程中所需要的基本费用和生产费用企业能否满足,基本原则是力求消耗小、回收快及较好的盈利等。

(3) 劳保条件。采取各种安全措施,做到文明生产,保证环境卫生和生态平衡,把人身和设备事故降到最低。

2. 基本工艺要求

(1) 焊接作业区环境要求。

1) 焊接作业区风速:当手工电弧焊超过 8 m/s、气体保护电弧焊及药芯焊丝电弧焊超过 2 m/s 时,应设置防风棚或采取其他防风措施。当制作车间内焊接作业区有穿堂风或鼓风机时,也应按以上规定设挡风装置。

2) 焊接作业区的相对湿度不得大于 90%。

3) 当焊件表面潮湿或有冰雪覆盖时,应采取加热去湿除潮措施。

4) 当焊接作业区环境温度低于 0 ℃ 时,应将构件焊接区各方向大于或等于两倍钢板厚度且不小于 100 mm 范围内的母材,加热到 20 ℃ 以上后方可施焊,且在焊接过程中均不应低于该温度。实际加热温度应根据构件构造特点、钢材类别及质量等级和焊接性、焊接材料熔敷金属扩散氢含量、焊接方法和焊接热输入等因素确定,其加热温度应高于常温下的焊接预热温度,并由焊接技术责任人员制定出作业方案,经认可后方可实施。作业方案应保证焊工操作技能不受环境低温的影响,同时对构件采取必要的保温措施。

(2) 待焊处钢材的处理要求。

1) 待焊处表面的氧化皮、铁锈、油污等杂质应彻底清除干净。

2) 当焊接坡口边缘上钢材的夹层缺陷长度超过 25 mm 时,应采用无损探伤探查其深度,如深度不大于 6 mm,应采用机械方法清除;如深度大于 6 mm,应用机械方法清除后焊接填满;当缺陷深度大于 25 mm 时,应用超声波测定其尺寸。当其面积($a \times d$)或聚集缺陷的总面积不超过被切割钢材总面积($B \times L$)的 4% 时为合格,如图 8-24 所示;否则该板不宜使用。

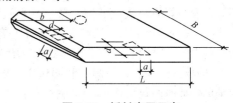

图 8-24 板材夹层示意

3) 板材内部的夹层缺陷尺寸不超过上述的规定,当位置离母材坡口表面距离(b)不小于 25 mm 时不需要修理;如该距离小于 25 mm,则应进行修补。

4) 焊接坡口可用火焰切割或机械加工。采用火焰切割时,切面上不得有裂纹,并不宜有大于1.0 mm的缺棱。当缺棱为1~3 mm时，应修磨平整；当缺棱超过3 mm时，则应用直径不超过3.2 mm的低氢型焊条补焊，并修磨平整。采用机械加工的坡口加工表面不应有台阶。

5）焊材的保管、使用、焊材与母材的匹配等应符合相关规定要求。

（3）焊接接头组装精度要求。施焊前，焊工应检查焊接部位的组装质量，如不符合要求，则应修磨补焊修整合格后方能施焊。手工电弧焊、熔化极气体保护焊和埋弧焊连接组装的允许偏差值应符合相关的规定。搭接与T形角接接头间隙允许公差为1 mm，管材T形、Y形、K形接头组装的间隙允许公差为1.5 mm。

坡口间隙超过公差规定时，可在坡口单侧或两侧堆焊、修磨后使其符合要求，但如坡口间隙超过较薄板厚度2倍或大于20 mm，则不应用堆焊方法增加构件长度和减小间隙。

搭接及角接接头间隙超出允许值时，在施焊时应比设计要求增加焊脚尺寸，但角接接头间隙超过5 mm时，应事先在板端堆焊或在间隙内堆焊填补并修磨平整后施焊。禁止采用在过大的间隙中堵塞焊条、铁块等物，仅在表面覆盖焊缝的做法。

（4）引弧板、引出板和衬板规定。重要、关键焊缝应设置引弧板和引出板，不应在焊缝以外的母材上打火、引弧。引弧板、引出板材质和坡口形式应与被焊工件相同，禁止随意用其他铁块充当引弧板和引出板。

引弧板和引出板应使焊缝在提供的延长段上引弧和终止。焊条手工电弧焊和半自动气体保护焊焊缝引出长度应大于25 mm，埋弧焊引出长度应大于80 mm。

焊接完成后，引弧板和引出板应用火焰切割、碳弧气刨或机械方法去除，去除时不得伤及母材并修磨割口处，严禁使用锤击去除引弧板和引出板。

当采用钢衬垫时，垫板应与接头母材金属贴合良好，间隙不大于1.5 mm，垫板应在整个焊缝长度内保持连续，且应有足够的厚度以防止烧穿垫板。

（5）最小和最大焊缝尺寸。为避免焊接热输入过小而使接头热影响区硬、脆的角焊缝的最小计算长度应为其焊脚尺寸的8倍，且不小于40 mm；角焊缝的最小焊脚尺寸参见表8-18，采用埋弧自动焊时，该值可减小1 mm；角焊缝较薄板厚（腹板）不小于25 mm时，宜采用局部开坡口的角对接焊缝，并不宜将厚板焊接到较薄板上；断续角焊缝焊段的最小长度应不小于最小计算长度。

表8-18 角焊缝最小焊脚尺寸　　　　　　　　　　　　　　　　　　mm

母材厚度 t[①]	角焊缝的最小焊脚尺寸[②]
$t \leq 6$	3[③]
$6 < t \leq 12$	5
$12 < t \leq 20$	6
$t > 20$	8

注：①采用不预热的非低氢焊接方法进行焊接时，等于焊接接头中较厚件厚度，宜采用单道焊缝；采用预热的非低氢焊接方法或低氢焊接方法进行焊接时，等于焊接接头中较薄件厚度；
②焊缝尺寸不要求超过焊接接头中较薄件厚度的情况除外；
③承受动荷载的角焊缝最小焊脚尺寸为5 mm。

为避免接头母材热影响区过热脆化，角焊缝的焊脚尺寸不宜大于较薄焊件厚度的1.2倍；搭接角焊缝为防止板边缘熔塌，焊脚尺寸应比板厚小1~2 mm；单道角焊缝和多道角焊缝根部焊道的最大焊脚尺寸：平焊位置为10 mm；横焊或仰焊位置为8 mm；立焊位置为12 mm；坡口对接焊缝中根部焊道的最大厚度为6 mm。坡口对接焊缝和角焊缝的后续焊层的最大厚度：平焊位置为4 mm；立焊、横焊或仰焊位置为5 mm。

(6)清根要求。全熔透的焊缝不加垫板时,无论是单面坡口还是双面坡口,均应在第一道焊缝的反面清根。用碳弧气刨方法清根后,刨槽表面应光洁,无残留夹碳或夹渣,必要时使用砂轮打磨刨槽表面,去除表面淬硬层及熔渣等方可继续施焊。

(7)定位焊。定位焊使用的焊材应与正式施焊用的材料相当,定位焊缝厚度应小于 3 mm 且不宜超过设计焊缝厚度的 2/3,定位焊缝长度宜大于 40 mm,间距宜为 300~600 mm,并应填满弧坑。定位焊预热温度应高于正式施焊温度 20 ℃~50 ℃,如发现定位焊缝上有气孔或裂纹,必须清除干净后重焊。

(8)厚板多层焊。厚板多层焊应连续施焊,每一层焊道焊接完成后应及时清理焊渣及表面飞溅物。在检查时如发现影响焊接质量的缺陷,应清除后再焊。遇有中断施焊时,应采取适当的加热、保温措施,再焊时应重新预热并根据节点及板厚情况适当提高预热温度。在连续焊接过程中应检测焊接区母材温度,使层间最低温度与预热温度保持一致,层间最高温度符合工艺要求。

(9)焊前预热、焊后处理。

1)焊前预热。对焊前预热及层间温度的检测和控制,工厂焊接时宜用电加热板、大号气焊、割枪或专用喷枪加热;工地安装焊接宜用火焰加热器加热,测温器具宜采用表面测温仪。

预热的加热区域应在焊接坡口两侧,其宽度应大于焊件施焊处板厚的 1.5 倍,且不小于 100 mm;预热温度宜在焊件受热面的背面测量,测温点应在离电弧经过前的焊接点处各方向至少 75 mm 处;采用火焰加热时正面测温应在火焰离开后进行。

对于不同的钢材、板厚、节点形式、拘束度、扩散氢含量、焊接热输入条件下焊前预热温度的要求,应符合技术规范的规定。对于屈服强度等级超过 345 MPa 的钢材,其预热、层间温度应按钢厂提供的指导参数,或由施工企业通过焊接性试验和焊接工艺评定加以确定。

2)焊后处理。焊后处理主要有消氢处理和消应处理。焊后消氢处理应在焊缝完成后立即进行,消氢处理加热温度应为 250 ℃~350 ℃,在此温度下保温时间依据构件板厚而定,应为每 25 mm 板厚 0.5 h,且不小于 1 h,达到保温时间后缓冷至常温。调质钢的预热温度、层间温度控制范围应按钢厂提供的指导性参数进行,并应优先采用控制扩散氢含量的方法来防止延迟裂纹产生。对于屈服强度等级高于 345 MPa 的钢材,应通过焊接性试验确定焊后消氢处理的要求和相应的加热条件。

焊后消应处理应符合《碳钢、低合金钢焊接构件 焊后热处理方法》(JB/T 6046—1992)的规定。当采用电加热器对构件局部消除应力热处理时,构件焊缝每侧加热宽度至少为钢板厚度的 3 倍,且不小于 200 mm,加热区域宜用保温材料适当覆盖。采用锤击法消除焊缝层间应力时,应采用圆头手锤或小型振动工具,且不应对根焊缝、盖面焊缝或坡口边缘的母材进行锤击。

8.6 钢结构涂装

钢结构具有强度高、韧性好、制作方便、施工速度快、建设周期短等一系列优点,在建筑工程中应用日益增多。但钢结构也存在容易腐蚀的缺点,钢结构的腐蚀不仅会造成自身的经济损失,还会直接影响到生产和结构安全,由此造成的损失可能远大于钢结构本身,因此,做好钢结构的防腐工作具有重要的经济和社会意义。

为减轻和防止钢结构的腐蚀,目前普遍采用的方法是表面涂装进行保护,涂装防护是利用涂料的涂层使被涂物与环境隔离,从而达到防腐蚀的目的,延长被涂物的使用寿命。涂层的质量是影响涂装防护效果的关键因素,而涂层的质量与涂料质量、涂装前的表面除锈质量、涂层厚度、涂装工艺等因素都有关。

8.6.1 防腐涂料

1. 防腐涂料的组成和作用

防腐涂料一般由不挥发组分和挥发组分(稀释剂)两部分组成。将防腐涂料刷在钢材表面后，挥发组分逐渐挥发逸出，留下不挥发组分干结成膜。不挥发组分的成膜物质可分为主要成膜物质、次要成膜物质和辅助成膜物质三种。主要成膜物质可以单独成膜，也可以粘结颜料等物质共同成膜，它是涂料的基础，也常称为基料、添料或漆基，包括油料和树脂；次要成膜物质包含颜料和体质颜料。涂料组成中没有颜料和体质颜料的透明体称为清漆；具有颜料和体质颜料的不透明体称为色漆；加有大量体质颜料的稠原浆状体称为腻子。

钢结构涂层能起防锈作用，主要是因为涂层具有以下特点：

(1)涂料具有坚实致密的连续膜，能使结构构件与周围有害介质隔离。

(2)含碱性颜料的涂料(如红丹漆)具有钝化作用，阻止钢铁的阴极反应。

(3)含有锌粉的涂料(如富锌底漆)涂刷在钢铁表面，在发生电化学反应时保护了钢铁。

(4)一般涂料具有较好的绝缘性，使腐蚀电流不易产生，能够起到保护钢铁的作用。

(5)当涂料中加入特殊组分时，可具有耐酸、耐碱、耐火等特殊功能。

2. 防腐涂料的分类和命名

(1)防腐涂料的分类。我国的涂料产品按照《涂料产品分类和命名》(GB/T 2705—2003)的规定进行分类。在该标准中取消了涂料的型号，分类方法有两种：方法一是以涂料产品的用途为主线，并辅以主要成膜物的分类方法，将涂料产品划分为建筑涂料、工业涂料和通用涂料及辅助材料三个主要类别；方法二是除建筑涂料外，以涂料产品的主要成膜物为主线，并适当辅以产品主要用途的分类方法，将涂料产品划分为建筑涂料、其他涂料及辅助材料两个主要类别。

(2)防腐涂料的命名及原则。涂料的全名一般是由颜色或颜料名称加上成膜物质名称，再加上基本名称(特性或专业用途)而组成。对于不含颜料的清漆，其全名一般是由成膜物质名称加上基本名称而组成。

颜色名称通常有红、黄、蓝、白、黑、绿、紫、棕、灰等颜色，有时再加上深、中、浅(淡)等词构成。若颜料对漆膜性能起显著作用，则可用颜料的名称代替颜色的名称，如铁红、锌黄、红丹等。

成膜物质名称可做适当简化，如聚氨基甲酸酯简化成聚氨酯、环氧树脂简化成环氧、硝酸纤维素(酯)简化为硝基等。漆基中含有多种成膜物质时，选取起主要作用的一种成膜物质命名。必要时，也可选取两种或三种成膜物质命名，主要成膜物质名称在前，次要成膜物质名称在后，如红环氧硝基磁漆。

基本名称表示涂料的基本品种、特性和专业用途，如清漆、磁漆、底漆、罐头漆、甲板漆、汽车修补漆等，见表8-19。

表8-19 涂料基本名称(部分)

基本名称	基本名称	基本名称	基本名称
清油	底漆	铅笔漆	漆包线漆
清漆	腻子	罐头漆	电容器漆
厚漆	大漆	木器漆	电缆漆
调和漆	水线漆	家用电器漆	机床漆

续表

基本名称	基本名称	基本名称	基本名称
磁漆	耐油漆	自行车涂料	工程机械漆
粉末涂料	船壳漆	玩具涂料	锅炉漆

在成膜物质名称和基本名称之间，必要时可插入适当词语来标明专业用途和特性等，如白硝基球台磁漆、绿硝基外用磁漆、红过氯乙烯静电磁漆等。

需烘烤干燥的漆，名称中(成膜物质名称和基本名称之间)应有"烘干"字样，如银灰氨基烘干磁漆、铁红环氧聚酯酚醛烘干绝缘漆。如名称中无"烘干"字样，则表明该漆是自然干燥，或自然干燥、烘烤干燥均可。

凡双(多)组分的涂料，在名称后应增加"(双组分)"或"(三组分)"等字样，如聚氨酯木器漆(双组分)。

8.6.2 涂装前钢材表面处理

涂装前钢材表面的除锈质量是确保漆膜防腐效果和保护寿命的关键因素，涂装前的表面处理也称除锈，除锈不只除去了表面的污垢、油脂、铁锈、氧化皮、焊渣和旧漆膜等，还包括除锈后在钢材表面形成的粗糙度。

1. 锈蚀等级

钢材表面分 A、B、C、D 四个锈蚀等级。A 级是全面地覆盖着氧化皮而几乎没有铁锈的钢材表面；B 级是已发生锈蚀，且部分氧化皮剥落的钢材表面；C 级是氧化皮因锈蚀而剥落或者可以刮除，并有少量点蚀的钢材表面；D 级是氧化皮因锈蚀而全面剥落，且普遍发生点蚀的钢材表面。

2. 除锈方法和等级

钢材表面的除锈通常采用喷射或抛射除锈、手工和动力工具除锈、火焰除锈三种方法。除锈等级以所采用的除锈方法以字母"Sa""St"或"F1"表示，字母后面的数字则表示清除氧化皮、铁锈和油漆涂层等附着物的程度等级。

(1)喷射或抛射除锈可分为以下四个等级：

Sa1——轻度的喷射或抛射除锈。其特征是钢材表面应无可见的油脂或污垢，没有附着不牢的氧化皮、铁锈和油漆涂层等附着物。

Sa2——彻底的喷射或抛射除锈。其特征是钢材表面无可见的油脂和污垢，氧化皮、铁锈等附着物已基本清除，其残留物应是牢固附着的。

Sa2 $\frac{1}{2}$ ——非常彻底的喷射或抛射除锈。其特征是钢材表面无可见的油脂、污垢、氧化皮、铁锈和油漆涂层等附着物，任何残留的痕迹应仅是点状或条状的轻微色斑。

Sa3——使钢材表观洁净的喷射或抛射除锈。其特征是钢材表面无可见的油脂、污垢、氧化皮、铁锈和油漆涂层等附着物，表面应显示均匀的金属光泽。

(2)手工和动力工具除锈可分为以下两个等级：

St2——彻底的手工和动力工具除锈。其特征是钢材表面应无可见的油脂和污垢，没有附着不牢的氧化皮、铁锈和油漆涂层等附着物。

St3——非常彻底的手工和动力工具除锈。其特征是钢材表面应无可见的油脂和污垢，没有附着不牢的氧化皮、铁锈和油漆涂层等附着物。除锈应比 St2 更为彻底，底材显露部分的表面应具有金属光泽。

(3)火焰除锈用 F1 表示,只有一个等级,它包括在火焰加热作业后以动力钢丝刷清除加热后附着在钢材表面的产物:

F1——火焰除锈。其特征是钢材表面应无氧化皮、铁锈和油漆涂层等附着物,任何残留的痕迹应仅为表面变色(不同颜色的暗影)。

3. 构件表面粗糙度

喷漆构件所要求的表面粗糙度应根据不同底涂层和除锈等级确定,粗糙度的评定按《涂覆涂料前钢材表面处理 喷射清理后的钢材表面粗糙度特性》(GB/T 13288)执行。构件的表面粗糙度具体见表8-20。

表 8-20　构件的表面粗糙度

钢材底涂层	除锈等级	构件表面粗糙度 $Ra/\mu m$
热喷锌/铝	Sa3	60~100
无机富锌	$Sa2\frac{1}{2}$~Sa3	50~80
环氧富锌	$Sa2\frac{1}{2}$	30~75
不便喷砂部位	Sa3	30~75

8.6.3　涂装施工

1. 涂料的选用及处理

涂料品种繁多,性能各异,对其品种的选择直接关系到涂装工程质量,在选择时应考虑以下因素:

(1)工程使用场合和环境:如潮湿环境、腐蚀气体作用等。
(2)涂料用途:是打底还是罩面用。
(3)涂料的性能。
(4)施工的技术条件,涂料的稳定性、毒性等。
(5)工程使用年限、质量要求、耐久性,满足经济性要求等。

涂料选定后,通常要进行以下处理,然后才能施涂:

(1)开桶:开桶前清理桶外杂物,同时对涂料名称、型号等进行检查,若有结皮现象应清除掉。
(2)搅拌:将桶内涂料搅拌均匀。
(3)配比:对于双组分涂料使用前必须严格按说明书规定的比例来混合,并需要一定时间后才能使用。
(4)其他:某些涂料因储存条件、施工方法、作业环境等影响,需用熟化或稀释、过滤等工艺来调整,以达到控制质量的目的。

2. 涂层结构与厚度

涂层结构的形式有底漆—中间漆—面漆、底漆—面漆、底漆和面漆是同一种漆三种。

底漆附着力强,防锈性能好;中间漆兼有底漆和面漆的性能,并能增加漆膜总厚度,是理想的过渡漆;面漆防腐、防老化性好。底、中、面三结合结构形式,既发挥了各层的作用,又增强了综合作用,是目前采用较多的涂层结构形式。

因底漆、中间漆、面漆的性能各不同,在整个涂层中的作用也不同。底漆主要起附着和防锈作用;面漆主要起防腐和防老化作用;中间漆介于两者之间。所以,三种油漆都不能单独使用,为发挥最好的效果必须相互配套使用。在使用时为避免它们发生互溶或"咬底"的现象,硬度要基本一致,若面漆的硬度过高,则容易干裂;烘干温度也要基本一致,否则有的层次会出现过烘干现象。

涂层厚度要适当,过厚虽然可增加防护能力,但附着力和机械性能都要下降;过薄易产生肉眼看不见的针孔和其他缺陷,起不到隔离环境的作用。涂层厚度应根据钢材表面原始状况、钢材除锈后的表面粗糙度、选用的涂料品种、钢结构使用环境对涂层的腐蚀程度、涂层维护的周期等综合考虑,可参考表 8-21 确定。

表 8-21　钢结构涂装涂层厚度　　　　　　　　　　　　　　　　　　　　μm

涂料种类	大气环境类别					附加涂层
	城镇大气	工业大气	化工大气	海洋大气	高温大气	
醇酸漆	100～150	125～175				25～50
沥青漆			150～210	180～240		30～60
环氧漆			150～200	175～225	150～200	25～50
过氯乙烯漆			160～200			20～40
丙烯酸漆		100～140	120～160	140～180		20～40
聚氨酯漆		100～140	120～160	140～180		20～40
氯化橡胶漆		120～160	140～180	160～200		20～40
氯磺化聚乙烯漆		120～160	140～180	160～200	120～160	20～40
有机硅漆					100～140	20～40

3. 涂装方法

主要的涂装方法有刷涂法、滚涂法、浸涂法、空气喷涂法、无气喷涂法。各种涂刷方法的优缺点比较见表 8-22。

表 8-22　各种涂装方法比较

涂装方法	适用涂料	被涂物	工具或设备	优缺点
刷涂法	油性漆、酚醛漆、醇酸漆等	各种构件	毛刷	优点是方法简单,适用于各种形状的构件;缺点是劳动强度大、生产效率低
滚涂法	油性漆、酚醛漆、醇酸漆等	较大的平面和管道等	滚子	优点是投资少,方法简单,适用于大面积物的涂刷;缺点同刷涂法
浸涂法	各种合成树脂涂料	小型构件或零件	浸漆槽、离心及真空设备	优点是设备投资少,施工简单,涂料损失少;缺点是流平性不好,流坠明显
空气喷涂法	各种硝基漆、橡胶漆、过氯乙烯漆等	各种大型构件	喷枪、空气压缩机等	优点是设备投资较多,施工方法复杂,效率较高;缺点是涂料损耗大,污染大,易引发火灾
无气喷涂法	厚浆型涂料和高不挥发涂料	各种大型构件、车辆船舶等	无气喷枪、空气压缩机等	优点是设备投资较多,施工方法复杂,效率较高,能获得厚涂层;缺点是涂料损耗大,装饰性较差

4. 涂装作业条件

施工环境应通风良好、清洁和干燥，室内施工温度应在 0 ℃以上，室外施工温度宜为 5 ℃~38 ℃，相对湿度小于 85%。雨天或结构表面结露时不宜作业，冬季应在采暖条件下进行施工且室温应均衡。具体环境要求应按涂料产品说明书的规定执行。

钢材表面的温度必须高于空气露点温度 3 ℃方可施工，露点温度与空气温度和相对湿度有关。

特殊施工环境，如雨、雪、雾和较大灰尘等易污染的环境下，在不能保证安全的情况下施工均需有可靠的防护措施。

5. 涂装工程质量检查验收

(1)涂装前检查。涂装前钢材表面除锈应符合设计要求和国家现行标准的规定，处理后的钢材表面不应有焊渣、焊疤、灰尘、油污、水和毛刺等。当设计无要求时，钢材表面除锈等级应符合表 8-23 的规定。

表 8-23 各种底漆或防锈漆要求最低除锈等级

涂料品种	最低防锈等级
油性酚醛、醇酸等底漆或防锈漆	St2
高氯化聚乙烯、氯化橡胶、氯磺化聚乙烯、环氧树脂、聚氨酯等底漆或防锈漆	Sa2
无机富锌、有机硅、过氯乙烯等底漆	Sa2$\frac{1}{2}$

检查数量：按构件数抽查 10%，且同类构件不少于 3 件。

检查方法：用铲刀检查和用现行标准规定的图片对照观察检查。若钢材表面有返锈现象，则需再除锈，经检查合格后才能继续施工。

应检查进厂涂料有无产品合格证，并经复验合格后方可使用；检查涂装环境是否符合要求；检查结构禁止涂漆的部位是否进行遮蔽等。

(2)涂装过程中检查。每道漆都不允许有咬底、剥落、漏涂和起泡等缺陷，如发现应及时进行处理；在涂装过程中各层的间隔时间是否符合要求；测湿膜厚度以控制干膜厚度和漆膜质量。

(3)涂装后检查。漆膜外观应均匀、平整、丰满和有光泽；不允许有咬底、裂纹、剥落、针孔等缺陷；颜色应符合设计要求。

涂料、涂刷次数和涂层厚度均应符合设计要求。当涂层厚度设计无要求时，涂层干漆膜总厚度室外应为 125~150 μm，室内应为 100~125 μm。每遍涂层干漆膜厚度的合格质量偏差为 -5 μm。测定厚度的抽查数，构件数抽检 10%，且同类构件不应少于 3 件，每件应测 5 处。

(4)验收。涂装工程施工完毕后，必须经过验收，符合规范要求后方可交付使用。

8.6.4 涂料性能检验与施工检验

1. 涂料性能检验

涂料产品性能检验主要包括外观和透明度、颜色、细度、黏度、固体含量等项目。

(1)外观和透明度检验：主要检验不含颜料的涂料产品，如清漆、清油、稀释剂等是否含有机械杂质和浑浊物。

(2)颜色检验：对不含颜料的涂料产品，检验其原色的深浅程度；对于含有颜料的涂料产品，检验其表面颜色的配制是否符合规定的标准色卡。

(3)细度检验：测定色漆或漆浆内颜料、填料及机械杂质等颗粒细度。涂料细度大小直接影响漆膜的光泽、均匀性和透水性等。

(4) 黏度检验：液体在压力、重力等外力作用下，分子之间相互作用而产生阻碍其分子之间相对运动的能力，称为液体的黏度。其表示方法有绝对黏度、运动黏度、比黏度和条件黏度。涂料产品采用条件黏度表示法。

(5) 结皮性检验：测定涂料的结皮性，主要是检验涂料在密封桶内和开桶后的结皮情况。

(6) 触变性测定：触变性是指涂料在搅拌和振荡时呈流动状态，而在静止后仍能恢复到原来的凝胶状的一种胶体物性，涂料的触变性对控制涂料质量有较大的意义。

2. 漆膜性能检验

涂层是由底漆、中间漆、面漆等涂层的漆膜组合而成的，测定其各项性能具有实用价值。漆膜的性能检验内容有漆膜柔韧性、漆膜耐冲击性、漆膜附着力、漆膜硬度、光泽度、耐水性、耐磨性、耐候性、耐湿性、耐盐雾、耐霉菌、耐化学试剂等。

3. 涂料施工性能检验

涂料施工性能检验的主要内容有干燥时间测定、遮盖力测定、流平性检验、漆膜厚度测定、使用量测定、涂刷性测定、打磨性测定等。

(1) 干燥时间测定：可分为表干时间和实干时间两种。在规定条件下，漆膜表层成膜的时间为表干时间；全部形成固体涂膜的时间为实际干燥时间，时间均以"h"或者"min"为单位表示。

(2) 遮盖力测定：是指将色漆均匀地涂刷在物体表面上，使其底色不再呈现的最小用漆量，以"g/m^2"表示。

(3) 流平性检验：是指将涂料刷涂或喷涂于表面平整的底板上，刷纹消失或形成平滑漆膜表面所需时间，以"min"表示。涂料质量好，涂刷或喷涂后，表面产生的刷痕、橘皮就能自动消失，而形成光滑、平整的膜，流平性主要是表示涂料的装饰性能。

(4) 漆膜厚度测定：采用各种漆膜测定仪测定，以"μm"表示。由于各种涂料的性能不同，形成漆膜时，应有一定范围的厚度才具有良好的性能，否则将影响漆膜的性能。

(5) 使用量测定：是指每平方米表面上按样板制备法所需漆量作为使用量，以"g/m^2"表示。

(6) 涂刷性测定：测定涂料在使用时，涂刷是否方便的性能，根据涂漆面的外观及涂漆情况评定。

(7) 打磨性测定：表示涂层经打磨后，产生平滑、无光泽程度的性能。底漆、腻子膜的打磨性，是采用打磨仪，经一定次数打磨后，以涂膜表面现象评定。

8.6.5 防火涂装工程

1. 钢结构防火概述

火灾是由可燃物燃烧引起的一种失去控制的燃烧过程。钢材是不燃物，但导热性好，可使火灾时产生的热量传递给结构构件。实践表明，不加保护的钢构件的耐火极限仅为10～20 min；温度在200 ℃以下时，钢材性能基本不变；当温度超过300 ℃时，钢材力学性能迅速下降；达到600 ℃时钢材强度几乎为零从而失去承载能力，造成结构变形，最终导致垮塌。建筑物发生火灾的损失巨大，尤其是钢结构，一旦发生火灾容易引发破坏而倒塌。

划分建筑物的耐火等级是建筑设计规范中规定的最基本防火措施之一，它要求建筑物在火灾高温持续作用下，墙、柱、梁、楼板等基本建筑构件能在一定时间内不破坏，不传播火灾。国家规范对各类建筑构件的燃烧性能和耐火极限都有要求，各建筑物的耐火等级划分为一级、二级、三级、四级，当采用钢材时，钢构件的耐火极限不应低于表8-24的规定。

表 8-24 钢构件的耐火极限要求   h

耐火等级\构件名称	高层民用建筑			一般工业与民用建筑				
	柱	梁	楼板屋顶支撑构件	支撑多层的柱	支撑平层的柱	梁	楼板	屋顶承重构件
一级	3.00	2.00	1.50	3.00	2.50	2.00	1.50	1.50
二级	2.50	1.50	1.00	2.50	2.00	1.50	1.00	0.50
三级				2.50	2.00	1.00	0.50	

钢结构防火保护的基本原理是采用绝热或吸热的材料，阻隔火焰和热量，延缓钢结构的升温速度，如采用混凝土或隔热材料来包裹钢构件。随着高层钢结构建筑越来越多，防火涂料在工程中得到了广泛应用。

2. 防火涂料

(1)防火涂料的类型。钢结构防火涂料按厚度不同分为薄涂型、厚涂型两类；按施工环境不同，可分为室内、露天两类；按所用胶粘剂不同，可分为有机类、无机类；按涂层受热后的状态，可分为膨胀型和非膨胀型。钢结构防火涂料分类如图 8-25 所示。

图 8-25 钢结构防火涂料类型

(2)防火涂料技术机理。使用防火涂料覆盖在钢结构的表面，其目的是防止钢结构在火灾中迅速升温变形倒塌，其机理有三个：首先，是对钢结构起屏蔽作用，隔离了火焰，使结构不至于直接暴露在火焰和高温之中；其次，是涂层吸热后，部分物质分解出水蒸气或其他不燃气体，起到消耗热量、降低火焰温度和燃烧速度、稀释氧气的作用；最后，是涂料本身多孔轻质或受热膨胀后形成碳化泡沫层，阻止了热量向钢结构的传递，推迟了基材受热升温到极限温度的时间，从而提高了结构的耐火极限。

(3)防火涂料选用的基本原则。钢结构防火涂料可分为薄涂型和厚涂型两类，选用时应遵照以下原则：

1)室内裸露钢结构、轻型屋盖钢结构及有装饰要求的钢结构，当规定其耐火极限在1.5 h 以下时，宜选用薄涂型钢结构防火涂料；室内隐蔽钢结构、高层钢结构及多层厂房钢结构，当规定其耐火极限在1.5 h 以上时，应选用厚涂型钢结构防火涂料；半露天或某些潮湿环境的钢结构、露天钢结构，应选用室外钢结构防火涂料。

2)当防火涂料可分为底层和面层涂料时，两层涂料应相互匹配，且底层涂料不得腐蚀钢结构，不得与防锈底漆产生化学反应。

8.6.6 防火涂料施工

1. 防火涂料施工的一般要求

防火涂料的生产厂家、检验机构、涂装施工单位均应有相应的资质，并通过公安消防部门的认证。

涂装前应检查防火涂料品名、质量是否满足要求，是否有厂方的合格证，检测机构的耐火性能检测报告和理化性能检测报告。

防火涂料施工应在室内装修前和不被后续工程损坏的条件下进行，施工时对无须做防火保护的部位应进行遮蔽，刚施工的涂层应防止机械撞击或污染。

钢结构表面杂物应清理干净，其连接处的缝隙应用防火涂料或其他材料填平后方可施工。

防火涂料的底层和面层应相互配套，底层涂料不得腐蚀钢材。

涂料在施工过程中和涂层干燥固化前，环境温度宜为5 ℃～38 ℃，相对湿度不应大于90%，涂装时构件表面不应有结露，涂装后4 h内应免受雨淋。

2. 防火涂料的施工要点

涂装前应对基层进行彻底清理并保持干燥，在不超过8 h内，尽快涂头道底涂层。无论采用喷涂还是手工涂刷，其涂刷顺序是先上后下、先难后易、先左后右、先内后外，并保持厚度均匀一致，不漏涂、不流坠。

底涂层一般喷涂2～3遍，每遍厚度控制在2.5 mm以内，视天气情况每隔8～24 h喷涂一次，必须在前一遍基本干燥后再喷涂。喷涂时，喷嘴应与钢材表面保持垂直，喷口至钢材表面距离以40～60 cm为宜，若要求涂层表面平整、光滑，则喷完最后一遍应用抹灰刀将表面抹平。

薄涂型防火涂料施工操作要点是：底层一般喷涂2～3遍，待前一遍干燥后再喷涂后一遍，头遍盖住70%即可，第二、三遍每遍不超过2.5 mm为宜；面层一般涂饰1～2遍，第一遍从左至右，第二遍则从右至左，以保证全部覆盖底层；在底层喷涂过程中应随时检测厚度，待总厚度达到要求后并基本干燥，方可涂饰面层。

厚涂型钢防火涂料施工一般采用喷涂法。喷涂时操作要点是：第一次基本盖住钢材面即可，以后每次喷涂厚度为5～10 mm；必须在前一次基本干燥后再接着喷涂；喷涂保护方式、喷涂遍数与涂层厚度应根据施工工艺要求确定；在施工过程中应随时检测涂层厚度，直至符合设计厚度方可停止。

3. 防火涂料涂装工程验收

防火涂料涂装前钢材表面除锈及防锈底漆涂装应符合规定：按构件数抽查10%，且同类构件不应少于3件；表面除锈用铲刀检查和用图片对照观察检查；底漆涂装用干漆膜测厚仪检查，每个构件检测5处。

裂纹宽度：薄涂型防火涂料涂层表面裂纹宽度不应大于0.5 mm，厚涂型防火涂料涂层表面裂纹宽度不应大于1 mm。按同类构件数抽查10%，且均不应少于3件。

涂层厚度：薄涂型防火涂料的涂层厚度应符合有关耐火极限的设计要求。厚涂型防火涂料涂层的厚度，80%及以上面积应符合设计要求，且最薄处厚度不应低于设计要求的85%。按同类构件数抽查10%，且均不应少于3件。

防火涂料不应有误涂、漏涂，涂层应闭合，无脱层、空鼓、明显凹陷、粉化松散和浮浆等外观缺陷，应剔除乳凸。

8.6.7 钢结构涂装施工安全管理

1. 防火防爆

涂装施工中所用溶剂、稀释剂等多为易燃品，具有较强的可燃性。这些物品在涂装施工过程中形成的漆雾和有机溶剂蒸气，与空气混合积累到一定浓度时，易引起火灾或爆炸。常用溶剂爆炸界限见表8-25。

表 8-25 常用溶剂爆炸界限

名称	爆炸下限		爆炸上限	
	%（容量）	g/m³	%（容量）	g/m³
苯	1.5	48.7	9.5	308
甲苯	1.0	38.2	7.0	264
二甲苯	3.0	130.0	7.6	330
松节油	0.8		44.5	
漆用汽油	1.4		6.0	
甲醇	3.5	46.5	36.5	478
乙醇	2.6	49.5	18.0	338
正丁醇	1.68	51.0	10.2	309
丙酮	2.5	60.5	9.0	218
环己酮	1.1	44.0	9.0	
乙醚	1.85		36.5	
醋酸乙酯	2.18	80.4	11.4	410
醋酸丁酯	1.70	80.6	15.0	712

涂装现场必须采取防火防爆措施，具体应做到：严禁烟火；不允许堆放易燃易爆物品，并应远离易燃易爆物品仓库；涂料配制时应注意先后次序，并应加强通风降低积聚浓度；必须有配套的消防器材和消防水源；擦拭过溶剂的棉纱、破布等应存在带盖的铁桶内并定期处理；严禁向下水道或随地倾倒涂料和溶剂；在涂装过程中避免产生静电、摩擦、电气等易引起爆炸的火花。

2. 防尘防毒

涂料中大部分溶剂和稀释剂都是有毒物品，再加上粉状填料，工人长时间吸入体内对人体的中枢神经系统、造血器官和呼吸系统会造成损害。

为了防止中毒、尘肺等职业病，涂装生产应做到：施工现场应有良好的通风；严格限制挥发性有机溶剂蒸气和粉尘在空气中的浓度，不得超过表 8-26 的规定；施工人员应戴防毒口罩或防毒面具；施工人员应避免与溶剂直接接触，操作时穿工作服、戴手套和防护眼镜等；因操作不小心，涂料溅到皮肤上应立刻擦洗；操作人员施工时如发现不适，应马上离开施工现场或去医院检查治疗。

表 8-26 施工现场有害气体、粉尘的最高允许浓度

物质名称	最高允许浓度/(mg·m⁻³)	物质名称	最高允许浓度/(mg·m⁻³)
苯	40	乙醇	1 500
甲苯	100	煤油	300
二甲苯	100	溶剂汽油	350
丙酮	400	含有 10% 以上二氧化硅的粉尘	2
苯乙烯	40	含有 10% 以下二氧化硅的水泥粉尘	6
环己酮	50	其他各种粉尘	10

3. 其他安全要求

施工现场应通风良好，安装必要的通风设备；在施工过程中应严格执行安全生产和劳动保护有关法律和法规；施工前要对操作人员进行防火安全教育和安全技术交底，在施工过程中加

强安全监督检查工作,发现问题及时制止,防止事故发生;高空作业时应戴好安全带、防滑鞋等劳保用品,并应对使用的脚手架或吊架等进行检查,合格后方可使用;不允许把盛装涂料、溶剂或用剩的漆罐开口放置,涂料应储存在仓库内,不得露天存放,防止日晒雨淋;施工现场使用的照明灯、电线、电气设备等应考虑防爆,同时应接地良好;患有慢性皮肤病或有过敏反应等其他不适应体质的操作者不宜参加施工。

8.7 钢构件成品检验、管理和包装

钢构件制作完成后,必须进行相关检验以确保产品符合图纸要求,在发运到施工现场前,必须进行相关的存储和包装等。

8.7.1 钢构件成品检验

1. 成品检查和修整

钢结构成品的检查项目各不相同,要依据各工程具体情况而定。若无特殊要求,一般检查项目可按该产品的标准、技术图纸规定、设计文件要求和使用情况确定。成品检查工作应在材料质量保证书、工艺措施、各道工序的自检、专检等前期工作无误后进行。钢构件因其位置、受力等的不同,其检查的侧重点也有所区别。

构件的各项技术数据经检验合格后,对加工过程中造成的焊疤、凹坑应予以补焊并铲磨平整。对临时支撑、夹具应予以割除。铲磨后零件表面的缺陷深度不得大于材料厚度负偏差值的1/2,对于起重机梁的受拉翼缘尤其应注意其是否过渡光滑;在较大平面上磨平焊疤或磨光长条焊缝边缘,常用高速直柄风动手砂轮。

2. 验收资料

产品经过检验部门签收后进行涂装,并对涂装的质量进行验收。

钢结构制造单位在成品出厂时应提供钢结构出厂合格证书及技术文件。其中,至少应包括:施工图和设计变更文件,设计变更的内容应在施工图中相应部位注明;制作中对技术问题处理的协议文件;钢材、连接材料和涂装材料的质量证明书和试验报告;焊接工艺评定报告;高强度螺栓摩擦面抗滑移系数试验报告;焊缝无损检验报告及涂层检测资料;主要构件验收记录;构件发运和包装清单;需要进行预拼装构件的预拼装记录。

以上证书、文件应作为建设单位的工程技术档案的一部分。上述内容并非所有工程都具备,而是根据工程的实际情况提供。

3. 允许偏差

钢构件外形尺寸允许偏差按《钢结构工程施工质量验收标准》(GB 50205—2020)执行,部分项目允许偏差见表 8-27~表 8-31。

表 8-27 钢构件外形尺寸主控项目允许偏差　　　　　　　　　　　mm

项目	允许偏差
单层柱、梁、桁架受力支托(支承面)表面至第一个安装孔距离	±1.0
多节柱铣平面至第一个安装孔距离	±1.0
实腹梁两端最外侧安装孔距离	±3.0

续表

项目	允许偏差
构件连接处的截面几何尺寸	±3.0
柱、梁连接处的腹板中心偏移	2.0
受压构件(杆件)弯曲矢高	$l/1\,000$ 且不应大于 10.0

注：l 为构件(杆件)长度。

表 8-28　钢管构件外形尺寸的允许偏差　　　　　　　　　　　　　　mm

项目	允许偏差	检验方法	图例
直径 d	$\pm d/250$ 且不超过 ±5.0	钢尺检查	
构件长度 l	±3.0		
管口圆度	$d/250$ 且不大于 5.0		
管端面管轴线垂直度	$d/500$ 且不大于 3.0	用角尺、塞尺和百分表检查	
弯曲矢高	$l/1\,500$ 且不大于 5.0	拉线、吊线和钢尺检查	
对口错边	$t/10$，且不大于 3.0	拉线和钢尺检查	

注：对方矩形管，d 为长边尺寸。

表 8-29　单层钢柱外形尺寸的允许偏差　　　　　　　　　　　　　　mm

项目		允许偏差	检验方法	示意图
柱底面到柱端与桁架连接的最上一个安装孔距离 l		$\pm l/1\,500$ ±15.0	用钢尺检查	
柱底面到牛腿支承面距离 l_1		$\pm l_1/2\,000$ ±8.0		
牛腿面的翘曲 Δ		2.0	拉线、直角尺和钢尺检查	
柱身弯曲矢高		$H/1\,200$ 且不大于 12.0		
柱身扭曲	牛腿处	3.0	拉线、直角尺和钢尺检查	
	其他处	8.0		
柱截面几何尺寸	连接处	±3.0	用钢尺检查	
	非连接处	±4.0		
翼缘对腹板垂直度	连接处	1.5	用直角尺和钢尺检查	
	其他处	$b/100$ 且不大于 5.0		

续表

项目	允许偏差	检验方法	示意图
柱脚底板平面度	5.0	用1 m直尺和塞尺检查	
柱脚螺栓孔中心对柱轴线的距离	3.0	用钢尺检查	

表 8-30 钢桁架外形尺寸的允许偏差　　　　　　　　　　　　　　　　mm

项目		允许偏差	检验方法	示意图
桁架最外端两个孔或两端支承面最外侧距离 l	$l \leqslant 24$ m	+3.0 −7.0	钢尺检查	
	$l > 24$ m	+5.0 −10.0		
桁架跨中高度		±10.0		
桁架跨中拱度	设计要求起拱	±l/5 000	用拉线和钢尺检查	
	设计未要求起拱	+10.0 −5.0		
相邻节间弦杆弯曲(受压除外)		l_i/1 000		
支承面到第一个安装孔距离 a		±1.0	钢尺检查	
檩条连接支座间距 a		±3.0		

表 8-31 墙架、檩条、支撑系统钢构件外形尺寸的允许偏差　　　　　　　mm

项目	允许偏差	检验方法
构件长度 l	±4.0	用钢尺检查
构件两端最外侧安装孔距离 l_1	±3.0	
构件弯曲矢高	l/1 000 且不应大于 10.0	用拉线和钢尺检查
截面尺寸	+5.0 −2.0	用钢尺检查

8.7.2 钢构件成品管理和包装

1. 构件重心和吊点标识

(1)构件重心的标注：质量在 5 t 以下的复杂构件，一般要标出重心，重心用红色油漆标出，再加上一个向下的箭头，如图 8-26 所示。

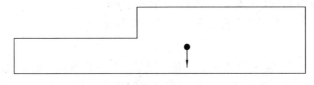

图 8-26 构件重心标注

(2)吊点的标注：在通常情况下，吊点的标注是由吊耳来实现的。吊耳也称眼板(图 8-27)，在制作厂内加工、安装好。吊耳及其连接焊缝要做无损探伤，以保证吊运构件时的安全性。

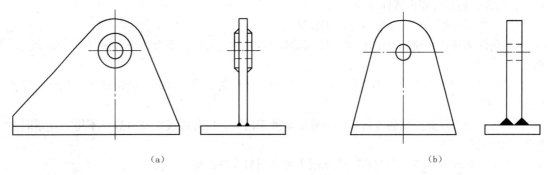

图 8-27 吊耳示意图
(a)A 型吊耳；(b)C 型吊耳

2. 构件标记

钢结构构件包装完毕，要对其进行标记，标记一般由承包商在制作厂成品库装运时标明。

对于国内的钢结构用户，其标记可用标签方式带在构件上，也可用油漆直接写在钢结构产品或包装箱上；对于出口的钢结构产品，必须按国际通用标准和海运要求注明标记。

标记通常包括下列内容：工程名称、构件编号、外廓尺寸(长、宽、高，以"m"为单位)、净重、毛重、始发地点、到达港口、收货单位、制造厂商、发运日期等，必要时要标明重心和吊点位置。

3. 成品堆放

成品验收后，在装运或包装以前堆放在成品仓库。目前国内钢结构产品的主件大部分露天堆放，部分小件一般可用捆扎或装箱的方式放置于室内。由于成品堆放的条件一般较差，所以堆放时更应注意防止失散和变形。

成品堆放时应注意下述事项：

(1)堆放场地的地基要坚实，地面平整、干燥，排水良好，不得有积水。

(2)堆放场地内备有足够的垫木或垫块，使构件得以放平稳，以防构件因堆放方法不正确而产生变形。

(3)钢结构产品不得直接置于地上,要垫高 200 mm 以上。

(4)侧向刚度较大的构件可水平堆放,当多层叠放时,必须使各层垫木在同一垂线上,堆放高度应根据构件来决定。

(5)大型构件的小零件应放在构件的空档内,用螺栓或铁丝固定在构件上。

(6)同类型的钢构件一般不堆放在一起。同一工程的构件应分类堆放在同一地区内,以便于装车发运。

(7)构件编号要在醒目处,构件之间堆放应有一定距离。

(8)钢构件的堆放应尽量靠近公路、铁路,以方便发运。

4. 包装

钢结构的包装方法应视运输形式而定,并应满足工程合同提出的包装要求。

(1)包装工作应在涂层干燥后进行,并应注意保护构件涂层不受损伤。包装方式应符合运输的相关规定。

(2)每个包装的质量一般不超过 3~5 t,包装的外形尺寸则根据货运能力而定。如通过汽车运输,一般长度不大于 12 m。个别件不应超过 18 m,宽度不超过 2.5 m,高度不超过 3.5 m。超长、超宽、超高时要做特殊处理。

(3)包装时应填写包装清单,并核实数量。

(4)包装和捆扎均应注意密实和紧凑,以减少运输时的失散、变形,而且还可以降低运输的费用。

(5)对钢结构的加工面、轴孔和螺纹,均应涂上润滑脂、贴上油纸,或用塑料布包装,螺孔应用木楔塞住。

(6)包装时要注意外伸的连接板等物要尽量置于内侧,以防造成钩刮事故,不得不外露时要做好明显标记。

(7)经过油漆的构件,在包装时应该用木材、塑料等垫衬加以隔离保护。

(8)单件超过 1.5 t 的构件单独运输时,应用垫木做外部包裹。

(9)细长构件可打捆发运,一般用小槽钢在外侧用长螺栓夹紧,其空隙处填以木条。

(10)有孔的板形零件,可穿长螺栓,或用铁丝打捆。

(11)较小零件应装箱,对已涂底又无特殊要求者不另做防水包装,否则应考虑防水措施。包装用木箱,其箱体要牢固、防雨,下方要留有铲车孔以及能承受箱体总重的枕木,枕木两端要切成斜面,以便捆吊或捆运。铁箱的箱体外壳要焊上吊耳,以便运输过程中吊运。

(12)一些不装箱的小件和零配件可直接捆扎或用螺栓扎在钢构件主体的重要部位上,但要捆扎、固定牢固,且不影响运输和安装。

(13)片状构件,如屋架、托架等,平运时易造成变形,单件又不稳定,一般可将几片构件装夹成近似一个框架,其整体性能好,各单件之间互相制约而稳定。用活络拖斗车运输时,装夹包装的宽度要控制为 1.6~2.2 m,太窄容易失稳。装夹件一般是同一规格的构件,装夹时要考虑整体性能,防止在装卸与运输过程中产生变形和失稳。

(14)需海运的构件,除大型构件外,均需打捆或装箱。螺栓、螺纹杆及连接板要用防水材料外套封装。每个包装箱、裸装件及捆装件的两边都要有标明船运的所需标志,并标明包装件的质量、数量、中心和起吊点。

8.7.3 钢构件发运

钢构件运输时应根据钢构件的长度、质量选用车辆,在运输过程中构件的支点、两端伸出的长度及绑扎方法应保证钢构件不产生永久变形、不损伤涂层。

钢结构产品一般采用公路车辆运输或者铁路车辆运输。车辆运输现场拼装散件时，使用一般货运车即可。散件运输一般无须装夹，但要能满足在运输过程中不产生过大的变形的要求。对于成形大件的运输，可根据产品不同而选用不同车型的运输货车。由于制作厂对大构件的运输能力有限，故有些大构件的运输由专业化大件运输公司承担。对于特大件钢结构产品的运输，则应在加工制造以前就与运输有关的各个方面取得联系，得到批准后方可运输，如果不允许就采用分段制造分段运输方式。一般情况下，框架钢结构产品多用活络拖斗车运输，实腹类构件或容器类产品多用大平板车运输。

公路运输装运的高度极限为 4.5 m，如需通过隧道，则高度极限为 4 m。构件长出车身不得超过 2 m。

钢结构构件的铁路运输，一般由生产厂负责向车站提出车皮计划，经由车站调拨车皮装运。铁路运输应遵守国家火车装车界限规定（图 8-28），当超过阴影线部分而未超出外框时，应预先向铁路部门提出超宽（或超高）通行报告，经批准后可在规定的时间运送。

海轮运输时，在到达港口后由海港负责装船，所以要根据离岸码头和到岸港口的装卸能力来确定钢结构产品运输的外形尺寸、单件质量，即每夹或每箱的总重。根据构件的具体情况，有时也可考虑采用集装箱运输。内河运输时，则必须考虑每件构件的质量和尺寸，使其不超过当地的起重能力和船体尺寸。国内船只规格参差不齐，装卸能力较差，钢结构产品有时也只能散装，捆扎多数不用装夹。

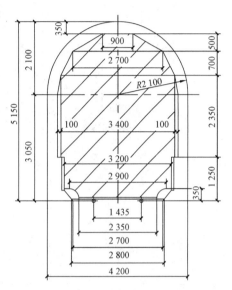

图 8-28　火车界限示意图

8.8　钢结构制作方案实例

8.8.1　梁柱构件的加工流程

因受钢材型号种类、大小的限制，钢结构中存在大量型材、板材等组合焊接而成的箱形、H 形、十字形截面的梁柱组件，其制作流程比较典型。

1. 箱形柱的加工流程

箱形柱（图 8-29）是由四块钢板组成的承重构件，与梁连接部位还设有加劲隔板，每节柱子顶部要求平整。箱形柱加工流程如图 8-29 所示。

2. 变截面梁的加工流程

钢结构中常遇到一些变截面的梁（图 8-30），这些梁的翼、腹板均采用变截面形式，板厚度也不同，其加工流程如图 8-31 所示。

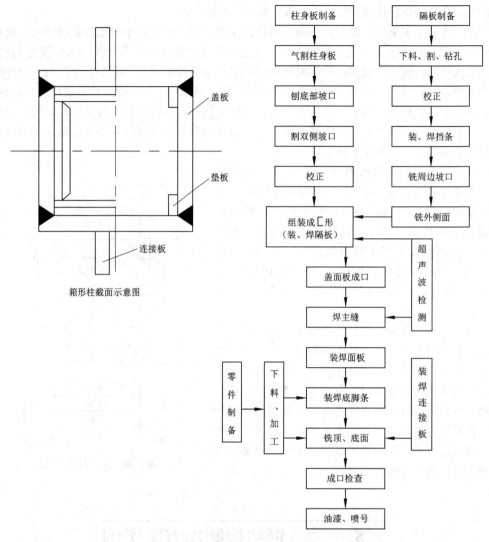

图 8-29 箱形柱加工流程

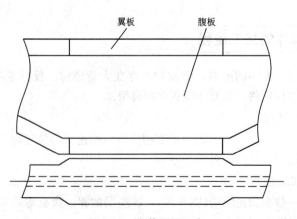

图 8-30 变截面梁示意

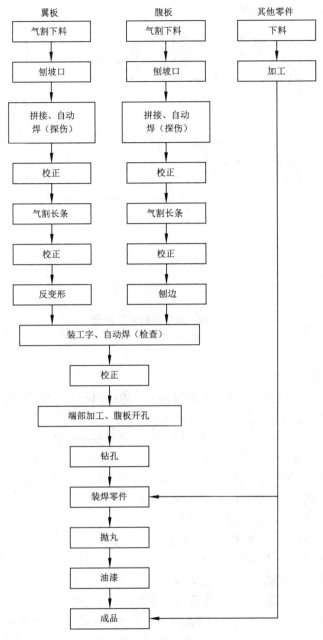

图 8-31 变截面梁加工流程

8.8.2 桁架构件的加工

桁架是常用的焊接钢结构之一,如图 8-32 所示,多用在桥梁、起重机、输电塔架、房屋建筑等结构中,在建筑房屋中使用尤为广泛。

桁架节点间距 d 一般为 1.5~3 m,桁架高度与跨度之比 $h/L=1/10$~$1/14$。其结构特点是:为平面结构或者由几个平面桁架组成空间架构;杆件、焊缝多且短,难以采用自动焊;整体来看对称于长度中心;在受力平面有较大的刚度,在受力平面外刚度小,易变形,特别容易扭曲。

桁架生产中的主要工艺问题及流程如下。

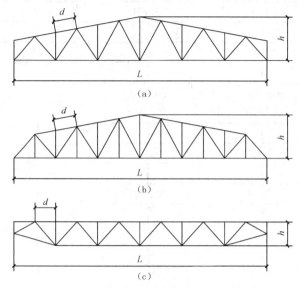

图 8-32 大跨距桁架示意图
(a),(b)建筑屋架；(c)起重机桁架

1. 装配方案的选择

在工厂生产中，桁架的装配工时占全部制造工时的比例很大，采用合适的装配工艺对于提高劳动生产率意义很大。工厂装配方法及适用范围如下：

(1)放样装配法：在平台上画出各杆件的位置线，之后安放弦杆节点板、竖杆及腹杆等，点固并焊接。这种方法一般适用于单件小批量生产，生产效率低。

(2)定位器装配法：在各元件(型钢、节点板等)直角边处设置定位器及压夹器，按定位器安放各元件，点固并焊接。应注意定位器的安置应保证桁架取出方便。这种方法不仅适用于成批生产，且降低了工人技术水平的要求，生产率较高。

(3)模架装配法：首先采用放样装配法制造出一片桁架，将其翻转180°作为模架(相当于胎具)，之后将所要装配的各元件按照模架的位置安放并点焊，接着可将点焊好的桁架取出，在另一工作位置进行焊接，而模架工作位置上可继续进行装配。这种方法也称仿形装配法，其精度比定位器装配法差。如将模架装配法和定位器装配器法结合使用，其效果则更好。

(4)按孔定位装配法：该方法适用于装配屋架，因屋架两端及脊部(上弦杆上平面)都安装有连接板，其上有螺钉连接孔，如图 8-33 所示。装配时先定位各带孔的连接板，也就确定了上下弦杆的位置，且保证了整个桁架的安装连接尺寸(如高度、跨度等)；其他节点处如有孔则按孔定位，无孔则采用垫铁或挡铁定位。

采用以上各种方法装配的桁架，在焊接前必须检查几何尺寸，应保证节点处各元件的中心(或重心)线交汇于一点。

2. 桁架的焊接

桁架焊接时的主要问题是挠度和扭曲。由于桁架仅对称于其长度中心线，故焊接后将产生整体挠度；在上、下弦杆节点之间，也可能产生小的局部挠度；由于长度大、焊缝不对称等因素还可能产生扭曲，所有这些变形都将影响其承载力。因此，桁架在装配焊接时，要求支撑基面要平整(平面度<4 mm)，且尽量在夹紧状态下焊接。

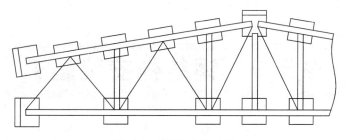

图 8-33 屋架制作示意

为保证焊接质量和减少焊接变形，应遵循以下焊接顺序：
(1) 从中部焊起，同时往两端支座处施焊。
(2) 上、下弦杆宜同时施焊。
(3) 节点处应先焊端缝，再焊侧缝，如图 8-34 所示，焊接方向应从外向内，即从腹杆引向弦杆处。
(4) 焊接节点时，应先竖杆后斜杆（即图 8-34 中Ⅰ、Ⅱ、Ⅲ次序），两端侧缝也可按Ⅰ杆形式焊接，但在焊接焊缝 1 时，焊缝 2 应先点固，以防止变形。

桁架生产的关键之一是节点的焊接，节点处焊件承受不同性质的力，应力状态复杂，焊缝多且短，位置紧凑不利于施焊，极易造成应力集中。一般要求两焊缝最小间距≥4K（K 为焊脚高度），每条焊缝的最小长度≥30 mm。节点板向腹杆或弦杆的过渡应力要求和缓，如图 8-35 所示。

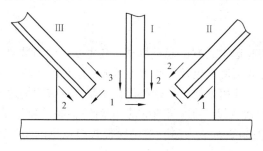

图 8-34 结构节点焊接次序

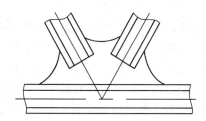

图 8-35 节点板和缓过渡示意

制造大型桁架时，为适应吊装设备能力或便于组织生产，可分段制造，然后连接合拢。注意利用临时撑杆消除连接处的变形，防止合拢困难。屋架分段制造时，中间采用安装螺栓固定，且接头不应在长度中心处，一般错开 1/3 以上跨距。

习 题

1. 施工详图有哪些设计内容？
2. 钢材在哪些情况下要进行复验？如何复验？
3. 简述钢结构制作的基本工艺流程。
4. 简述手工电弧焊的基本原理及影响因素。
5. 简述埋弧焊的优缺点。
6. 简述钢构件的组装方法及优缺点。
7. 钢材表面处理方法有哪些？
8. 涂装前钢材表面锈蚀等级和除锈等级如何划分？

单元 9　钢结构安装施工

> **知识点**
>
> 安装机具，基本钢构件的安装方法，连接施工方法，安装方案，质量控制，质量通病防治，安全技术要求。

9.1　起重设备和吊具

钢结构安装工程使用的起重机械主要有履带式起重机、汽车式起重机和塔式起重机。

9.1.1　履带式起重机

履带式起重机是在行走的履带底盘上装有起重装置的起重机械，其主要由动力装置、传动装置、行走机构、工作机械、起重滑车组、变幅滑车组及平衡重等组成。这种起重机的优点是自行式、全回转、起重能力较大、操作灵活、使用方便、可载荷行驶作业、对施工场地要求不高等；其缺点是行走时对路面破坏大，行走速度慢，在城市中和长距离转移时需要拖车运输。履带式起重机是钢结构在安装工程中常用的起重机械。国产常用履带式起重机的型号主要有 W_1-50 型、W_1-100 型、W_1-200 型等。

履带式起重机的起重能力常用起重量、起重高度和起重半径表示，这三个参数是相互制约的关系。在选择起重机时需要根据工程所需的起重量、起重高度和起重半径确定起重机的型号，这时需要查阅起重机的性能表格或性能曲线图，W_1-50 型、W_1-100 型、W_1-200 型起重机的性能见表 9-1。

表 9-1　履带式起重机性能

参数		单位	型号						
			W1-50			W1-100		W1-200	
起重臂长度		m	10	18	18(带鸟嘴)	13	23	15	30	40
起重半径	最大工作幅度时	m	10.0	17.0	10.0	12.5	17.0	15.5	22.5	30.0
	最小工作幅度时	m	3.7	4.5	6.0	4.23	6.5	4.5	8.0	10.0
起重量	最大工作幅度时	t	10.0	7.5	2.0	15.0	8.0	50.0	20.0	8.0
	最小工作幅度时	t	2.6	1.0	1.0	3.5	1.7	8.2	4.3	1.5
起重高度	最大工作幅度时	m	9.2	17.2	17.2	11.0	19.0	12.0	26.8	36.0
	最小工作幅度时	m	3.7	7.6	14.0	5.8	16.0	3.0	19.0	25.0

另外，履带式起重机超载安装或者接长吊杆时，需要进行稳定性验算，以保证起重机在安装时不会发生倾倒事故。

9.1.2 汽车式起重机

汽车式起重机是将起重机构安装在普通载重汽车或专用汽车底盘上的起重机。汽车式起重机的优点是机动性能好，运行速度快，对路面破坏性小；其缺点是不能载重行驶，吊重物时必须支腿，对工作场地的要求高。国产汽车式起重机的型号主要有 Q_2-8 型、Q_2-12 型、Q_2-16 型、Q_2-32 型、QY-40 型、QY65 型、QY100 型等。

汽车式起重机在钢结构安装中应用较多，这种起重机的选择同样要考虑起重机的性能表格或性能曲线图表。Q_2-8、Q_2-12、Q_2-16 性能见表 9-2。

表 9-2 汽车式起重机性能

参数		单位	型号									
			Q_2-8				Q_2-12			Q_2-16		
起重臂长度		m	6.95	8.50	10.15	11.70	8.5	10.8	13.2	8.80	14.40	20
起重半径	最大工作幅度时	m	3.2	3.4	4.2	4.9	3.6	4.6	5.5	3.8	5.0	7.4
	最小工作幅度时	m	5.5	7.5	9.0	10.5	6.4	7.8	10.4	7.4	12	14
起重量	最大工作幅度时	t	6.7	6.7	4.2	3.2	12	7	5	16	8	4
	最小工作幅度时	t	1.5	1.5	1.0	0.8	4	3	2	4.0	1.0	0.5
起重高度	最大工作幅度时	m	9.2	9.2	10.6	12.0	8.4	10.4	12.8	8.4	14.1	19
	最小工作幅度时	m	4.2	4.2	4.8	5.2	5.8	8	8.0	4.0	7.4	14.2

9.1.3 塔式起重机

塔式起重机是将吊臂、平衡臂等结构和起升、变幅等机构安装在金属塔身上的一种起重机。其特点是提升高度高、工作半径大、工作速度快、安装效率高等。塔式起重机按有无行走机构可分为固定式和移动式两种；按其回转形式可分上回转和下回转两种；按其变幅方式可分为水平臂架小车变幅和动臂变幅两种；按其安装形式可分为自升式、整体快速拆装式和拼装式三种。目前，钢结构工程中应用较广泛的是上回转的自升式起重机，如图9-1所示。其中，附着式塔式起重机和内爬式起重机应用更多。

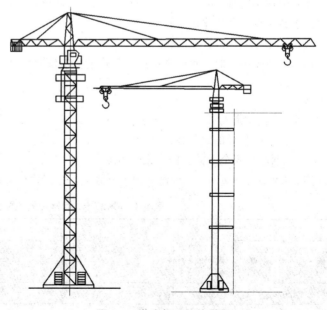

图 9-1 塔式起重机外形图

(1)附着式塔式起重机随着建筑物的升高,为了减小塔身的计算长度,每隔一定距离需要用锚固装置连接到建筑物上,附着的间距和悬臂的高度需要满足塔式起重机的产品要求,建筑物的锚固点需要进行承载力验算。

(2)内爬式起重机主要安装在建筑物的电梯井或内部框架上,随着建筑物的升高,每隔若干层爬升一次。其适用于现场狭窄的高层建筑或超高层建筑安装。

在钢结构工程安装中,塔式起重机主要用于多高层钢结构的安装。塔式起重机的选择需要根据工程特点与起重机的性能参数进行选择。表9-3列出了几种附着式塔式起重机的技术性能。

表9-3 附着式塔式起重机主要技术性能

型号		QTZ20	QTZ40	QTZ80	QT_4-10
起重力矩/(kN·m)		200	400	800	1 600
工作幅度/m	最大	30/33	48	53	35.0
	最小		2.5		3.0
起重量/t	最大工作幅度时		0.7	1.3	3.0
	最大起重量	2	4.0	8.0	10.0
起升高度/m	独立工作	26.5	27	45	
	附着式	50	120	160	160

9.1.4 索具设备

1. 钢丝绳

钢丝绳是安装中主要绳索,具有强度高、弹性大、韧性好、耐磨、能承受冲击荷载、工作可靠等特点。结构在安装中常用的钢丝绳是由6束绳股和一根绳芯(一般为麻芯)捻成的,每束绳股由许多高强度钢丝捻成。钢丝绳按绳股数及每股中的钢丝数区分,有6股7丝、6股19丝、6股37丝、6股61丝等。

安装中常用的有6×19、6×37两种。6×19钢丝绳一般用作缆风绳和吊索;6×37钢丝绳一般用于穿滑车组和用作吊索;

6×61钢丝绳用于重型起重机。

用钢丝绳做吊索时,钢丝绳的最大工作能力应满足式(9-1)的要求:

$$S \leqslant \frac{S_P}{n} \tag{9-1}$$

式中 S——钢丝绳的最大工作拉力(kN);

S_P——钢丝绳的绳破断拉力(kN);

n——钢丝绳安全系数,做吊索时可取6~7。

表9-4列出了6×37+1钢丝绳的主要数据,选择钢丝绳时可供参考。

表9-4 6×37+1钢丝绳的主要数据

直径		钢丝总断面面积	参考重量	钢丝绳的抗拉强度/(N·mm^{-2})				
钢丝绳	钢丝			1 400	1 550	1 700	1 850	2 000
				钢丝绳破断拉力总和				
mm		mm^2	kg/100 m	S_P(不小于)/N				
8.7	0.4	27.88	26.21	39 000	43 200	47 300	51 500	55 700

续表

直径		钢丝总断面面积	参考重量	钢丝绳的抗拉强度/(N·mm^{-2})				
钢丝绳	钢丝			1 400	1 550	1 700	1 850	2 000
				钢丝绳破断拉力总和				
mm		mm^2	kg/100 m	S_P(不小于)/N				
11.0	0.5	43.57	40.96	60 900	67 500	74 000	80 600	87 100
13.0	0.6	62.74	58.98	87 800	97 200	106 500	116 000	125 000
15.0	0.7	85.39	80.74	119 500	132 000	145 000	157 500	170 500
17.5	0.8	111.53	104.8	156 000	172 500	189 500	206 000	223 000
19.5	0.9	141.16	132.7	197 500	213 500	239 500	261 000	282 000
21.5	1.0	174.27	163.3	234 500	270 000	296 000	322 000	348 500

2. 吊索

吊索又称千斤绳，是由钢丝绳制成的，因此，钢丝绳的允许拉力即吊索的允许拉力，在使用时，其拉力不应超过其允许拉力。吊索可分为环状吊索和开式吊索两种(图9-2)。

 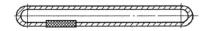

图9-2 吊索

3. 钢丝绳卡扣

钢丝绳卡扣主要用来固定钢丝绳端部。卡扣外形如图9-3所示。

4. 吊钩

吊钩常用优质碳素钢锻制而成，可分为单吊钩和双吊钩两种，安装时一般用单吊钩。在使用吊钩安装时，起重量需在吊钩的允许起重量内，并检查吊钩是否有裂缝、锐角、剥裂、刻痕等缺陷。常见吊钩如图9-4所示。

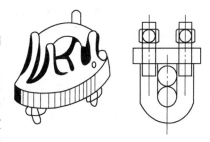

图9-3 钢丝绳卡扣

图9-4 吊钩

(a)直柄吊钩；(b)牵引钩；(c)旋转钩；(d)眼形滑钩

5. 卡环

卡环是用于吊索之间或吊索与构件吊环之间的连接，由弯环与销子两部分组成，如图9-5所示。卡环按弯环形式分，有直形卡环和马蹄形卡环；按销子与弯环的连接形式分，有螺栓式卡环和活络卡环。螺栓式卡环的销子和弯环采用螺纹连接；活络式卡环的孔眼无螺纹，可直接抽出。螺栓式卡环使用较多，但在柱子安装中多采用活络式卡环，可以避免高空作业。

6. 横吊梁

横吊梁俗称铁扁担，常用于柱和屋架等构件的安装。安装柱子时容易使柱身直立而便于安装、校正；安装屋架等构件时，可以降低起升高度和减少对构件的水平压力。

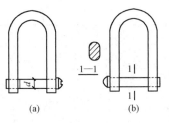

图 9-5　卡环
(a)螺栓式；(b)活络式；(c)马蹄形

常用的横吊梁有钢板横吊梁(图 9-6)、钢管横吊梁(图 9-7)等。

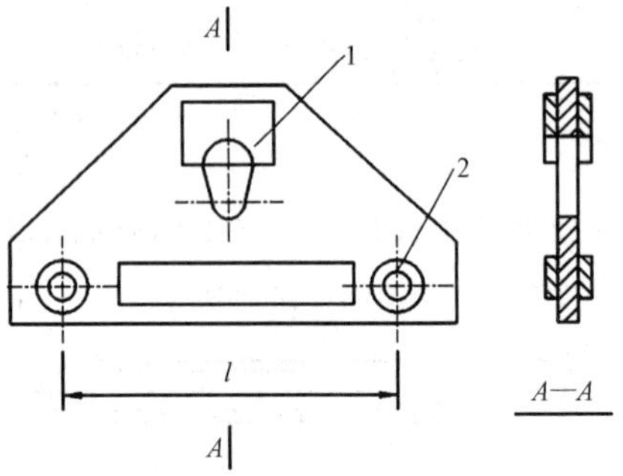

图 9-6　钢板横吊梁
1—挂吊钩孔；2—挂卡环孔

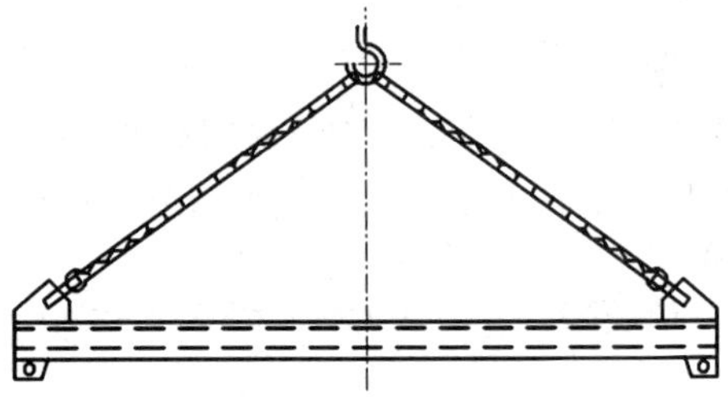

图 9-7　钢管横吊梁

9.2　钢结构安装准备

9.2.1　文件资料与技术准备

1. 图纸会审

钢结构在安装前，建设单位、设计单位、施工单位一般应组织图纸会审，会审的目的有时是协商解决可能影响安装的图纸中的问题，或者是为方便安装意图而修改图纸，又或者是解决图纸中的差错或疏漏。

在会审前，施工单位应组织图纸自审，自审的工作内容主要有以下几项：
(1)熟悉并掌握设计文件内容。
(2)发现设计中影响构件安装的问题。
(3)提出与土建和其他专业工种的配合要求。
在总结出需要协调解决的问题后，需组织各单位进行会审，会审的工作内容主要有以下几项：
(1)协商图纸中发现的问题。
(2)根据安装需要提出合理的改进方案并共同协商。
(3)协商土建和其他专业工种的配合要求。

2. 设计变更

设计变更是工程在施工过程中对原设计图纸的修改，修改的原因主要有图纸会审的意见、现场施工条件的变化、建设单位的要求、国家政策法规的改变等。无论出于何种原因、由谁提出，都必须经建设单位批准并经设计单位同意，并必须办理书面变更手续。设计变更的出现会对工程工期和造价产生影响，应严格按规定办事明确责任，避免出现索赔事件。

3. 施工组织设计

施工组织设计是指导施工准备和组织实施施工的技术文件。在进行安装前，需编制施工组织设计。其内容主要包括以下几项：

(1)工程概况及特点介绍；
(2)施工总平面布置、能源、道路及临时建筑设施等的规划；
(3)施工程序及工艺设计；
(4)主要起重机械的布置及安装方案；
(5)构件运输方法、堆放及场地管理；
(6)施工进度计划；
(7)劳动组织及用工计划；
(8)主要机具、材料计划；
(9)技术质量标准；
(10)技术措施降低成本计划；
(11)质量、安全、环保、文明施工保证措施。

4. 文件资料

(1)钢结构设计图纸与施工详图及其他相关设计、技术文件。
(2)图纸会审记录、构件加工制作检查记录及构件成品检验记录等。
(3)施工组织设计、施工方案及技术交底等文件资料。

9.2.2 作业条件准备

1. 基础、支承面和预埋件准备

钢结构安装前应对建筑物的定位轴线、基础轴线和标高、地脚螺栓位置等进行检查，并应办理交接验收。当基础工程分批进行交接时，每次交接验收不应少于一个安装单元的柱基基础，并应符合下列规定：

(1)基础混凝土强度应达到设计要求。
(2)基础周围回填土夯实应完毕。
(3)基础的轴线标志和标高基准点应准确、齐全，其允许偏差符合验收规范规定，见表9-5。

表9-5 建筑物定位轴线、基础上柱的定位轴线和标高、地脚螺栓位移的允许偏差　　mm

项目	允许偏差	图例
建筑物定位轴线	1/20 000，且不应大于3.0	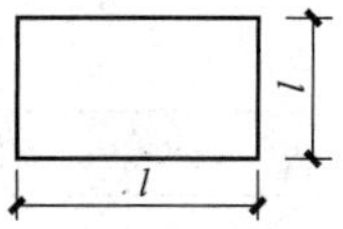
基础上柱的定位轴线	1.0	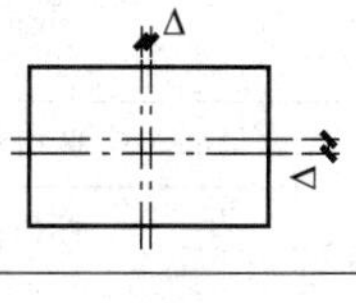

续表

项目	允许偏差	图例
基础上柱底标高	±3.0	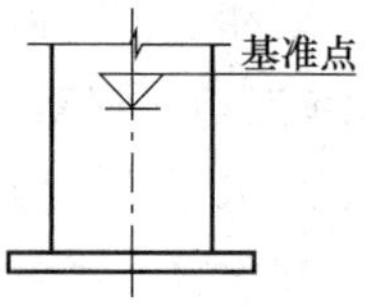 基准点

基础顶面直接作为柱的支撑面、基础顶面预埋钢板(或支座)作为柱的支撑面时,其支撑面、地脚螺栓(锚栓)的允许偏差应符合表9-6的规定。

表9-6 支撑面、地脚螺栓(锚栓)的允许偏差　　　　　　　　　mm

项目		允许偏差
支撑面	标高	±3.0
	水平度	$l/1\,000$
地脚螺栓(锚栓)	螺栓中心偏移	5.0
预留孔中心偏移		10.0

钢柱脚采用钢垫板做支撑时,应符合下列规定:

(1)钢垫板面积应根据基础混凝土和抗压强度、柱脚底板下细石混凝土二次浇灌前柱底承受的荷载和地脚螺栓(锚栓)的紧固拉力计算确定。

(2)垫板应设置在靠近地脚螺栓(锚栓)的柱脚底板加劲板下,每根地脚螺栓(锚栓)侧应设1或2组垫板,每组垫板不得多于5块。垫板与基础面和柱底面的接触应平整、紧密。当采用成对斜垫板时,其叠合长度不应小于垫板长度的2/3。二次浇灌混凝土前垫板之间应焊接固定。

(3)采用座浆垫板时,应采用无收缩砂浆。柱子安装前砂浆试块强度应高于基础混凝土强度一个等级。座浆垫板的允许偏差应符合表9-7的规定。

表9-7 座浆垫板的允许偏差

项目	允许偏差
顶面标高	0.0 −3.0
水平度	$l/1\,000$
位置	20.0

注:l为垫板长度。

(4)采用杯口基础时,杯口尺寸的允许偏差应符合表9-8的规定。

表9-8 杯口尺寸的允许偏差　　　　　　　　　mm

项目	允许偏差
底面标高	0.0 −5.0
杯口深度 H	±5.0
杯口垂直度	$h/100$,且不应大于10.0

续表

项目	允许偏差
位置	10.0

注：l 为底层柱的高度。

锚栓与预埋件安装应符合下列规定：
(1)宜采取锚栓定位支架、定位板等辅助固定措施。
(2)锚栓和预埋件安装到位后，应可靠固定；当锚栓埋设精度较高时，可采用预留洞口、二次埋设等工艺。
(3)锚栓应采取防止损坏、锈蚀和污染的保护措施。
(4)钢柱地脚螺栓紧固后，外露部分应采取防止螺母松动和锈蚀的措施。

当螺栓需要施加预应力时，可采用后张拉力法，张拉力应符合设计文件的要求，并应在张拉完成后进行灌浆处理。

2. 安装接头准备

(1)准备和分类清理好各种金属支撑件及安装接头用连接板、螺栓、铁件和安装垫铁；施焊必要的连接件(如屋架、起重机梁垫板、柱支撑连接件及其余与柱连接相关的连接件)，以减少高空作业。
(2)清除构件接头部位及埋设件上的污物、铁锈。
(3)对需组装拼装及临时加固的构件，按规定要求使其达到具备安装条件。
(4)在基础杯口底部，根据柱子制作的实际长度(从牛腿至柱脚尺寸)误差，调整杯底标高，用1：2水泥砂浆找平，标高允许偏差为±5 mm，以保持吊梁标高在同一水平面上，当预制柱采用垫板安装或重型钢柱采用杯口安装时，应在杯底设垫板处局部抹平，并加设小钢垫板。
(5)柱脚或杯口侧壁未划毛的，要在柱脚表面及杯口内稍加凿毛处理。
(6)钢柱基础，要根据钢柱实际长度牛腿间距离、钢板底板平整度检查结果，在柱基础表面浇筑标高块(块成十字式或四点式)，标高块强度不小于30 MPa，表面埋设16～20 mm厚钢板，基础上表面也应凿毛。

3. 构件准备

(1)清点构件的型号、数量，并按设计和规范要求对构件质量进行全面检查，包括构件强度与完整性(有无严重裂缝、扭曲、侧弯、损伤及其他严重缺陷)；外形和几何尺寸，平整度；埋设件、预留孔位置、尺寸和数量；接头钢筋吊环、埋设件的稳固程度和构件的轴线等是否准确，有无出厂合格证。如有超出设计或规范规定偏差，应在安装前纠正。
(2)在构件上根据就位、校正的需要弹好轴线。柱应弹出三面中心线、牛腿面与柱顶面中心线、±0.000线(或标高准线)及吊点位置；基础杯口应弹出纵横轴线；起重机梁、屋架等构件应在端头与顶面及支撑处弹出中心线及标高线；在屋架(屋面梁)上弹出天窗架、屋面板或檩条的安装就位控制线，两端及顶面弹出安装中心线。
(3)现场组装构件完成组装、排放；场外构件进场及排放。
(4)检查厂房柱基轴线和跨度，基础地脚螺栓位置和伸出是否符合设计要求，找好柱基标高。
(5)按图纸进行构件进行编号。不易辨别上下、左右、正反的构件，应在构件上用记号注明，以免安装时搞错。

4. 检查构件安装的稳定性

(1)根据起吊吊点位置，验算柱、屋架等构件安装时的稳定性，防止出现构件失稳。

(2)对屋架、天窗架、组合式屋架、屋面梁等侧向刚度差的构件,在横向用1~2道杉木脚手杆或竹竿进行加固。

(3)按安装方法要求,将构件按安装平面布置图就位。对于直立排放的构件,如屋架天窗架等,应用支撑稳固。

(4)对高空就位构件应绑扎好牵引溜绳、缆风绳。

5. 中转场地准备

钢结构安装是根据安装流水顺利进行的,若制造厂的钢构件供应同结构安装顺序不一致,或者现场条件有限,此时需要设置中转场地以起到调节作用。

6. 道路临时设施准备

(1)整平场地、修筑构件运输和起重安装开行的临时道路,并做好现场排水设施。

(2)清除工程安装范围内的障碍物,如旧建筑物、地下电缆管线等。

(3)敷设安装用供水、供电、供气及通信线路。

(4)修建临时建筑物,如工地办公室、材料、机具仓库、工具房、电焊机房、工人休息室、开水房等。

7. 构件的运输和堆放

(1)大型构件或重型构件的运输应根据行车路线和运输车辆性能编制运输方案。

(2)构件的运输顺序应满足构件安装进度计划要求。运输构件时,应根据构件的长度、质量、断面形状选用车辆;构件在运输车辆上的支点、两端伸出的长度及绑扎方法均应保证构件不产生永久变形、不损伤涂层。

(3)构件装卸时,应按设计吊点起吊,并应有防止损伤构件的措施。

(4)构件堆放场地应平整坚实、无水坑、冰层,并应有排水设施。构件应按种类、型号、安装顺序分区堆放;构件底层垫块要有足够的支撑面。相同型号的构件叠放时,每层构件的支点要在同一垂直线上。

(5)变形的构件应矫正,经检查合格后方可安装。

8. 安装机具、材料、人员准备

(1)检查安装用的起重设备、配套机具、工具等是否齐全、完好,运输是否灵活,并进行试运转。

(2)检查并准备好吊索、卡环、绳卡、横吊梁、倒链、千斤顶、滑车等吊具的强度和数量是否满足安装需要。

(3)准备安装用工具,如高空用吊挂脚手架、操作台、爬梯、溜绳、缆风绳、撬杠、大锤、钢(木)楔、垫木铁垫片、线坠、钢尺、水平尺、测量标记及水准仪经纬仪等,做好埋设地锚等工作。

(4)准备施工用料,如加固脚手杆、电焊、气焊设备、材料等的供应准备。

(5)按安装顺序组织施工人员进厂,并进行有关技术交底、培训、安全教育。

9.3 单层钢结构厂房安装

9.3.1 单层钢结构厂房简介

单层钢结构厂房可分为轻钢厂房和重钢厂房两大类。轻钢厂房一般采用门式刚架结构;重钢厂房一般采用排架结构,当起重机的吨位不是太大时,也可以采用门式刚架结构。现在,钢结构单层厂房的外围护结构一般采用轻质墙体和轻质屋面,传统的大型屋面板和砖墙的围护结构已基本被淘汰。

门式刚架结构的钢构件主要有刚架柱、刚架梁、抗风柱、柱间支撑、屋面支撑、刚性系杆、屋面檩条、墙面檩条,有起重机时还有起重机梁,当起重机的吨位较大时还有制动梁。

排架结构的钢构件主要有排架柱、屋面钢梁或者钢屋架、抗风柱、柱间支撑、屋面支撑、刚性系杆;起重机梁系统包括起重机梁、制动梁或者制动桁架;围护系统包括屋面檩条、墙梁。由于采用了轻质的围护结构,很多排架结构也不再采用制作相对复杂的钢屋架。

9.3.2 结构安装方案选择

单层钢结构厂房在安装前应进行方案比较,认真制定安全可靠、技术先进、经济合理的安装方案和选择合适的起重机械。

1. 安装方案选择

在制定方案时,应考虑以下因素:
(1)结构特征、构件质量、施工特点及现场施工条件等。
(2)设备安装和工期要求,考虑是否需要分段交工。
(3)尽可能利用永久道路,以节省施工道路费用和方便施工。
(4)在保证迅速完成安装作业的同时,努力为下一道工序创造有利的施工条件。

根据厂房构件安装的先后顺序,单层钢结构厂房通常有以下三种安装方法:

(1)节间安装法。起重机在厂房内一次开行中,依次吊完一个节间各类型构件,即先吊完节间柱,并立即校正、固定、灌浆,然后接着安装地梁、柱间支撑、墙梁(连续梁)、起重机梁、杆、托架(托梁)、屋架、天窗架、屋面支撑系统、屋面板和墙板等构件。在走道板、柱头系的构件全部安装完成后,起重机再向前移至下一个(或几个)节间,再安装下一个(或几个)节间全部构件,直至安装完成。

节间安装法的优点:起重机开行路线短,停机一次至少吊完一个节间,不影响其他工序,可进行交叉平行流水作业,缩短工期;构件制作和安装误差能及时被发现并纠正;吊完一节间,校正固定一节间,结构整体稳定性好,有利于保证工程质量。

节间安装法的缺点:需用起重量大的起重机同时吊各类构件,不能充分发挥起重机效率,无法组织单一构件连续作业;各类构件必须交叉配合,场地构件堆放过密,吊具、索具更换频繁,准备工作复杂;校正工作零碎、困难;柱子固定需一定时间,难以组织连续作业,拖长安装时间,安装效率较低;操作面窄,较易发生安全事故。

(2)分件安装法。将构件按其结构特点、几何形状及其相互联系进行分类。同类构件按顺序一次安装完成后,再进行另一类构件的安装,如起重机第一次开行中先安装厂房内所有柱子,待校正、固定灌浆后,依次按顺序安装地梁、柱间支撑、墙梁、起重机梁、托架(托梁)、屋架、天窗架、屋面支撑和墙板、屋面板等构件,直至整个建筑物安装完成。

分件安装法的优点:起重机在一次开行中仅安装一类构件,安装内容单一,准备工作简单,校正方便,安装效率高;柱子有较长的固定时间,施工较安全;与节间安装法相比,可选用起重量小一些的起重机安装,也可利用改变起重臂杆长度的方法,分别满足各类构件安装起重量和起升高度的要求,能有效发挥起重机的效率;构件可分类在现场顺序预制、排放,场外构件可按先后顺序组织供应;构件预制安装、运输、排放条件好,易于布置。

分件安装法的缺点:起重机开行频繁,增加机械台班费用;起重臂长度改换需要一定时间,不能按节间及早为下道工序创造工作面，阻碍了工序的穿插，相对地安装工期较长；屋面板安装需要有辅助机械设备。

(3)综合安装法。综合安装法是将全部或一个区段的柱头以下部分的构件用分件法安装，即柱子安装完毕并校正固定，待柱杯口二次灌浆混凝土达到70%强度后，再按顺序安装地梁、柱间支撑、起重机梁走道板、墙梁、托架(托梁)，接着一个节间一个节间综合安装屋面结构构件包括屋架、大窗架、屋面支撑系统和屋面板等构件，整个安装过程按三次流水进行，根据不同的结构特点有时采用两次流水，即先吊柱子，后分节间安装其他构件，安装通常采用两台起重机，一台起重量大的承担柱子、起重机梁、托架和屋面结构系统的安装，一台安装柱间支撑、走道板、地梁、墙梁等构件并承担构件卸车和就位排放。

综合安装法保持了节间安装法和分件安装法的优点，而避免了其缺点，能最大限度地发挥起重机的能力和效率，缩短工期，是实践中广泛采用的一种方法。

2. 安装顺序

单层钢结构厂房的特点是钢构件种类多、刚度差、安装连接复杂、高空作业多、质量要求严。其安装顺序根据构件形式、尺寸、标高、质量、设备安装进度要求、构件供应情况、起重机安装是否方便而定。一般从跨端一侧向另一侧进行，对于长度较长的厂房，也可以从厂房中间向两端或两端向中间安装。对于多跨的单层钢结构厂房，一般先安装主跨，再安装辅助跨；对于有高低跨的厂房，一般先安装高跨，再安装底跨。当需要加快施工进度时，也可以分开施工区段同时安装。

9.3.3 起重机的选择

1. 起重机械选择的依据

(1)构件的最大质量、数量、外形尺寸、结构特点、安装高度及安装方法等。
(2)工地现场的施工条件，如道路、临近的建筑物情况，是否有障碍物等。
(3)起重机的落实情况及其力学性能，要考虑现有的机械情况，或者工程地点是否能租赁到符合要求的起重机。
(4)安装工程量的大小，工程进度要求。
(5)企业的施工能力和技术水平。
(6)安装的安全、质量可靠性及经济合理性。

2. 起重机类型选择

单层工业厂房的安装主要采用履带式起重机或者汽车式起重机，塔式起重机用得较少。
(1)履带式起重机具有起重量大、自行走、全回转、稳定性好、操作灵活、使用方便等优点。另外，履带式起重机还可以带荷载行走，对施工场地的要求较低。但是，履带式起重机行走速度慢，转场一般需要拖车。履带式起重机在重型钢结构厂房安装时应用较多。
(2)汽车式起重机具有机动性强、转移灵活、可以远距离和高速行驶等优点，但是在工作状态下不能行走，工作面受到限制，构件布置比较严格，对施工场地的要求较高。汽车式起重机在轻钢厂房的安装中应用较多。

3. 起重机型号选择

在具体选择起重机的型号时，主要考虑起重机的三个安装参数是否满足结构安装的需要。当构件比较重时，起控制作用的可能是起重量；当工程比较高时，起控制作用的可能是起重机臂杆的长度；当一台起重机无法满足要求时，有时需要考虑双机或多机抬吊。

(1)起重量。起重机的起重量必须满足式(9-2)的要求：

$$Q \geqslant Q_1 + Q_2 \tag{9-2}$$

式中　Q——起重机的起重量(t)；

　　　Q_1——构件重量(t)；

　　　Q_2——吊索重量(t)。

(2)起重高度。起重机的起重高度必须满足构件安装的要求，如图9-8所示。

$$H \geqslant h_1 + h_2 + h_3 + h_4 \tag{9-3}$$

式中　H——起重机的起重高度(t)；

　　　h_1——安装支座表面高度(m)，从停机面算起；

　　　h_2——安装间隙(m)，不小于0.3 m；

　　　h_3——绑扎点至构件吊起底面的距离(m)；

　　　h_4——吊索高度(m)，自绑扎点至吊钩中心的距离。

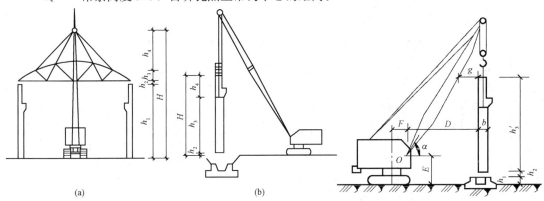

图9-8　起重机的起吊高度计算简图　　　图9-9　起重机的起重半径计算简图

(3)起重半径。当起重机可以不受限制地开到所吊构件附近去安装时，可不验算起重半径。当起重机受限制不能靠近构件去安装时，则应验算。当起重机的起重半径为定值时，起重量和起重半径是否满足安装构件的要求，需要根据所需的起重量、起重高度选择起重机型号。起重半径可以按式(9-4)进行计算(图9-9)：

$$R_{min} = F + D + 0.5b \tag{9-4}$$

式中　F——起重机枢轴中心距回转中心距离(m)；

　　　b——构件宽度(m)；

　　　D——起重机枢轴中心距所吊构件边缘距离(m)，可按式(9-5)计算：

$$D = g + (h_1 + h_2 + h_3' - E)\cot\alpha \tag{9-5}$$

式中　g——构件上口边缘与起重臂的水平间隙，不小于0.5 m；

　　　E——吊杆枢轴中心距地面的高度(m)；

　　　α——起重臂的倾角；

　　　h_1, h_2——含义同前；

　　　h_3'——所吊构件的高度(m)。

(4)最小起重臂长度的确定。在钢结构安装过程中，往往需要越过安装完的一个构件安装另一个构件，如跨过屋架去安装屋面板，为了不触碰屋架，需要求出所需的最小起重臂长度。最小起重臂长度可用数解法和图解法求得。

数解法如图9-10所示，最小起重臂长度可按式(9-6)计算：

$$L_{min} \geqslant L_1 + L_2 = \frac{h}{\sin\alpha} + \frac{f+g}{\cos\alpha} \tag{9-6}$$

式中　L_{min}——最小起重臂长度(m)；

　　　h——起重臂下铰至屋面板安装支座的高度(m)；

　　　f——吊钩需跨过已安装好构件的距离(m)；

　　　g——起重臂轴线与已安装好构件间的水平距离，至少取 1 m。

为了使起重臂长度最小，需对式(9-6)进行一次微分，并令 $\dfrac{dL}{d\alpha}=0$，即可求出 α 的值：$\alpha=\arctan\sqrt[3]{\dfrac{h}{f+g}}$。

用图解法求最小起重臂长 L_{min}，如图 9-11 所示。

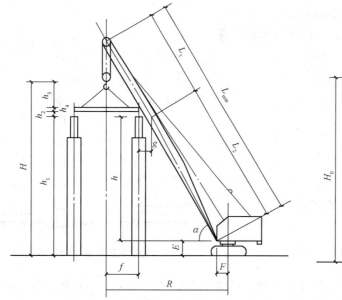
图 9-10　用数解法求最小起重臂长

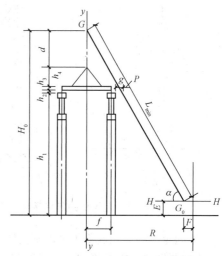
图 9-11　用图解法求最小起重臂长

按一定比例绘制出构件安装的剖面图，画出安装构件时起重钩位置的垂线 y—y；画出平行于停机面的水平线 H—H，该线距停机面的距离为 E(E 为起重臂下铰点至停机面的距离)。

自已安装构件顶面向起重机方向水平量出一距离 $g=1$ m，定出一点 P。

在垂线 y—y 上定出起重臂上定滑轮中心点 G(G 点到停机面距离 $H_0=h_1+h_2+h_3+h_4+d$，d 为吊钩至起重臂顶端滑轮中心的最小高度，一般取 2.5～3.5 m)。

连接 GP，并延长使之与 H—H 相交于 G_0 即为起重臂下铰中心，GG_0 起重臂的最小长度 L_{min}，α 角即安装时起重臂的仰角。

根据所得到的 L_{min} 值，可选择起重机起重臂长度。根据起重臂长度和 α 值按式(9-7)可求得相应的起重半径 R，即

$$R=F+L\cos\alpha \tag{9-7}$$

9.3.4　钢柱安装

1. 吊点选择

吊点位置及吊点数量，根据钢柱形状、断面、长度、起重机性能等具体情况确定。

通常钢柱弹性和刚性都很好，可采用一点正吊，吊点设置在柱顶处。这样，柱身易于垂直，

也易于对位校正。当受到起重机械臂杆长度限制时,吊点也可设置在柱长的 1/3 处,此时,吊点斜吊,对位校正较难。

对细长钢柱,为防止钢柱变形,也可采用两点吊或三点吊。为了保证安装时索具安全及便于安装校正,安装钢柱时在吊点部位预先安有吊耳,安装完毕再割去。例如,不采用在吊点部位焊接吊耳,也可采用直接用钢丝绳绑扎钢柱,此时,钢柱绑扎点处钢柱四角应用割缝钢管或方形木条做包角保护,以防止钢丝绳割断。工字形钢柱为防止局部受挤压破坏,可在绑扎点加上加强肋板加强。

2. 起吊方法

起吊方法应根据钢柱类型、起重设备和现场条件确定。起重机械可采用单机、双机、三机等。起吊方法可采用旋转法、滑行法和递送法。

(1)旋转法。旋转法是钢柱运到现场,在平面布置时使柱的绑扎点、柱脚、基础的中心位于起重机起重半径的同一圆弧上,起吊时起重机边起钩边回转,使钢柱绕柱脚缓缓旋转而将钢柱吊起,当钢柱呈直立状态时,起重机将柱子吊离地面将钢柱放到基础上方进行对位,如图 9-12 所示。旋转法吊装钢柱虽然效率高、对钢柱的柱脚没有损坏隐患,但是由于起重机在吊装时同时做两种动作,起重臂杆的受力处于不利状态,所以动作宜缓慢,以防止折断起重臂杆发生安全事故。另外,为了方便吊装最好能满足绑扎点、柱脚、基础的中心三点共弧,需要的场地空间大。

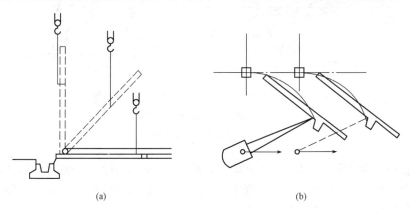

图 9-12 旋转法吊钢柱
(a)钢柱旋转过程;(b)钢柱平面布置

(2)滑行法。滑行法在平面布置时柱的绑扎点靠近基础,使绑扎点与基础的中心位于起重机工作半径的同一圆弧上,起吊时起重机只起钩,使钢柱滑行而将钢柱吊起,当钢柱直立后,将钢柱吊离地面并转动臂杆将钢柱放到基础上方进行对位,如图 9-13 所示。滑行法吊装时,起重机只做起钩一种动作,操作相对简单并对起重机臂杆的受力是有力的,但是柱子底部与地面有摩擦,处理不好会损坏柱脚,有时为减少钢柱与地面的摩擦阻力,需要在柱脚下铺设滑行道。另外,由于平面布置时只需要满足绑扎点与基础的中心两点共弧,适用于场地受限的吊装作业。

(3)递送法。递送法采用双机或三机抬吊钢柱。其中一台为副机,吊点选在钢柱下面,起吊时配合主机起钩,随着主机的起吊,副机行走或回转。在递送过程中,副机承担了一部分荷载,将钢柱脚递送到柱基础顶面,副机脱钩卸去荷载,此时主机满荷,将柱就位,如图 9-14 所示。

双机或多机抬吊注意事项包括以下几点:

1)尽量选用同类型起重机。
2)根据起重机能力,对起吊点进行荷载分配。
3)各起重机的荷载不宜超过其相应起重机能力的 80%。

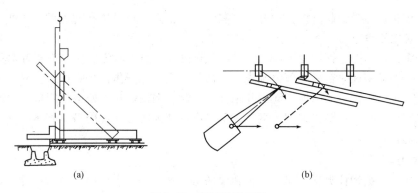

图 9-13　滑行法吊钢柱
(a)钢柱滑行过程；(b)钢柱平面布置

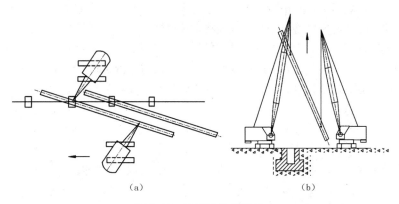

图 9-14　递送法抬吊钢柱
(a)平面布置；(b)递送过程

4)多机抬吊，在操作过程中，要互相配合，动作协调，采用铁扁担起吊，尽量使铁扁担保持平衡，倾斜角度小，以防止一台起重机失重而使另一台起重机超载，造成安全事故。

5)信号指挥，分指挥必须听从总指挥。

3. 钢柱校正

钢柱校正的工作主要有柱底标高调整、平面位置校正、柱身垂直度偏差校正。

(1)柱底标高调整。对柱子底部标高进行抄平，来决定柱底标高的调整数值。若钢梁或牛腿的标高有误差，也可以通过调整柱底部标高进行纠正，来保证钢梁或牛腿顶部标高精确。

具体做法如下：首层柱安装时，可在柱子底板下的地脚螺栓上加一个调整螺母，螺母上表面的标高调整到与柱底板标高齐平，放上柱子后，利用底板下的螺母控制柱子的标高，精度可达±1 mm以内。柱子底板下预留的空隙，全部矫正完毕后可用无收缩细石混凝土填实，如图9-15所示。使用这种方法时，应对地脚螺栓的强度和刚度进行计算。

(2)平面位置校正。若在基础或钢柱上已经标注了用于对正的纵横十字线，需要将十字线对正。钢柱底部制作时，在柱底板侧面，用钢冲打出互相垂直的四个面，每个面一个点，用两个点与基础面十字线对准即可，争取达到点线

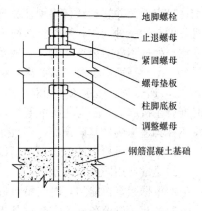

图 9-15　柱基标高调整示意图

重合,如有偏差可借线。

对线方法:在起重机不脱钩的情况下,将二面线对准缓慢降落至标高位置。为防止预埋螺栓与柱底板螺孔有偏差,设计时考虑偏差数值,适当将螺孔加大,上压盖板焊接解决。

(3)柱身垂直度偏差校正。采用缆风绳校正方法,用两台呈 90°的经纬仪找垂直,在校正过程中不断调整柱底板下螺母,直至校正完毕。将柱底板上面的两个螺母拧上,缆风绳松开不受力,柱身呈自由状态,再用经纬仪复核,如有小偏差,调整下螺母,检查无误后,将上螺母拧紧。

地脚螺栓的紧固力一般由设计规定。地脚螺栓紧固力见表 9-9。

表 9-9 地脚螺栓紧固力

地脚螺栓直径/mm	紧固轴力/kN
30	60
36	90
42	150
48	160
56	240
64	300

地脚螺栓螺母一般可用双螺母,也可在螺母拧紧后,将螺母与螺杆焊实。

4. 钢柱安装验收

根据《钢结构工程施工质量验收标准》(GB 50205—2020)的规定,钢柱安装的允许偏差见表 9-10。

表 9-10 钢柱子安装的允许偏差　　　　　　　　　　　　　　　mm

项目		允许偏差	图例	检验方法
柱脚底座中心线对定位轴线的偏移 Δ		5.0	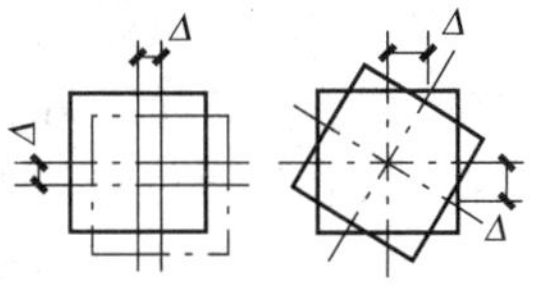	用吊线和钢尺检查
柱子定位轴线 Δ		1.0	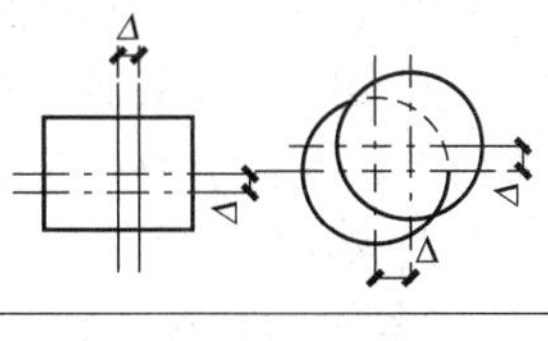	—
柱基准点标高	有吊车梁的柱	+3.0 −5.0	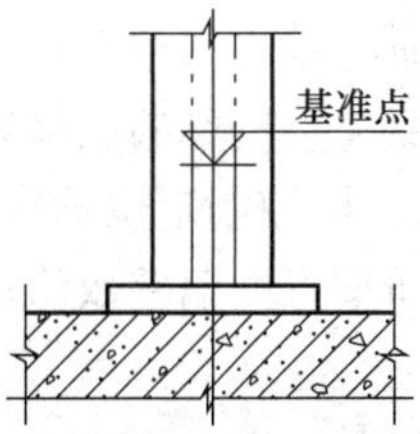	用水准仪等实测
	无吊车梁的柱	+5.0 −8.0		
弯曲矢高		H/1 200,且不大于 15.0		用经纬仪或拉线和钢尺检查

续表

项目		允许偏差	图例	检验方法
柱轴线垂直度	单层柱	$H/1000$,且不大于25.0	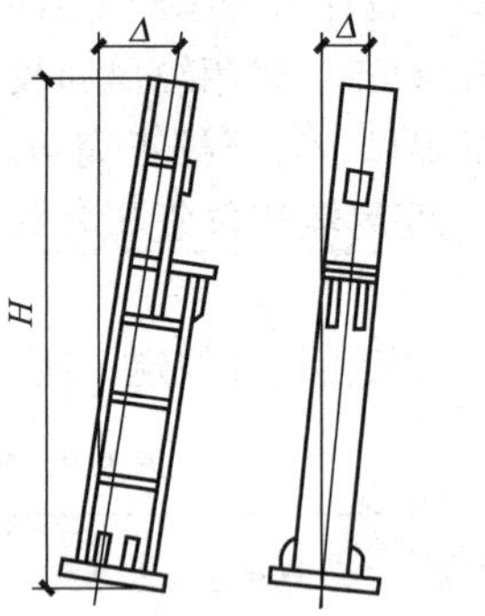	用经纬仪或吊线和钢尺等实测
	多层柱 单节柱	$H/1000$,且不应大于10.0		
	柱全高	35.0		
钢柱安装偏差		3.0	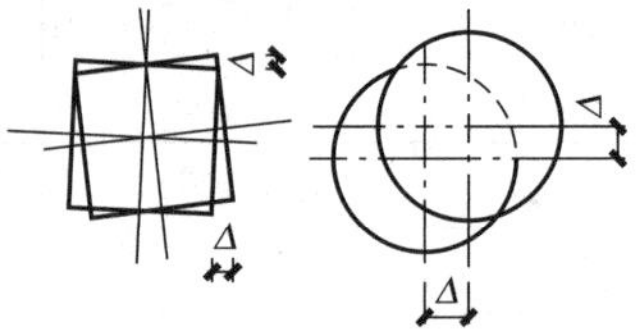	用钢尺等实测
同一层柱的各柱顶高度差 Δ		5.0	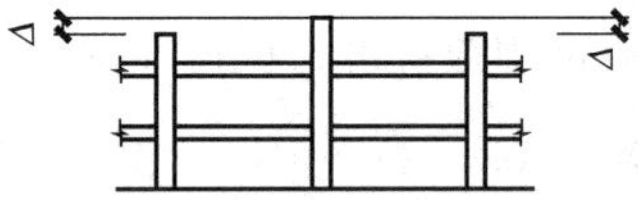	用全站仪、水准仪等实测

9.3.5 钢起重机梁的安装

1. 安装测量准备

(1)搁置钢起重机梁牛腿面的水平标高调整。先用水准仪(精度为±3 mm/km)测出每根钢柱上原先弹出的±0.000基准线在柱子校止后的实际变化值。一般实测钢柱横向近牛腿处的两侧,同时做好实测标记。根据各钢柱搁置起重机梁牛腿面的实测标高值,以统一标高值为基准,定出全部钢柱搁置起重机梁牛腿面的统一标高值,得出各搁置起重机梁牛腿面的标高差值。根据各个标高差值和起重机梁的实际高差来加工不同厚度的钢垫板。同一搁置起重机梁牛腿面上的钢垫板一般应分成几块加工,以利于两根起重机梁端头高度值不同的调整。在安装起重机梁前,应先将精加工过的垫板点焊在牛腿面上。

(2)起重机梁纵横轴线的复测和调整。钢柱的校正应将有柱间支撑的作为标准排架认真对待,从而控制其他柱子纵向的垂直偏差和竖向构件安装时的累计误差;在已安装完成的柱间支撑和竖向构件的钢柱上复测起重机梁的纵横轴线,并应进行调整。

(3)起重机梁安装前应严格控制定位轴线;认真做好钢柱底部临时高垫块的设备工作;密切注意钢柱安装后的位移和垂直度偏差数值;实测起重机梁搁置端部梁高的制作误差值。

2. 起重机梁绑扎

钢起重机梁一般绑扎两点。梁上设有预埋吊环的起重机梁,可用带钢钩的吊索直接钩住吊环起吊;对质量较大的梁,应用卡环与吊环吊索相互连接在一起;梁上未设吊环的可在梁端靠近支点,用轻便吊索配合卡环绕起重机梁(或梁)下部左右对称绑扎,或用工具式吊耳安装,如

图 9-16 所示,并应注意以下几点:

(1)绑扎时吊索应等长,左右绑扎点对称。

(2)梁棱角边缘应衬以麻袋片、汽车废轮胎块、半边钢管或短方木护角。

(3)在梁一端需拴好溜绳(拉绳);以防止就位时左右摆动,碰撞柱子。

3. 钢起重机梁安装

(1)起吊就位和临时固定。

1)起重机梁安装须在柱子最后固定,柱间支撑安装后进行。

2)在屋盖安装前安装起重机梁,可使用各种起重机进行,如屋盖已安装完成,则应用短臂履带式起重机或独脚桅杆安装,起重臂杆高度应比屋架下弦低 0.5 m 以上,如无起重机,也可在屋架端头、柱顶拴倒链安装。

3)起重机梁应布置接近安装位置,使梁重心对准安装中心,安装可由一端向另一端,或从中间向两端顺序进行,当梁吊至设计位置距离支座面 20 cm 时,用人力扶正,使梁中心线与支撑面中心线(或已安装相邻梁中心线)对准,并使两端搁置长度相等,然后缓慢落下,如有偏差,稍吊起用撬杠引导正位,如支座不平,用斜铁片垫平。

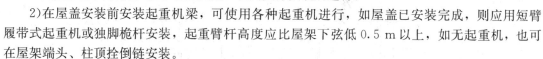
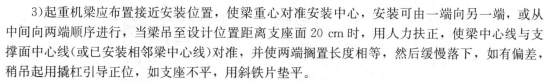
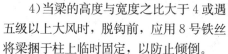

图 9-16 利用工具式吊耳安装

4)当梁的高度与宽度之比大于 4 或遇五级以上大风时,脱钩前,应用 8 号铁丝将梁捆于柱上临时固定,以防止倾倒。

(2)梁的定位校正。

1)高低方向校正主要是对梁的端部标高进行校正。可用起重机吊空、特殊工具抬空、油压千斤顶顶空,然后在梁底填设垫块。

2)水平方向移动校正常用橇棒、钢楔、花篮螺栓、链条葫芦和油压千斤顶进行。一般重型起重机梁用油压千斤顶和链条葫芦解决水平方向移动较为方便。

3)校正应在梁全部安装完毕、屋面构件校正并最后固定后进行。质量较大的起重机梁也可边安装边校正。校正内容包括中心线(位移)、轴线间距(即跨距)、标高垂直度等。纵向位移,在就位时已校正,故校正主要为横向位移。

4)校正起重机梁中心线与起重机跨距时,先在起重机轨道两端的地面上,根据柱轴线放出起重机轨道轴线,用钢尺校正两轴线的距离,再用经纬仪放线、钢丝挂坠或在两端拉钢丝等方法校正,如图 9-17 所示。如有偏差,则用撬杠拨正,或在梁端设螺栓、液压千斤顶

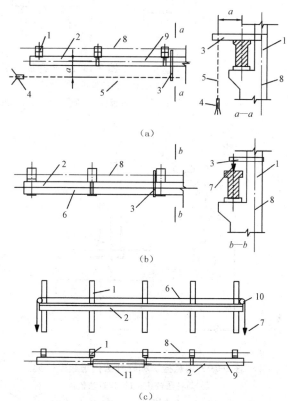

图 9-17 起重机梁轴线的校正
(a)仪器法校正;(b)线坠法校正;(c)通线法校正
1—柱;2—起重机梁;3—短木尺;4—经纬仪;
5—经纬仪与梁轴线平行视线;6—铁丝;7—线坠;8—柱轴线;
9—起重机梁轴线;10—钢管或圆钢;11—偏离中心线的起重机梁

侧向顶正,如图9-18所示,或在柱头挂倒链将起重机梁吊起(悬挂法校正)或用杠杆将起重机梁抬起(杠杆法校正),如图9-19所示,再用撬杠配合移动拨正。

5)起重机梁标高的校正,可将水平仪放置在厂房中部某一起重机梁上,或地面上在柱上测出一定高度的水准点,再用钢尺或样杆量出水准点至梁面铺轨需要的高度,每根梁观测两端及跨中三点,根据测定标高进行校正,校正时用撬杠撬起或在柱头屋架上弦端头节点上挂倒链将起重机梁需垫垫板的一端吊起。重型柱在梁一端下部用千斤顶顶起填塞铁片,如图9-18(b)所示。在校正标高的同时,用靠尺或线坠在起重机梁的两端(鱼腹式起重机梁在跨中)测垂直度,如图9-20所示,当偏差超过规范允许偏差(一般为5 mm)时,用楔形钢板在一侧填塞纠正。

(3)最后固定。起重机梁校正完毕应立即将起重机梁与柱牛腿上的埋设件焊接固定,在梁柱接头处支侧模,浇筑细石混凝土并养护。

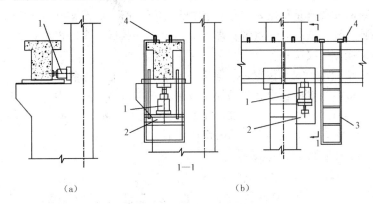

图9-18 用千斤顶校正起重机梁

(a)千斤顶校正侧向位移;(b)千斤顶校正垂直度

1—液压(或螺栓)千斤顶;2—钢托架;3—钢爬梯;4—螺栓

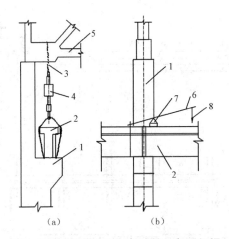

图9-19 用悬挂法和杠杆法校正起重机梁

(a)悬挂法校正;(b)杠杆法校正

1—柱;2—起重机梁;3—吊索;4—倒链;
5—屋架;6—杠杆;7—支点;8—着力点

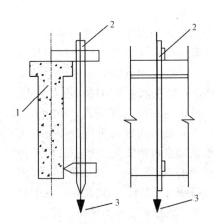

图9-20 起重机梁垂直度的校正

1—起重机梁;2—靠尺;3—线坠

4. 钢起重机梁安装验收

根据《钢结构工程施工质量验收标准》(GB 50205—2020)的规定,钢起重机梁安装的允许偏差见表 9-11。

表 9-11 钢起重机梁安装的允许偏差　　　　　　　　　　　　mm

项目		允许偏差	图例	检验方法
梁的跨中垂直度 Δ		$h/500$		用吊线和钢尺检查
侧向弯曲矢高		$l/1\,500$，且不应大于 10.0		
垂直上拱矢高		10.0		
两端支座中心位移 Δ	安装在钢柱上时，对牛腿中心的偏移	5.0		用拉线和钢尺检查
	安装在混凝土柱上时，对定位轴线的偏移	5.0		
起重机梁支座加劲板中心与柱子承压加劲板中心的偏移 Δ_1		$t/2$		用吊线和钢尺检查
同跨间内同一横截面起重机梁顶面高差 Δ	支座处	$l/1\,000$，且不大于 10.0		用经纬仪、水平仪和钢尺检查
	其他处	15.0		
同跨间内一横截面下挂式起重机梁底面高差 Δ		10.0		
同列相邻两柱间起重机梁顶面高差 Δ		$l/1\,500$，且不应大于 10.0		用水平仪和钢尺检查

续表

项目		允许偏差	图例	检验方法
相邻两起重机梁接头部位 Δ	中心错位	3.0	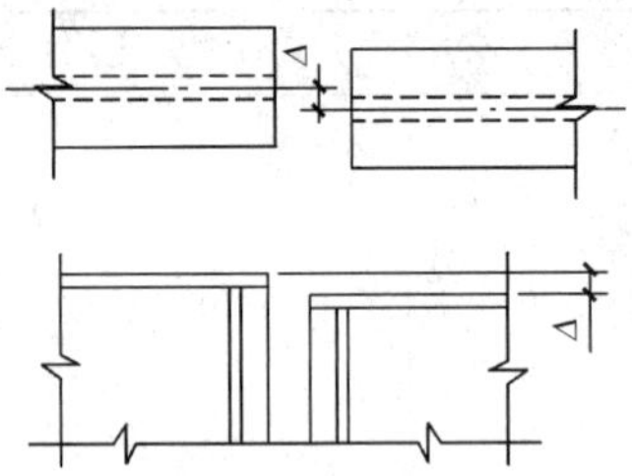	用钢尺检查
	上承式顶面高差	1.0		
	下承式底面高差	1.0		
同跨间任一截面的吊车梁中心跨距 Δ		±10.0	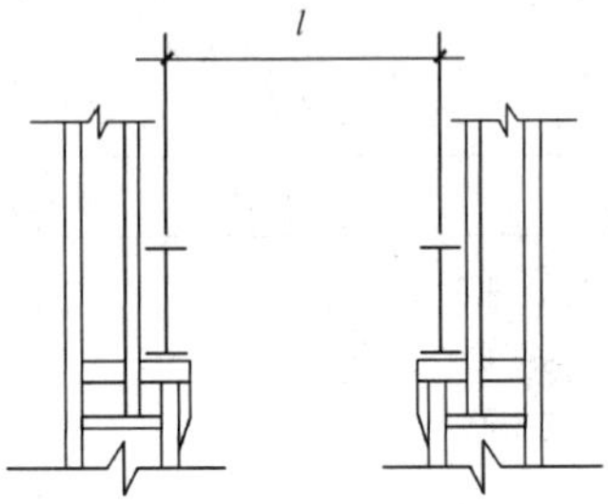	用经纬仪和光电测距仪检查；跨度小时，可用钢尺检查
轨道中心对起重机梁腹板轴线的偏移 Δ		$t/2$	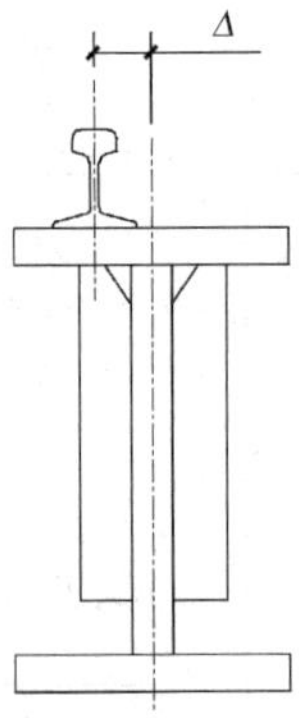	用吊线和钢尺检查

9.3.6 钢屋架安装

1. 钢屋架安装

(1)钢屋架安装时，需对柱子横向进行复测和复校。

(2)钢屋架安装时应验算屋架平面外刚度，如刚度不足时，可采取增加吊点的位置或采用加铁扁担的施工方法。

(3)屋架的吊点选择要保证屋架的平面刚度，还需注意以下两点：

1)屋架的重心位于内吊点的连线之下，否则应采取防止屋架倾倒的措施；

2)对外吊点的选择应使屋架下弦处于受拉状态。

(4)屋架起吊时，距离地面50 cm时检查无误后再继续起吊。

(5)安装第一榀屋架时，在松开吊钩前，做初步校正，对准屋架基座中心线与定位轴线就位，并调整屋架垂直度并检查屋架侧向弯曲。

(6)第二榀屋架同样安装就位后，不要松钩，用绳索临时与第一榀屋架固定，如图9-21所示，跟着安装支撑系统及部分檩条，最后校正固定的整体。

(7)从第三榀开始,在屋架脊点及上弦中点装上檩条即可将屋架固定,同时将屋架校正好。

(8)屋架分片运至现场组装时,拼装平台应平整,组拼时保证屋架总长及起拱尺寸要求。焊接时一面检查合格后再翻身焊另一面,做好拼焊施工记录,全部验收后方准安装。屋架及天窗架也可以在地面上组装好,进行综合安装。但要临时加固以保证有足够的刚度。

2. 钢屋架校正

钢屋架校正可采用经纬仪校正屋架上弦垂直度的方法。当在屋架上弦两端和中央夹三把标尺,且三把标尺的定长刻度在同一直线上时,则屋架垂直度校正完毕。

钢屋架校正完毕,拧紧屋架临时固定支撑两端螺杆和屋架两端搁置处的螺栓,随即安装屋架永久支撑系统。

3. 钢屋架安装验收

根据《钢结构工程施工质量验收标准》(GB 50205—2020)的规定,钢屋(托)架、桁架、梁及受压件垂直度和侧向弯曲矢高的允许偏差,见表9-12。

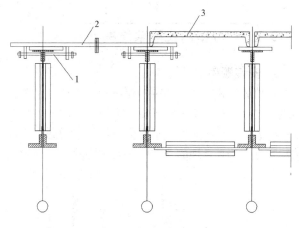

图 9-21 屋架垂直度的校正
1—支撑螺栓;2—临时固定支撑;3—屋面板(或屋面支撑)

表9-12 钢屋(托)架、钢桁架、梁垂直度和侧向弯曲矢高的允许偏差   mm

项目		允许偏差	图例
跨中的垂直度		$h/250$,且不大于 15.0	
侧向弯曲矢高 f	$l \leqslant 30\ \text{m}$	$l/1\ 000$,且不大于 10.0	
	$30\ \text{m} < l \leqslant 60\ \text{m}$	$l/1\ 000$,且不大于 30.0	
	$l > 60\ \text{m}$	$l/1\ 000$,且不大于 50.0	

9.3.7 轻型门式刚架结构安装

1. 安装顺序

单榀的门式刚架是一种平面结构，平面外的刚度很差，只有两榀以上的刚架通过柱间支撑和屋面支撑连接起来才能形成受力稳定的体系。在工程实践中由于忽略了门式刚架的结构特点，故在安装这种结构时发生了很多结构倒塌的恶性事故，如图 9-22 所示。因此，针对门式刚架的结构特点，选择合理的安装顺序是重要的。

图 9-22 门式刚架结构倒塌

门式刚架结构在安装时，应从设有支撑的柱间开始安装，依次安装钢柱、钢梁、刚性系杆、屋面支撑、柱间支撑。钢柱、钢梁校正完毕后，支撑拉紧完成整体受力，这样才形成了受力稳定的空间体系，然后依次安装临近的刚架，每安装一榀就需要用刚性系杆与前面的刚架连接起来，以保证刚架不会发生侧向失稳。

根据前面所述的安装顺序，门式刚架的安装应采用综合安装法，特别是柱脚铰接的门式刚架。对于柱脚刚接的门式刚架是否可以采用分件安装法，工程技术人员应进行有关的验算或者有足够的工程经验，还需要注意大风天气的影响。

2. 钢柱的安装

钢柱起吊前应搭设好上柱顶的直爬梯；钢柱可采用单点绑扎安装，扎点宜选择在距离柱顶 1/3 柱长处，绑扎点处应设置软垫，以免安装时损伤钢柱表面。当柱长比较大时，也可采用双点绑扎安装。

钢柱宜采用旋转法吊升，吊升时宜在柱脚底部栓好拉绳并垫以垫木，防止钢柱起吊时柱脚拖地和碰坏地脚螺栓。

钢柱对位时，一定要使柱子中心线对准基础顶面安装中心线，并使地脚螺栓对孔，注意钢柱垂直度，在基本达到要求后，方可落下就位。经过初校，待垂直度偏差控制在 20 mm 以内，拧上四角地脚螺栓临时固定后，方可使起重机脱钩。钢柱标高及平面位置已在基面设置垫板及柱安装对位过程完成，柱就位后主要是校正钢柱的垂直度。用两台经纬仪在两个方向对准钢柱两个面上的中心标记，同时检查钢柱的垂直度，如有偏差，可用千斤顶、斜顶杆等进行校正。

钢柱的校正包括平面位置、垂直度、标高三项内容。钢柱校正后，应将地脚螺栓紧固，并将垫板与预埋板及柱脚底板焊接固定。

在钢柱安装时，对于柱脚铰接的钢柱，应特别注意稳定性，在没有安装刚架梁并与邻近的刚架连接前应在平面内和平面外两个方向上用缆风绳采取固定措施,以防止倾倒。钢柱校正后,应及时用刚性系杆与前面的刚架连接起来。

3. 屋面梁的安装

屋面梁在地面拼装并用高强度螺栓连接紧固。屋面梁宜采用两点对称绑扎安装,绑扎点应设置软垫,以免损伤构件表面。屋面梁安装前设好安全绳,以方便施工人员高空操作;屋面梁吊升宜缓慢进行,吊升过柱顶后由操作工人扶正对位,用螺栓穿过连接板与钢柱临时固定,并进行校正。屋面梁的校正主要是垂直度检查,屋面梁跨中垂直度偏差不得大于 $H/250$(H 为屋面梁高),并不得大于 20 mm。屋架校正后应及时进行高强度螺栓紧固,做好永久固定。高强度螺栓的紧固、检验应按相关规范进行。

屋面钢梁与钢柱连接后应及时用刚性系杆与已经安装好的刚架用刚性系杆连接起来,第一榀刚架的刚架梁需用缆风绳从两侧固定,以保证钢梁的侧向稳定性。

4. 支撑系统的安装

门式刚架的支撑系统包括柱间支撑、屋面支撑、刚性系杆。支撑系统对于门式刚架的稳定性起着特别重要的作用。在施工中应及时安装,圆钢的柔性支撑应张紧发挥作用,系杆的螺栓也应及时紧固。

9.3.8 轻型围护结构安装

1. 屋面檩条、墙面梁的安装

薄壁轻钢檩条,由于质量轻,安装时可用起重机或人力吊升。当安装完成一个单元的钢柱、屋面梁后,即可进行屋面檩条和墙梁的安装。墙梁也可在整个钢框架安装完毕后进行。檩条和墙梁安装比较简单,直接用螺栓连接在檩条挡板或墙梁托板上。檩条的安装误差应在 ±5 mm 之内,弯曲偏差应在 $L/750$(L 为檩条跨度),且不得大于 20 mm。墙梁安装后应用拉杆螺栓调整平直度,顺序应由上向下逐根进行。

2. 屋面和墙面彩钢板安装

屋面檩条、墙梁安装完毕后,就可进行屋面、墙面彩钢板的安装。一般是先安装墙面彩钢板,后安装屋面彩钢板,以便于檐口部位的连接。

彩钢板安装有隐藏式连接和自攻螺栓连接两种。隐藏式连接通过支架将彩钢板固定在檩条上,彩钢板横向之间用咬口机将相邻彩钢板搭接口咬接,或用防水粘结胶粘接(这种做法仅适用于屋面);自攻螺栓连接是将彩钢板直接通过自攻螺栓固定在屋面檩条或墙梁上,在螺栓处涂防水胶封口,这种方法可用于屋面或墙面彩钢板连接。

彩钢板在纵向需要接长时,其搭接长度不应小于 100 mm,并用自攻螺栓连接,防水胶封口。

彩钢板在安装中,应注意几个关键部位的构造做法:山墙檐口,用檐口包角板连接屋面和墙面彩钢板;屋脊处,在屋脊处盖上屋背盖板,根据屋面的坡度大小,可分为屋面坡度≥10°和<10°两种不同的做法;门窗位置,依窗的宽度,在窗两侧设立窗边立柱,立柱与墙梁连接固定,在窗顶、窗台处设立墙梁,安装彩钢板墙面时,在窗顶、窗台、窗侧分别用不同规格的连接板包角处理;墙面转角处,用包角板连接外墙转角处的接口彩钢板;天沟安装,天沟多采用不锈钢制品,用不锈钢支撑固定在檐口的边梁(檩条)上,支撑架的间距约为 500 mm,用螺栓连接。

对于保温屋面,彩钢板应安装在保温棉上。施工时,在屋面檩条上拉通长钢丝网,钢丝网的间格为 250～400 mm 方格。在钢丝网上将保温棉顺着排水方向垂直铺向屋脊，再在保温棉上安装彩钢板。铺设保温板与安彩钢板依次交替进行，从房屋的一端施工向另一端。在施工中应注意保温材料每幅宽度间的搭接，搭接的长度宜控制在 50 mm 左右。同时，当天铺设的保温棉上应立即安装好彩钢板，以防止雨水淋湿。轻钢结构安装完工后，需要进行节点补漆和最后一遍涂装，涂装所用材料同基层上的涂层材料。由于轻钢结构构件比较单薄，安装时构件稳定性差，需采用必要的措施，防止安装变形。

9.4　多高层钢结构工程安装

9.4.1　多高层钢结构的结构类型

多高层钢结构的结构类型主要有框架结构、框架-支撑结构、框架-剪力墙结构和框架核心筒结构等。框架和支撑采用钢构件，剪力墙可采用钢板剪力墙或混凝土剪力墙，核心筒一般为混凝土核心筒。一般情况下，需要安装的钢构件主要有钢柱、钢梁、钢支撑。

9.4.2　安装阶段的测量放线

1. 建立基准控制点

根据施工现场条件，建筑物测量基准点有以下两种测设方法：

(1)外控法，即将测量基准点设置在建筑物外部，适用于场地开阔的现场。根据建筑物平面形状，在轴线延长线上设立控制点，控制点一般距离建筑物 0.8～1.5 倍的建筑物高度处。引出交线形成控制网，并设立控制桩。

(2)内控法，即将测量基准点设在建筑物内部，适用于现场较小，无法采用外控法的现场。控制点的位置、多少根据建筑物平面形状而定。

2. 平面轴线控制点的竖向传递

(1)地下部分：高层钢结构工程，通常有一定层数的地下部分，对地下部分可采用外控法，建立十字形或井字形控制点，组成一个平面控制网。

(2)地上部分：控制点的竖向传递采用内控法时，投递仪器可采用全站仪或激光准直仪。在控制点架设仪器对中调平。在传递控制点的楼面上预留孔(如 300 mm×300 mm)，孔上设置光靶。传递时，仪器从 0°、90°、180°、270°四个方向向光靶投点，定出 4 点，找出 4 点对角线的交点作为传递的控制点。

3. 柱顶平面放线

利用传递上来的控制点，用全站仪或经纬仪进行平面控制网放线，将轴线放到柱顶上。

4. 悬吊钢尺传递高程

利用高程控制点，采用水准仪和钢尺测量的方法引测，如图 9-23 所示。

$$H_m = H_h + a + [(L_1 - L_2) + \Delta t + \Delta k] - b$$

式中　H_m——设置在建(构)筑物上水准点高程；

　　　H_h——地面上水准点高程；

　　　a——地面上 A 点置镜时水准尺的读数；

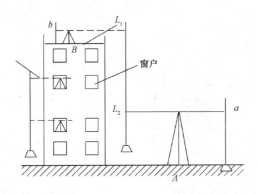

图 9-23　悬吊钢尺传递高程

b——建(构)筑物上 B 点置镜时水准尺的读数；

L_1——建(构)筑物上 B 点置镜时钢尺的读数；

L_2——地面上 A 点置镜时钢尺的读数；

Δt——钢尺的温度改正值；

Δk——钢尺的尺长改正值。

当超过钢尺长度时，可分段向上传递标高。

5. 钢柱垂直度测量

钢柱垂直度的测量可采用以下几种方法：

(1)激光准直仪法。激光准直仪法是指将准直仪架设在控制点上，通过观测接受靶上接收到的激光束，来判断柱子是否垂直的方法。

(2)铅垂法。铅垂法是一种较为原始的方法，是指用锤球吊校柱子，如图 9-24 所示。为避免垂线摆动，可加套塑料管，并将锤球放在稠度较大的油中。

(3)经纬仪法。经纬仪法用两台经纬仪架设在轴线上，对柱子进行校正，是施工中常用的方法。

(4)建立标准柱法。根据建筑物的平面形状选择标准柱，如正方形框架选 4 根转角柱。

根据测设好的基准点，用激光经纬仪对标准柱的垂直度进行观测，在柱顶设测量目标，激光仪每测一次转动 90°，测得 4 个点，取该 4 点相交点为基准量测安装误差(图 9-25)。除标准柱外，其他柱子的误差量测采用丈量法，即以标准柱为依据，沿外侧拉钢丝绳组成平面封闭状方格，用钢尺丈量，超过允许偏差则进行调整(图 9-26)。

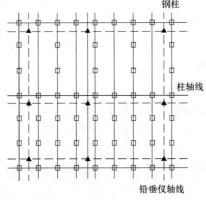

图 9-24　钢柱安装铅垂仪布置

□—钢柱位置；▲—铅垂仪位置；——钢柱控制格图；- - - -铅垂仪控制格图

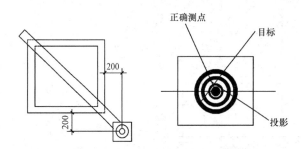

图 9-25 钢柱顶的激光测量目标

图 9-26 钢柱校正用钢丝绳
1—花篮螺栓；2—钢丝绳；3—角柱

9.4.3 流水段划分及作业流程

1. 竖向流水段划分

由于制作和吊装的需要，多、高层钢结构需要从高度方向划分若干节，每一节可作为一个施工流水段。

划分流水段需要注意以下问题：

(1)安装机械的起重性能应满足流水段内最重构件的吊装要求。

(2)塔式起重机的爬升高度应能满足下一节流水段构件的起吊高度。

(3)每一节流水段内柱的长度应能满足构件制作厂的制作条件和运输堆放条件。

竖向施工流水段的划分除须保证单节框架自身的稳定外，还须保证塔式起重机特别是内爬式塔式起重机在爬升过程中的框架稳定，另外，还须考虑每段钢柱的高度，通常可以按 2~3 层作为一个流水段进行划分。

2. 平面流水区的划分

多高层钢结构在施工过程中，为了加快施工进度，尽可能快地交付作业面，以达到多工种、多工序的立体交叉作业，每节流水段还需要在平面上划分流水区。

平面流水区划分时须注意以下问题：

(1)尽量将钢筋混凝土筒体和塔式起重机爬升区划分为一个主要流水区，使其早日达到强度，为塔式起重机的爬升创造条件。

(2)余下部分的区域划分为次要流水区。

(3)采用两台或两台以上的塔式起重机施工时，应按不同的起重半径划分各自的施工区域。

3. 每节流水段的施工流程

每节框架流水段的作业流程如图 9-27 所示。

在平面，考虑钢结构安装过程中的整体稳定性和对称性，安装顺序一般由中央向四周扩展，先从中间的一个节间开始，以一个节间的柱网为一个安装单位，先安装柱，后安装梁，然后向四周扩展，如图 9-28 所示。

高层钢结构的焊接顺序，应从建筑平面中心向四周扩展，采取结构对称、节点对称和全方位对称焊接，如图 9-29 所示。

柱与柱的焊接应由两名焊工在两相对面等温、等速对称施焊；一节柱的竖向焊接顺序是先焊顶部梁柱节点，再焊底部梁柱节点，最后焊接中间部分梁柱节点；梁和柱接头的焊缝，一般

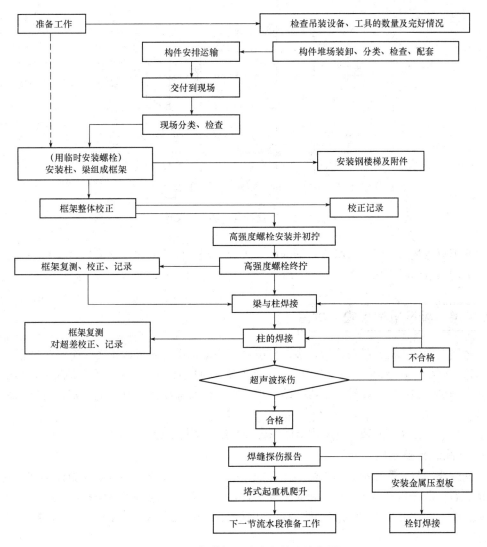

图 9-27 每节框架流水段施工流程图

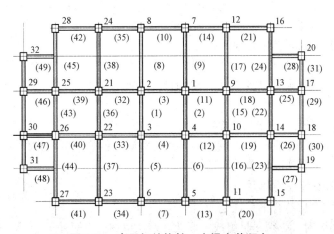

图 9-28 高层钢结构柱、主梁安装顺序

123……—钢柱安装顺序；(1)(2)(3)……—钢梁安装顺序

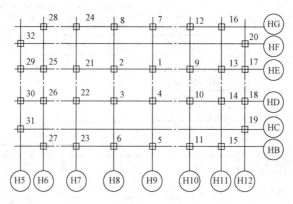

图 9-29 高层钢结构的焊接顺序

先焊梁的下翼缘板,再焊上翼缘板;梁的两端先焊一端,待其冷却至常温后再焊另一端,不宜对一根梁的两端同时施焊。

9.4.4 标准节框架安装方法

通过竖向的施工流水段划分后,多、高层钢结构建筑在竖向形成了若干个框架节段。其中多数节段的框架,其结构类型基本相同,如标准层段的框架,可以称为标准节框架;其余的部位,如设备层、避难层一般设计成桁架结构层,其构件与标准楼层有较大区别,可以称为特殊节框架。

对于标准节框架的安装,宜采用节间综合安装法和按构件分类的大流水安装法。

1. 节间综合安装法

节间综合安装法是针对标准节框架而言的,施工时首先选择一个节间作为标准间。安装若干根钢柱后立即安装框架梁、次梁和支撑等构件,由下而上逐间构成空间标准间,并进行校正和固定。然后以此标准间为依靠,按规定方向进行安装,逐步扩大框架,直至该施工流水段完成。

2. 大流水安装法

按构件分类的大流水安装法是在标准节框架中先安装所有的钢柱,再安装所有的框架梁,然后安装其他构件,按层进行,从下到上,最终形成框架。

我国目前多采用此法,其主要原因如下:

(1)节间综合安装法对构件配套供应要求高。实际施工时,影响钢构件供应的因素多,构件配套供应有困难,而采用大流水安装法,在构件不能按计划供应的情况下还可继续进行安装,有机动的余地。

(2)大流水安装法的管理工作相对容易。

两种不同的安装方法各有利弊。但是,只要能够确保构件供应,构件质量又合格,其安装效率的差异不大,可根据实际情况进行选择。

3. 标准节框架安装注意事项

标准节框架的安装应符合下列规定:

(1)每节框架吊装时,必须尽早组成主框架,避免单柱长时间处于悬臂状态,增加吊装阶段的构件稳定性。

(2)每节框架在高强度螺栓和电焊施工时,宜先连接上层梁,其次连接下层梁,最后为中间。

9.4.5 常规构件安装方法

1. 钢柱安装方法

钢柱安装前应对下一节柱的标高与轴线进行复验。安装前，应在地面将钢爬梯等安装在钢柱上，供登高作业用。钢柱两端设置临时固定用的连接板；上下节钢柱对准后，即用螺栓与连接板作临时固定。待钢柱永久对接连接完成并验收合格后，再将连接板割除。

钢柱起吊的方法有以下两种：

(1)双机抬吊法。双机抬吊法的特点是用采用两台起重机将钢柱起吊、悬空，钢柱底部不着地，如图9-30(a)所示。一般钢柱较重或带有比较大的悬臂梁段时，采用此种方法。

(2)单机旋转法。单机旋转法的特点是起吊时将钢柱回转成直立状态，其底部必须垫实，不可拖拉，如图9-30(b)所示。钢柱起吊时，必须垂直。吊点一般设置在柱顶，宜利用临时固定连接板上的螺孔作为吊点。钢柱安装到位后，应及时对其进行初校(垂直度、位移)。将底节钢柱利用地脚螺栓固定，上层钢柱利用连接板与螺栓拧紧，作为临时固定，然后才能拆除索具。

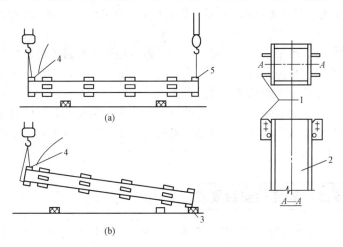

图 9-30　钢柱吊装方法

(a)双机抬吊法；(b)单机旋转法

1—吊耳(钢柱对接连接板)；2—钢柱；3—垫木；4—上吊点；5—下吊点

2. 钢梁安装方法

钢梁安装前，一般对钢柱上的连接件或混凝土核心筒壁上的埋件进行预检。预检内容包括检查连接件平整度、摩擦面、螺栓孔。对预埋件的检查内容包括位置和平整度。

钢梁安装采用两点吊，吊点的位置可按图9-31和表9-13的规定布置。

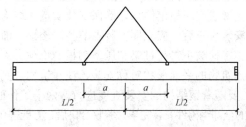

图 9-31　钢梁吊点示意

表 9-13　钢梁吊点位置　　　　　　　　　　　　　　　　　　　m

钢梁长度 L	吊点至钢梁中心的距离 a
>15	2.5
10<L≤15	2.0
5<L≤10	1.5
≤5	1.0

钢梁吊索与钢梁的连接一般有下列几种：

(1)捆扎法：此法简便，但仅适用于质量较轻的钢梁。钢梁越重，捆扎的吊索直径越粗，吊索直径一般超过 32 mm 捆扎就比较困难了。采用此法需要在吊索与钢梁的棱角处，用护角器作保护，以防止吊索被钢梁的棱角割伤。

(2)工具式吊具：此法可降低作业工人的劳动强度，索具装拆方便，能提高工效，对构件与索具的磨损较小。但是这种方法需要有防止吊具松脱的保险装置，否则，在构件到位但还未有效固定前，吊具极易松脱，非常危险。

(3)钢吊耳：此法适用于大而重的钢梁，施工相对安全可靠，但是比较费工费料，吊耳必须经过计算设计。

次梁与小梁的安装，可采用多头吊索或多副吊索，根据小梁的质量和起重的起重能力，控制一次起吊的钢梁数量。在超高层建筑中，尤其到了超高空以后，这种方法对加快安装速度非常有利，可大大节约吊钩上下的必要时间。

钢梁安装到位后，先用与螺孔同直径的冲钉定位，然后用与永久螺栓同直径的普通螺栓作临时固定，普通螺栓的数量不得少于节点螺栓总数的三分之一，且不得少于两只。临时固定完成后，方可拆除吊梁索具。

9.4.6　多层高层钢结构安装要点

(1)安装前，应对建筑物的定位轴线、平面封闭角、底层柱的安装位置线、基础标高和基础混凝土强度进行检查，合格后才能进行安装。

(2)安装顺序应根据事先编制的安装顺序图表进行。

(3)凡在地面组拼的构件。需设置拼装架组拼(立拼)，易变形的构件应先进行加固。组拼后的尺寸经校验无误后，方可安装。

(4)各类构件的吊点，宜按规定设置。

(5)钢构件的零件及附件应随构件一并起吊；对尺寸较大、质量较重的节点板，应用铰链固定在构件上。钢柱上的爬梯、大梁上的轻便走道应牢固固定在构件上一起起吊。调整柱子垂直度的缆风绳或支撑夹板，应在地面上与柱子绑扎好，同时起吊。

(6)当天安装的构件，应形成空间稳定体系，确保安装质量和结构安全。

(7)当一节柱的各层梁安装校正后，应立即安装本节各层楼梯，铺好各层楼层的压型钢板。

(8)安装时，楼面上的施工荷载不得超过梁和压型钢板的承载力。

(9)预制外墙板应根据建筑物的平面形状对称安装，使建筑物各侧面均匀加载。

(10)叠合楼板的施工，要随着钢结构的安装进度进行。两个工作面相距不宜超过 5 个楼层。

(11)每个流水段一节柱的全部钢构件安装完毕并验收合格后，方能进行下一流水段钢结构的安装。

(12)高层钢结构安装时，需注意日照、焊接等温度引起的热影响，导致构件产生的伸长、缩短、弯曲所引起的偏差。施工中应有调整偏差的措施。

9.5 钢结构连接施工

9.5.1 普通螺栓连接施工

钢结构普通螺栓连接即将普通螺栓、螺母、垫圈机械地与连接件连接在一起形成的一种连接形式。荷载是通过螺栓杆受剪、连接板孔壁承压来传递的。若连接螺栓和连接板孔壁之间有间隙，接头受力后会产生较大的滑移变形，主体钢结构或承受动荷载的结构，一般采用高强度螺栓连接，临时性钢结构或钢结构的次要构件如檩条、墙梁可以采用普通螺栓进行连接。

1. 普通螺栓种类和规格

螺栓按照性能等级分为3.6、4.6、4.8、5.6、5.8、6.8、8.8、9.8、10.9、12.9十个等级。其中，8.8级以上的螺栓材质为低碳合金钢和中碳钢经热处理，通称高强度螺栓，8.8级以下（不含）通称普通螺栓。

螺栓性能等级标号由两部分数字组成，分别表示螺栓的公称抗拉强度和材质的屈强比。例如，性能等级4.6级的螺栓其含义为：第一部分数字表示螺栓材质公称抗拉强度（N/mm²）的1/100；第二部分数字表示螺栓材质屈强比的10倍。

普通螺栓按照外观形式可分为六角头螺栓、双头螺栓、沉头螺栓等；按制作精度可分为A级、B级、C级三个等级。A级、B级为精制螺栓，C级为粗制螺栓。钢结构所用连接螺栓，除特殊注明外，一般为C级普通粗制螺栓。

普通螺栓的通用规格为M8、M10、M12、M16、M20、M24、M30、M36、M42、M48、M56和M64等。

2. 普通螺栓连接施工

(1)一般要求。普通螺栓作为永久性连接螺栓时，应符合下列要求：

1)为增大承压面积，螺栓头和螺母下面应放置平垫圈；
2)螺栓头下面放置垫圈不得多于两个，螺母下放置垫圈不应多于一个；
3)对设计要求防松动的螺栓，应采用有防松装置的螺母或弹簧垫圈或用人工方法采取防松措施；
4)对工字钢、槽钢类型钢应尽量使用斜垫圈，使螺母和栓头部的支承面垂直于螺杆；
5)螺杆规格选择、连接形式、螺栓的布置、螺栓孔尺寸符合设计要求及有关规定。

(2)螺栓的紧固及检验。

1)普通螺栓连接对螺栓紧固力没有具体要求，以施工人员紧固螺栓时的手感及连接接头的外形控制为准，即施工人员使用普通扳手靠自己的力量拧紧螺母即可，须保证被连接面贴紧，无明显的间隙。为了保证连接接头中各螺栓受力均匀，螺栓的紧固次序宜从中间对称向两侧进行，对大型接头宜采用复拧方式，即两次紧固。

2)普通螺栓连接螺栓紧固检验比较简单，一般采用锤击法，即用3 kg小锤，一只手扶螺栓头(或螺母)，另一只手用锤敲击，如螺栓头(或螺母)不偏移、不颤动、不转动。如锤声比较干脆，说明螺栓紧固质量良好，否则需重新紧固。永久性普通螺栓紧固应牢固、可靠、外露丝扣不应少于两扣。检查数量按连接点数抽查10%，且不应少于3个。

9.5.2 高强度螺栓连接施工

高强度螺栓连接已经成为与焊接并举的钢结构主要连接形式之一。因其具有受力性能好、耐疲劳、抗震性能好、连接刚度高、施工简便等特点，成为钢结构安装的主要手段之一。安装时，先对构件连接端及连接板表面做特殊处理，形成粗糙面，随后对高强度螺栓施加预拉力，使紧固部位产生很大的摩擦力。

1. 高强度螺栓连接副

高强度螺栓从外形上可分为大六角头高强度螺栓和扭剪型高强度螺栓两种类型，如图 9-32 所示。按性能等级可分为 8.8 级、10.9 级、12.9 级。目前我国使用的大六角头高强度螺栓有 8.8 级和 10.9 级两种；扭剪型高强度螺栓只有 10.9 级一种。

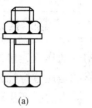

图 9-32　高强度螺栓
(a) 大六角头高强度螺栓；
(b) 扭剪型高强度螺栓

2. 高强度螺栓连接施工

(1) 一般规定。高强度螺栓连接施工时，应符合下列要求：

1) 高强度螺栓连接副应有质量保证书，由制造厂按批配套供货；

2) 高强度螺栓连接施工前，应对连接副和连接件进行检查和复验，合格后再进行施工；

3) 高强度螺栓连接安装时，在每个节点上应穿入的临时螺栓和冲钉数量由安装时可能承担的荷载计算确定，并应符合下列规定：

①不得少于安装总数的 1/3；

②不得少于两个临时螺栓；

③冲钉穿入数量不宜多于临时螺栓的 30%；

4) 不得用高强度螺栓兼作临时螺栓，以防止损伤螺纹；

5) 高强度螺栓的安装应能自由穿入，严禁强行穿入，如不能自由穿入时，应用锉刀进行修整，修整后的孔径应小于 1.2 倍螺栓直径；

6) 高强度螺栓的安装应在结构构件中心位置调整后进行，其穿入方向应以施工方便为准，并力求一致，安装时注意垫圈的正反面；

7) 高强度螺栓孔应采取钻孔成形的方法，孔边应无飞边和毛刺，螺栓孔径应符合设计要求；

8) 高强度螺栓连接构件的螺栓孔的孔距和边距应符合设计要求。

(2) 大六角头高强度螺栓连接施工。大六角头高强度螺连接施工一般采用的紧固方法有扭矩法和转角法两种。

1) 扭矩法施工时，一般先用普通扳手进行初拧，初拧扭矩可取为施工扭矩的 50% 左右，目的是使连接件贴紧。在实际操作中，可先让一个操作工使用普通扳手拧紧；然后使用扭矩扳手，按施工扭矩值进行终拧。对于较大的连接节点，可以按初拧、复拧及终拧的次序进行，复拧扭矩等于初拧扭矩。一般拧紧的顺序从中间向两边或四周进行。初拧和终拧的螺栓均应做不同的标记，避免漏拧、超拧发生，且便于检查。扭矩法在我国应用广泛。

2) 转角法是用控制螺栓应变即控制螺母的转角来获得规定的预拉力，因不需专用扳手，故简单有效。终拧角度可预先测定。高强度螺栓转角法施工分为初拧和终拧两步（必要时可增加复拧），初拧的目的是消除板缝影响，给终拧创造一个大体一致的基础。初拧扭矩一般取终拧扭矩的 50% 为宜，原则是使板缝贴紧为准。如图 9-33 所示，转角法施工工艺顺序如下：

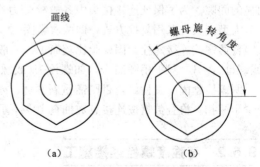

图 9-33　螺栓转角法施工

①初拧：按规定的初拧扭矩值，从节点或螺栓群中心向四周拧紧螺栓，并用小锤敲击检查，防止漏拧。

②划线：初拧后对螺栓逐个进行划线。

③终拧：用扳手使螺栓再旋转一个额定角度，并划线。

④检查：检查终拧角度是否达到规定的角度。

⑤标记：对已终拧的螺栓做出明显的标记，以防止漏拧或重拧。

(3) 扭剪型高强度螺栓连接施工(图9-34)。扭剪型高强度螺栓施工相对于大六角头高强度螺栓连接施工简单得多。其是采用专用的电动扳手进行终拧，梅花头拧掉则终拧结束。

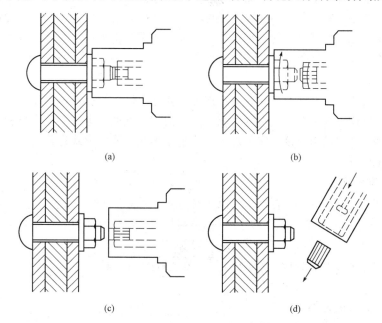

图 9-34　扭剪型高强度螺栓终拧施工

扭剪型高强度螺栓的拧紧可分为初拧、终拧两步。对于大型节点可分为初拧、复拧、终拧三步。初拧采用手动扳手或专用定矩电动扳手，初拧值为预拉力标准值的50%左右；复拧扭矩等于初拧扭矩值。初拧或复拧后的高强度螺栓应用颜色在螺栓上涂上标记，然后用专用电动扳手进行终拧，直至拧掉螺栓尾部梅花头，读出预拉力值。

3. 高强度螺栓连接副的施工质量检查与验收

高强度螺栓施工质量应有下列原始检查验收记录：高强度螺栓连接副复验数据、抗滑移系数试验数据、初拧扭矩、终拧扭矩、扭矩扳手检查数据和施工质量检查验收记录等。

对大六角头高强度螺栓应进行以下检查：

(1) 用小锤(0.3 kg)敲击法对高强度螺栓进行检查，切防漏拧。

(2) 终拧完成后，48 h内应进行终拧扭矩检查。按节点数抽查10%，且不应少于10个；每个被抽查节点按螺栓数抽查10%，且不应少于2个。检查时在螺栓尾部端头和螺母相对位置划线，然后将螺母退回60°左右，再用扭矩扳手重新拧紧使两线重合，测得此时的扭矩值与施工扭矩值的偏差在5%以内为合格。

对扭剪型高强度螺栓连接副终拧后检查以目测尾部梅花头拧掉为合格。对于因构造原因不能在终拧中拧掉梅花头的螺栓数量不应大于该节点螺栓数的5%，并应按大六角头高强度螺栓规定进行终拧扭矩检查。

9.5.3 钢结构现场焊接施工工艺

焊接是钢结构工程现场连接的主要方式之一。如何根据工程特点选用焊接方法和设备、制定合理焊接工艺、控制焊接质量是决定钢结构工程质量的重要因素。

1. 现场焊接方法和设备

建筑钢结构常用焊接方法为手工电弧焊、埋弧焊和气体保护焊。焊接方法的选择要根据结构特点、钢材性能及焊接条件等因素综合考虑。钢结构在焊接中,应优先采用CO_2气体保护焊。在超高层焊接施工中,宜采用保护性能更好的药芯焊丝CO_2气体保护焊。焊接设备的选用应根据所采用的焊接方法及焊接材料的类型确定。一般重要钢结构采用低氢碱性焊条焊接,则宜选用直流电源;而一些酸性焊条焊接低碳钢及非重要结构时,则可选用交流电源。

2. 焊工资质

现场施焊人员必须经考试合格并取得合格证书才能上岗。持证焊工必须在其考试合格项目及其认可范围内施焊。焊工考试应由经国家主管部门授权批准的考试委员会负责实施。从事超高层和一些大型重要钢结构焊接工作的焊工,应根据焊接结构的形式进行附加考试,考试合格的焊工才能获准施焊。

3. 焊接工艺评定

凡符合以下情况之一者,应在钢结构构件安装施工之前进行焊接工艺评定:

(1)国内首次应用于钢结构工程的钢材(包括钢材牌号与标准相符,但微合金强化元素的类别不同和供货状态不同,或国外钢号国内生产的钢材)。

(2)国内首次应用于钢结构工程的焊接材料。

(3)设计规定的钢材类别、焊接材料、焊接方法、接头形式、焊接位置、焊后热处理,以及施工单位所采用的焊接工艺参数、预热与后热措施等各种参数的组合条件为施工企业首次采用。

4. 焊接工艺

图9-35所示为现场坡口焊接施工流程。

(1)焊前准备。现场焊接区应搭设操作脚手架平台,平台高度及宽度应有利于焊工操作舒适、方便,并应有防风措施。焊工应配置一些必要的工具,如凿子、榔头、刷子及砂轮机等。焊把线应绝缘良好,如有破损处要用绝缘布包裹好,以免拖拉焊把线时与母材打火。焊接设备应接线正确并调试好,正式焊接前宜先进行试焊,将电压、电流调至合适的范围。检查坡口施工质量,应去除坡口区域的氧化皮、水分、油污等影响焊缝质量的杂质。如坡口用氧炔焰切

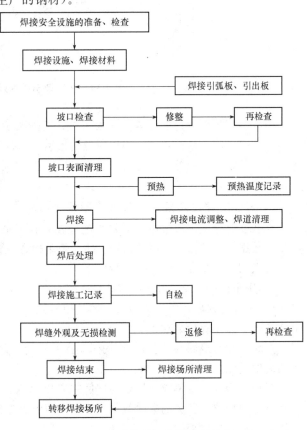

图9-35 现场坡口焊接施工流程

割过，还应用砂轮机对其进行打磨直至露出金属光泽。当坡口组装间隙不超过 20 mm 时，可采取堆焊至规范要求的措施。如坡口组装间隙超过 20 mm，则不宜采用堆焊措施，应会同焊接责任工程师及有关设计人员、监理采取措施。

(2) 焊接环境。焊接作业区风速：手工电弧焊时不得超过 8 m/s，CO_2 气体保护焊时不得超过 2 m/s，否则应采取防风措施。焊接作业区的相对湿度不得大于 90%。遇到雨雪天气，除非采取隔离措施，否则不得施焊，并且要有加热去湿措施。当焊接作业区温度低于 0 ℃ 时，即使原有工艺不要求焊前预热，也应将接头区域(坡口及坡口两侧不小于 100 mm 的范围)加热至 20 ℃ 以上方可施焊。

(3) 焊接施工。在主要对接焊焊缝的引弧端和收弧端，应设置与母材材质相同的引弧板和引出板，原则上其坡口形式和焊接接头相同。手工电弧焊和气体保护焊焊缝：引弧板、引出板的宽度和长度不应小于 50 mm，厚度不应小于 6 mm；其他焊接方法：引弧板、引出板的宽度不应小于 80 mm，长度不应小于 100 mm，厚度不应小于 10 mm。焊接完成后，应用气割切除引弧板和引出板，留有 2 mm 宽，用砂轮机修磨平整。严禁用锤子强行击落。

定位焊必须由持焊工合格证的工人施焊，且应与正式焊缝一样要求。定位焊焊缝长度不宜小于 40 mm，间距视具体结构情况而定，一般为 400～500 mm，焊缝厚度不宜超过设计要求的 2/3，且不应超过 8 mm。正式施焊时应将定位焊焊缝完全熔入，如发现定位焊焊缝有气孔、裂纹等缺陷时，应清除后再焊接。

禁止在焊缝以外的母材上打火、引弧，设置引弧板的接头应在引弧板上引弧。对于厚板，需采用多层多道焊时，引弧和收弧应呈阶梯状，不宜收在同一点。后一道焊缝应将前道焊缝的收弧弧坑重熔填满。

(4) 预热和后热。常用结构钢材最低预热温度可按表 9-14 采用。

表 9-14 常用结构钢材最低预热温度要求

钢材牌号	接头最厚部件的板厚/mm			
	$t<30$	$30 \leqslant t<60$	$60 \leqslant t<100$	$t \geqslant 100$
Q235	—	40 ℃	80 ℃	100 ℃
Q345	—	60 ℃	100 ℃	120 ℃

焊前预热方法主要采用远红外电加热器和氧炔焰加热器加热。预热范围为坡口及坡口两侧不小于板厚的 1.5 倍宽度，且不小于 100 mm。测温点宜在加热侧的背面，距离焊接点各方向上不小于焊件的最大厚度值，但不得小于 75 mm 处。

焊后加热温度一般为 200 ℃～250 ℃，保温时间应根据焊件板厚确定，按每 25 mm 板厚不小于 0.5 h 且总保温时间不得小于 1 h 确定。现场保温可采取用石棉包裹焊接接头的方法。

(5) 焊接工艺参数。焊接工艺参数选用可按照钢材、焊接材料所推荐参数执行。必要时通过工艺评定试验确定合理的参数。对含 V、Nb、Ti 微合金化元素的钢种，焊接热输入不宜太大。

(6) 焊接操作。施焊时，焊缝根部打底焊层宜选用直径规格小一些的焊条，操作运弧方法以齿形为宜；中部叠焊层宜选用直径大一些的焊条，以提高工效，但焊接中要注意清渣；盖面时应留深的坡口槽，然后再进行盖面焊，盖面焊的高度比母材表面略高 1～3 mm，从最高处逐步向母材表面过渡；一级焊缝的余高，当焊缝宽度 $b<20$ mm 时，应不大于 2 mm，并不应有咬边现象。盖面焊缝的边缘应超过母材边缘线 2 mm 左右。

每条焊缝一经施焊原则上要连续操作一次完成。大于 4 h 焊接运的焊缝，其焊缝必须完成 2/3 以上才能停焊，然后再二次施焊完成。间歇后的焊缝重新施焊前应重新预热，焊接后中途不宜停止。

(7)焊接顺序。现场焊接应在安装流水段内主要构件安装、校正并固定完毕后开始。一般高层钢结构工程的流水段划分为三层一节,总体上宜采取上层梁—下层梁—中层梁的焊接顺序,平面上应遵从围绕中部对称布置焊接点。单元接头应根据构件截面大小安排焊工遵循对称施焊的原则进行焊接,如图9-36所示。

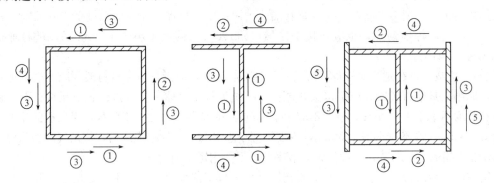

图9-36 典型接头焊接顺序

5. 抗层状撕裂工艺措施

抗层状撕裂的工艺措施如下:
(1)设计上应优先选用抗层状撕裂钢板,接头设计尽量减少板厚方向的焊接量。
(2)选用低氢焊条、超低氢焊条或气体保护焊等低氢型方法进行焊接。
(3)适当提高预热温度。
(4)在坡口内母材表面上堆焊低强度、高韧性焊接材料进行过渡。

6. 焊接变形及应力控制措施

对于焊接变形的控制,可以采取以下措施:
(1)焊接点要均匀布置,避免集中于某一处焊接。
(2)构件拼装时宜设置胎架,进行刚性固定。
(3)选用气体保护焊等能量密度相对较高的焊接方法,并采用较小的热输入。
(4)遵循对称焊接原则,采用相同的热输入沿构件对称轴施焊。
(5)对长焊缝宜采用分段退焊法及多人对称焊接。
(6)局部焊接变形可采用火焰校正方法。

对于焊接应力的控制,可采取如下措施:
(1)焊接接头的设计要能尽量减少焊缝熔敷量,并且有利于两面对称焊接。在满足设计强度要求下,选用局部熔透焊缝。
(2)焊接工艺上,采取合适的焊接顺序及预热、后热措施来减小焊接应力。
(3)设计文件对焊后有消应力要求时,可采用热时效、振动时效及链击法等消应力措施。
(4)对现场焊缝,推荐采用锤击法。锤击工具选用圆头手锤或带有直径8 mm球形头的风铲,对中间焊层进行逐层锤击。锤击应小心,以防止焊缝金属开裂。严禁对焊缝根部、表面焊层或焊缝边的母材进行锤击。

7. 焊接缺陷返修

焊缝表面的气孔、夹渣用碳刨清除后重焊。母材上若产生弧斑,需要用砂轮机打磨,必要时进行磁粉检查。焊缝内部的缺陷,根据无损检测对缺陷的定位,用碳刨清除。对裂纹,碳刨区域两端要向外延伸至各50 mm的焊缝金属。返修焊接时,对于厚板,必须按原有工艺进行预热、后热处理。预热温度应在原有基础上提高 20 ℃。焊缝同一部位的返修不宜超过两次。若超过两次,则要制定专门的返修工艺并报请监理工程师批准。

9.6 钢结构安装质量控制及质量通病防治

9.6.1 基础验收

(1)施工现场应使用准确的计量设施,并经准确的计量;保持砂、石、水泥与水的配合比合理,混凝土搅拌均匀。

(2)浇灌基础底层时,混凝土自由倾落高度不得超过 2 m。超过时应使用串筒式溜槽等设施来降低其倾落高度,以减缓混凝土冲击坠落过急,导致松散离析。

(3)浇灌混凝土前要认真检查模板支设的牢固性,并将模板的孔洞堵好,防止在浇灌和振捣等外力作用下,模板发生位移而脱离混凝土或漏浆。

(4)浇灌混凝土前,模板应充分均匀润湿,避免混凝土浆被模板吸收,导致贴合性差,与模板离析,发生松散的缺陷。

(5)混凝土浇灌应与振捣工作良好配合,振捣工作应分层进行,保证上下层混凝土捣固均匀,结合良好。

(6)混凝土振捣的效果判定:
1)混凝土不再出现气泡;
2)混凝土上表面较均匀,不再出现显著的下降和凹坑现象;
3)混凝土表面出浆处于水平状态;
4)模板内侧棱角被混凝土充分填充饱满;
5)混凝土表面的颜色均匀一致。

(7)浇筑好的混凝土要用润湿的稻草帘覆盖,并定时泼水保持湿润,以达到强度养护条件。

(8)拆模时间不宜过早,否则混凝土强度不足,在拆模时易被损坏,发生蜂窝及孔洞等缺陷。

9.6.2 基础灌浆

(1)为达到基础二次灌浆的强度,在用垫铁调整或处理标高、垂直度时,应保持基础支承面与钢柱底座板下表面之间的距离不小于 40 mm,以利于灌浆,并全部填满空隙。

(2)灌浆所用的水泥砂浆应采用高强度等级水泥或比原基础混凝土强度等级高一级。

(3)冬期施工时,基础二次灌浆配制的砂浆应掺入防冻剂、早强剂,以防止冻害或强度上升过缓的缺陷。

(4)为了防止腐蚀,对下列结构工程及所在的工作环境,二次灌浆使用的砂浆材料中,不得掺用氯盐:
1)在高温度空气环境中的结构,如排出大量蒸汽的车间和经常处在空气相对湿度大于80%的环境;
2)处于水位升降的部位的结构及其结构基础;
3)露天结构或经常受水湿、雨淋的结构基础;
4)有镀锌钢材或有色金属结构的基础;

5)外露钢材及其预埋件而无防护措施的结构基础;

6)与含有酸、碱或硫酸盐等侵蚀性介质相接触的结构及有关基础;

7)使用的工程经常处于环境温度为60℃及其以上的结构基础;

8)薄壁结构、中级或重级工作制的起重机梁、屋架、落锤或锻锤的结构基础;

9)电解车间直接靠近电源的构件基础;

10)直接靠近高压电源(发电站、变电所)等场合一类结构的基础;

11)预应力混凝土的结构基础。

(5)为保证基础二次灌浆达到强度要求。避免发生一系列质量通病,应按以下工艺进行:

1)基础支承部位的混凝土面层上的杂物需要认真清理干净,并在灌浆前用清水湿润后再进行灌浆;

2)灌浆前对基础上表面的四周应支设临时模板;基础灌浆时应连续进行,防止砂浆凝固,不能紧密结合;

3)对于灌浆空隙太小,底座板面积较大的基础灌浆时,为克服无法施工或灌浆中的空气、浆液过多,影响砂浆的灌入或分布不均等缺陷,宜参考以下方法进行:

①灌浆空隙较小的基础,可在柱底脚板上面各开一个适宜的大孔和小孔。大孔作为灌浆用,小孔作为排除空气和浆液用,在灌浆的同时可用加压法将砂浆填满空隙,并认真捣固,以达到强度。

②对于长度或宽度在1m以上的大型柱底座板灌浆时,应在底座板上开一孔,用漏斗放于孔内,并采用压力将砂浆灌入,再用1~2个细钢管,其管壁钻若干小孔,按纵横方向平行放入基础砂浆内解决浆液和空气的排出。待浆液、空气排出后,抽除钢管并加灌一些砂浆来填满钢管遗留的空隙。在养护强度达到后,将座板开孔处用钢板覆盖并焊接封堵。

③基础灌浆工作完成后,应将支承面四周边缘用工具抹成45°散水坡,并认真湿润养护。

④如果在北方冬季或较低温环境下施工时,应采取防冻或加温等保护措施。

(6)如果钢柱的制作质量完全符合设计要求时,采用座浆法将基础支撑面一次达到设计安装标高的尺寸;经养护强度达到75%及其以上即可就位安装。可省略二次灌浆的系列工序过程,并节约垫铁等材料和消除灌浆存在的质量通病。

(7)座浆或灌浆后的强度试验。

1)用座浆法或灌浆法处理后的安装基础的强度必须符合设计要求;基础的强度必须达到7 d的养护强度标准,其强度应达到75%及其以上时,方可安装钢结构。

2)如果设计要求需做强度试验时,应在同批施工的基础中采用的同种材料、同一配合比同一天施工及相同施工方法和条件下,制作两组砂浆试块。其中,一组与座浆或灌浆同条件进行养护,在钢结构安装前做强度试验;另一组试块进行28 d标准养护,做龄期强度备查。

3)如同一批座浆或灌浆的基础数量较多时,为了达到其准确的平均强度值,可适当增加砂浆试块组数。

9.6.3 垫铁垫放

(1)为了使垫铁组平稳地传力给基础,应使垫铁面与基础面紧密贴合。因此,在垫放垫铁前,对不平的基础上表面,需用工具凿平。

(2)垫放垫铁的位置及分布应正确,具体垫法应根据钢柱底座板受力面积大小,应垫在钢柱中心及两侧受力集中部位或靠近地脚螺栓的两侧。垫铁垫放的主要要求是在不影响灌浆的前提下,相邻两垫铁组之间的距离应越近越好,这样能使底座板、垫铁和基础起到全面承受压力荷载的作用,共同均匀的受力;避免局部偏压、集中受力或底板在地脚螺栓紧固受力时发生变形。

(3)直接承受荷载的垫铁面积,应符合受力需要,否则面积太小,易使基础局部集中过载,影响基础全面均匀受力。因此,钢柱安装用垫铁调整标高或水平度时,首先应确定垫铁的面积。一般钢柱安装用垫铁均为非标准,不如安装动力设备垫铁的要求那么严格,故钢柱安装用垫铁在设计施工图上一般不作规定和说明,施工时可自行选用确定。选用确定垫铁的几何尺寸及受力面积,可根据安装构件的底座面积大小、标高、水平度和承受载荷等实际情况确定。

(4)垫铁厚度应根据基础上表面标高来确定。一般基础上表面的标高多数低于安装基准标高40~60 mm。安装时依据这个标高尺寸用垫铁来调整确定极限标高和水平度。因此,安装时应根据实际标高尺寸确定垫铁组的高度,再选择每组垫铁厚、薄的配合;规范规定,每组垫铁的块数不应超过三块。

(5)垫放垫铁时,应将厚垫铁垫在下面,薄垫铁放在最上面,最薄的垫铁宜垫放在中间;但尽量少用或不用薄垫铁,否则会影响受力时的稳定性和焊接(点焊)质量;安装钢柱调整水平度,在确定平垫铁的厚度时,还应同时锻造加工一些斜垫铁,其斜度一般为1/10~1/20;垫放时应防止产生偏心悬空,斜垫铁应成对使用。

(6)垫铁在垫放前,应将其表面的铁锈、油污和加工的毛刺清理干净,以备灌浆时能与混凝土牢固地结合;垫后的垫铁组露出底座板边缘外侧的长度为10~20 mm,并在层间两侧用电焊点焊牢固。

(7)垫铁垫的高度应合理,过高会影响受力的稳定;过低则会影响灌浆的填充饱满,甚至使灌浆无法进行。灌浆前,应认真检查垫铁组与底座板接触的牢固性,常用0.25 kg重的小锤轻击,用听声的办法来判断,接触牢固的声音是实音,接触不牢固的声音是碎哑音。

9.6.4 钢柱标高

(1)基础施工时,应按设计施工图规定的标高尺寸进行施工,以保证基础标高的准确性。

(2)安装单位对基础上表面标高尺寸,应结合各成品钢柱的实际长度或牛腿承面的标高尺寸进行处理,使安装后各钢柱的标高尺寸达到一致。这样可避免只顾基础上表面的标高,忽略了钢柱本身的偏差,导致各钢柱安装后的总标高或相对标高不统一。因此,在确定基础标高时,应按以下方法处理:

1)首先确定各钢柱与所在各基础的位置,并进行对应配套编号;

2)根据各钢柱的实际长度尺寸(或牛腿承点位置)确定对应的基础标高尺寸;

3)当基础标高的尺寸与钢柱实际总长度或牛腿承点的尺寸不符,应采用降低或增高基础上平面的标高尺寸的办法来调整确定安装标高的准确尺寸。

(3)钢柱基础标高的调整应根据安装构件及基础标高等条件来进行,常用的处理方法有以下几种:

1)成品钢柱的总长、垂直度、水平度,完全符合设计规定的质量要求时,可将基础的支撑面一次浇灌到设计标高,安装时不做任何调整处理即可直接就位安装。

2)基础混凝土浇灌到较设计标高低40~60 mm的位置,然后用细石混凝土找平至设计安装标高。找平层应保证细石面层与基础混凝土严密结合,不许有夹层;如原混凝土面光滑,应用钢凿凿成麻面,并经清理,再进行浇灌,使新旧混凝土紧密结合,从而达到基础的强度。

3)按设计标高安置好柱脚底座钢板,并在钢板下面浇灌水泥砂浆。

4)先将基础浇灌到比设计标高低40~60 mm,在钢柱安装到钢板上后,再进行浇灌细石混凝土,如图9-37所示。

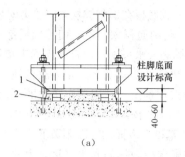
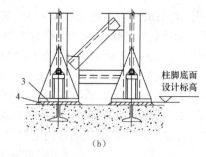

图 9-37 基础施工及标高处理方法
(a)第一种方法;(b)第二种方法

1—调整钢柱用的垫铁;2—钢柱安装后浇灌的细石混凝土;3—预先埋置的支座配件;4—钢柱安装后浇灌的水泥砂浆

9.6.5 地脚螺栓(锚栓)定位

(1)基础施工确定地脚螺栓或预留孔的位置时,应认真按照施工图规定的轴线位置尺寸,放出基准线,同时在纵轴线、横轴线(基准线)的两对应端分别选择适宜位置,埋置铁板或型钢,标定出永久坐标点,以备在安装过程中随时测量参照使用。

(2)浇筑混凝土前,应按规定的基准位置支设、固定基础模板及其表面配件。

(3)浇筑混凝土时,应经常观察及测量模板的固定支架、预埋件和预留孔的情况。当发现有变形、位移时应立即停止浇灌,进行调整、排除。

(4)为防止基础及地脚螺栓等的系列尺寸、位置出现位移或偏差过大,基础施工单位与安装单位应在基础施工放线定位时密切配合,共同把关控制各自的正确尺寸。地脚螺栓(锚栓)位置的允许偏差详见表 9-15。

表 9-15 地脚螺栓(锚栓)尺寸的允许偏差　　　　　mm

项目	允许偏差
螺栓(锚栓)露出长度	+30.0 0.0
螺纹长度	+30.0 0.0

9.6.6 地脚螺栓(锚栓)纠偏

(1)经检查测量,如埋设的地脚螺栓有个别的垂直度偏差很小时,应在混凝土养护强度达到75%及以上时进行调整。调整时可用氧乙炔焰将不直的螺栓在螺杆处加热后采用木质材料垫护,用锤敲移、扶直到正确的垂直位置。

(2)对位移或垂直度偏差过大的地脚螺栓,可在其周围用钢凿将混凝土凿到适宜深度后,用气割割断,按规定的长度、直径尺寸及相同材质材料,加工后采用搭接焊上一段,并采取补强的措施,来调整达到规定的位置和垂直度。

(3)对位移偏差过大的个别地脚螺栓除采用搭接焊法处理外,在允许的条件下,还可采用扩大底座板孔径侧壁来调整位移的偏差量,调整后并用自制的厚板垫圈覆盖,进行焊接补强固定。

(4)预留地脚螺栓孔在灌浆埋设前,当螺栓在预留孔内位置偏移超差过大时,可采取扩大预留孔壁的措施来调整地脚螺栓的准确位置。

9.6.7　螺栓孔制作与布置

(1)无论粗制螺栓或精制螺栓,其螺栓孔在制作时尺寸、位置必须准确,对螺栓孔及安装面应做好修整,以便于安装。构件孔径的允许偏差和检验方法见表9-16。

表9-16　C级螺栓孔的允许偏差和检验方法

项次	项目	允许偏差/mm	检验方法
1	直径	+1.0 0	用游标卡尺或孔径量规检查
2	圆度	2.0	
3	垂直度	$0.03t$ 且不应大于 2.0	

(2)钢结构构件每端至少应有两个安装孔。为了减少钢构件本身挠度导致孔位偏移,一般采用钢冲子预先使连接件上下孔重合。施拧螺栓工艺:第一个螺栓第一次必须拧紧,当第二个螺栓拧紧后,再检查第一个螺栓并继续拧紧,保持螺栓紧固程度一致。紧固力矩大小应该按设计要求,不可擅自决定。

9.6.8　地脚螺栓埋设

(1)地脚螺栓的直径、长度均应按设计规定的尺寸制作;一般地脚螺栓与钢结构配套出厂,其材质、尺寸、规格、形状和螺纹的加工质量,均应符合设计施工图的规定。如钢结构出厂不带地脚螺栓,则需自行加工,地脚螺栓各部尺寸应符合下列要求:

1)地脚螺栓的直径尺寸与钢柱底座板的孔径应相适配,为便于安装找正、调整,多数是底座孔径尺寸大于螺栓直径。

2)地脚螺栓长度尺寸可用式(9-8)确定:

$$L=H+S \text{ 或 } L=H-H_1+S \tag{9-8}$$

式中　L——螺栓的总长度(mm);

　　　H——螺栓埋设深度(是指一次性埋设)(mm);

　　　H_1——当预留地脚螺栓孔埋设时,螺栓根部与孔底的悬空距离$(H-H_1)$一般不得小于 80 mm;

　　　S——高度、底座板厚度、垫圈厚度、压紧螺母厚度、防松锁紧副螺母(或弹簧垫圈)厚度和螺栓伸出螺母的长度(2~3扣)的总和(mm)。

3)为使埋设的地脚螺栓有足够的附着力,其根部需经加热后加工成(或煨成)L形、U形等形状。

(2)样板尺寸放完后,在自检合格的基础上交监理抽检,进行单项验收。

(3)无论一次埋设或事先预留的孔二次埋设地脚螺栓时,埋设前,一定要将埋入混凝土中的一段螺杆表面的铁锈、油污清理干净,否则,如清理不干净,会使浇灌后的混凝土与螺栓表面结合不牢,易出现缝隙或隔层,不能起到锚固底座的作用。清理的一般做法是用钢丝刷或砂纸去锈,油污一般是用火焰烧烤去除。

(4)地脚螺栓在预留孔内埋设时,其根部底面与孔底的距离不得小于80 mm,地脚螺栓的中心应在预留孔中心位置,螺栓的外表与预留孔壁的距离不得小于20 mm。

(5)对于预留孔的地脚螺栓埋设前应将孔内杂物清理干净,一般做法是用长度较长的钢凿将孔底及孔壁结合薄弱的混凝土颗粒及贴附的杂物全部清除,然后用压缩空气吹净,并在浇灌前用清水充分湿润,再进行浇灌。

(6)为防止浇灌时地脚螺栓的垂直度及距离孔内侧壁、底部的尺寸变化,浇灌前应将地脚螺栓找正后加固固定。

(7)固定螺栓可采用下列两种方法:
1)先浇筑混凝土螺栓时,在埋设螺栓时,采用型钢两次校正办法,检查无误后,浇筑预留孔洞。
2)将每根柱的地脚螺栓每8个或4个用预埋钢架固定,一次浇筑混凝土,定位钢板上的纵横轴线允许误差为0.3 mm。

(8)做好保护螺栓措施。

(9)实测钢柱底座螺栓孔距及地脚螺栓位置数据,将两项数据归纳是否符合质量标准。

(10)当螺栓位移超过允许位,可用氧乙炔火焰将底座板螺栓孔扩大,安装时另加长孔垫板,焊好。也可将螺栓根部混凝土凿去5~10 mm,而后将螺栓稍弯曲,再烤直。

9.6.9 地脚螺栓螺纹保护与修补

(1)与钢结构配套出厂的地脚螺栓在运输、装箱、拆箱时,均应加强对螺纹保护。正确保护法是涂油后,用油纸及线麻包装绑扎,以防止螺纹锈蚀和损坏,并应单独存放,不宜与其他零部件混装、混放,以免相互撞击损坏螺纹。

(2)基础施工埋设固定的地脚螺栓,应在埋设过程中或埋设固定后,用罩式的护箱、盒加以保护。

(3)钢柱等带底座板的钢构件安装就位前应对地脚螺栓的螺纹段采取以下的保护措施:
1)不得利用地脚螺栓做弯曲加工的操作;
2)不得利用地脚螺栓做电焊机的接零线;
3)不得利用地脚螺栓做牵引拉力的绑扎点;
4)构件就位时,应用临时套管套入螺杆,并加工成锥形螺母带入螺杆顶端;
5)安装构件时,防止水平侧向冲击力撞伤螺纹,应在构件底部拴好溜绳加以控制;
6)安装操作,应统一指挥,相互协调一致,当构件底座孔位全部垂直对准螺栓时,将构件缓慢地下降就位,并卸掉临时保护装置,带上全部螺母。

(4)当螺纹被损坏的长度不超过其有效长度时,可用钢锯将损坏部位锯掉,用什锦钢锉修整螺纹,达到顺利带入螺母为止。

(5)如地脚螺栓的螺纹被损坏的长度,超过规定的有效长度时,可用气割割掉大于原螺纹段的长度;再用与原螺栓相同的材质、规格的材料,一端加工成螺纹,并在对接的端头截面制成30°~45°的坡口与下端进行对接焊接后,再用相应直径规格、长度的钢管套入接点处,进行焊接加固补强。经套管补强加固后,会使螺栓直径大于底座板孔径,用气割扩大底座板孔的孔径来解决。

9.6.10 钢柱垂直度

(1)钢柱在制作中的拼装、焊接,均应采取防变形措施;对制作时产生的变形,如超过设计规定的范围时,应及时进行矫正,以防止遗留给下一道工序发生更大的积累超差变形。

(2)对制作的成品钢柱要加强认真管理,以防放置的垫基点、运输不合理,由于自重压力作用产生弯矩而发生变形。

(3)因钢柱较长,其刚性较差,在外力作用下易失稳变形,因此竖向安装时的吊点选择应正确,一般应选在柱全长 2/3 柱上的位置,可防止变形。

(4)安装钢柱时,还应注意起吊半径或旋转半径的正确,并采取在柱底端设置滑移设施,以防钢柱吊起扶直时发生拖动阻力及压力作用,促使柱体产生弯曲变形或损坏底座板。

(5)当钢柱被安装到基础平面就位时,应将柱底座板上面的纵横轴线对准基础轴线(一般由地脚螺栓与螺孔来控制),以防止其跨度尺寸产生偏差,导致柱头与屋架安装连接时,发生水平方向向内拉力或向外撑力作用,使柱身弯曲变形。

(6)钢柱垂直度的校正应以纵横轴线为准,先找正固定两端边柱为样板柱。以样板柱为基准来校正其余各柱。调整垂直度时,垫放的垫铁厚度应合理,否则垫铁的厚度不均,也会造成钢柱垂直度产生偏差。实际调整垂直度的做法,多用试垫厚薄垫铁来进行,做法较麻烦;可根据钢柱的实际倾斜数值及其结构尺寸,用式(9-9)计算所需增、减垫铁厚度来调整垂直度:

$$\delta = \frac{\Delta S \cdot B}{2L} \tag{9-9}$$

式中　δ——垫板厚度调整值(mm);
　　　ΔS——柱顶倾斜的数值(mm);
　　　B——柱底板的宽度(mm);
　　　L——柱身的高度(mm)。

(7)钢柱就位校正时,应注意风力和日照温度、温差的影响,以防止柱身发生弯曲变形。其预防措施如下:

1)风力对柱面产生压力,使柱身发生侧向弯曲。因此,在校正柱子时,当风力超过 5 级时不能进行。对已校正完成的柱子应进行侧向梁的安装或采取加固措施,以增加整体连接的刚性,防止风力作用变形。

2)校正柱子应注意防止日照温差的影响,钢柱受阳光照射的正面与侧面产生温差,使其发生弯曲变形。由于受阳光照射的一面温度较高,而阳面膨胀的程度越大,柱靠上端部分向阴面弯曲就越严重,故校正柱子工作应避开阳光照射的炎热时间,宜在早晨或阳光照射低温较低的时间及环境内进行。

(8)处理钢柱垂直度超偏的矫正措施可参考以下方法:

1)矫正前,需先在钢柱弯曲部位上方或顶端,加设临时支撑,以减轻其承载的重力。

2)单层厂房一节钢柱弯曲矫正时,可在弯曲处固定一侧向反力架,利用千斤顶进行矫正。因结构钢柱刚性较大,矫正时需用较大的外力,必要时可用氧乙炔焰在弯处凸面进行加热后,再加施顶力可得到矫正。

3)如果是高层结构、多节钢柱某一处弯曲矫正时,与上述第2)项的矫正方法相同,应按层、分节和分段进行矫正。

(9)钢柱与屋架连接安装后再安装屋面板时,应由上弦中心两坡边缘向中间对称同步进行,严禁由一坡进行,产生侧向集中力,导致钢柱发生弯曲变形。

(10)未经设计允许不许利用已安装好的钢柱及与其相连的其他构件,做水平拽拉或垂直安装较重的构件和设备;如需安装时,应征得设计单位的同意并经过周密的计算,采取有效的加固增强措施,以防止弯曲变形,甚至损坏连接结构。

9.6.11 钢柱高度

(1)钢柱在制造过程中应严格控制长度尺寸,在正常情况下应控制以下三个尺寸:
1)控制设计规定的总长度及各位置的长度尺寸;
2)控制在允许的负偏差范围内的长度尺寸;
3)控制正偏差和不允许产生正超差值。
(2)制作时,控制钢柱总长度及各位置尺寸,可参考以下做法:
1)统一进行划线号料、剪切或切割;
2)统一拼接接点位置;
3)统一拼装工艺;
4)焊接环境、采用的焊接规范或工艺,均应统一;
5)如果是焊接连接时,应先焊钢柱的两端,留出一个拼接接点暂时不焊,留作调整长度尺寸用,待两端焊接结束、冷却后,经过矫正再焊接接点,以保证其全长及牛腿位置的尺寸正确;
6)为控制无接点的钢柱全长和牛腿处的尺寸正确,可先焊柱身,柱底座板和柱头板暂时不焊,一旦出现偏差时,在焊柱的底端底座板或上端柱头板前进行调整,最后焊接柱底座板和柱头板。
(3)基础支承面的标高与钢柱安装标高的调整处理,应根据成品钢柱实际制作尺寸进行,使实际安装后的钢柱总高度及各位置高度尺寸达到统一。

9.6.12 钢屋架拱度

(1)钢屋架在制作阶段应按设计规定的跨度比例($L/500$)进行起拱。
(2)起拱的弧度加工后不应存在应力,并使弧度曲线圆滑均匀;如果存在应力或变形时,应认真矫正消除。矫正后的钢屋架拱度应用样板或尺量检查,其结果要符合施工图规定的起拱高度和弧度;凡是拱度及其他部位的结构发生变形时,一定经矫正符合要求后方可进行安装。
(3)钢屋架安装前应制定合理的安装方案,以保证其拱度及其他部位不发生变形。因屋架刚性较差,在外力作用下,使上下弦产生压力和拉力,导致拱度及其他部位发生变形。故安装前的屋架应按不同的跨度尺寸进行加固和选择正确的吊点。否则钢屋架的拱度会发生上拱过大或下挠的变形,以致影响钢柱的垂直度。

9.6.13 钢屋架跨度尺寸

(1)钢屋架制作时,应按施工规范规定的工艺进行加工,以控制屋架的跨度尺寸符合设计要求。其控制方法如下:
1)用同一底样或模具并采用挡铁定位进行拼装,以保证拱度的正确。
2)为了在制作时控制屋架的跨度符合设计要求,对屋架两端的不同支座应采用不同的拼装形式。具体做法如下:
①屋架端部T形支座要采用小拼焊组合,组成的T形座及屋架,经过矫正后按其跨度尺寸位置相互拼装。
②非嵌入连接的支座,对屋架的变形经矫正后,按其跨度尺寸位置与屋架一次拼装。
③嵌入连接的支座,宜在屋架焊接、矫正后按其跨度尺寸位置相拼装,以便保证跨度、高度的正确,以及便于安装。

④为了便于安装时调整跨度尺寸,对嵌入式连接的支座,制作时先不与屋架组装,应用临时螺栓带在屋架上,以备在安装现场安装时按屋架跨度尺寸及其规定的位置进行连接。

(2)安装前应认真检查屋架,对其变形超过标准规定的范围时应经矫正,在保证跨度尺寸后再进行安装。

(3)安装时为了保证跨度尺寸的正确,应按合理的工艺进行安装。

1)屋架端部底座板的基准线必须与钢柱的柱头板的轴线及基础轴线位置一致;

2)保证各钢柱的垂直度及跨距符合设计要求或规范规定;

3)为使钢柱的垂直度、跨度不产生位移,在安装屋架前应采用小型拉力工具在钢柱顶端按跨度值对应临时拉紧定位,以便于安装屋架时按规定的跨度进行入位、固定安装;

4)如果柱顶板孔位与屋架支座孔位不一致时,不宜采用外力强制入位,应利用椭圆孔或扩孔法调整入位,并用厚板垫圈覆盖焊接,将螺栓紧固。不经扩孔调整或用较大的外力进行强制入位,将会使安装后的屋架跨度产生过大的正偏差或负偏差。

9.6.14 钢屋架垂直度

(1)钢屋架在制作阶段,对各道施工工序应严格控制质量,首先在拼装底样画线时,应认真检查各个零件结构的位置并做好自检、专检,以消除误差;拼装平台应具有足够的承载力和水平度以防止承重后失稳下沉导致平面不平,使构件发生弯曲,造成垂直度超差。

(2)拼装用挡铁定位时,应按基准线放置。

(3)拼装钢屋架两端支座板时,应使支座板的下平面与钢屋架的下弦纵横线严格垂直。

(4)拼装后的钢屋架吊出底样(模)时,应认真检查上、下弦及其他构件的焊点是否与底模、挡铁误焊或夹紧,经检查排除故障或离模后再安装,否则易使钢屋架在安装出模时产生侧向弯曲,甚至损坏屋架或发生事故。

(5)凡是在制作阶段的钢屋架、大窗架,产生各种变形应在安装前、矫正后再安装。

(6)钢屋架安装应执行合理的安装工艺,应保证如下构件的安装质量:

1)安装到各纵横轴线位置的钢柱的垂直度偏差应控制在允许范围内,钢柱垂直度偏差也会使钢屋架的垂直度产生偏差;

2)各钢柱顶端柱头板平面的高度(标高)、水平度应控制在同一水平面;

3)安装后的钢屋架与檩条连接时,必须保证各相邻钢屋架的间距与檩条固定连接的距离位置相一致,否则两者距离尺寸过大或过小,都会使钢屋架的垂直度产生超差。

(7)各跨钢屋架发生垂直度超差时,应在安装屋面板前用起重机配合来调整处理。

1)首先应调整钢柱达到垂直后,再用加焊厚薄垫铁来调整各柱头板与钢屋架端部的支座板之间接触面的统一高度和水平度;

2)如果相邻钢屋架间距与檩条连接处之间的距离不符而影响垂直度时,可卸除檩条的连接螺栓,仍用厚、薄平垫铁或斜垫铁,先调整钢屋架达到垂直度,然后改变檩条与屋架上弦的对应垂直位置再连接;

3)天窗架垂直度偏差过大时,应将钢屋架调整达到垂直度并固定后,用经纬仪或线坠对天窗架两端支柱进行测量,根据垂直度偏差数值,用垫厚、薄垫铁的方法进行调整。

9.6.15 起重机梁垂直度、水平度

(1)钢柱在制作时,应严格控制底座板至牛腿面的长度尺寸及扭曲变形,可防止垂直度、水

平度发生超差。

(2)应严格控制钢柱制作、安装的定位轴线,可防止钢柱安装后轴线位移,以致起重机梁安装时垂直度或水平度偏差。

(3)应认真搞好基础支撑平面的标高,其垫放的垫铁应正确,二次灌浆工作应采用无收缩、微膨胀的水泥砂浆,避免基础标高超差,影响起重机梁安装水平度的超差。

(4)钢柱安装时,应认真按要求调整好垂直度和牛腿面的水平度,以保证下部起重机梁安装时达到要求的垂直度和水平度。

(5)预先测量起重机梁在支承处的高度和牛腿距柱底的高度,如产生偏差时,可用垫铁在基础上平面或牛腿支撑面上予以调整。

(6)安装起重机梁前,防止垂直度、水平度超差应认真检查其变形情况,如发生扭曲等变形时应予以矫正,并采取刚性加固措施防止安装再变形;安装时应根据梁的长度,采用单机或双机进行安装。

(7)安装时,应按梁的上翼缘平面事先划的中心线,进行水平移位、梁端间隙的调整,达到规定的标准要求后,再进行梁端部与柱的斜撑等连接。

(8)起重机梁各部位置基本固定后应认真复测有关安装的尺寸,按要求达到质量标准后,再进行制动架的安装和紧固。

(9)防止起重机梁垂直度、水平度超差,应认真搞好校正工作。其顺序是首先校正标高,其他项目的调整、校正工作,待屋盖系统安装完成后再进行校正、调整。这样可防止因屋盖安装引起钢柱变形而直接影响起重机梁安装的垂直度或水平度的偏差。

(10)钢起重机梁安装的允许偏差应符合《钢结构工程施工质量验收规范》(GB 50205—2020)的规定。

9.6.16 起重机轨道安装

(1)安装起重机梁时,应按设计规定进行安装,首先应控制钢柱底板到牛腿面的标高和水平度,如产生偏差时应用垫铁调整到所规定的垂直度。

(2)起重机梁安装前后不许存在弯曲、扭曲等变形。

(3)固定后的起重机梁调整程序应合理:一般是先就位作临时固定,调整工作要待钢屋架及其他构件完全调整固定好之后进行;否则其他构件安装调整将会使钢柱(牛腿)位移,直接影响起重机梁的安装质量。

(4)起重机梁的安装质量,要受起重机轨道的约束。同时,起重机梁的设计起拱上挠值的大小与轨道的水平度有一定的影响。

(5)起重机轨道在安装前应严格复测起重机梁的安装质量,使其上平面的中心线、垂直度和水平度的偏差数值,控制在设计或施工规范的允许范围之内;同时对轨道的总长和分段(接头)位置尺寸分别测量,以保证全长尺寸、接头间隙的正确。

(6)为了保证各项技术指标达到设计和现行施工规范的标准,安装轨道时应做到以下要求:

1)轨道的中心线与起重机梁的中心线应控制在允许偏差的范围内,使轨道受力重心与起重机梁腹板中心的偏移量不得大于腹板板厚的1/2。调整时,为达到这一要求,应使两者(起重机梁及轨道)同时移动,否则不能达到这一数值标准。

2)安装调整水平度或直线度用的斜、平垫铁与轨道和起重机梁应接触紧密,每组垫铁不应超过两块;长度应小于100 mm,宽度应比轨道底宽10~20 mm;两组垫铁间的距离不应小于200 mm;垫铁应与起重机梁焊接牢固。

3)如果轨道在混凝土起重机梁上安装时,垫放的垫铁应平整,且与轨道底面接触紧密,接触面面积应大于60%;垫板与混凝土起重机梁的间隙应大于25 mm,并用无收缩水泥砂浆填实;小于25 mm时应用开口型垫铁垫实;垫铁一边伸出桥型垫板外约10 mm,并焊牢固。

4)为使安装后的轨道水平度、直线度符合设计或规范的要求,固定轨道、矩形或桥形的紧固螺栓应有防松措施。一般在螺母下应加弹簧垫圈或用副螺母,以防止起重机工作时在荷载及振动等外力作用下使螺母松脱。

9.6.17 水平支撑安装

(1)严格控制下列构件制作、安装时的尺寸偏差:
1)控制钢屋架的制作尺寸和安装位置的准确;
2)控制水平支撑在制作时的尺寸不产生偏差,应根据连接方式采用下列方法予以控制:
①如采用螺栓连接时,应通过放实样法制出样板来确定连接板的尺寸;
②如采用焊接连接时,应用放实样法确定总长尺寸;
③号孔时,应使用统一样板进行;
④钻孔时,要使用统一固定模具钻孔;
⑤拼装时,应按实际连接的构件长度尺寸、连接的位置,在底样上用挡铁准确定位并进行拼装;为防止水平支撑产生上拱或下挠,在保证其总长尺寸不产生偏差的条件下,可将连接的孔板用螺栓临时连接在水平支撑的端部,待安装时与屋架相连。如水平支撑的制作尺寸及屋架的安装位置都能保证准确时,也可将连接板按位置先焊在屋架上,安装时可直接将水平支撑与屋架孔板连接。

(2)吊架时,应采用合理的安装工艺,防止产生弯曲变形,导致其下挠度的超差。可采用以下方法防止安装变形:
1)吊点位置应合理、使其受力重心在平面均匀受力,吊起时不产生下挠为准。
2)如十字水平支撑长度较长、型钢截面较小、刚性较差,安装前应用圆木杆等材料进行加固。

(3)安装时,应使水平支撑稍作上拱略大于水平状态与屋架连接,使安装后的水平支撑即可消除下挠;如连接位置发生较大偏差不能安装就位,则不宜采用牵拉工具,用较大的外力强行入位连接,否则不但会使屋架下弦侧向弯曲或水平支撑发生过大的上拱或下挠,还会使连接构件存在较大的结构应力。

9.6.18 梁-梁、柱-梁端部节点

(1)门式刚架跨度大于或等于15 m时,其横梁宜起拱,拱度可取跨度的1/500,在制作、拼装时应确保起拱高度,注意拼装胎具下沉影响拼装过程起拱值。

(2)刚架横梁的高度与其跨度之比:格构式横梁可取1/25~1/15;实腹式横梁可取1/30~1/45。

(3)采用高强度螺栓,螺栓中心至翼缘板表面的距离,应满足拧紧螺栓时的施工要求。紧固件的中心距,理论值约为$2.5d_0$,考虑施拧方便取$3d_0$。

(4)梁-梁、柱-梁端部节点板焊接时要将两梁端板拼在一起,有约束的情况下再进行焊接,变形即可消除。

(5)门式刚架梁-梁节点宜采用如图9-38所示的形式。

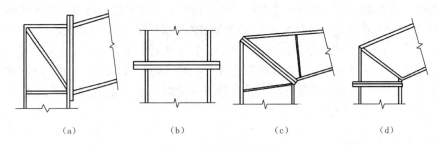

图 9-38 刚架斜梁的连接
(a)端板竖放；(b)端板横放；(c)端板斜放；(d)斜梁拼装

9.6.19 控制网

(1)控制网定位方法应依据结构平面而定。矩形建筑物的定位，宜选用直角坐标法；任意形状建筑物的定位，宜选用极坐标法。平面控制点与测点位距离较长、量距困难或不便量距时，宜选用角度(方向)交会法；平面控制点与测点距离不超过所用钢尺的全长，且场地量距条件较好时，宜选用距离交会法。使用光电测距仪定位时，宜选极坐标法。

(2)根据结构平面特点及经验选择控制网点。有地下室的建筑物，开始可用外控法，即在槽边±0.000 处建立控制网点，当地下室达到±0.000 后，可将外围点引到内部即内控法。

(3)无论内控法还是外控法，必须将测量结果进行严密平差，计算点位坐标，与设计坐标进行修正，以达到控制网测距即相对中误差小于 $L/25\,000$，测角中误差小于 $2''$。

(4)准点处预埋 100 mm×100 mm 钢板，必须用钢针划十字线定点，线宽为 0.2 mm，并在觇点上打样冲点。钢板以外的混凝土面上放出十字延长线。

(5)竖向传递必须与地面控制网点重合，主要做法如下：

1)控制点竖向传递，采用内控法。投点仪器选用全站仪、激光铅垂仪、光学铅垂仪等。控制点设置在距离柱网轴线交点旁 300～400 mm 处，在楼面预留孔 300 mm×300 mm 设置光靶，为削减铅垂仪误差，应将铅垂仪在 0°、90°、180°、270°的四个位置上投点，并取其中点作为基准点的投递点。

2)根据选用仪器的精度情况，可定出一次测得高度，如用全站仪、激光铅垂仪、光学铅垂仪，在 100 mm 范围内竖向投测精度较高。

3)定出基准控制点网，其全楼层面的投点，必须从基准控制点网引投到所需楼层上，严禁使用下一楼层的定位轴线。

(6)经复测发现地面控制网中测距超过 $L/25\,000$，测角中误差大于 $2''$，竖向传递点与地面控制网点不重合，必须经测量专业人员找出原因，重新放线定出基准控制点网。

9.6.20 楼层轴线

(1)高层和超高层钢结构测设，根据现场情况可采用外控法和内控法。

1)外控法：现场较宽大，高度在 100 m 内，地下室部分根据楼层大小可采用十字及井字控制，在柱子延长线上设置两个桩位，相邻柱中心间距的测量允许值为 1 mm，第 1 根钢柱至第 2 根钢柱间距的测量允许值为 1 mm。每节柱的定位轴线应从地面控制轴线引上来，不得从下层柱的轴线引出。

2)内控法：现场宽大，高度超过 100 m，地上部分在建筑物内部设辅助线，至少要设 3 个点，每两个点连成的线最好要垂直，3 个点不得在一条线上。

(2)利用激光仪发射的激光点——标准点，应每次转动 90°，并在靶标上测 4 个激光点，其相交点即正确点。除标准点外的其他各点，可用方格网法或极坐标法进行复核。

(3)内爬式塔式起重机或附着式塔式起重机，因与建筑物相连，在起吊重物时，易使钢结构本身产生水平晃动，此时应尽量停止放线。

(4)对结构自振周期引起的结构振动，可取其平均值。

(5)雾天、阴天因视线不清，不能放线。为防止阳光对钢结构照射产生变形，放线工作宜安排在日出或日落后进行。

(6)钢尺要统一，使用前要进行温度、拉力、挠度校正，在有条件的情况下应采用全站仪，接收靶测距精度最高。

(7)在钢结构上放线要用钢划针，线宽一般为 0.2 mm。

(8)将轴线放到已安装好的柱顶上，轴线应在柱顶上三面标出，如图 9-39 所示假定 X 方向钢柱一侧位移值为 a，另一侧四轴线位移值为 b，实际上钢柱柱顶偏离轴的位移值为 $(a+b)/2$，柱顶扭转值为 $(a-b)/2$，沿 Y 方向的位移值为 c 值，应做修正。

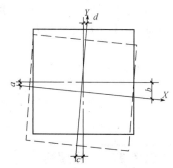

图 9-39 柱顶轴线位移

9.6.21 柱-柱安装

(1)钢柱在安装过程中采取在钢柱偏斜方向的一侧打入钢模或顶升千斤顶，如果连接板的高强度螺栓孔间隙有限，可采取扩孔办法；或预先将连接耳板孔制作得比螺栓直径大 4 mm，将柱尽量校正到零值，拧紧连接耳板高强度螺栓。

(2)钢梁安装过程直接影响柱垂偏，首先掌握钢梁长度数据，并用两台经纬仪、一台水平仪跟踪校正柱垂偏及梁水平度控制。梁安装过程可采用在梁柱间隙当中加铁楔进行校正柱，柱子垂直度要考虑梁柱焊接收缩值，一般为 1.2 mm(根据经验预留值的大小)。梁水平度控制在 $L/1~000$ 内且不大于 10 mm，如果水平偏差过大，则可采取换连接板或塞孔重新打孔办法解决。

(3)梁的焊接顺序是先从中间跨开始对称地向两端扩展，同一跨钢梁，先安上层梁，再安装中、下层梁，将累积偏差减小到最小值。

(4)采用相对标高控制法，在连接耳板上下留 15~20 mm 间隙，柱安装就位后临时固定上下连接板，利用起重机起落调节柱间隙，符合标定标高后打入钢楔，点焊固定，拧紧高强度螺栓，为防止焊缝收缩及柱自重压缩变形，标高偏差调整为+5 mm 为宜。

(5)钢柱扭转调整可在柱连接耳板的不同侧面夹入垫板(垫板厚 0.5~1.0 mm)，拧紧高强度螺栓，钢柱扭转每次调整 3 mm。

(6)如果塔式起重机固定在结构上，测量工作应在塔式起重机工作以前进行，以防止塔式起重机工作使结构晃动影响测量精度。

9.6.22 箱形、圆形柱-柱焊接

(1)钢结构安装前，应进行焊接工艺试验(正温及负温，根据当地情况而定)，制定所用钢材、焊接材料及有关工艺参数和技术措施。

(2)箱形、圆形柱-柱焊接工艺按以下顺序进行：

1)在上下柱无耳板侧,由两名焊工在两侧对称等速焊至板厚1/3,切去耳板。
2)在切去耳板侧由两名焊工在两侧焊至板厚1/3。
3)两名焊工分别承担相邻两侧两面焊接,即一名焊工在一面焊接完一层后,立即转过90°接着焊另一面,而另一名焊工在对称侧以相同的方式保持对称同步焊接,直至焊接完毕。
4)两层之间焊道接头应相互错开,两名焊工焊接的焊道接头每层也要错开。

(3)阳光照射对钢柱垂偏影响很大,应根据温差大小、柱子端面形状、大小、材质,不断总结经验,找出规律,确定留出预留偏差值。

(4)柱-柱焊接过程,必须采用两台经纬仪呈90°跟踪校正,由于焊工施焊速度、风向、焊缝冷却速度不同,柱-柱节点装配间隙不同,焊缝熔敷金属不同,焊接过程就会出现偏差,可利用焊接来纠偏。

9.7 钢结构安装工程安全技术

9.7.1 一般规定

(1)安装前,应编制结构安装施工组织设计或制定施工方案,明确起重安装安全技术要点和保证安全技术措施。

(2)参加安装人员应经体格检查合格。在开始安装前,应进行安全技术教育和安全技术交底。

(3)安装工作开始前,应对起重运输和安装设备及所用索具、卡环、夹具、卡具等的规格、技术性能进行细致检查或试验,发现有损坏或松动现象,应即调换或修好。起重设备应进行试运转,发现转动不灵活、有磨损应即修理;重要构件安装前应进行试吊,经检查各部正常,才可进行正式安装。

9.7.2 防止高空坠落

(1)安装人员应戴好安全帽,高空作业人员应系好安全带、穿防滑鞋、带工具袋。

(2)安装工作区应有明显标志,并设专人警戒,与安装无关的人员严禁入内。起重机工作时,起重臂杆旋转半径范围内,严禁站人。

(3)在进行安装和运输构件时,严禁在被安装、运输的构件上站人,放置材料、工具等其他物品。

(4)高空作业施工人员应站在操作平台或轻便梯子上工作。安装屋架应在上弦设临时安全防护栏杆或采取其他安全措施。

(5)登高用梯子吊篮、临时操作台应绑扎牢靠,梯子与地面夹角以60°~70°为宜,操作台跳板应铺平绑扎,严禁出现挑头板。

9.7.3 防物体落下伤人

(1)高空往地面运输物件时,应用绳捆好吊下。安装时,不得在构件上堆放或悬挂零星物件。零星材料和物件必须用吊笼或钢丝绳保险绳捆扎牢固,才能吊运和传递,不得随意抛掷材料物件、工具,防止滑脱伤人或意外事故。

(2)构件绑扎必须牢固,起吊点应通过构件的重心位置,吊升时应平稳,避免振动或摆动。

(3)起吊构件时,速度不应太快,不得在高空停留过久,严禁猛升猛降,以防止构件脱落。

(4)构件就位后临时固定前,不得松钩、解开安装索具。构件固定后,应检查连接牢固和稳定情况,当连接确实安全可靠时,方可拆除临时固定工具和进行下一步安装。

(5)风雪天、霜雾天和雨期安装,高空作业应采取必要的防滑措施,如在脚手、走道、屋面铺麻袋或草垫,夜间作业应有充分照明。

9.7.4 防止起重机倾翻

(1)起重机行驶的道路,必须平整、坚实、可靠,停放地点必须平坦。

(2)起重机不得停放在斜坡道上工作、不允许起重机两条履带停留部位一高一低,或土质一硬一软。

(3)起吊构件时,吊索要保持垂直,不得超出起重机回转半径斜向拖拉,以免超负荷和钢丝绳滑脱或拉断绳索,使起重机失稳。起吊重型构件,应设牵拉绳。

(4)起重机操作时,臂杆提升、下降、回转要平稳,不得在空中摇晃,同时要尽量避免紧急制动或冲击振动等现象发生。未采取可靠的技术措施,如在起重机尾部加平衡重;起重机后边拉缆风绳等和未经有关技术部门批准,起重机严禁进行超负荷安装,以避免加速机械零件的磨损和造成起重机倾翻。

(5)起重机应尽量避免满负荷安装,在满负荷或接近满负荷时,严禁同时进行提升与回转(起升与水平移动或起升与行走)两种动作,以免因道路不平或惯性力等原因,引起起重机超负荷,而酿成翻车事故。如必须吊起构件做短距离行驶,则应将构件转至起重机的正前方,构件吊离地面高度不超过 50 cm,拉好溜绳,防止摆动,而且要慢速行驶。

(6)当两台安装机械同时作业时,两机吊钩所悬吊构件之间应保持 5 m 以上的安全距离,避免发生碰撞事故。

(7)双机抬吊构件时,要根据起重机的起重能力进行合理的负荷分配(每一台起重机的负荷量不宜超过其安全负荷量的80%),操作时,必须在统一指挥下,动作协调,同时升降和移动,并使两台起重机的吊钩、滑车组均应基本保持垂直状态,两台起重机的驾驶人员要相互密切配合,防止一台起重机失重,而使另一台起重机超载。

(8)安装时,应有专人负责统一指挥,指挥人员应位于操作人员视力能及的地点,并能清楚地看到安装的全过程。起重机驾驶人员必须熟悉信号,并按指挥人员的各种信号进行操作,且不得擅自离开工作岗位,遵守现场秩序,服从命令听指挥。指挥信号应事先统一规定,发出的信号要鲜明、准确。

(9)在风力等于或大于六级时,禁止在露天进行桅杆组立拆除,起重机移动和安装作业。

(10)起重机停止工作时,应刹住回转和行走机构,关闭和锁好驾驶室门。吊钩上不得悬挂构件,并升到高处,以免摆动伤人和造成起重机失稳。

9.7.5 防止安装结构失稳

(1)构件安装时,应按规定的安装工艺和程序进行,未经计算和可靠的技术措施,不得随意改变或颠倒工艺程序安装结构构件。

(2)构件安装就位,应经初校和临时固定或连接可靠后方可卸钩,最后固定后方可拆除临时固定工具。对高宽比很大的单个构件,未经临时或最后固定组成一稳定单元体前,应设溜绳或斜撑拉(撑)固。

(3)构件固定后不得随意撬动或移动位置,如需重校时,必须回钩。

(4)多层结构安装或分节柱安装,应安装完一层(或一节柱)后,将下一层(下节)灌浆固定后,方可安装上一层或上一节柱。

9.7.6 防止触电

(1)安装现场应有专人负责安装、维护和管理用电线路和设备。

(2)起重机在电线下进行作业时,工作安全条件应事先取得机电安装或有关部门同意。吊杆最高点与电线之间应保持的垂直距离不应小于表 9-17 的规定。起重机在电线近旁行驶时,起重机与电线之间应保持的水平距离应不小于表 9-18 的规定。

(3)构件运输时,距离高压线路净距不得小于 2 m,距离低压线路不得小于 1 m,如超过规定,应采取停电或其他措施。

(4)使用塔式起重机或长吊杆的其他类型起重机及钢井架,应有避雷防触电设施,各种用电机械必须有良好的接地或接零,接地电阻不应大于 4 Ω,并定期进行接地电阻摇测试验。

表 9-17 起重机吊杆最高点与电线之间应保持的垂直距离

线路电压/kV	距离小于/m	线路电压/kV	距离小于/m
1 以下	1.0	20 以上	2.5
20 以下	1.5	—	—

表 9-18 起重机与电线之间应保持的水平距离

线路电压/kV	距离小于/m	线路电压/kV	距离小于/m
1 以下	1.5	154	5.0
2.0	2.0	220	6.0
25~110	4.0	—	—

9.8 安装方案实例

9.8.1 某门式刚架结构轻钢厂房安装

1. 工程概况

某集团公司厂房采用门式刚架结构,共 3 跨,两主跨跨度均为 17.5 m,副跨跨度为 11.5 m,跨度向总长为 47.43 m,柱距为 6 m,共 16 榀刚架,纵向总长为 89.5 m,建筑面积为 4 226 m²。主跨檐口标高为 15.2 m,屋顶标高为 16.1 m。屋面与墙面均采用压型钢板。在各跨中分别布置 2 台 16 t 中级工作制起重机。厂房剖面图和平面图如图 9-40 所示。

2. 准备工作

(1)钢构件检验:构件进入施工现场后必须认真按照图纸要求对构件的规格、型号、连接螺孔位置等进行全面检查,注意对在运输过程中易产生变形的构件和易损部位加强检查,在符合

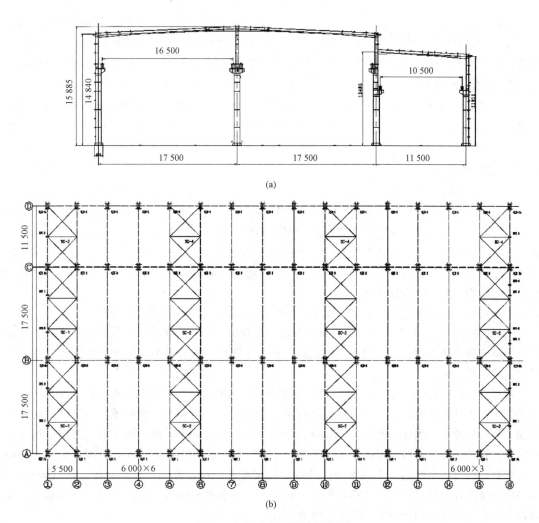

图 9-40 厂房剖面图和平面图
(a)厂房剖面图；(b)厂房平面图

设计图纸和规范要求后方可进入安装作业。

(2)按照安装图纸的要求认真核查构件的数量，并对构件在安装位置就近放置，以便于吊装。

(3)基础复测及放线：钢结构安装前，根据土建专业交接单及施工图纸对基础的定位轴线、地脚螺栓位置、柱基础标高等项目进行复测与放线，确定安装基准，做好测量记录。基础复测各项指标须满足验收规范要求。

3. 安装方案及流水段划分

(1)安装方案：从有柱间支撑的节间开始，先安装 4 根钢柱及其间的柱间支撑，使之形成稳定体系，然后安装此两柱之间的屋面梁及次要结构，形成一个稳定的安装单元后再依次安装钢柱、起重机梁、屋面梁等构件。除最初安装 2 榀刚架外，其余所有刚架之间的檩条、墙梁的螺栓均在校正后再拧紧，起重机梁的校正与调整要在所有结构安装完成后进行。

(2)流水段划分：根据本工程的结构特点，将其划分为 3 个施工区段进行安装，第 1 个施工区段为 AB 跨结构的安装；第 2 个施工区段为 BC 跨结构的安装；第 3 个施工区段为 CD 跨结构的安装。

(3)安装顺序:每个区域的安装均从①轴线开始向⑯轴线进行,首先安装①轴线及②轴线之间钢柱、柱间支撑、屋面钢梁、屋面支撑、刚性系杆,调整合格后,再顺次向⑯轴线安装,每安装一个钢柱或一架钢梁须及时用系杆与前面的刚架连接,最后安装檩条、墙梁和围护结构。

4. 起重机械选择

本工程最重构件为钢梁,重为2.7 t,吊装高度约17 m,采用25 t汽车起重机。25 t汽车起重机臂长23.4 m,吊装半径为10 m时,最大起吊高度为21.4 m,起重量为7.6 t,满足吊装要求。

5. 钢柱吊装

(1)准备工作:

1)确定安装基准,在基础上做出柱子安装十字中心线,以便于柱子对位检查。

2)在柱身上做好安装标记,主要包括十字中心线、垂直度检测线、标高检测线等。十字中心线在钢柱底部制作时,在底板侧面用样冲打出互相垂直的4个面,每面1个点。垂直度检测线应标记两个相互垂直的柱面,标高检测线应以牛腿上表面为基准,在柱身上1 m的位置标记测量点,以便于安装时进行复测。

3)安装前,在柱身上绑扎作业用爬梯、吊框、吊索具、溜绳等,以便于安装。

(2)吊装方法:选用适当的起重机性能参数,根据钢柱形状、起重机性能等具体情况,正确选择吊点位置和吊点数。在本例中,吊点放在柱长1/3处,柱身斜吊,以旋转法缓慢起吊,然后使钢柱缓缓就位。

(3)柱的校正与固定:柱基标高调整要根据钢柱实际长度,牛腿顶部与柱底部的距离,重点要保证牛腿顶部标高值,来决定基础标高的调整数值。在柱安装时,将柱子底板下的地脚螺栓上加1个调整螺母,螺母上表面的标高调整到与柱底板标高齐平,放上柱子后,利用底板下的螺母控制柱子的标高,精度可达1 mm以内。轴线校正可以使柱子底板侧面三面样冲点与基础中心线对正即可,争取达到点线重合,然后复测调整柱标高,再调整柱垂直度。在柱校正时,各项指标应综合调整,直至各项指标调整合格为止。地脚螺栓螺母一般用双螺母,也可以在螺母拧紧后,将螺母与螺杆焊实,以防止螺母松动。

(4)二次灌浆:柱子调整合格并固定后,应及时进行二次灌浆。二次灌浆的振捣要求平缓且不能碰撞钢柱。灌浆可采用无收缩砂浆以捻浆法填实或者膨胀混凝土浇筑。二次灌浆后要复测柱子垂直度,如有问题必须及时进行处理。

6. 屋面钢梁安装

(1)屋面钢梁的现场拼装:屋面钢梁分段出厂,每跨屋面梁可分为3段,在安装前需要在先拼装成整体,再整体吊装。在拼装时,需注意以下几点:

1)屋面钢梁地面拼装时,应在地面搭设拼装平台,拼装平台的基础要坚实,拼装平台的平整度偏差应小于5 mm。

2)在拼装平台上放出构件大样,大样对角线偏差≤2 mm,设定定位基准点,然后设置挡铁。

3)拼装时,在拼装平台上依次摆放各段屋面梁并调整至符合设计要求,然后临时固定;拼装完毕后检查屋面梁几何尺寸,合格后进行高强度螺栓连接。

(2)屋面钢梁的吊装与高空对接:屋面梁吊点位置的确定既要方便又要考虑到钢梁的稳定性,对于侧向刚度小、腹板宽厚比较大的构件,要防止构件扭曲和损坏,大跨度钢梁宜用铁扁担4点绑扎起吊,以防止吊装过程侧向失稳。

拼装好的屋面钢梁整体吊装,缓慢与钢柱连接端板对接。对接时用临时螺栓穿入螺栓孔将屋面梁校正固定，经检查合格后，再用高强度螺栓连接。高空对接时，安装工人需要特别注意安全问题。

7. 起重机梁安装

(1)起重机梁的安装应从有柱间支撑的跨间开始，吊装后的起重机梁要进行临时固定。

(2)起重机梁吊装时两头需用溜绳控制，以防止碰撞柱子，就位时要缓慢落钩，以便对线。在纵轴方向不得用撬杠撬动起重机梁，以防止因柱子轴线方向刚度差使柱子弯曲产生垂直偏差。

(3)起重机梁吊装时应基本对位吊装，与柱子做临时拉结，不可做最终固定，以免影响屋面结构的安装质量。

(4)屋面结构安装完成后对再对起重机梁进行调整固定，起重机梁调整时应从有柱间支撑的节间开始，逐步向外扩散固定，调整1个固定1个。起重机梁校正的主要项目有标高调整、垂直度和纵横轴线校正等。起重机梁安装允许偏差须满足验收规范要求。

9.8.2 某博览中心钢结构施工技术

1. 工程概况

某博览中心钢屋盖长为204 m、宽为144 m，作为主承力的大跨度横桁架采用分段制作地面预拼、搭设管式立体支撑胎架、高空拼装焊接工艺。

该博览中心屋盖是由双向纵横正交正放平行的37榀横向桁架和纵向钢杆件构成的桁架体系，屋盖结构质量为5 500 t。该工程结构独特地采用了横向桁架跨纵向桁架，横桁架起拱、纵桁架平行的格构形式。作为主承力的横桁架，由于跨度、质量过大，故采用分段制作地面预拼、高空拼装焊接方式。纵桁架均为散体，必须在高空中逐节点与横桁架铰接，然后辅以数量众多的分层水平支撑杆件与纵横桁架或铰接或焊接，牵、扯、交、搭，最终形成能收能放、能伏能起的拱形屋盖。

2. 工程特点及难点

(1)盆式支座找平及预高10 mm技术。5 000余t的钢构件有规则地支撑在40只盆式橡胶支座上，为达到预期设计目的，对盆式支座表面的平整度及起拱度有极精密的要求。

(2)前6榀桁架整体校正技术。由于前6榀桁架(由另一家施工单位安装)遗留的技术问题较多，如果校正达不到设计要求，则将对余下的桁架安装产生难以想象的后果。

(3)胎架方案的选择。胎架制作安装是大屋盖施工的先决条件，管式立体桁架结构胎架的选用，从受力及稳定性方面提供了可靠的保障。

(4)工地安装全熔透一级焊缝技术。每榀桁架分割成8分段或9分段进行拼装，横向接头采取焊缝连接形式，由于桁架底无支撑，要求所有全熔透焊缝一级焊接、二级超声波探伤检测。

(5)屋盖应力释放技术。每榀桁架两边安放在盆式支座上，中间靠10只30~50 t千斤顶支撑，桁架安装后采取阶梯式逐级释放技术，达到设计要求。

(6)应力应变跟踪测试技术。在整体屋架落放前，在每榀桁架上选择重要的受力点进行应力应变跟踪测试，分析桁架释放应力的过程。

(7)高空危险性大，安全防护困难。

3. 施工技术

(1)钢结构吊装。

1)构件进场。制订严密的构件进场计划，构件严格按吊装顺序堆放。由于施工场地为农业耕作区，道路泥泞，施工前重新对道路进行修整，铺石碾压使其达到运输的要求，为2天完成1榀的安装速度奠定了基础。因为横桁架分成8分段或9分段现场制作，最长为23.032 m、高为10.140 m、最重为13.544 t。运输机械选用1辆20 t拖车改装，车架长为15.6 m，宽为5.6 m，车架主梁采用50号工字钢，次梁采用16号、18号槽钢组对焊接而成，车架上设6桁架组200 mm×200 mm×1 000 mm枕木，使桁架运输时不受任何外力影响，实现高空、地面桁架多工序、多层次平行流水式作业。

2）前6榀桁架整体校正。因前6榀桁架已连成整体，相互牵连，考虑桁架的受力情况，采用整体用千斤顶抬高调节标高，即横向桁架每榀用7只千斤顶，纵横边桁架安放盆桁架式支座处每点3只千斤顶，并选用5 t、3 t倒链和30 t千斤顶进行横向桁架校正。松掉上中桁架下水平杆和纵向、横向斜腹杆的螺栓，利用倒链和千斤顶控制垂直度，针对极个别偏差较桁架大的节点采用扩孔达到目的。

3）搭设胎架。胎架共45组立柱，南北每排9组，东西每排5组，其柱顶标高（东西桁架向）分别为37.36 m、38.56 m、39.76 m、39.46 m、38.26 m（图9-41）。每组立柱垂直桁架坐落在4个独立基础上，与预埋板焊接固定。立柱上空为纵横向组合的胎架梁，是管式立体桁架结构，受力大、稳定性好，节约钢材，工期短。其最大特点是利用桁架与胎架对应节点桁架进行力的传递，使受力处于最佳状态。

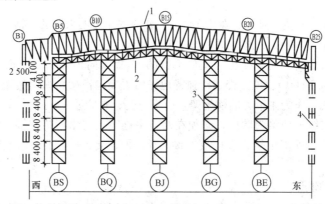

图9-41 单榀桁架立面安装示意

1—屋架；2—胎架梁；3—胎架柱子；4—钢柱

4）钢结构吊装。桁架的安装是在胎架上进行的，总体吊装顺序是：先边桁架后横桁架，先两边后中间，先主桁架后小杆件，由南至北依次进行吊装。具体方法是：先吊装桁架东西边桁架，在其调好、固定之后即可进行横桁架的安装。安装横桁架时，由东塔桁架和西塔桁架同时从两边逐段进行吊装，然后中间合拢。每分段主桁架吊上后放置在事先定位好的管胎架上，与上一段进行连接，上、下弦采用自制的6束标准样杆进行固定，保证了间距，然后桁架进行纵向水平垂直支撑及斜腹杆的组装。此后再进行下一分段的施工。在塔式起重机起重范围内，桁架采用单机吊装或双机抬吊（图9-42）。

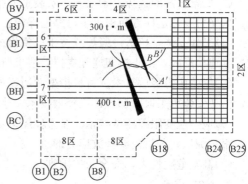

图9-42 双机抬吊回转平面示意

5）测量控制。

①桁架的标高控制。标高控制为整个工程测量控制的重点与难点,测量控制首要目的是严格控制边桁架的标高,即通过控制边桁架带盆式支座处的下弦标高,确保相邻两支座桁架处的下弦标高偏差的最大与最小的差值不超过 3 mm,整个边桁架的标高偏差的最大与最小的差值不超过 5 mm。其次,严格控制横向桁架的标高。吊装时跟踪控制每分段节点处桁架的标高,待每分段安装后,对整榀桁架再次复测标高值,超过限差的指令校正工序继续调桁架整。标高测量在焊前、焊后、千斤顶释放前后均进行跟踪测量,且在千斤顶释放过程中,桁架随时读报,使屋盖能整体均匀地释放,所有桁架的标高均须按照设计要求对沉降观测点桁架定期复测。

②平面轴线控制。将 TOPCON. 211D 全站仪及 J2 经纬仪送至国家认可的检测机构检测桁架取得合格证后,根据土建移交的控制点,在支撑整个桁架的柱顶肩梁顶面(+39.7 m)用桁架 TOPCON. 211D 全站仪引测 4 个平面控制点(图 9-43)。这 4 个点经过边长与角度测量及平桁架差调整至规范范围内后作为整个屋盖施工的平面控制点。根据这 4 个点为每榀桁架加密测桁架放控制线,作为每榀桁架安装的控制线。横向桁架的下弦安装以加密控制线控制,上弦桁架安装以下弦为基准通过 J2 经纬仪进行垂直度控制。随着横向桁架安装循环向前推进,先后桁架依次将 B21、B19、B17 等轴线在桁架每分段处的上下弦测放出来,这样,B21～B19 间横桁架的南北方向调校可由 B21 轴线用钢卷尺拉距离来控制,B19～B17 间的横桁架的南北桁架方向调校可由 B19 轴线用钢卷尺来控制,依次推进。精确控制所有桁架安装,而且在焊桁架前、焊后、千斤顶释放前后均应测量每榀桁架的轴线偏差。

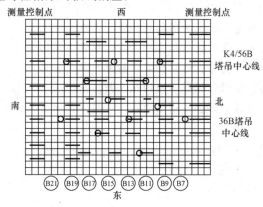

图 9-43 测量平面控制点布置示意

6)散件安装。足球场屋盖水平撑可分为上、中、下 3 层,共计 996 套。上弦支撑 SC1 桁架为 ∟75 mm×5 mm,中间水平撑 ZJSC1 为 170 mm×5 mm,下弦支撑为 SC2、SC3 两种。SC2 同上弦 SC1 支撑,SC3 支撑为 200 mm×180 mm×10 mm×12 mm 丁字杆件;SC1、SC2、ZJSC1 使用 B 级普通螺栓连接;SC3 为高强度螺栓连接。屋盖桁架中间层杆件均为桁架∟70 mm×5 mm。对于弦杆件安装,由于均为栓接(M20×60 mm 普通螺栓),对尺寸精桁度要求高,且为高空作业,无专门作业平台。为便于支撑杆件吊到高空时不致凌乱而产生桁架下落事故,对 SC1、SC2、ZJSC1 3 种水平撑,在地面进行初拼装,SC1、SC2 中间部位用桁架 4 颗螺栓,两侧各 2 颗,初拼装时先用 1 颗螺栓进行连接,将 3 根肢杆合在一起,成捆吊起桁架到高空安全稳妥处,采用手工安装。对于 SC3,由于杆件较重,须用塔式起重机进行安装。南北桁架向上、下弦纵向水平杆件也须用塔式起重机进行安装。

(2)钢结构焊接。

1)焊接方法。焊接总长为 16 000 延米,主要集中在横桁架分段组合接头处,翼缘宽为 400～750 mm,δ=25 mm,腹板宽为 220～400 mm,δ=20～25 mm,其余支撑杆件及连杆杆件焊接桁架接头均为搭接接头。为提高工效,保证工期和焊接质量,确定采用以CO_2气体保护焊桁架为主,以手工电弧焊为辅的焊接方法。

2)焊接顺序及克服变形应力的措施。根据桁架的分段部位,以每榀桁架正中点为基准桁架对称施焊其两侧,然后逐步向东西面展开,先下弦,后上弦。对单个接头下弦先焊立焊桁架竖向腹板的2/3厚度,进行反面清根后填充两层再到正面焊接完成后立即进入翼缘平焊,待桁架翼缘全部完成后进入翼腹角平焊,顺序完成竖腹板的剩余段;上弦焊接按"先翼缘衬板满桁架焊→腹板自下而上立焊→腹翼角仰焊→翼缘平焊"的顺序施工(图9-44),然后焊接斜拉桁架杆和其他支撑及连接杆件。

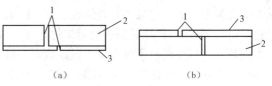

图9-44 对接接头示意
(a)下弦焊接;(b)上弦焊接
1—对接口;2—立腹板;3—翼板

3)焊缝质量的保证措施。严格按ISO9002质量体系进行全过程控制,每道工序均进行自检、互检、专检三检制。焊接质量检验标准执行《焊缝无损检测 超声检测技术、检测等级和评定》(GB/T 11345—2013)规定,检验结果必须符合《钢结构工程施工质量验收标准》(GB 50205—2020)要求。对所有全熔透焊缝进行100%超声波探伤检测。

习题

1. 起重机械的种类有哪些?试说明其特点和适用范围。
2. 试述履带式起重机的起重高度、起重半径与起重量之间的关系。
3. 在什么情况下对履带式起重机进行稳定性验算?如何验算?
4. 滑车组有什么作用?如何计算滑车组的跑头拉力?
5. 安装常用钢丝绳的组成有哪些?钢丝绳的允许拉力如何计算?
6. 图纸会审的内容包括哪些?
7. 基础准备包括哪些内容?
8. 试述道路临时设施准备内容。
9. 钢柱安装时,如何设置吊点?
10. 钢柱有哪几种安装方法?
11. 钢柱的校正包括什么内容?怎样校正?
12. 钢柱安装应注意哪些问题?
13. 试述钢梁安装的步骤。
14. 钢梁校正包括什么内容?如何校正?
15. 试述钢屋架钢桁架安装工艺过程和要点。
16. 钢结构连接有哪些方法?高强度螺栓连接施工有哪些要求?
17. 初拧和终拧有什么不同?如何检查终拧质量?
18. 钢结构工程安装方法有哪几种?它们各有什么优缺点?
19. 多高层钢结构安装如何进行轴线的竖向传递?

单元 10　网架结构的制作与安装

知识点

常见网架的网格形式，网架结构的制作方法、拼装方法、安装方法。

10.1　网架结构概述

10.1.1　网架与网壳

(1)网架是按一定规律布置的杆件通过节点连接而形成的平板形或微曲形空间杆系结构，主要承受整体弯曲内力。

(2)网壳是按一定规律布置的杆件通过节点连接而形成的曲面状空间杆系结构或梁系结构，主要承受整体薄膜内力。

10.1.2　常见网架的网格形式

(1)交叉桁架体系主要有图 10-1～图 10-4 四种网格形式。
(2)四角锥体系主要有图 10-5～图 10-8 四种网格形式。

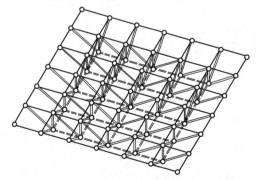

图 10-1　两向正交正放网架

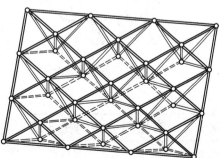

图 10-2　两向正交斜放网架

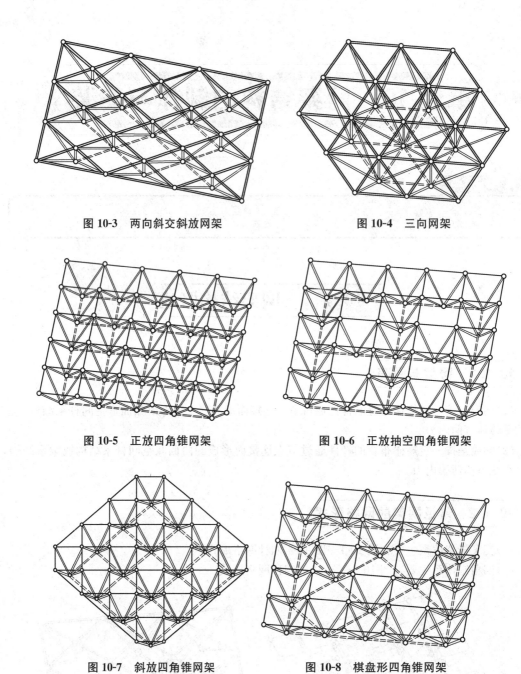

图 10-3　两向斜交斜放网架

图 10-4　三向网架

图 10-5　正放四角锥网架

图 10-6　正放抽空四角锥网架

图 10-7　斜放四角锥网架

图 10-8　棋盘形四角锥网架

10.1.3　常见网壳的网格形式

(1) 单层圆柱面网壳网格主要有图 10-9～图 10-12 四种网格形式。

(2) 单层球面网壳主要有图 10-13～图 10-16 四种网格形式。

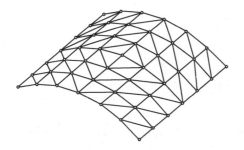
图 10-9 单向斜杆正交正放网格

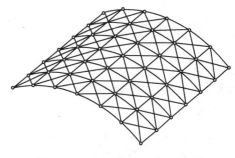
图 10-10 交叉斜杆正交正放网格

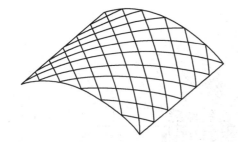
图 10-11 联方网格

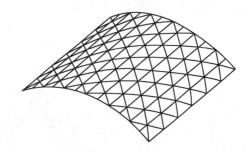
图 10-12 三向网格

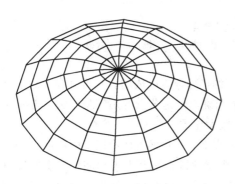
图 10-13 肋环形网格

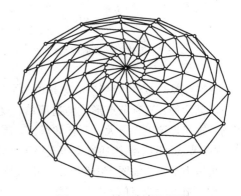
图 10-14 肋环斜杆形网格

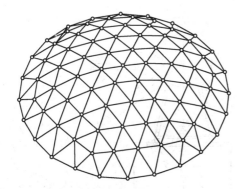
图 10-15 三向网格

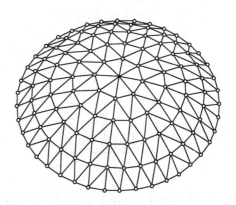
图 10-16 扇形三向网格

10.1.4 杆件与节点

1. 杆件

网架的杆件可采用普通型钢或薄壁型钢。管材宜采用高频焊管或无缝钢管。

2. 节点

网架的节点可分为螺栓球节点、焊接空心球节点和支座节点等。目前,大多数的网架采用螺栓球节点和焊接空心球节点。

(1)螺栓球节点。螺栓球节点是通过螺栓将管形截面杆件与钢球连接起来的节点,一般由高强度螺栓、钢球等零件组成,如图10-17所示。

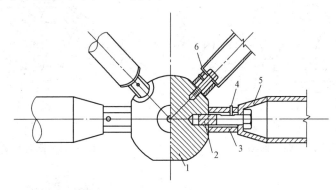

图 10-17　螺栓球节点

1—钢球;2—高强度螺栓;3—套筒;4—紧固螺栓;5—锥头;6—封板

(2)焊接空心球节点。焊接空心球是由两个压制的半球焊接而成的。其可分为加肋空心球和不加肋空心球两种。这种节点形式构造简单、受力明确,但是节点的用钢量较大,是螺栓球节点的两倍,现场焊接工作量大,而且仰焊、立焊占很大比重。

(3)支座节点。网架结构通过支座支撑于柱顶或梁上。常用的支座有以下两种:

1)平板压力支座。如图10-18所示,平板压力支座通过十字节点板和底板将支座反力传递给下部结构,节点构造简单,加工方便,用钢量省,但是支撑底板与结构支撑面之间的应力分布不均匀,支座不能完全转动,受力后会产生一定的弯矩。其适用于支座无明显的不均匀沉降、温度应力影响不大的较小跨度的网架。

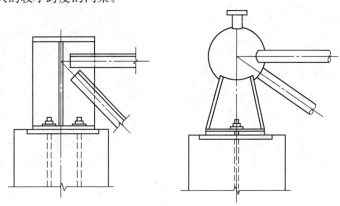

图 10-18　平板压力支座节点

2)单面弧形压力支座。如图 10-19 所示。

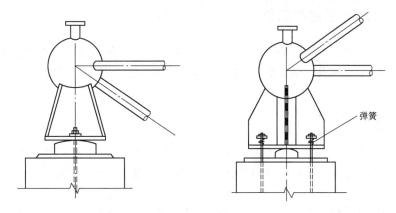

图 10-19 单面弧形压力支座

10.2 网架结构的制作

网架结构的制作包括节点制作和杆件制作,均在工厂进行。

10.2.1 焊接钢板节点的制作

制作时,首先根据图纸要求在硬纸板或镀锌薄钢板上足尺放样,制成样板,样板上应标出杆件、螺孔等中心线,节点钢板即可按此样板下料,宜采用剪板机或砂轮切割下料。节点钢板按图纸要求角度先施焊定位,然后以角尺或样板为标准,用锤轻击逐渐矫正,最后进行全面焊接。焊接时应采取措施,减少焊接变形和焊接应力,如选用适当的焊接顺序,采用小电流和分层焊接等。为使焊缝左右均匀,宜采用如图 10-20 所示的船形位置施焊。

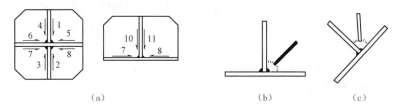

图 10-20 焊接钢板节点的制作
(a)焊接顺序;(b)不正确;(c)正确

10.2.2 焊接空心球节点的制作

焊接空心球节点是由两个热轧半球经过加工后焊接而成的。其制作过程包括下料、加热、冲压、切边、剖口、对装、焊接。对加肋空心球,应在两个半球对焊前先将肋板放入一个半球内并焊好。半球钢板下料直径约为 $\sqrt{2}D$(D 为球的外径),加热温度一般为 850 ℃~900 ℃,剖口宜用机床。

10.2.3 螺栓球节点的制作

制作时,首先将坯料加热后模锻成球坯,然后正火处理,最后进行精加工。加工前,应先加工一个高精度的分度夹具。球在车床上加工时,应先加工平面螺孔,再用分度夹具加工斜孔。

10.2.4 杆件的制作

钢管应用机床下料,角钢宜用剪床、砂轮切割机或气割下料。下料长度应考虑焊接收缩量,焊接收缩量与许多因素有关,如焊缝厚度、焊接时电流强度、气温、焊接方法等。可根据经验结合网架结构的具体情况确定,缺乏经验时应通过试验确定。

螺栓球节点网架的杆件还包括封板、锥头、套筒和高强度螺栓。封板经钢板下料、锥头经钢材下料、胎模锻造毛坯后进行正火处理和机械加工,再与钢管焊接,焊接时应将高强度螺栓放在钢管内;套筒制作需经钢材下料、胎模锻造毛坯、正火处理、机械加工和防腐处理;高强度螺栓由螺栓制造厂供应。

网架的所有部件都必须进行加工质量和几何尺寸检查,并按要求进行检验。

10.3 网架结构的拼装

网架结构的拼装一般可分为小拼与总拼两个过程。

10.3.1 小拼

网架的杆件与节点制作完毕后,为了减少现场工作量和保证拼装质量,最好在工厂或预制拼装场内先拼成单片桁架,或拼成较小的空间网架单元,然后再运到现场完成网架的总拼工作。

小拼单元应在专门的拼装模架上进行,以确保小拼单元形状尺寸的准确性。小拼模架可分为转动型模架(图 10-21)和平台型模架(图 10-22)两种。采用转动型模架小拼,应将节点与杆件夹在特制的模架上,待点焊定位后,再在此转动的模架上全面施焊,这样焊接条件较好,焊接质量易于保证。平台型模架类似于平面桁架的放样拼整平台。

小拼单元划分的原则如下:
(1)尽量增大工厂焊接工作量的比例。
(2)应将所有节点都焊接在小拼单元上,网架总拼时仅连接杆件。

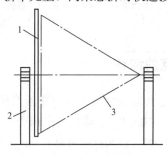

图 10-21 转动型模架
1—模架;2—支架;3—网架杆件

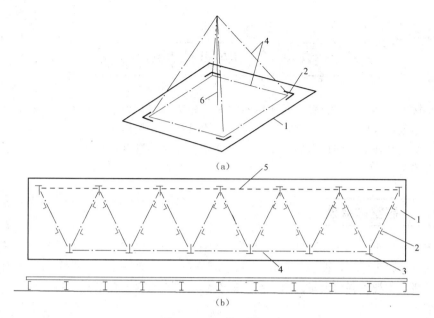

图 10-22 平台型模架
(a)四角锥体小拼单元；(b)桁架式小拼单元
1—拼装平台；2—角钢做的靠山；3—搁置节点槽口；4—网架杆件中心线；5—临时上弦；6—标杆

10.3.2 总拼

网架结构在总拼时，应选择合理的焊接工艺顺序，以减少焊接变形与焊接应力。一般以采用中间向两端或四周发展拼装与焊接顺序为宜，这样可以使网架在焊接时能够比较自由地收缩。如采用相反的拼装与焊接方法，封闭圈易使杆件产生较大的焊接应力。

网架总拼时，除必须遵守对施焊的原则外，还应将整个网架划分成若干圈，先焊接内圈的下弦杆构成下弦网格，再焊接腹杆及上弦杆，然后再按此顺序焊接外面一圈，逐渐向外扩展。这样上、下弦交替施焊，收缩均匀，有利于保持单榀桁架的垂直度和网格的设计形状。若焊接次序不合理，则在焊接后易出现角部翘起或中心拱起等现象。

当网架采用条(块)状单元在高空进行总拼时，为保证网架总拼后几何尺寸及其形状的准确，应在地面进行预拼装。

采用整体吊装、提升、顶升等安装方法时，网架在地面进行拼装。为便于控制和调整，拼装支架应设置在下弦节点处。拼装支架可由混凝土基础上安放短钢管或砌筑临时性砖墩构成。网架结构在地面拼装时应精确放线，其精度要求应高于高空拼装时的放线，这主要考虑到地面拼装后还有一个吊装过程，容易造成变形而增加尺寸偏差。

网架总拼后，所有焊缝应经外观检查并作记录，对大跨度、中跨度网架重要部位的对接焊缝，应做探伤检查。

螺栓球节点的网架拼装时，一般也是下弦先拼，将下弦的标高和轴线校正后，拧紧所有螺栓，起定位作用。开始连接腹杆时，螺栓不宜拧紧，但必须使其与下弦节点连接的螺栓吃上劲，以免周围螺栓都拧紧后这个螺栓可能偏歪而无法拧紧。连接上弦时，开始不能拧紧，待安装几行后再拧紧前面的螺栓，如此循环进行。在整个网架拼装完成后，必须进行一次全面检查，以确认螺栓是否拧紧。

10.4 网架结构的安装

网架结构的安装是将拼装好的网架用各种施工方法搁置在设计位置上。主要安装方法有高空散装法、分条或分块安装法、高空滑移法、整体吊装法、整体提升法及整体顶升法。网架的安装方法应根据网架受力和构造特点，在满足质量、安全、进度和经济效果的要求下，结合施工技术综合确定。

10.4.1 高空散装法

高空散装法是小拼单元或散件（单根杆件及单个节点）直接在设计位置进行总拼的方法。这种施工方法不需要大型起重设备，在高空一次拼装完毕，但现场及高空作业量大，而且需要搭设大规模的拼装支架，耗用大量材料。高空散装法适用于螺栓连接节点的各种网架，因而在我国应用较多。

高空散装法分为全支架（满堂红脚手架）法和悬挑法两种。全支架法多用于散件拼装；悬挑法则多用于小拼单元在高空总拼，可以少搭支架。

搭设的支架应满足强度、刚度和单肢、整体稳定性要求，对重要的或大型工程还应进行试压，以确保安全、可靠。支架上支撑点的位置应设置在下弦处，支架支座下应采取措施，防止支座下沉，可采用木楔或千斤顶进行调整。

拼装可从脊线开始或从中间向两边发展，以减少积累误差和便于控制标高。在拼装过程中应随时检查基准轴线位置、标高及垂直偏差，并应及时纠正。

支架的拆除应在网架拼装完成后进行，拆除顺序宜根据各支撑点的网架自重挠度值，采用分区分阶段按比例或用每步不大于 10 mm 的等步下降法降落，以防止个别支撑点集中受力，造成拆除困难。对小型网架，可一次性同时拆除，但必须速度一致。

10.4.2 分条或分块安装法

分条或分块安装法是指将网架分成条状或块状单元，分别由起重设备吊装至高空设计位置，然后拼装成整体的安装方法。这种施工方法大部分的焊接、拼装工作在地面进行，既能保证工程质量，并可省去大部分拼装支架，又能充分利用现有起重设备，比较经济。分条或分块安装法适用于分割后刚度和受力状况改变较小的网架，如两向正交、正放四角锥、正放抽空四角锥等网架。

北京首都机场航空货运楼正放抽空四角锥螺栓球节点网架采用分条安装，天津汽车齿轮厂联合厂房正放四角锥螺栓球节点网架采用分块安装。

所谓分条，是指将网架沿长跨方向分割成若干个区段，每个区段的宽度为 1～3 个网格，其长度为短跨的跨度。所谓分块，是指将网架沿纵、横方向分割成矩形或正方形单元。分条或分块的划分应根据网架结构的特点，以每个单元的质量与现有起重设备相适应而定。

图 10-23 所示为网架条状和块状单元的划分方法。图 10-23(a)所示为网架单元互相靠紧，单元下弦节点用剖分式安装节点连接，适用于正放四角锥网架；图 10-23(b)所示为网架单元互相靠紧，单元间上弦节点用剖分式安装节点连接，适用于斜放四角锥网架；图 10-23(c)所示为单元间空一个网格，适用于两向正交正放等网架。图 10-24 所示为斜放四角锥网架块状单元划分实例。

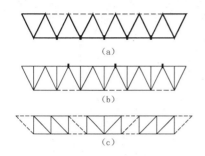

图 10-23 网架条状和块状单元的划分方法
注：-----为高空拼接杆件；▌为剖分式安装节点

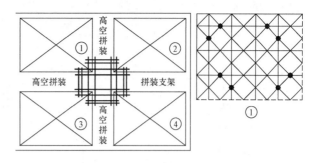

图 10-24 斜放四角锥网架块状单元划分实例
注：-----为临时加固杆件；●为吊点；①～④为块状单元编号

分割后的条状或块状单元应具有足够的刚度并保证自身的几何不变性，否则应采取临时加固措施。条状单元在吊装就位过程中的受力状态与网架实际情况不同，其总拼前的挠度值必然比设计值大，故须在适当部位设置支撑，在支撑下端或上端设置千斤顶，调整标高时将千斤顶顶高即可。图 10-25 所示为某工程分四个条状单元，在各单元中部设一个支顶点，每点用一根钢管和一个千斤顶。

条状或块状单元宜减少中间运输，需运输时应采取措施防止网架变形。

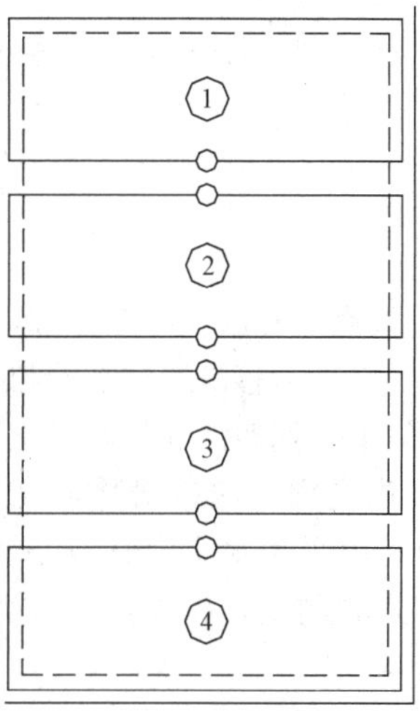

10.4.3 高空滑移法

高空滑移法是指分条的网架单元在事先设置的滑轨上单条滑移到设计位置拼接成整体的安装方法。此条状

图 10-25 条状单元安装后支顶点位置
○—支顶点；①～④—条状单元编号

单元可以在地面拼成后用起重机吊至支架上，如设备能力不足或其他因素影响，也可用小拼单元甚至散件在高空拼装平台上拼成条状单元。高空拼装平台一般设置在建筑物的一端，宽度约大于两个节间。

高空滑移法网架的安装可与下部其他施工平行立体作业，以缩短施工工期。其对起重设备、牵引设备要求不高，可用小型起重机或卷扬机，甚至不用，成本低。该施工方法适用于正放四角锥、正放抽空四角锥、两向正交正放等网架，尤其适用于采用上述网架而场地狭小、跨越其他结构或设备等或需要进行立体交叉施工的情况。

1. 分类

(1)高空滑移法按滑移方式，可分为单条滑移法和逐条积累滑移法两种。

1)单条滑移法[图 10-26(a)]。将条状单元一条一条分别从一端移到另一端就位安装，各条之间分别在高空进行连接，即逐条滑移，逐条连成整体。此法摩擦阻力小，如再加上滚轮，小跨度时用人力撬即可撬动前进。杭州剧院正放四角锥钢板节点网架采用此方法安装。

2)逐条积累滑移法[图 10-26(b)]。先将条状单元滑移一段距离后(能拼装上第二单元的宽度即可)，连接好第二单元，两条一起再滑移一段距离(宽度同上)，再连接第三条，三条又一起滑移一段距离，如此循环操作，直至接上最后一条单元为止。此法牵引力逐渐加大，即使采用滑动摩擦方式，也只需小型卷扬机即可。镇江体育馆斜放四角锥网架即采用此方法安装。

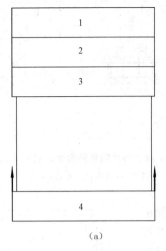 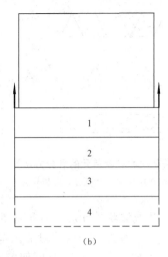

图 10-26　高空滑移法
(a)单条滑移法；(b)逐条积累滑移法

(2)高空滑移法按摩擦方式，可分为滚动式滑移和滑动式滑移两类。滚动式滑移即在网架装上滚轮，网架滑移是通过滚轮与滑轨的滚动摩擦方式进行的；滑动式滑移即将网架支座直接搁置在滑轨上，网架滑移是通过支座底板与滑轨的滑动摩擦方式进行的。

(3)高空滑移法按滑移坡度可分为水平滑移、下坡滑移及上坡滑移三类。如果建筑平面为矩形，可采用水平滑移或下坡滑移。当建筑平面为梯形时，短边高、长边低、上弦节点支撑方式的网架，应采用上坡滑移；短边低、长边高或下弦节点支撑方式的网架，可采用下坡滑移。

(4)高空滑移法按滑移时力作用方向，可分为牵引法和顶推法两类。牵引法即将钢丝绳钩扎于网架前方，用卷扬机或手扳葫芦拉动钢丝绳，牵引网架前进，作用点受拉力；顶推法即用千斤顶顶推网架后方，使网架前进，作用点受压力。

2. 使用高空滑移法应考虑的问题

(1)当单条滑移时，一定要控制跨中挠度不超过整体安装完毕后的设计挠度，否则应采取措施，可加大网架高度或在跨中增设滑轨，滑轨下的支撑架应满足强度、刚度和单肢及整体稳定性要求，必要时还应进行试压，以确保安全、可靠。当由于跨中增设滑轨引起网架杆件内力变号时，应采取临时加固措施，以防止失稳。

(2)滑轨可固定于梁顶面的预埋件上，轨面标高应高于或等于网架支座设计标高，滑轨接头处应垫实。

(3)网架滑移可用卷扬机或手扳葫芦及钢索液压千斤顶，根据牵引力大小及网架支座之间的系杆承载力，可采用一点或多点牵引。牵引力按下式进行验算：

滑动摩擦时：
$$F_t \geqslant \mu_1 \xi G_{0k}$$

滚动摩擦时：
$$F_t \geqslant \left(\frac{k}{r_1} + \mu_2 \frac{r}{r_1}\right) G_{0k}$$

式中　F_t——总启动牵引力；

G_{0k}——网架总自重标准值；

μ_1——滑动摩擦系数，在自然轧制表面，经粗除锈充分润滑的钢与钢之间可取 0.12～0.15；

μ_2——摩擦系数，在滚轮与滚轮轴之间，或经机械加工后充分润滑的钢与钢之间可取 0.1；

ξ——阻力系数，当有其他因素影响时，可取 1.3～1.5；

k——钢制轮与钢之间的滚动摩擦系数，可取 0.05；

r_1——滚轮的外圆半径；

r——轴的半径。

（4）网架滑移应尽量同步进行，两端不同步值不大于 50 mm。牵引速度控制为 1.0 m/min 左右较好。

10.4.4 整体吊装法

整体吊装法是将在地面拼装后的网架直接采用把杆、起重机等起重设备进行吊装就位的施工方法，如图 10-27 所示。

网架就地拼装时应错位布置，使网架任何部位与支柱或把杆的净距离不小于 100 mm，并应防止网架在起升过程中被凸出物（如牛腿等悬挑构件）卡住。由于网架错位布置导致网架个别杆件暂时不能组装时，应征得设计单位的同意后方可暂缓装配。由于网架是错位拼装，故当网架起吊到柱顶以上时，要经空中移位才能就位。采用多根把杆方案时，可利用把杆两侧起重滑轮组，使一侧滑轮组的钢丝绳放松，另一侧不动，从而产生不相等的水平力，以推动网架移动或转动进行就位。当采用单根把杆方案时，若网架平面是矩形，可通过调整缆风绳使把杆吊着网架进行平移就位；若网架平面为正多边形或圆形，则可通过旋转把杆使网架转动就位。

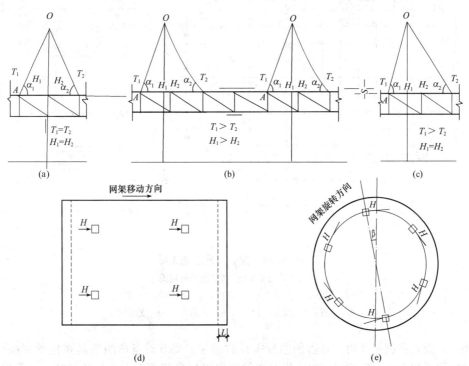

图 10-27　整体吊装法

(a)网架提升时平衡状态；(b)网架移位时不平衡状态；(c)网架移位后恢复平衡状态；
(d)矩形网架单向平移；(e)圆形网架旋转
S—网架移位时下降距离；L—网架水平移位距离；β—网架旋转角度

采用多根把杆或多台起重机联合吊装时，考虑到各把杆或起重机负荷不均匀的可能性，设备的最大额定负荷能力应予以折减。

网架整体吊装时，应采取具体措施保证各吊点在起升或下降时的同步性，一般控制提升高差值不大于吊点之间距离的 1/400，且不大于 100 mm。

吊点的数量及位置应与结构支撑情况相接近，并应对网架吊装时的受力情况进行验算。

这种吊装方法需要有较大起重能力的设备。国内大跨网架采用此法吊装也较多，如上海体育馆采用 9 根把杆整体吊装；长沙火车站中央大厅为 42 m×42 m 两向正交斜放网架，总质量为 72 t，采用立在中央大厅的一根 54 m 高脚把杆起吊。

10.4.5 整体提升法

整体提升法是将网架在地面就地总拼装后，利用安装在柱顶的小型设备（如升板机、液压滑模千斤顶等）将网架整体提升到设计标高以上，再就位固定。这种方法不需要大型吊装设备，所需机具和安装工具简单，提升平稳，提升差异小，同步性好，劳动强度低，功效高，施工安全，但需要较多提升机和支撑钢柱、钢梁，准备工作大。其适用于跨度为 50～70 m，高度为 4 m 以上，质量较大的大型、中型周边支撑的网架。

(1) 提升设备布置。在结构柱上安装升板工程用的电动穿心式提升机，将地面正位拼装的网架直接整体提升到柱顶横梁就位，如图 10-28 所示。

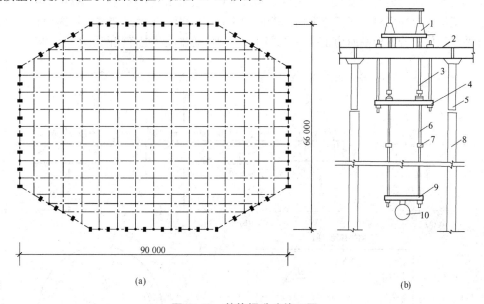

图 10-28 整体提升法施工图
(a) 结构平面图；(b) 提升装置图
1—提升机；2—上横梁；3—螺杆；4—下横梁；5—短钢柱；
6—吊杆；7—接头；8—柱；9—横吊梁；10—支座钢球

提升点设置在网架周边，每边的数量需计算确定。提升设备的组装是在柱顶加接短钢柱，上安装横梁，提升点上安装提升机，提升机的下端连接多节长为 1.8 m 的吊杆，下面连接横吊梁，梁中间用钢销与网架支座钢球上的吊环相连。在钢柱顶上的上横梁处，用螺杆连接着一个下横梁，作为拆卸杆时的停歇装置。

(2) 提升过程。当提升机每提升一节吊杆后，将 U 形卡板塞入下横梁上部和吊杆上端的支撑法兰之间,卡住吊杆,卸去上节吊杆,将提升螺杆下降与下一节吊杆接好,再继续上升。如此循环往复,直到网架升至托梁以上,然后将预先放在柱顶牛腿的托梁移至中间就位,再将网架下降于托梁上,即告完成。

网架提升时应同步,每上升 600~900 mm 观测一次,控制相邻两个提升点高差不大于 25 mm。

10.4.6 整体顶升法

整体顶升法是将在地面拼装好的网架,利用建筑物承重柱作为顶升的支撑结构,用千斤顶将网架顶升至设计标高。

利用顶升法施工时,应尽可能将屋面结构(包括屋面板、顶棚等)及通风、电气设备在网架顶升前全部安装在网架上,以减少高空作业量。

利用建筑物的承重柱作为顶升的支撑结构时,一般应根据结构类型和施工条件,选择四肢式钢柱、四肢式劲性钢筋柱,或采用预制钢筋混凝土柱块逐段接高的分段钢筋混凝土柱。采用分段柱时,预制柱块之间应连接牢固,接头强度宜为柱的稳定性验算所需强度的 1.5 倍。

当网架支点很多或由于其他原因不宜利用承重柱作为顶升支撑结构时,可在原有支点处或其附近设置临时顶升支架。临时顶升支架位置和数量的决定,应以尽量不改变网架原有支撑状态和受力性质为原则;否则,应根据改变的情况验算网架的内力,并决定是否需采取局部加固措施。临时顶升支架可由枕木构成(如天津塘沽车站候车室就是在 6 个枕木垛上用千斤顶将网架逐步顶起),也可采用格构式钢井架。

顶升的支撑结构应按底部固定、顶端自由的悬臂柱进行稳定性验算,验算时除考虑网架自重及随网架一起顶升的其他静载及施工荷载外,还应考虑风荷载及柱顶水平位移的影响。如验算认为稳定性不足,则应首先从施工工艺方面采取措施,不得已时再考虑加大截面尺寸。

顶升的机具主要是螺旋式千斤顶或液压式千斤顶等。各类千斤顶的行程和提升速度必须一致,这些机具必须经过现场检验认可后方可使用。顶升时网架能否同步上升是一个值得注意的问题。如果提升差值太大,不仅会使网架杆件产生附加内力,而且会引起柱顶反力的变化;同时,还可能使千斤顶的负荷增大和造成网架的水平偏移。图 10-29 所示为某网架采用顶

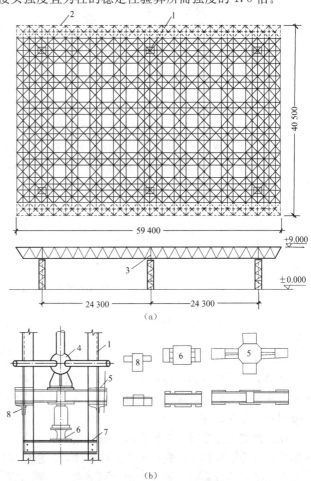

图 10-29 某网架采用顶升法施工实例
(a)结构平面图及立面图;(b)顶升装置及安装图
1—柱;2—网架;3—柱帽;4—钢支座;
5—十字梁;6—横梁;7—下缀板;8—上缀板

升法施工实例,图 10-30 所示为顶升过程示意。

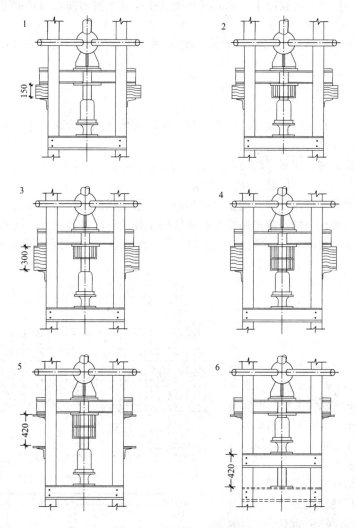

图 10-30 顶升过程示意

1—顶升 150 mm,两侧垫上方形垫块;2—回油,垫圆垫块;3—重复 1 过程;
4—重复 2 过程;5—顶升 130 mm,安装两侧上缀板;6—回油,下缀板升一级

  安装方法的选用取决于网架形式、现场情况、设备条件及工期要求等。例如,正放类网架、三角锥网架,既可整体安装,又可进行分割;斜放四角锥及星形网架一般不宜进行分割,如采用分条或分块安装法,应考虑对其上弦加固;棋盘形四角锥网架由于具有正交正放的上弦网格,故分割的适应性较好。

  在选择安装方法时,应根据施工场地的具体条件考虑。当施工场地狭窄或需要跨越已有建筑物时,可选用滑移法、整体提升法或整体顶升法施工。

  在选择安装方案时,还应考虑设备条件。一般应尽量利用现有设备,并优先采用中、小型常用设备,以降低工程成本。如果仅从安装网架的角度分析,高空散装法最基本的设备是脚手架(拼装支架);滑移法最基本的动力设备是人工绞车架或卷扬机;顶升法最基本的起重设备是千斤顶。从施工经济的角度来看,如能在地面进行屋面结构、电气、通风设备等的安装,可使费用降低,但对吊、提、顶升等设备负荷能力的要求则相应增大。对体育馆、展览馆、剧场等下部装修设备工程大的建筑物来说，滑移法可使网架的拼装与场内土建施工同时进行，从而缩短工期、降低成本。整体吊装需要大的起重设备，而分块、分条吊装所需的起重设备较小。

综上所述，选择何种吊装方案要从具体情况出发，因地制宜地选用最佳方案。

10.5 空间网格结构安装实例

10.5.1 某干煤棚网壳结构安装

1. 工程概况

某电厂干煤棚结构采用正放四角锥双层柱面网壳，两端山墙采用竖直平板螺栓球网架封闭。网架长度为 260 m，跨度为 106 m，高度约为 38 m，厚度为 4 m，投影面积为 27 560 m^2。采用多柱点支撑体系，支座间距为 4 m。网架纵向中部设温度缝分离，网架Ⅰ为①～㉝轴，长度为 128 m；网架Ⅱ为㉞～㊱轴，长度为 128 m，如图 10-31 所示。

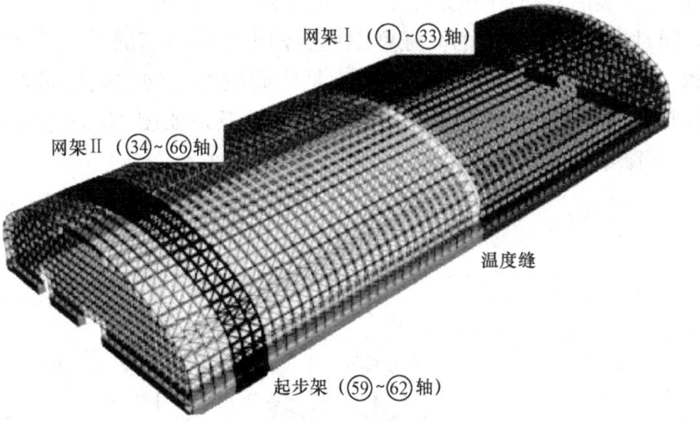

图 10-31　网壳结构轴视图

2. 施工方案

综合考虑现场实际情况及类似工程安装经验，拟采用局部支撑、高空散装的方式。网架按温度缝划分为网架Ⅰ与网架Ⅱ，因为结构对称，所以选取网架Ⅱ（㉞～66轴）作为阐述对象。

如图 10-31 所示，选取59～62轴为起步架，采用地面拼装整体吊装结合高空散装方案完成。起步架安装完成后，沿纵向阶梯式悬挑安装后续网架。安装阶梯数设为 3 榀，在轴号51、㊸、㉟处（每 8 个开间设一处）设置临时点支撑进行结构找形，即调整至设计标高。待网架结构成形后同步卸载各个支撑点，并拆除支撑体系。

3. 起步架安装

（1）起步架分段。起步架范围设为59～62轴上四下三（即上弦 4 个球、下弦 3 个球）。施工时，为确保起步架线型及安装精度，可将其分为 5 段，分别为左一段（8 球）、左二段（4 球）、中间段（10 球）、右二段（4 球）、右一段（8 球），如图 10-32 所示。

（2）施工顺序。首先，在左二段及右二段下方搭设两座支撑架；然后，安装左一段及右一

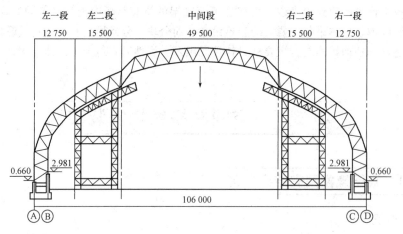

图 10-32 起步架分段

段，采取地面拼装整体吊装方案。吊装段一端与支座球固定，另一端搁置在支撑架上，待结构校正完毕后进行支座螺栓球连接。左二段与右二段在支撑架上散拼。

中间段采取地面拼装后双机抬吊安装方案，由于网架吊装过程中会产生横向（中间段长度方向）的水平位移，同时周边杆件端部的高强度螺栓会伸出套筒一定的长度，所以，中间段实际长度大于左二段与右二段之间的安装间隙。为了满足中间段安装的空间要求，采用汽车吊配手拉葫芦对安装间隙周边螺栓球（下称"抬升点"）进行临时抬升，如图 10-33 所示。待杆件对准螺栓孔后，边紧螺栓边下降结构。

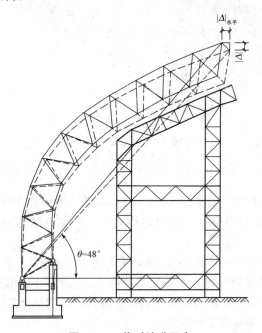

图 10-33 临时抬升示意

4. 悬挑段安装

为增加网架安装工作面，悬挑段网架安装采用阶梯式安装方式从两端向中间合拢。考虑到网架安装精度，每次阶梯式安装的阶梯数控制为 3 榀，如图 10-34 所示。

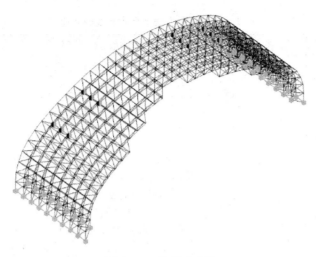

图 10-34 阶梯式安装

由于网架杆件是按照设备原有线型加工制作的,所以最后合拢段安装时同样需要通过临时抬升,以满足空间尺寸要求。由于悬挑段每榀合拢段为小拼单元,故在吊装过程中产生的变形较小,可以忽略不计。

10.5.2 某市体育会展中心大跨度钢管桁架安装技术

1. 工程概况

某市体育会展中心是该市的标志性建筑之一。体育会展中心分为 A 区和 B 区两部分。其中,A 区为展览馆,B 区为体育馆。整个工程总建筑面积约为 56 000 m²,长度为 260 m,宽度为 100 m,高度为 32.8 m,体育馆设置 6 600 个固定座位。

该工程钢屋盖采用大跨度钢管桁架形式,由钢管桁架、檩条、蜂窝梁、象鼻子等组成。

A 区展览馆主要由 10 榀 81 m 跨度、南北方向设置的主桁架及其次桁架和①~③轴的 10 榀箱形蜂窝梁等组成;B 区体育馆主要由 10 榀 95 m 跨度(长 120 m)、东西方向设置的主桁架及其次桁架和㉕~㉗轴的 10 榀双曲线象鼻子等组成;A 区和 B 区的交叉部位为 AB 设备区。

A 区主桁架为无缝钢管,材质为 Q345C 钢,最大钢管直径为 351 mm,壁厚最大为 18 mm,桁架为倒三角形,截面尺寸约为 4.5 m×5 m;桁架长度为 81 m,单榀桁架最大质量约为 47 t;支座形式为一端固定,另一端滑动,以减少施工和使用中的热胀冷缩变形。

B 区主桁架为焊接钢管,材质为 Q345C 钢,最大钢管直径为 550 mm,壁厚最大为 28 mm,桁架也为倒三角形,截面尺寸约为 4.7 m×7 m;桁架长度约为 120 m,单榀桁架最大重量约为 128 t,支座形式同样采用一端固定,另一端滑动。

2. 吊装方案的比较、分析、优化和确定

(1)目前我国大跨度钢结构吊装方案的现状。针对该工程钢结构跨度大、质量大、建筑功能设计特殊和施工场地情况等特点,结合以往类似工程的施工经验和国内大跨度钢结构安装施工的工程实例,进行了多方案的比较、分析。目前我国大跨度、大吨位钢构件的安装一般可采用高空散拼成型、整体吊装、整体提升及整体顶升、分段吊装、高空滑移等方法,并可分为跨内吊装和跨外吊装。各种吊装方法的特点和优缺点比较见表 10-1。

表 10-1　多种吊装方法的特点和优缺点比较

序号	吊装方法	特点	优点	缺点
1	高空散拼成型	结构在设计标高一次拼装完成	可用简易或小吨位的起重运输设备	现场及高空作业量大，同时需要大量的支架、材料
2	分段吊装	地面拼接，高空吊装就位	高空作业量较高空散拼法大为减少，拼装支架也相应减少，可充分利用现有起重设备，较为经济	对于分割后结构的刚度和受力状况改变较大的钢屋盖影响较大
3	整体提升及整体顶升	将结构在地面拼装完成，再由起重设备垂直将结构整体提升至设计标高	可以将屋面板、防水层、采暖通风与电气设备等分项工程在最有利的高度处施工，可节省施工费用	对于周边支撑点较少或整个屋盖系统较重时不适用，对提升设备的整体协同作业要求较高
4	整体吊装	将结构在地面总拼成整体后，用起重设备将其吊装到设计位置	地面总拼可保证焊接质量和几何尺寸的准确性	对吊装设备要求高，需用超大型吊装设备，费用昂贵
5	高空滑移	将结构条状单元在建筑物上由一端滑移到另一端，就位后总拼成整体	结构的滑移可与其他土建工程平行作业，缩短总工期，设备简单，无须大型起重设备	对施工单位机械综合配置能力要求高，需增加安装滑道、支柱等辅助钢构件

(2) 多种方案的比较分析。

1) 综合分析了该工程的具体情况，结合各种吊装方法的特点和优缺点，并考虑现有的机械设备情况、施工工期要求。可见，整体提升或整体顶升难以适用该工程如此大跨度和大吨位的钢屋盖系统；若采用一次性整体吊装，则需超大型吊装设备，对现场地基土的地耐力要求较高，且现场供吊装回旋场地及配套起重设备的工作半径较大，地面拼接成形后大跨度桁架的转移十分艰难。高空散拼需耗用大量的支撑架体材料，占用大量的施工工期，高空焊接量十分可观。

2) 会展中心二层楼面为大跨度预应力梁板，工作量较大。如采用跨内吊装，会展中心楼盖需在吊装后施工，且结构中将涉及大量的节点预留、后期的连接处理，并使大量的后续工程难以实施，工期难以保证。跨外吊装则可在不影响内部施工的情况下实施，现场可交叉流水作业，工期可以保证。通过分析可知，会展中心采用跨外吊装施工方案可行。

3) 通过比较分析，该工程屋盖系统大跨度桁架的吊装单独采用某种方法都难以成功，应综合应用目前我国较为先进可行、技术成熟的施工技术，针对会展中心和体育馆两个区段的不同情况分别采用适宜的施工方法。

(3) 吊装方案的确定。A区展览馆钢桁架主要采用两台 150 t 履带式起重机进行吊装。桁架现场整体组装后，双机抬吊，原地提升到 34 m 高度。稳定后，同步行走约 130 m(最大)后，稳定就位，如图 10-35 所示。B区体育馆钢桁架主要采用两台 150 t 履带式起重机进行吊装。先在体育馆南侧留设 1 个施工通道，桁架在跨外现场胎架整体组装后，每榀桁架分 4 段，采用双机分段抬吊，两台起重机场外分段抬吊后，行走至场内。利用跨内搭设的临时支撑柱稳定就位，每段之间采用高空对接的施工方法，如图 10-36 所示。

通过采用上述两种吊装方案，在进行钢桁架和屋盖施工时可充分利用现有设备，且不会影响下部的混凝土结构施工，这样可保证总工期。

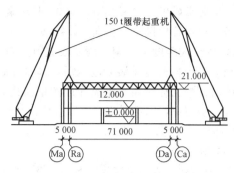

图 10-35　会展部位双机抬吊示意

3. 施工安装过程

(1)构件制作。主要材料为无缝钢管,主弦杆材质为 Q345C 钢,其他部位材质为 Q345B 钢。钢管桁架、蜂窝梁、檩条、幕墙柱、幕墙钢结构、马道、设备平台、舞台马道等所有钢结构构件,均由工厂加工制作成单个杆件形式。

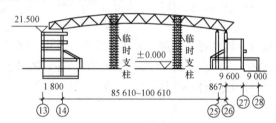

图 10-36　体育馆部位分段吊装示意

(2)起重机行走道路。施工前,采用碎石垫层碾压对行走道路进行加固处理,并进行试行走。对在试行走中发生的道路下沉、凹陷等现象及时处理,在碎石垫层上再铺一层厚钢板,经多次试行走确认无障碍后,进行正式的吊装。

(3)双机抬吊同步控制。施工采用了多种方法进行同步控制,对两台 150 t 履带式起重机的行走速度严格控制(在 1 m/s 左右)。1 榀桁架从起吊到安装就位约为 2 h,并在两侧行驶道路上设置了标线。在操作中进行核对,以保证两侧起重机行驶速度均匀一致。同时,在高空桁架前进方向两侧各设 1 名协调指挥员,对行走过程中的同步情况进行检查,发现问题及时与对方和下方的驾驶员沟通。在上部高空位置同样设置了标线,要求每行走 1 m 即检查复核 1 次,发现不同步即进行调整,防止偏差累积造成同步调整困难。

(4)安装就位。根据支座方式的不同,分别在两侧柱顶安装相应的支座板。支座为子母式,分别由固定在桁架下端和柱顶预埋件上口的部件组成。安装到位后对准支座位置落槽固定,并预先检查轴线、标高尺寸,就位后及时进行支座板板间的焊接固定和桁架间横向连系杆件的焊接固定,保证桁架安装就位牢固、不移位。

(5)低位安装胎架及现场焊接作业。该工程钢桁架为工厂加工预制杆件,根据深化设计将组成桁架的每根杆件在数控机床上进行相贯线曲线、焊接坡口等的切割加工,制作出半成品再运至现场组拼。

对相贯线加工管件现场进行组拼焊接作业,根据桁架几何尺寸在胎架上设置若干控制点,保证外形尺寸准确,并在组拼过程中安装 1 台数字式全站仪进行测量控制。对焊接过程中的焊接变形随时进行调整。

现场焊接采用 BX—500—2 交流焊机 4 台和 ZXE—400—1 直流焊机 6 台，根据杆件厚度、焊接温度等调整相应电流参数，以保证焊接质量达到设计要求。

(6) 高空组拼作业。B 区体育馆大跨度钢桁架分为 4 段进行高空组拼，两台 150 t 履带式起重机将场外分段组拼成型的桁架件分段行走吊装到场内后，放置在临时支撑立柱后，再进行调整就位和对接焊缝的作业。临时支撑立柱采用角钢制作成的桁架式周转件分块组拼，并在各独立的立柱间加设横向连系杆件和剪刀撑，以保证临时支撑立柱的稳定、可靠。

高空组拼作业顺序为：钢桁架→横向连系杆件→马道→檩条→象鼻子等。后期安装的杆件利用前期已安装的钢桁架作为操作平台。

(7) 涂装防腐。钢结构部分所有构件表面涂装除锈 Sa2.5 级＋环氧富锌底漆两道＋环氧云母氧化铁中间漆两道＋超薄型防火涂料＋配套面漆。

4. 质量控制

(1) 焊接要求。所有桁架对接缝检测标准依据《钢结构工程施工质量验收标准》(GB 50205—2020)，所有焊缝外观要求 100% 检测，对接焊缝超声波 100% 检测。

(2) 原材料。所有材料(主材和辅材)到达工厂后，首先由工厂专职质检员会同驻厂监理工程师进行验收，查验合格证、材质证明书、特殊检验报告等；同时，工厂监理见证取样进行检验，并取得合格检验报告。

(3) 构件制作及安装质量。构件在工厂制作，现场安装，其中主要检验批：预埋件 9 份、零部件 17 份、组装 32 份、焊接 45 份、安装 12 份、涂装 28 份等，图纸会审、设计变更、洽谈记录共 7 份，原材料出厂合格证及进场检验报告共 126 份，隐蔽工程验收记录共 20 份，分项工程检验批质量验收记录、分项验收记录共 131 份。

(4) 构件焊接检测。

1) 工厂检验焊缝 2866 处，其中超声波探伤一次合格 2 809 处，一次合格率为 98%，二次返修合格率为 100%。

2) 现场检测焊缝 455 处，其中超声波探伤一次合格 451 处，一次合格率为 99%，二次返修合格率为 100%。

3) 该工程铸钢件共 20 套，探伤报告共 80 份，其中表面磁粉探伤和内部超声波探伤各 40 份，检验合格率为 100%。

习 题

1. 网架的网格形式有哪些？
2. 网架的节点形式有哪些？
3. 网架的支座形式有哪些？
4. 网架小拼单元划分需要考虑哪些问题？
5. 网架的安装方法有哪些？

单元 11　压型金属板工程

知识点

压型金属板、夹芯板围护结构构造，压型金属板围护结构施工，组合楼板施工。

11.1　压型金属板的类型和组成材料

11.1.1　压型金属板的类型

由于在钢结构工程中采用的压型金属板主要为压型钢板，因而，本书重点介绍压型钢板。

压型钢板是以彩色涂层钢板或镀锌钢板为原材料，经辊压冷弯成型的板材。以彩涂板为原材的压型钢板主要用于屋面板与墙面板，以镀锌板为原材料的压型钢板仅适用于组合楼板。建筑用压型钢板原材料的厚度通常为 0.5～1.6 mm。

压型钢板的截面形式（板型）较多，在工程中应用较多的有十几种。图 11-1 给出了几种压型钢板的截面形式。

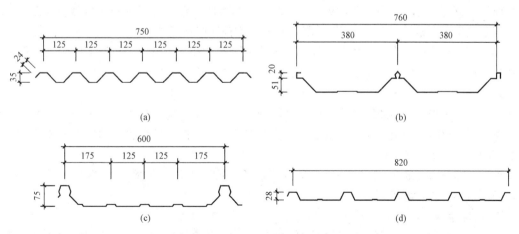

图 11-1　压型钢板的截面形式

(a) YX35—125—750 型压型钢板；(b) YX51—380—760 型（角弛Ⅲ型）压型钢板；
(c) YX75—600 型压型钢板；(d) YX28—205—820 型压型钢板

压型钢板根据波高的不同，可分为低波板（波高≤70 mm）、高波板（波高＞70 mm）。波高越大，截面的抗弯刚度越大，承受的荷载也越大。

压型钢板的表示方法为：YX波高—波距—有效覆盖宽度。如YX35—125—750表示压型钢板波高为35 mm，波距为125 mm，有效覆盖宽度为750 mm。压型钢板的厚度需另外注明。

压型钢板用紧固件或连接件固定在檩条或墙梁上，根据连接方式可以分为搭接板、咬合板、扣合板三类，如图11-2所示。搭接板通过紧固件与结构连接；咬合板的纵向搭接边用专用机具咬合并通过固定支架与结构连接；安装扣合板时，板与板之间扣压结合并通过固定支架与结构连接。屋面板采用咬合和扣合的连接方式，由于屋面没有明钉，故防水效果较好。

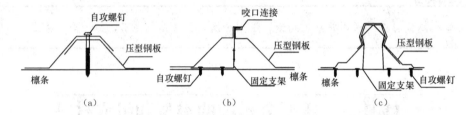

图11-2 压型钢板的连接方式
(a)搭接连接；(b)咬合连接；(c)扣合连接

压型钢板的纵向搭接应位于檩条或墙梁处，两块板均应伸至支撑构件上。高波屋面板的搭接长度为350 mm，屋面坡度≤10%的低波屋面板为250 mm，屋面坡度>10%的低波屋面板为200 mm。墙面板搭接长度均为120 mm，搭接板缝之间需要设置通长密封胶带。

11.1.2 压型金属板的基本材料

1. 彩涂板

在连续机组上以冷轧带钢、镀锌带钢（电镀锌和热镀锌）为基板，经过表面预处理（脱脂和化学处理），用辊涂的方法涂上一层或多层液态涂料，经过烘烤和冷却所得的板材称为涂层钢板。由于涂层可以有各种不同的颜色，故习惯上将涂层钢板叫作彩色涂层钢板，简称彩涂板。又由于涂层是在钢板成型加工之前进行的，故在国外叫作预涂层钢板。

彩涂板的国家标准为《彩色涂层钢板及钢带》(GB/T 12754—2019)，在施工中应关注彩涂板的产地、厚度、涂层层数及厚度，这些与板材价格和寿命紧密相关。

2. 镀锌板

在钢结构工程中采用的镀锌板一般为热浸镀锌钢板，是将薄钢板浸入熔解的锌槽中，使其表面黏附一层锌的薄钢板。目前，主要采用连续镀锌工艺生产，即将成卷的钢板连续沉浸在熔解有锌的镀槽中制成镀锌钢板。

镀锌板的国家标准为《连续热镀锌钢板及钢带》(GB/T 2518—2008)，工程中一般要求镀锌层的厚度不小于275 g/m²。

3. 铝合金板

钢结构围护结构中采用的铝合金板的材料一般为《变形铝及铝合金牌号表示方法》(GB/T 16474—2011)及《变形铝及铝合金化学成分》(GB/T 3190—2008)中规定的3004或3005铝镁锰合金。当有可靠依据时，可采用其他铝合金材料。

在围护结构中，采用的铝合金板的厚度一般为0.7～1.2 mm；用作屋面板时，厚度宜为0.9～1.2 mm。

11.1.3 夹芯板

夹芯板是将压型钢板面板和底板与保温芯材通过胶粘剂（或发泡）复合而成的保温复合围护板材，根据其芯材的不同可分为聚苯乙烯夹芯板、岩棉夹芯板、硬质聚氨酯夹芯板。

夹芯板厚度范围为 30～250 mm，建筑围护常用夹芯板厚度范围为 50～100 mm，彩涂板厚度通常为 0.5 mm、0.6 mm。如条件允许，经过计算屋面板底板和墙面内侧板也可采用 0.4 mm 厚的彩涂板。夹芯板为工厂生产产品，受运输条件限制，板长宜在 12 m 以内。

1. 夹芯板编号

(1) 屋面板编号：由产品代号及规格尺寸组成。
(2) 墙面板编号：由产品代号、连接代号及规格尺寸组成。
(3) 产品代号：硬质聚氨酯夹芯板为 JYJB；聚苯乙烯夹芯板为 JJB；岩棉夹芯板为 JYB。
(4) 连接代号：插接式挂件连接为 Qa；插接式紧固件连接为 Qb；拼接式紧固件连接为 Qc。

2. 标记实例

波高为 42 mm，波与波之间的间距为 333 mm，单块夹芯板有效宽度为 1 000 mm 的硬质聚氨酯夹芯板，其编号为 JYJB42—333—1000；单块夹芯板有效宽度为 1 000 mm，插接式挂件连接的硬质聚氨酯夹芯板，其编号为 JYJB—Qa1000。夹芯板的连接方式及板型如图 11-3 所示。

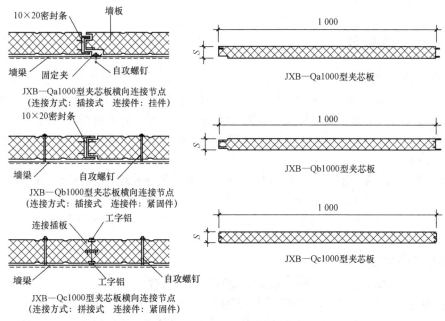

图 11-3 夹芯板的连接方式及板型

有骨架的轻型钢结构房屋采用紧固件或连接件将夹芯板固定在檩条或墙梁上；无骨架的小型房屋可通过连接件将夹芯板组合成型，成为板自承重的盒子式组合房屋。

夹芯板屋面的纵向搭接应位于檩条处，两块板均应伸至支承构件上，每块板支座长度≥50 mm，为此搭接处应改用双檩条或檩条一侧加焊通长角钢。夹芯板屋面纵向搭接长度（面层彩涂板）：屋面坡度≥10%时为 200 mm，屋面坡度<10%时为 250 mm。夹芯板横向连接为搭接连接。纵向和横向搭接部位均应设置密封胶带。

11.1.4 保温隔热材料

1. 保温隔热材料的种类

(1)玻璃丝棉。在工程中采用的玻璃丝棉有两种,一种相对密度$\geqslant 16$ kg/m²,导热率为0.058 W/(m·K),最高使用温度为250 ℃;另一种相对密度$\geqslant 24$ kg/m²,导热率为0.049 W/(m·K),最高使用温度为300 ℃。

玻璃丝棉纤维根据直径不同,可分为1号棉、2号棉、3号棉(其直径分别为5 μm、8 μm、13 μm)。

(2)岩棉。岩棉的基本性能与玻璃丝棉相似,其相对密度、纤维直径均较玻璃丝棉大,施工不便且价格较高,工程中采用得较少。

2. 保温隔热材料的使用要求

(1)选材要求:玻璃丝棉卷毡可分为素毡和胎毡两种。胎毡又可分为牛皮纸毡、铝箔毡、聚丙烯膜毡。胎层有网状的玻璃纤维加强筋,铝箔、聚丙烯可起到隔汽层作用,铝箔还可起到热反射的作用,工程中可根据具体情况选用。

(2)铺装要求:保温层应铺装在檩条上层或墙梁外侧,保温层在屋面及墙面中应该是连续的,接头处应有可靠搭接,不宜采用对接。搭接处应采用胶带粘结或采用订书机连接,以保证搭接处不松脱,以免产生冷桥现象。

11.1.5 采光材料

1. 采光板的种类

(1)玻璃纤维增强聚酯采光板(简称玻璃钢采光板或FRP采光板):这种采光板是由玻璃纤维毡或无捻玻璃布与不饱和聚酯树脂制成的。按透明性能可分为透明型和不透明型,按色彩可分为着色型和非着色型。其形状可以根据其配合使用的压型钢板波形定型制作,常用厚度为1.0~2.5 mm。

(2)聚碳酸酯采光板(简称阳光板或PC板):根据形状可分为双层格栅式平板或单层波形板。双层板规格为6 mm、8 mm、10 mm等,宽度为1 250 mm,长度为5 800 mm、11 800 mm等。单层板厚度为2~8 mm不等。阳光板抗冲击性好,透光率高,耐候性能及阻燃性能均可达到较高要求。

2. 采光板的安装要求

(1)玻璃钢采光板与压型钢板横向搭接时,玻璃钢采光板宜置于压型钢板上,其厚度选择应注意与压型钢板厚度相协调,避免出现玻璃钢彩钢板多层叠加现象。玻璃钢采光板屋面为非上人屋面。

(2)安装阳光板时通常采用与其相配合的专业连接件、紧固件、密封材料等。因其热胀冷缩性能与压型钢板不一致,建议其与压型钢板纵、横连接处留出适当空隙,以避免产生变形而导致漏雨。

11.1.6 连接件

1. 连接件的分类

(1)结构连接件:主要是将围护板材与承重构件固定并形成整体的部件,如自攻螺钉、固定支架、固定挂件、开花螺栓。

(2)构造连接件：主要是将各种用途的彩板件连成整体的部件，如拉铆钉、自攻螺钉、膨胀螺栓。

2. 连接件的种类

(1)自攻螺钉：主要用于压型钢板、夹芯板、异形板等与檩条、墙梁或固定支架的连接固定。自攻螺钉分为自攻自钻螺钉和打孔自攻螺钉。前者的防水性能及施工要求均优于后者，目前在工程中被较多采用。

(2)拉铆钉：主要用于压型钢板之间、异形板之间及压型钢板与异形板之间的连接固定。拉铆钉可分为开孔型与闭孔型。开孔型用于室内工程；闭孔型用于室外工程。

(3)固定支架：主要用于将压型钢板固定在檩条上，一般应用于中波及高波屋面板，固定支架与檩条的连接采用焊接或自攻螺钉连接，固定支架与压型钢板的连接采用自攻螺钉、开花螺栓或专业咬边机咬口连接。

(4)膨胀螺栓：主要用于彩色钢板、异形板、连接构件与砌体或混凝土构件的连接固定。

(5)开花螺栓：主要用于高波压型钢板屋面板与檩条的连接固定。

3. 连接要求

自攻螺钉、拉铆钉用于屋面时，一般设于压型钢板波峰，用于墙面时一般设于压型钢板波谷。自攻螺钉所配密封橡胶盖垫必须齐全、防水可靠。自攻螺钉外露钉头处应涂满中性硅酮密封胶。

11.1.7 密封材料

1. 密封材料的分类

(1)防水密封材料：主要是指密封胶及密封胶带。

(2)保温隔热密封材料：主要是指泡沫堵头、玻璃棉、聚苯乙烯板、岩棉板及聚氨酯现场发泡封堵材料。

2. 密封材料的种类

(1)密封胶：包括聚硫、硅酮及其他优质中性耐候胶。其用于彩色钢板板缝连接处、连接体连接处等部位。

(2)密封胶带：为一种双面带胶粘剂的丁基橡胶带状材，用于彩色压型钢板之间的纵向缝搭接。

(3)密封条：为10 mm×20 mm软质聚氨酯胶带，用于夹芯板板缝之间的对接密封。

(4)泡沫堵头：为双面带胶粘剂的软质聚氨酯制品，用于压型钢板端口封堵。一面与彩板异形板粘结，一面与压型钢板板面粘结，形状为一面平整，而另一面结合压型钢板配用，与其波形呈反对称锯齿状。

11.2 压型金属板围护结构构造

11.2.1 压型金属板围护结构分类

压型金属板围护结构可分为非保温围护结构和保温围护结构两大类。

1. 非保温围护结构

非保温压型钢板围护结构是将单层压型钢板用在建筑物的屋面和墙面上。它仅用于防风、防雨和外装修，多用在无保温要求的库房、生产车间及其他无保温要求的工程中。非保温围护结构由于板材为单层，故造价较低。

2. 保温围护结构

压型金属板保温围护结构可分为夹芯板保温围护结构和现场复合板保温围护结构两类。

(1)夹芯板保温围护结构：将具有保温功能的夹芯板充当围护结构板材。

(2)现场复合板保温围护结构：将单层压型金属板和轻质保温材料，用紧固件和配件在施工过程中分层在现场安装成的围护结构。其具体构造又有很多种，复合屋面的上层板采用压型金属板，中间为玻璃丝棉或岩棉保温材料，下层可采用镀锌钢丝网片或压型金属板；复合墙面的外层采用压型金属板，中间为玻璃丝棉或岩棉保温材料，内层可采用压型钢板或石膏板等其他板材。各层材料是在施工现场各自独立分层施工完成的。

11.2.2 非保温围护结构细部构造

1. 板缝连接构造

由于压型金属板围护结构为装配式围护结构，板间的拼接缝为渗漏雨水的主要位置，因此板缝的连接构造直接关系到围护结构的防水效果。目前，国内外有四种板缝连接构造，即自然搭接式、防水空腔式、咬口式、扣盖式，如图11-4所示。

(1)自然搭接式：是采用压型金属板长边搭接一个波的方法。这种边部形状使屋面板接缝防水存在一定的隐患，不过作墙面时一般不会出现问题。

(2)防水空腔式：是在两个搭接边处形成一个4 mm左右的空腔。这个空腔切断了两块钢板相附着时会形成的毛细管通路。同时，空腔内的水柱还会平衡室内外大气静压差造成的雨水渗入室内的现象，这种方法已被应用到新一代压型板的断面形状设计中。

(3)咬口式：可分为180°和360°咬口式。这种方法是利用咬边机将板材的两搭接边咬合在一起，180°咬边是一种非紧密式咬合；而360°是一种紧密式咬合，因此有一定的气密作用。这种方式是一种理想、可靠的防水连接方式。

(4)扣盖式：是两个边对称设置，并在两边部作出卡口构造边，安装完毕后在其上扣以扣盖。这种方法利用了空腔式的原理设置扣盖，防水可靠，但彩板用量较多。

在选择板型时，应优先选用图11-4(b)~图11-4(f)的构造形式。

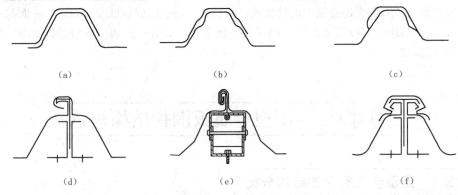

图11-4 板缝连接构造示意

(a),(d)自然搭接式；(b),(c)防水空腔式；
(e)360°咬口式；(f)防水扣盖式

2. 压型金属板连接方式

(1)屋面压型金属板横向连接。用连接件或紧固件固定在檩条或墙梁上,压型金属板的横向搭接方向宜与主导风向一致,搭接不小于一个波,搭接部位设通长密封胶带。彩色钢板横向连接有穿透连接、压板连接和咬边连接三种,如图 11-5 所示。

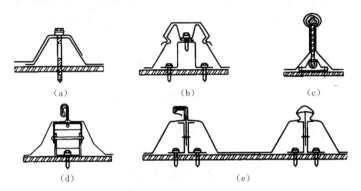

图 11-5　屋面板的典型连接方式

(a)自攻螺钉穿透连接；(b)压板隐蔽连接；(c)圆形咬边连接；
(d)360°咬边连接；(e)180°咬边连接

1)穿透连接是一种外露连接件的连接方式,如图 11-5(a)所示。其是用自攻自钻的螺钉将压型金属板与檩条或墙梁连在一起。凡是外露连接紧固件必须配以寿命长、防水可靠的密封垫、金属帽和装饰彩色盖。

2)压板连接是一种隐蔽连接,如图 11-5(b)所示。这种连接方式按板型需要设计专门的压板连接件。压板将压型板扣压在下面,压型板与屋面檩条连接,用以抵抗屋面受到的负风压(风吸力)。

3)咬边连接是一种隐蔽连接方式,如图 11-5(c)~图 11-5(e)所示。其是利用连接件的底座、支撑板的波峰内表面,并利用连接在底座上的钢板钩将两侧的钢板边咬合在一起。钢板钩件起着重要的连接作用,因此宜用结构钢板。

(2)墙面压型金属板横向连接。墙面压型金属板横向连接有外露连接和隐蔽连接两种,如图 11-6 所示。

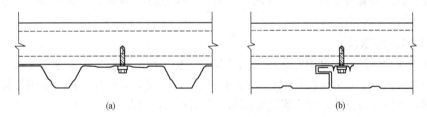

图 11-6　墙面板的横向连接

(a)外露连接；(b)隐蔽连接

1)外露连接是用连接紧固件在波谷上将墙板与墙梁连接在一起,这样的连接使紧固件的头处在墙面板凹陷处,比较美观。在一些波距较大的情况下,也可将连接紧固件设置在波峰上。

2)隐蔽连接的板型覆盖面较窄。其是将第一块板与墙面连接后,将第二块板插入第一块板的板边凹槽口中,起到抵抗负风压的作用。

(3)屋面和墙面压型金属板纵向连接。彩色钢板的纵向搭接应位于檩条或墙梁处,两块板均应伸至支撑构件上。彩色单层压型板的纵向搭接主要应考虑提高其防水功能,如图11-7所示。

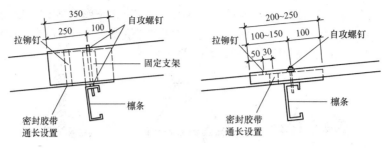

图11-7 屋面板的纵向连接

1)搭接长度。高波屋面板为350 mm;屋面坡度≤10%的低波屋面板为250 mm;屋面坡度>10%的低波屋面板为200 mm;墙面板均为120 mm。

2)搭接处密封。屋面板搭接时,板缝之间需要设置通长密封胶带。搭接处的密封宜采用双面粘贴的密封带,不宜采用密封胶,因两板搭接处空隙很小,连接后密封胶被挤压后的厚度很小,且其固化时间较长,在这段时间里由于施工人员的走动造成搭接处的搭接板之间开合频繁,可使密封胶失效。密封条宜靠近紧固位置。

11.2.3 压型金属板围护结构檐口构造

檐口的构造是压型金属板围护结构中较复杂的部位,可分为自由落水檐口、外排水天沟檐口及内排水天沟檐口三种形式。在条件允许时,应优先采用自由落水檐口和外排水天沟檐口形式。

1. 自由落水檐口

自由落水檐口形式多在北方少雨地区且檐口不高的情况下采用,一般有以下两种形式:

(1)无封檐的自由落水檐口。其外观简单,建筑艺术效果不好。这种檐口自墙面向外挑出,板形不同,其伸出长度也不同,一般为200～300 mm。墙板与屋面板之间产生的锯齿形空隙应由专用板形的挡水件封堵,如图11-8(a)所示。

(2)带封檐的自由落水檐口。屋面板挑出檐口板一般为200～300 mm。封檐板可用压型板横向或竖向使用。当需要封檐板高出屋面的檐口时,要按地方降雨要求拉开足够的排水空间,如图11-8(b)所示。

2. 外排水天沟檐口

外排水天沟檐口的天沟可用彩涂板天沟或焊接钢板天沟,一般多用彩涂板天沟,在墙板上设支撑件,在屋面板上伸出连接件挑在天沟的外壁上,各段天沟相互搭接,采用拉铆钉连接和密封胶密封。因设置在室外,如出现缝隙漏雨,影响不大,如图11-9所示。

3. 内排水天沟檐口

内排水天沟檐口如图11-10所示。

天沟外壁宜高过屋面板在檐口处的高度,避免雨水冲击而引起漏水。天沟与屋面板之间的锯齿形空隙应封闭。天沟找坡宜采用天沟自身找坡的方法。

11.2.4 压型金属板围护结构屋脊构造

压型金属板建筑的屋脊有两种做法:一种是屋脊处的压型金属板不断开,在屋脊处自然压

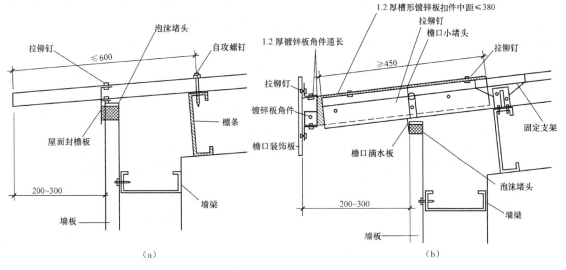

图 11-8 自由落水檐口构造
(a)无封檐的自由落水檐口;(b)带封檐的自由落水檐口

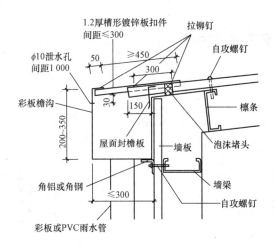

图 11-9 外排水天沟檐口

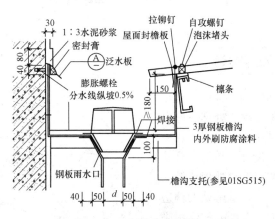

图 11-10 内排水天沟檐口

弯,这种方法多用在跨度不大、屋面坡度小于 1/20 的情况;另一种做法是屋面板只到屋脊处,这是一种常用的做法,这种做法必须设置上屋脊、下屋脊、挡水板、泛水翻边(高波板时应有泛水板)等多种配件,以形成严密的防水构造。屋脊板与屋面板的搭接长度不宜小于 200 mm,如图 11-11 所示。

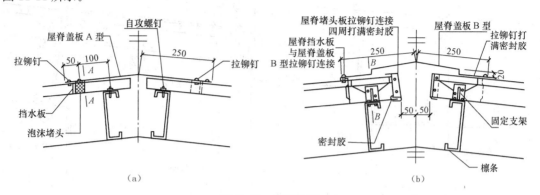

图 11-11 屋脊构造
(a)压型金属板不断开;(b)屋面板只到屋脊处

11.2.5 山墙与屋面连接构造

山墙与屋面交接处的构造如图 11-12 所示。

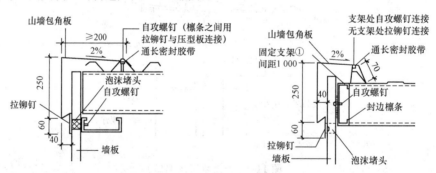

图 11-12 山墙与屋面交接处的构造

11.2.6 高低跨处的构造

在压型金属板围护结构的设计中,宜尽量避免出现高低跨的做法,因为处理不好会出现漏雨的问题。当不可避免时,对于双跨平行的高低跨,宜将低跨设计成单坡,且从高跨处向外坡下,这时的高低跨处理比较简单,高低跨之间用泛水连接,低跨处的构造要求与屋脊构造处理相似。高跨处的泛水高度应大于 300 mm,如图 11-13 所示。

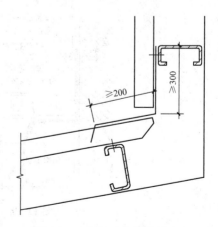

图 11-13 高低跨处构造示意图

11.2.7 外墙底部构造

压型金属板外墙底部在地坪或矮墙交接处会形成一道装配的构造缝,为避免墙面上流下的雨水渗流到室内,交接处的地坪或矮墙应高出压型金属板的底端 60～120 mm,如图 11-14 所示。

遇到图 11-14(a)、(b)所示的两种做法时,彩板底端与底部墙体之间应留出 20 mm 以上的净空,避免底部浸入雨水中,造成对压型金属板根部的腐蚀环境。

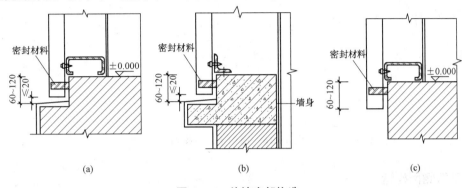

图 11-14 外墙底部构造

11.2.8 外墙转角构造

压型金属板围护结构的外墙内外转角的内外面应用专用包边件包边处理。包边板宜在安装完毕后按实际尺寸制作。阳角、阴角做法如图 11-15 所示。

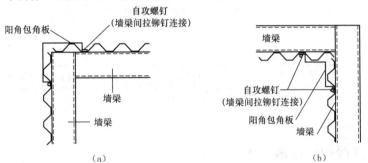

图 11-15 外墙转角包边构造
(a)阳角;(b)阴角

11.2.9 外墙窗洞口构造

压型金属板围护结构的窗户多布置在墙面檩条上,其窗口的封闭构造较复杂,应特别注意窗口四面泛水的交接关系,将雨水导出到墙外侧,并注意四侧泛水件的规格应协调。

1. 窗上口与窗下口做法

窗上口与窗下口的做法种类较多,图 11-16 所示为常用的三种做法。如图 11-16(a)所示的做法方法简单,容易制作和安装,窗口四面泛水易协调,在外观要求不高时常用;如图 11-16(b)、 (c)所示的做法外观好,构造较复杂,窗上口与窗下口的交接处泛水处理应细致设计,这种做法往往因为施工安装偏差造成板位安装偏差积累,使泛水件不能正确就位,因此应准确控制安装偏差,并在墙面安装完毕后测量实际窗口尺寸,修改泛水形状和尺寸,然后制作安装,容易达到理想效果,并应注意气密性和水密性密封。

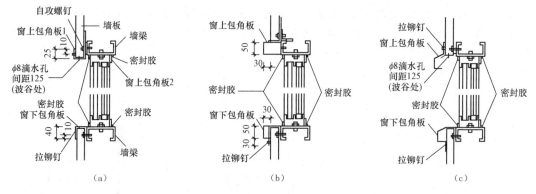

图 11-16 窗口上、下构造

2. 窗口侧面构造

窗口侧面构造如图 11-17 所示。

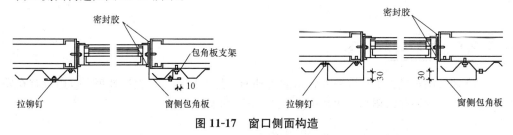

图 11-17 窗口侧面构造

11.3 夹芯板保温围护结构构造

11.3.1 连接构造做法

1. 屋面夹芯板的横向连接

屋面夹芯板用自攻螺钉穿透连接,自攻螺钉六角头下设有带防水垫的倒槽形盖片,加强了连接点的抗风能力和防水能力,如图 11-18 所示。

2. 屋面夹芯板的纵向连接

由于搭接处上板、下板的支撑檩条宽度较小,故应在该处设置双檩条,或在单檩条上加焊连接用角钢,如图 11-19 所示。

3. 墙面夹芯板的连接

夹芯板用于墙板时多为平板。用于组合房屋时主要靠铝合金型材与拉铆钉连成整体。对需要墙面檩条的建筑,竖向布置的墙板多为穿透连接,横向布置的墙板多为隐蔽连接,如图 11-20 所示。鉴于墙面是建筑外观的重要因素,因此最好选用隐蔽连接的墙面板型。

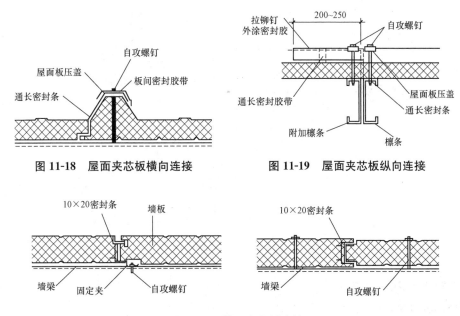

图 11-18 屋面夹芯板横向连接　　图 11-19 屋面夹芯板纵向连接

图 11-20 墙面夹芯板连接

11.3.2 夹芯板围护结构檐口构造

1. 自由落水檐口构造

自由落水的檐口屋面板切口面应封包,封包件与上层板宜做顺水搭接;封包件下端应做滴水处理;墙面与屋面板交接处应做封闭件处理;屋面板与墙面板相重合处宜设软泡沫条找平封墙,如图 11-21 所示。

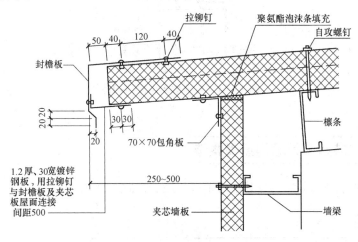

图 11-21 自由落水檐口构造

2. 外排水天沟檐口构造

天沟多用彩板制作,一端由墙板支撑,另一端由屋面板上伸出的槽形件支撑。屋面板挑出天沟内壁,其端头应用彩板封包并做出滴水,如图 11-22 所示。

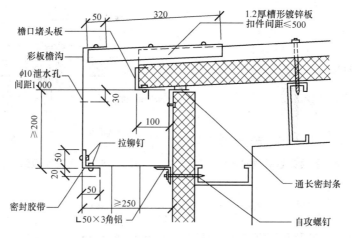

图 11-22 外排水天沟檐口构造

3. 内排水天沟檐口构造

内排水天沟檐口构造如图 11-23 所示。

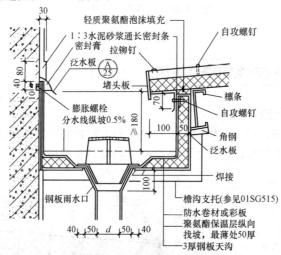

图 11-23 内排水天沟檐口构造

11.3.3 夹芯板围护结构屋脊构造

夹芯板围护结构屋脊处的构造基本与单层压型板相似,缝间的孔隙应用保温材料封填,如图 11-24 所示。

11.3.4 墙面夹芯板底部连接构造

墙面夹芯板底部连接构造的主要目的是防止雨水渗入室内,主导思想与单层板相同,即夹芯板底部的表面应低于室内的表面 30~50 mm,且应在底表面抹灰找平后安装,不宜在安装后抹灰,因为雨水易被封入两种材料的缝隙内,导致雨水向室内渗入,如图 11-25 所示。

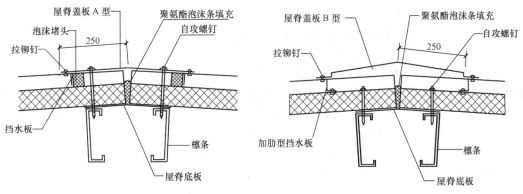

图 11-24　夹芯板屋面屋脊处构造

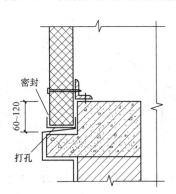

图 11-25　墙面夹芯板底部构造

11.3.5　夹芯板围护结构窗口构造

窗户可以放在夹芯板的洞口处，也可以放在内部的墙面檩条上。各种做法均应做好密封防水，全部安装完成后应将门窗洞周围用密封胶封闭，如图 11-26 所示。

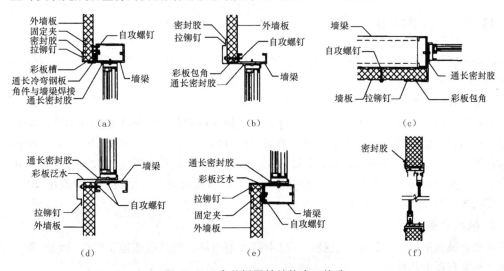

图 11-26　夹芯板围护结构窗口构造

(a)，(b) 窗上口固定在檩条上；(c) 窗侧口固定在 C 形柱侧；
(d)，(e) 窗下口固定在檩条上；(f) 窗上口、下口固定在墙板上

11.3.6 现场复合板保温围护结构构造

现场复合板保温围护结构是指将单层压型钢板、保温的卷材（或板材）分层安装在屋面上，保温层不起任何承力作用。这种围护结构因其构造不同可分为单层压型板加保温层和双层压型板中间放置保温层两类，如图 11-27 和图 11-28 所示。

现场复合板保温围护结构的特点是现场分别组合安装，不需要在工厂内复合，可以用单层压型板也可用双层压型板，灵活性较大，对保温层的力学性能没有特殊要求。其施工层次较多，施工费用较高（但原材料较夹芯板便宜）。

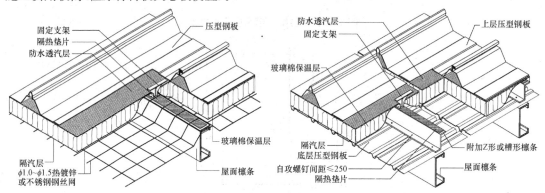

图 11-27 单层压型钢板复合保温屋面构造示意　　图 11-28 双层压型钢板复合保温屋面构造示意图

对于现场复合保温围护结构的详细构造可参阅相关国家标准图集。

11.4 压型金属板围护结构施工

11.4.1 安装准备

压型金属板围护结构施工安装前的准备可分为材料准备、机具准备、技术准备、场地准备、组织和临时设施准备等。

1. 材料准备

对小型工程材料需一次性准备完毕；对大型工程材料准备需按施工组织计划分步进行，向供应商提出分步供应清单。清单中需要注明每批板材的规格、型号、数量、连接件、配件的规格数量等，并应规定好到货时间和指定堆放位置。材料到货后应立即清点数量、规格，并核对送货清单与实际数量是否相符。当发现质量问题时，需及时处理、更换、代用或用其他方法，并应将问题及时反映给供货厂家。

2. 机具准备

压型金属板围护结构因其质量轻，一般不需大型机具。机具应按施工组织计划的要求准备齐全，基本有以下几种：

（1）提升设备：汽车起重机、卷扬机、滑轮、吊盘等，按不同工程面积、高度选用不同的方法和机具。

(2)手提工具：电钻、自攻枪、拉铆枪、手提圆盘锯、钳子、铁剪、手提工具袋等。
(3)电源连接器具：配电柜、分线插座、电线等，各种配电器具有必须考虑防雨条件。
(4)脚手架：按施工组织计划要求准备脚手架、跳板、安全防护网。

3. 技术准备

(1)认真审读施工详图设计，掌握排板图、节点构造及施工组织设计要求。
(2)组织施工人员学习上述内容，并由技术人员向工人讲解施工要求和规定。
(3)编制施工操作条例，下达开工、竣工时间和安全操作规定。
(4)准备下达的施工详图资料。
(5)检查安装前的结构安装是否满足围护结构安装要求。

4. 场地准备

(1)按施工组织设计要求，对堆放场地装卸条件、设备行走路线、提升位置的设置及施工道路、临时设施的位置等进行全面检查，以保证运输畅通，材料不受损坏和施工安全。
(2)堆放场地要求平整、不积水、不妨碍交通，材料放在不易受到损坏的地方。
(3)施工道路要求雨期可使用，允许大型车辆通过和回转。

5. 组织和临时设施准备

(1)施工现场应配备项目经理、技术负责人、安全负责人、质量负责人、材料负责人等管理人员。
(2)按施工组织设计要求，可分为若干工作组，每组应设组长、安装工人、板材提升工人、板材准备工人。
(3)工地应配有上岗资格证的电工、焊工等专业人员。
(4)施工临建应配备现场办公室、工具库、小件材料库、工人休息间等房间。

11.4.2 施工组织设计

由于压型金属板围护结构面积大，单件构件长，表面应避免损坏，又涉及防水、保温和美观等要求，因此在施工中应计划周全、谨慎施工。做好施工组织设计是保证高质量完成任务的重要环节。

1. 施工总平面的要求

(1)由于屋面、墙面板多为长尺寸板材，所以应考虑好施工现场的长车通道及车辆回转道路。
(2)充分考虑板材的堆放场地，减少二次搬运，有利于吊装。
(3)现场加工板材时，应将加工设备放置在平整的场地上，有利于板材的二次搬运和直接吊装；现场生产时，多为长尺寸板，一般大于12 m，应尽量避免板材在运输时调转方向。
(4)认真确定板材安装的起点、施工顺序和施工班组数量。
(5)确定经济合理的安装方法，充分考虑板材质量小而长度大、高空作业、不断移动的特点。
(6)留出必要的现场板材二次加工的场地，这是保证板材安装精度和减少板材在现场损坏的重要条件。

2. 安装工序

压型金属板围护结构的安装，应安排在工程总施工工序中合理的时间上。
(1)纯板材构成的建筑或由板材厂家独立完成的工程项目，由承包方自主安排施工工序。
(2)多工种、多分包项目的工程，压型金属板围护结构的施工工序宜安排在一个独立的施工段内连续完成。屋面工程在施工中，如相邻处有高出屋面的工程施工，应在相邻工程作业完成后开工，以保护屋面工程不被损坏。
(3)压型金属板围护结构应在其支撑构件的全部工序完成后开工。

(4)墙面工程应设在其下的砖石工程和装修工程完成的情况下开工。

(5)围护结构工序确定后,应设计屋面工程和墙面工程的施工工序。

屋面工程种类较多,安装工序各有特点,但其基本工序是相同的。屋面工程施工基本工序如图 11-29 所示。墙面板的工序与屋面工程施工基本工序相类似。

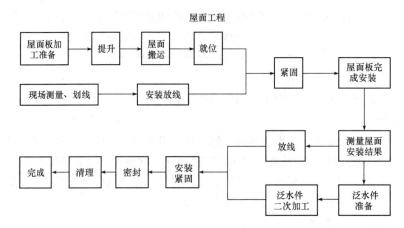

图 11-29 屋面工程施工基本工序

3. 施工组织

根据工程项目的大小、工程复杂程度和工期要求,确定施工组织计划。

每个项目应设项目负责人、工程技术负责人、质量负责人、安全负责人、材料保管人员等,下设施工班组。全过程应设板材二次加工组、运输提升组和安装组,并按工程特点确定三组的人数比例,使之与施工进度相协调。

4. 施工机械及施工工具

压型金属板围护结构的施工机械与施工工具的准备应在安装前做好,确定水平运输和垂直提升的方式,应以垂直运输为主,有条件的可利用总项目的提升设备。当垂直提升设备不能满足子项目的运输要求时,应设立独立的垂直提升设备。

板材施工安装多为手提式电动机具,每班组应配置齐全并有备用。合理配置手提电动工具的电源接入线,这对大型工程的施工进度是必要的。

5. 施工进度

压型金属板围护结构的开工日期有条件时应安排在前一工序完成验收之后,以保证安装质量、成品保护和施工进度。

在一些大型工程中,当不得不采用工序搭接施工时,应分段施工,每段施工前应对该段的前一工序进行验收后再施工。

压型金属板围护结构施工应做出施工进度图表,并将该图表纳入工程总施工进度计划图表中。

6. 材料堆放

(1)板材堆放应设置在安装点的相近点,避免长距离运输,可设置在建筑的周围和建筑内的场地中。

(2)板材宜随进度运到堆放点,以避免在工地堆放时间过长,造成板材不可挽回的损坏。

(3)堆放板材的场地旁应有二次加工的场地。

(4)堆放场地应平整,材料应不易受到冲击、污染、磨损、雨水浸泡。

(5)按施工进度堆放板材,避免不同种类的叠压和翻倒板材。

(6)堆放板材应设垫木或其他承垫材料,并应使板材纵向成一倾角放置,以方便雨水排出。

(7)当板材长期不能施工时,现场应在板材干燥时用防雨材料覆盖。

(8)岩棉夹芯板应避免雨淋。

(9)现场组装用作保温材料的玻璃丝棉和岩棉应避免雨淋。

7. 板材现场加工

使用大于12 m长的单层压型金属板的项目,当使用面积较大时多采用现场加工的方案。现场加工的注意事项如下:

(1)现场加工的场地应选在屋面板的起吊点处,设备的纵轴方向应与屋面板的板长方向一致,加工后的板材放置位置靠近起吊点。

(2)加工的原材料(一般为彩色钢板卷)应放置在设备附近,以便往设备上安装彩色钢板卷。彩色钢板卷上应设置防雨措施,堆放地不得选择低洼地,彩色钢板卷下应设置垫木。

(3)设备宜放在平整的水泥地面上,并应有防雨设施。

(4)设备就位后应该调试,并试生产,产品经检验合格后方可成批量生产。

现场加工压型金属特长板采用的一种加工方法,如图11-30所示。这种方法是为了解决特长板材的垂直运输困难,将压型机放置在临时台架上,再将成品板直接输送到屋面上,然后做水平移动。该措施适用于大型屋面。

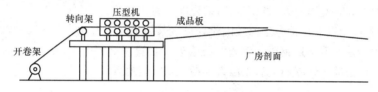

图11-30 特长板现场加工

11.4.3 压型金属板安装

1. 安装放线

由于压型金属板屋面或墙面是预制装配结构,安装前的放线工作对后期安装质量起到保证作用,必须重视。放线前应由技术人员绘制排板详图,根据排板详图进行放线。

(1)安装放线前,应对安装面上的已有建筑成品进行测量,对达不到安装要求的部分提出修改。对施工偏差做出记录,并针对偏差提出相应的安装措施。

(2)根据排板详图确定排板起始线的位置。屋面在施工中,先在檩条上标定出起点,即沿跨度方向在每个檩条上标出排板起始点,各个点的连线应与建筑物的纵轴线垂直,然后在板的宽度方向每隔几块板继续标注一次,以限制和检查板的宽度安装偏差积累。正确放线方法如图11-31(a)所示,不按规定放线将出现如图11-31(b)所示的锯齿现象和超宽现象。

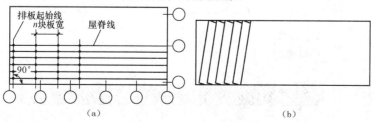

图11-31 安装放线

(a)正确放线;(b)非正确放线

同样，墙板安装也应用类似的方法放线，除此之外还应标定其支撑面的垂直度，以保证安装后的墙板形成垂直平面。

（3）屋面板及墙面板安装完毕后，应对配件的安装做二次放线，以保证檐口线、屋脊线、窗口门口和转角线等的水平度和垂直度。忽视这一步骤，仅用目测和经验的方法是达不到安装质量要求的。

2. 板材吊装

金属压型板和夹芯板的吊装方法很多，如塔式起重机、汽车式起重机吊升，卷扬机吊升，人工提升及钢丝滑升等方法。

（1）塔式起重机、汽车式起重机的吊升方法，多使用吊具多点提升，如图11-32所示。这种吊装法一次可提升多块板，提升方便，被提升的板材不易损坏。但在大面积工程中，提升的板材往往不易送到安装点，增大了屋面的长距离人工搬运，而屋面上行走困难，易破坏已安装好的彩板，不能发挥大型起重机大吨位提升能力的特长，使用率低，机械费用高。

（2）使用卷扬机吊升的方法。由于不用大型机械，设备可灵活移动到需要安装的地点，所以方便经济。这种方法每次提升数量少，但是屋面运距短，是一种经常采用的方法。

（3）人工提升的方法常用于板材不长的工程中，这种方法最为方便和经济，但必须谨慎；否则，易损伤板材，同时使用的人力较多，劳动强度较大。

（4）提升特长板用以上几种方法都较困难，可以采用钢丝滑升法，如图11-33所示。这种方法是在建筑的山墙处设若干道钢丝，钢丝上设套管，板置于钢管上，屋面上工人用绳沿钢丝拉动钢管，则特长板被提升到屋面上后，由人工搬运到安装地点。

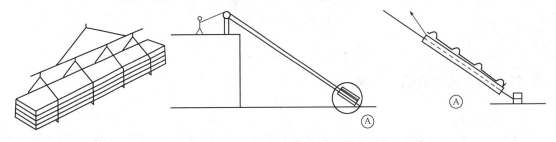

图11-32　板材吊装示意　　　　　图11-33　钢丝滑升法示意

3. 板材安装

（1）实测安装板材的长度，按实测长度核对对应板号的板材长度，需要时对该板材进行裁剪。

（2）将提升到屋面的板材就位，使板材的宽度覆盖标注线、对准起始线，并在板长方向两端排出设计的构造长度，如图11-34所示。

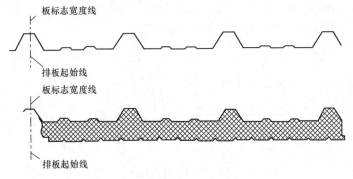

图11-34　板材安装示意

(3) 用紧固件紧固两端后，再安装第二块板，其安装顺序为先从左(右)到右(左)，后自下而上。

(4) 安装到下一放线标志点处，复查板材安装的偏差，当满足设计要求后全面紧固板材；不能满足要求时，应在下一标志段内调整。当在本标志段内可调整时，可调整本标志段后再全面紧固，依次全面展开安装。

(5) 安装夹芯板时，应挤密板间缝隙，当就位准确、仍有缝隙时，应用保温材料填充。

(6) 安装现场复合的板材时，上、下两层压型金属板均按前述方法安装。保温棉铺设应保持其连续性。

(7) 安装完成的屋面应及时检查有无遗漏紧固点，保温屋面屋脊的空隙处应用保温材料填满。

(8) 在紧固自攻螺钉时，应掌握好紧固的程度，如图 11-35 所示。不可过度紧固，过度紧固会使密封垫圈上翻，甚至将板面压得下凹而积水；紧固不够会使密封不到位而出现漏雨。我国已生产出新一代自攻螺钉，在接近紧固完毕时可发出响声，从而控制紧固的程度。

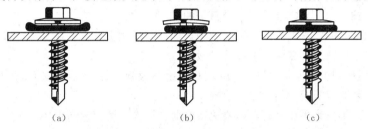

图 11-35　自攻螺钉紧固程度示意

(a)不正确的紧固(过紧)；(b)不正确的紧固(过松)；(c)正确的紧固

(9) 板的纵向搭接应按设计铺设密封条和涂密封胶，并在搭接处用自攻螺钉或带密封垫的拉铆钉连接，紧固件应设置在密封条处。

4. 采光板安装

采光板的厚度一般为 1～2 mm，所以，在板的四块板搭接处将产生较大的板间缝隙，从而造成漏雨隐患，故应采用切角方法处理。采光板应尽量选用机制板，以减少安装中的搭接不合口现象。采光板一般采用屋面板安装中留出洞口然后安装的方法。

固定采光板紧固件下应增设面积较大的彩板钢垫，以避免在长时间的风荷载作用下将玻璃钢的连接孔洞扩大，使紧固件失去连接和密封作用。

保温屋面需要设置双层采光板时，应对双层采光板的四个侧面密封，否则保温效果减弱出现结露和滴水现象。

5. 门窗安装

(1) 在压型金属板围护结构中，门窗的外廓尺寸与洞口尺寸应紧密配合，一般应控制门窗尺寸比洞口尺寸小 5 mm 左右。过大的差值会导致安装困难。

(2) 门窗一般安装在钢墙梁上，在夹芯板墙面板的建筑中也有门窗安装在墙板上的做法，这时应按门窗外廓的尺寸在墙板上开洞。

(3) 门窗安装在墙梁上时，应先安装门窗四周的包边件，并使泛水边压在门窗的外边沿处。

(4) 门窗就位并做临时固定后，应对门窗的垂直和水平度进行测量，无误后再做固定。

(5) 安装完成的门窗应对门窗周边做密封。

6. 泛水板安装

(1) 在泛水板安装前，应在泛水板的安装处放出准线，如屋脊线、槽口线、窗上下线等。

(2) 安装前检查泛水板的端头尺寸，挑选搭接口处的合适搭接头。

(3)安装泛水件的搭接口时,应在被搭接处涂上密封胶或设置双面胶条,搭接后立即紧固。

(4)安装搭接至拐角处时,应按交接处的搭接断面形状加工拐角处的接头,以保证拐角处有良好的防水效果和外观效果。

(5)应特别注意门窗洞口的泛水板转角处搭接防水口的相互构造方法,以保证建筑的立面外观效果。

7. 安装注意事项

(1)压型金属板围护结构安装完毕后即最终成品,保证安装全过程不损坏压型金属板表面是十分重要的环节。因此,安装时应注意以下几点:

1)现场搬运压型金属板制品应轻抬轻放,不得拖拉,不得在上面随意走动。

2)现场在切割过程中,切割机械的底面不宜与金属板表面直接接触,最好垫以薄三合板材。

3)在吊装过程中压型金属板不要与脚手架、柱子、墙体等碰撞和摩擦。

4)在屋面上施工的工人应穿胶底不带钉子的鞋。

5)操作工人携带的工具等应放在工具袋中,如放在屋面上,应放在专用的布或其他片材上。

6)不得将其他材料散落在屋面上或污染板材。

(2)压型金属板围护结构是以厚1mm左右的金属板制成的,屋面的施工荷载不能过大,因此,保证结构安装的施工安全是十分重要的。

1)施工中工人不可聚集在一起,以避免集中荷载过大,造成板面损坏。

2)施工中的工人不得在屋面上奔跑、打闹、抽烟和乱扔垃圾。

3)当天吊至屋面上的板材应安装完毕,如有未安装完毕的板材,应做临时固定,以免被风刮下造成安全事故。

4)早上屋面易有露水,坡屋面上金属板面滑,应特别注意防护。

(3)压型金属板围护结构在施工中应注意的其他问题。

1)压型金属板在切割和钻孔中会产生金属屑,这些金属屑必须及时清除,不可过夜。例如,铁屑在潮湿空气条件下或雨天中会立即锈蚀,在板面上形成一片片红色锈斑,形成后很难清除。同样,其他切除的金属板头、铝合金拉铆钉上拉断的铁杆等均应及时清理。

2)在用密封胶封堵缝时,应将附着面擦干净,以便密封胶在金属板上有良好的结合面。

3)应将用过的密封胶筒等杂物应及时装入各自的随身垃圾袋中带出现场。

4)电动工具的连接插座应加防雨措施,以避免造成安全事故。

5)压型金属板表面上的塑料保护膜在竣工后应全部清除。

11.4.4 压型金属板工程验收

压型金属板工程验收的依据是《钢结构工程施工质量验收标准》(GB 50205—2020)。在该验收规范中详细列举了压型金属板工程的有关验收规定。

1. 压型金属板制作

(1)主控项目。

1)压型金属板成型后,其基板不应有裂纹。

检查数量:按计件数抽查5%,且不应少于10件。

检查方法:观察和用10倍放大镜检查。

2)有涂层、镀层压型金属板成型后,涂、镀层不应有目视可见的裂纹、剥落和擦痕等缺陷。

检查数量:按计件数抽查5%,且不应少于10件。

检查方法:观察检查。

(2)一般项目。

1)压型金属板的尺寸允许偏差应符合规范的规定,其中压型钢板制作的允许偏差如图11-1所示。

检查数量:按计件数抽查5%,且不应少于10件。

检查方法:用拉线、钢尺和角尺检查。

表 11-1　压型钢板制作的允许偏差　　　　　　　　　　　　　　　　　mm

项目		允许偏差	
波高	截面高度≤70	±1.5	
	截面高度>70	±2.0	
覆盖宽度		搭接型	扣合型、咬合型
	截面高度≤70	+10.0 -2.0	+3.0 -2.0
	截面高度>70	+6.0 -2.0	+3.0 -2.0
板长		+9.00	
波距		±2.0	
横向剪切偏差(沿截面全宽b)		$b/100$ 或 6.0	
侧向弯曲	在测量长度l_1的范围内	20.0	

注:l_1为测量长度,指板长扣除两端各0.5 m后的实际长度(小于10 m)或扣除后任选的10 m长度。

2)泛水板、包角板、屋脊盖板几何尺寸的允许偏差应符合表11-2的规定。

检查数量:按计件数抽查5%,且不应少于10件。

检查方法:尺量检查。

表 11-2　泛水板、包角板、屋脊盖板几何尺寸的允许偏差

项目		允许偏差
泛水板、包角板、屋脊盖板	板长	±6.0
	折弯面宽度	±2.0
	折弯面夹角	≤2.0°

3)压型金属板成型后,板面应平直,无明显翘曲;表面应清洁,无油污,无明显划痕、磕伤等。切口应平直,切口整齐,板边无明显翘角、凹凸与波浪形,且不应有皱褶。

检查数量:按计件数抽查5%,且不应少于10件。

检查方法:观察检查。

2. 压型金属板安装

(1)主控项目。

1)压型金属板、泛水板和包角板和屋脊盖板等应固定可靠、牢固,防腐涂料涂刷和密封材料敷设应完好,连接件数量、规格、间距应满足设计要求并符合国家现行标准的规定。

检查数量:全数检查。

检查方法:观察和用钢尺检查。

2)扣合型和咬合型压型金属板板肋的扣合和咬合应牢固,板肋处无开裂、脱落现象。

检查数量：每 50 m 应抽查 1 处，每处 1~2 m，且不得少于 3 处。

检查方法：观察和用钢尺检查。

3）连接压型金属板、泛水板、包角板和屋脊盖板采用的自攻螺钉、铆钉、射钉的规格尺寸及间距、边距等应满足设计要求并符合国家现行标准的规定。

检查数量：按连接节点数抽查 10%，且不应少于 3 处。

检查方法：观察和用钢尺检查。

4）屋面及墙面压型金属板的长度方向连接采用搭接连接时，搭接端应设置在支承构件（如檩条、墙梁等）上，并应与支撑构件有可靠连接。当采用螺钉或铆钉固定搭接时，搭接部位应设置防水密封胶带。压型金属板长度方向的搭接长度应满足设计要求，当采用焊接搭接时，压型金属板搭接长度不宜小于 50 mm；当采用直接搭接时，压型金属板搭接长度不宜小于表 11-3 规定的数值。

检查数量：按搭接部位总长度抽查 10%，且不应少于 10 m。

检查方法：观察和用钢尺检查。

表 11-3　压型金属板在支撑构件上的搭接长度　　　　　　　　　　mm

项目		搭接长度
屋面、墙面内层板		80
屋面外层板	屋面坡度≤10%	250
	屋面坡度>10%	100
墙面外层板		120

5）组合楼板中压型钢板与支撑结构的锚固支撑长度应符合设计要求，且在钢梁上的支撑长度不应小于 50 mm，在混凝土梁上的支撑长度不应小于 75 mm，端部锚固件连接应可靠，设置位置应符合设计要求。

检查数量：沿连接纵向长度抽查 10%，且不应少于 10 m。

检查方法：尺量检查。

6）组合楼板中压型钢板侧向在钢梁上的搭接长度不应小于 25 mm，在设有预埋件的混凝土梁或砌体墙上的搭接长度不应小于 50 mm；压型钢板铺设末端距钢梁上翼缘或预埋件边不大于 200 mm 时，可用收边板收头。

检查数量：沿连接侧向长度抽查 10%，且不应少于 10 m。

检查方法：尺量检查。

7）压型金属板屋面、墙面的造型和立面分格应满足设计要求。

检查数量：全数检查。

检查方法：观察和用钢尺检查。

8）压型金属板屋面应防水可靠，不得出现渗漏。

检查数量：全数检查。

检查方法：观察检查和雨后或淋水检验。

(2) 一般项目。

1）压型金属板安装应平整、顺直，板面不应有施工残留物和污物。檐口和墙面下端应呈直线，不应有未经处理的孔洞。

检查数量：按面积抽查 10%，且不应少于 10 m²。

检查方法：观察检查。

2）连接压型金属板、泛水板、包角板和屋脊盖板采用的自攻螺钉、铆钉、射钉等与被连接板应紧固密贴，外观排列整齐。

检查数量：按连接节点数抽查10%，且不应少于3处。

检查方法：观察或用小锤敲击检查。

3)压型金属板、泛水板、包角板和屋脊盖板安装的允许偏差应符合表11-4的规定。

检查数量：每20 m长度应抽查1处，且不应少于3处。

检查方法：用拉线、吊线和钢尺检查。

表11-4　压型金属板、泛水板、包角板、屋脊盖板安装的允许偏差　　　　　mm

项目		允许偏差
屋面	檐口、屋脊与山墙收边的直线度檐口与屋脊的平行度（如有），泛水板、屋脊盖板与屋脊的平行度（如有）	12.0
	压型金属板板肋或波峰直线度、压型金属板板肋对屋脊的垂直度（如有）	$L/800$，且不应大于25.0
	檐口相邻两块压型金属板端部错位	6.0
	压型金属板卷边板件最大波高	4.0
墙面	竖排版的墙板波纹线相对于地面的垂直度	$H/800$，且不应大于25.0
	横排版的墙板波纹线与檐口的平行度	12.0
	墙板包角板相对地面的垂直度	$H/800$，且不应大于25.0
	相邻两块压型金属板的下端错位	6.0
组合楼板中压型钢板	压型金属板在钢梁上相邻列的错位 Δ	15.0

注：L为屋面半坡或单坡长度；H为墙面高度。

11.5　组合楼板施工

在钢结构工程中，楼板通常采用压型钢板与混凝土共同形成的楼板。在设计理论中，这种楼板根据设计时是否考虑压型钢板的共同作用可分为组合楼板与非组合楼板，在这里统称为组合楼板。由于在浇筑混凝土前用焊钉将压型钢板固定在钢梁上，压型钢板就充当了组合楼板的永久性模板，但是否需要增加支撑应根据计算确定。组合楼板比现浇混凝土楼板的施工速度快，但造价偏高。

11.5.1　组合楼板构造

组合楼板的构造形式为压型钢板、栓钉、钢筋、混凝土。楼层结构由栓钉将组合楼板与钢梁连接在一起。

压型钢板一般由1.0 mm左右的镀锌钢板压制而成，钢板具体厚度由计算确定，压型钢板有多种板型可以选择。压型钢板在钢梁上的搁置情况如图11-36所示。

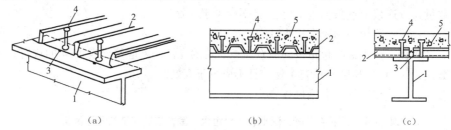

图 11-36 压型钢板搁置在钢梁上
(a)示意图；(b)侧视图；(c)剖面图
1—钢梁；2—压型钢板；3—点焊；4—剪力栓钉；5—楼板混凝土

11.5.2 组合楼板施工

1. 支撑的设置

因结构梁是由钢梁通过剪力栓钉与混凝土楼面结合而成的组合梁，在浇捣混凝土并达到一定强度前，抗剪强度和刚度较差，为解决钢梁和永久模板的抗剪强度不足，以支撑施工期间楼面混凝土的质量，通常需要设置简单钢管排架支撑或桁架支撑。

通常，采用连续四层楼面支撑的方法，使四个楼面的结构梁共同支撑楼面混凝土的质量，如图11-37所示。

2. 楼面施工工序

楼面施工工序是由下而上，逐层支撑，顺序施工。压型钢板铺设后，将两端点焊接于钢梁翼缘上，并用专用的焊枪进行栓钉焊接。施工时，钢筋绑扎和模板支撑可同时交叉进行。混凝土宜采用泵送浇筑。

11.5.3 压型钢板栓焊施工

1. 栓钉的规格

栓钉是组合楼板的剪力连接件，用以传递水平荷载到框架梁上，它的规格、数量按楼面与钢梁连接处的剪力大小确定。栓钉直径有13 mm、16 mm、19 mm、22 mm四种。

2. 组合楼板栓钉直径及间距要求

(1)当栓钉焊于钢梁受拉翼缘时，其直径不得大于翼缘厚度的1.5倍，当栓钉焊于无拉应力部位时，其直径不得大于翼缘板厚的2.5倍。

(2)栓钉沿梁轴线方向布置，其间距不得小于$5d$(d为栓钉的直径)；栓钉垂直于轴线布置，

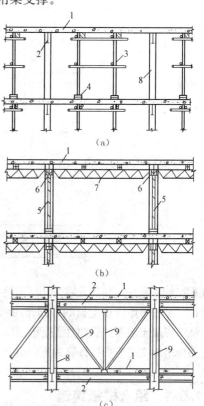

图 11-37 楼面支撑压型钢板的形式
(a)用排架支撑；(b)用桁架支撑；(c)钢梁焊接桁架
1—楼板；2—钢梁；3—钢管排架；4—支点垫木；
5—梁中顶撑；6—托撑；7—钢桁架；8—钢柱；9—腹杆

其间距不得小于 4d，边距不得小于 35 mm。

(3) 当栓钉穿透钢板焊于钢梁时，其直径不得小于 19 mm，焊后栓钉高度应大于压型钢板波高加 30 mm。

(4) 栓钉顶面的混凝土保护层厚度不应小于 15 mm。

(5) 对穿透压型钢板跨度小于 3 m 的板，栓钉直径宜为 13 mm 或 16 mm；跨度为 3～6 m 时，栓钉直径宜为 16 mm 或 19 mm；跨度大于 6 m 的板，栓钉直径宜为 19 mm。

(6) 对已焊好的栓钉，如有直径不一致、间距位置不准，应打掉重新按设计要求焊好。

3. 栓钉焊接施工

(1) 栓钉应采用自动定时的栓焊设备进行施焊，栓焊机必须连接在单独的电源上。

(2) 栓钉材质应合格，无锈蚀氧化皮、油污；端部无涂漆、镀锌或镀铬等。

(3) 焊钉施焊前必须严格检查焊接药座，不得使用焊接药座破裂或缺损的栓钉，被焊母材必须清理表面氧化皮、油污等，并且在低于 −18 ℃ 或遇雨、雪天气时不得施焊。

(4) 当穿透压型钢板焊于母材上时，焊钉施焊前应认真检查压型钢板是否与母材点固焊牢。被焊压型钢板在栓钉位置有锈或镀锌层时，应采用角向砂轮打磨干净。

(5) 焊接时应保持焊枪与工件垂直，焊接完成后，应进行外观检查。

4. 栓焊焊接质量验收

栓焊焊接质量验收的依据是《钢结构工程施工质量验收标准》(GB 50205—2020)。在该验收规范中对栓焊的质量验收有以下规定。

(1) 主控项目。

1) 施工单位对其采用的栓钉和钢材焊接应进行焊接工艺评定，其结果应满足设计要求并符合国家现行有关标准的规定。栓钉焊瓷环保存时应有防潮措施，受潮的焊接瓷环使用前应在 120 ℃～150 ℃ 范围内烘焙 1～2 h。

检查数量：全数检查。

检查方法：检查焊接工艺评定报告和烘焙记录。

2) 栓钉焊接接头外观质量检验合格后进行打弯抽样检查，其焊缝和热影响区不应有肉眼可见的裂纹。

检查数量：每检查批的 1% 且不应少于 10 个。

检查方法：栓钉弯曲 30° 后目测检查。

(2) 一般项目。

栓钉焊接接头外观检验应符合表 11-5 的规定。当采用电弧焊方法进行栓钉焊接时，其焊缝最小焊接尺寸尚应符合表 11-6 的规定。

检查数量：检查批栓钉数量的 1%，且不应少于 10 个。

检查方法：应符合表 11-5 和表 11-6 的规定。

表 11-5 栓钉焊接接头外观检验合格标准　　　　　　　　　　　　　　　　　　mm

外观检验项目	合格标准	检验方法
焊缝外观尺寸	360°范围内焊缝饱满； 拉弧式栓钉焊：焊缝高≥1 mm，焊缝宽度≥0.5 mm； 电弧焊：最小焊接尺寸应符合表 11-6 的规定	目测、钢尺、焊缝量规

续表

外观检验项目	合格标准	检验方法
焊缝缺陷	无气孔、夹渣、裂纹等缺陷	目测、放大镜(5倍)
焊缝咬边	咬边深度≤0.5mm，且最大长度不得大于1倍的栓钉直径	钢尺、焊缝量规
栓钉焊后倾斜角度	倾斜角度偏差 θ≤5°	钢尺、量角器

表 11-6　采用电弧焊方法的栓钉焊接接头最小焊脚尺寸　　　　　　　　　　mm

栓钉直径	角焊缝最小焊脚尺寸	检验方法
10、13	6	钢尺、焊缝量规
16、19、22	8	
25	10	

习　题

1. 屋面板与墙面板对压型钢板的要求有哪些区别？
2. 压型钢板的连接件有哪些？
3. 组合楼盖压型钢板施工的工艺过程是怎样的？

附 录

附录1 《钢结构设计标准》(GB 50017—2017)有关表格摘录

附表1.1 钢材的设计用强度指标　　　　　　　　　　　　N/mm²

钢材牌号		厚度或直径 /mm	强度设计值			屈服强度 f_y	抗拉强度 f_u
			抗拉、抗压和抗弯 f	抗剪 f_v	端面承压(刨平顶紧)f_{ce}		
碳素结构钢	Q235	≤16	215	125	320	235	370
		>16~40	205	120		225	
		>40~100	200	115		215	
低合金高强度结构钢	Q345	≤16	305	175	400	345	470
		>16~40	295	170		335	
		>40~63	290	165		325	
		>63~80	280	160		315	
		>80~100	270	155		305	
	Q390	≤16	345	200	415	390	490
		>16~40	330	190		370	
		>40~63	310	180		350	
		>63~100	295	170		330	
	Q420	≤16	375	215	440	420	520
		>16~40	355	205		400	
		>40~63	320	185		380	
		>63~100	305	175		360	
	Q460	≤16	410	235	470	460	550
		>16~40	390	225		440	
		>40~63	355	205		420	
		>63~100	340	195		400	
建筑结构用钢板	Q345GJ	>16~50	325	190	415	345	490
		>50~100	300	175		335	

注：1. 表中直径指实心棒材直径，厚度是指计算点的钢材或钢管壁厚度，对轴心受拉和轴心受压构件是指截面中较厚板件的厚度；
　　2. 冷弯型材和钢管，其强度设计值应按国家现行有关标准的规定采用

附表 1.2 焊缝的强度指标   N/mm²

焊接方法和焊条型号	构件钢材		对接焊缝强度设计值				角焊缝强度设计值	对接焊缝抗拉强度 f_u^w	角焊缝抗拉、抗压和抗剪强度 f_u^w
	牌号	厚度或直径 /mm	抗压 f_c^w	焊缝质量为下列等级时,抗拉 f_t^w		抗剪 f_v^w	抗拉、抗压和抗剪 f_f^w		
				一级 二级	三级				
自动焊、半自动焊和 E43 型焊条手工焊	Q235	≤16	215	215	185	125	160	415	240
		>16~40	205	205	175	120			
		>40~100	200	200	170	115			
自动焊、半自动焊和 E50、E55 型焊条手工焊	Q345	≤16	305	305	260	175	200	480 (E50)	280 (E50)
		>16~40	295	295	250	170			
		>40~63	290	290	245	165			
		>63~80	280	280	240	160			
		>80~100	270	270	230	155			
	Q390	≤16	345	345	295	200	200 (E50) 220 (E55)	540 (E55)	315 (E55)
		>16~40	330	330	280	190			
		>40~63	310	310	265	180			
		>63~100	295	295	250	170			
自动焊、半自动焊和 E55、E60 型焊条手工焊	Q420	≤16	375	375	320	215	220 (E55)	540 (E55)	315 (E55)
		>16~40	355	355	300	205			
		>40~63	320	320	270	185			
		>63~100	305	305	260	175			
	Q460	≤16	410	410	350	235	240 (E60)	590 (E60)	340 (E60)
		>16~40	390	390	330	225			
		>40~63	355	355	300	205			
		>63~100	340	340	290	195			
自动焊、半自动焊和 E50、E55 型焊条手工焊	Q345GJ 钢	>16~35	310	310	265	180	200	480 (E50) 540 (E55)	480 (E50) 540 (E55)
		>35~50	290	290	245	170			
		>50~100	285	285	240	165			

注:表中厚度是指计算点的钢材或钢管壁厚度,对轴心受拉和轴心受压构件是指截面中较厚板件的厚度

附表 1.3 螺栓连接的强度指标   N/mm²

螺栓的性能等级、锚栓和构件钢材的牌号		普通螺栓						锚栓	承压型连接或网架用高强度螺栓			高强度螺栓的抗拉强度 f_u^b
		C 级螺栓			A 级、B 级螺栓							
		抗拉 f_t^b	抗剪 f_v^b	承压 f_c^b	抗拉 f_t^b	抗剪 f_v^b	承压 f_c^b	抗拉 f_t^a	抗拉 f_t^b	抗剪 f_v^b	承压 f_c^b	
普通螺栓	4.6 级 4.8 级	170	140	—	—	—	—	—	—	—	—	
	5.6 级	—	—	—	210	190	—	—	—	—	—	
	8.8 级	—	—	—	400	320	—	—	—	—	—	

续表

螺栓的性能等级、锚栓和构件钢材的牌号		普通螺栓						锚栓	承压型连接或网架用高强度螺栓			高强度螺栓的抗拉强度 f_u^b
		C级螺栓			A级、B级螺栓							
		抗拉 f_t^b	抗剪 f_v^b	承压 f_c^b	抗拉 f_t^b	抗剪 f_v^b	承压 f_c^b	抗拉 f_t^a	抗拉 f_t^b	抗剪 f_v^b	承压 f_c^b	
锚栓	Q235钢	—	—	—	—	—	—	140	—	—		
	Q345钢	—	—	—	—	—	—	180	—	—		
	Q390钢	—	—	—	—	—	—	185	—	—		
承压型连接高强度螺栓	8.8级	—	—	—	—	—	—	—	400	250	—	830
	10.9级	—	—	—	—	—	—	—	500	310	—	1 040
螺栓球节点用高强度螺栓	9.8级	—	—	—	—	—	—	—	385	—	—	
	10.9级	—	—	—	—	—	—	—	430	—	—	
构件钢材牌号	Q235	—	305	—	—	405	—	—	—	—	470	
	Q345	—	385	—	—	510	—	—	—	—	590	
	Q390	—	400	—	—	530	—	—	—	—	615	
	Q420	—	425	—	—	560	—	—	—	—	655	
	Q460	—	450	—	—	595	—	—	—	—	695	
	Q345GJ	—	400	—	—	530	—	—	—	—	615	

注：1. A级螺栓用于 $d \leqslant 24$ mm 和 $L \leqslant 10d$ 或 $L \leqslant 150$ mm(按较小值)的螺栓；B级螺栓用于 $d > 24$ mm 和 $L > 10d$ 或 $L > 150$ mm(按较小值)的螺栓；d 为公称直径，L 为螺栓公称长度；
2. A级、B级螺栓孔的精度和孔壁表面粗糙度，C级螺栓孔的允许偏差和孔壁表面粗糙度，均应符合现行国家标准《钢结构工程施工质量验收标准》(GB 50205—2020)的要求；
3. 用于螺栓球节点网架的高强度螺栓，M12～M36为10.9级，M39～M64为9.8级

附表1.4 结构构件和连接的强度设计值折减系数

情况	折减系数	备注
1. 单面连接的单角钢 (1)按轴心受力计算强度和连接	0.85	
(2)按轴心受压计算稳定性 ①等边角钢	$0.6 + 0.001 5\lambda$	但不大于1.0
②短边相连的不等边角钢	$0.6 + 0.001 5\lambda$	但不大于1.0
③长边相连的不等边角钢	0.70	
2. 无垫板的单面施工对接焊缝	0.85	
3. 施工条件较差的高空安装焊缝和铆钉连接	0.90	
4. 沉头和半沉头铆钉连接	0.80	

注：1. λ 为长细比，对中间无连系的单角钢压杆，应按最小回转半径计算，当 $\lambda < 20$ 时，取 $\lambda = 20$；
2. 当几种情况同时存在时，折减系数应连乘

附表1.5 钢材和钢铸件的物理性能指标

弹性模量 E/(N·mm^{-2})	剪变模量 G/(N·mm^{-2})	线膨胀系数(以每℃计)	质量密度/(kg·m^{-3})
206×10^3	79×10^3	12×10^{-6}	7 850

附表 1.6 H 型钢和等截面工字形简支梁的等效临界弯矩系数 β_b

项次	侧向支撑	荷载		$\xi \leqslant 2.0$	$\xi > 2.0$	适用范围
1	跨中无侧向支撑	均布荷载作用在	上翼缘	$0.69+0.13\xi$	0.95	双轴对称和加强受压翼缘的单轴对称焊接工字形截面、轧制 H 型钢截面
2			下翼缘	$1.73-0.20\xi$	1.33	
3		集中荷载作用在	上翼缘	$0.73+0.18\xi$	1.09	
4			下翼缘	$2.23-0.28\xi$	1.67	
5	跨度中点有一个侧向支撑点	均布荷载作用在	上翼缘	1.15		双轴对称和所有单轴对称焊接工字形截面、轧制 H 型钢截面
6			下翼缘	1.40		
7		集中荷载作用在截面高度的任意位置		1.75		
8	跨中有不少于两个等距离侧向支撑点	任意荷载作用在	上翼缘	1.20		
9			下翼缘	1.40		
10	梁端有弯矩,但跨中无荷载作用			$1.75-1.05\left(\dfrac{M_2}{M_1}\right)+0.3\left(\dfrac{M_2}{M_1}\right)^2$,但 $\leqslant 2.3$		

注:1. ξ 为参数,$\xi=\dfrac{l_1 t_1}{b_1 h}$。其中 b_1 为受压翼缘的宽度。

2. M_1、M_2 为梁的端弯矩,使梁产生同向曲率时 M_1 和 M_2 取同号,产生反向曲率时取异号,$|M_1|\geqslant|M_2|$。

3. 表中项次 3、4 和 7 的集中荷载是指一个或少数几个集中荷载位于跨中央附近的情况,对其他情况的集中荷载,应按表中项次 1、2、5、6 内的数值采用。

4. 表中项次 8、9 的 β_b,当集中荷载作用在侧向支撑点处时,取 $\beta_b=1.20$。

5. 荷载作用在上翼缘是指荷载作用点在翼缘表面,方向指向截面形心;荷载作用在下翼缘是指荷载作用点在翼缘表面,方向背向截面形心。

6. 对 $\alpha_b \geqslant 0.8$ 的加强受压翼缘工字形截面,下列情况的 β_b 值应乘以相应的系数:

   项次 1 当 $\xi \leqslant 1.0$ 时,乘以 0.95;

   项次 3 当 $\xi \leqslant 0.5$ 时,乘以 0.90;

   当 $0.5 < \xi \leqslant 1.0$ 时,乘以 0.95

附表 1.7 轧制普通工字钢简支梁的整体稳定系数 φ_b

项次	荷载情况			工字钢型号	自由长度 l_1/m								
					2	3	4	5	6	7	8	9	10
1	跨中无侧向支撑点的梁	集中荷载作用于	上翼缘	10~20	2.00	1.30	0.99	0.80	0.68	0.58	0.53	0.48	0.43
				22~32	2.40	1.48	1.09	0.86	0.72	0.62	0.54	0.49	0.45
				36~63	2.80	1.60	1.07	0.83	0.68	0.56	0.50	0.45	0.40
2			下翼缘	10~20	3.10	1.95	1.34	1.01	0.82	0.69	0.63	0.57	0.52
				22~40	5.50	2.80	1.84	1.37	1.07	0.86	0.73	0.64	0.56
				45~63	7.30	3.60	2.30	1.62	1.20	0.96	0.80	0.69	0.60
3		均布荷载作用于	上翼缘	10~20	1.70	1.12	0.84	0.68	0.57	0.50	0.45	0.41	0.37
				22~40	2.10	1.30	0.93	0.73	0.60	0.51	0.45	0.40	0.36
				45~63	2.60	1.45	0.97	0.73	0.59	0.50	0.44	0.38	0.35
4			下翼缘	10~20	2.50	1.55	1.08	0.83	0.68	0.56	0.52	0.47	0.42
				22~40	4.00	2.20	1.45	1.10	0.85	0.70	0.60	0.52	0.46
				45~63	5.60	2.80	1.80	1.25	0.95	0.78	0.65	0.55	0.49

续表

项次	荷载情况	工字钢型号	自由长度 l_1/m								
			2	3	4	5	6	7	8	9	10
5	跨中有侧向支撑点的梁(不论荷载作用点在截面高度上的位置)	10~20	2.20	1.39	1.01	0.79	−0.66	0.57	0.52	0.47	0.42
		22~40	3.00	1.80	1.24	0.96	0.76	0.65	0.56	0.49	0.43
		45~63	4.00	2.20	1.38	1.01	0.80	0.66	0.56	0.49	0.43

注：1. 同附表1.6的注3、注5。
2. 表中的 φ_b 适用于Q235钢。对其他钢号，表中数值应乘以 ε_k^2。

附表1.8 双轴对称H形等截面悬臂梁的等效临界弯矩系数 β_b

项次	荷载形式		$0.6 \leqslant \xi \leqslant 1.24$	$1.24 < \xi \leqslant 1.96$	$1.96 < \xi \leqslant 3.10$
1	自由端一个集中荷载作用在	上翼缘	$0.21+0.67\xi$	$0.72+0.26\xi$	$1.17+0.03\xi$
2		下翼缘	$2.94-0.65\xi$	$2.64-0.40\xi$	$2.15-0.15\xi$
3	均布荷载作用在上翼缘		$0.62+0.82\xi$	$1.25+0.31\xi$	$1.66+0.10\xi$

注：1. 本表是按支撑端为固定端的情况确定的，当用于由邻跨延伸出来的伸臂梁时，应在构造上采取措施加强支撑处的抗扭能力。
2. 表中 ξ 见附表1.6注1。

附表1.9 截面塑性发展系数 γ_x、γ_y

项次	截面形式	γ_x	γ_y
1			1.2
2		1.05	1.05
3		$\gamma_{x1}=1.05$ $\gamma_{x2}=1.2$	1.2
4			1.05
5		1.2	1.2
6		1.15	1.15

续表

项次	截 面 形 式	γ_x	γ_y
7		1.0	1.05
8			1.0

附表 1.10　桁架弦杆和单系腹杆的计算长度 l_0

项次	弯曲方向	弦杆	腹杆	
			支座斜杆和支座竖杆	其他腹杆
1	在桁架平面内	l	l	$0.8l$
2	在桁架平面外	l_1	l	l
3	斜平面	—	l	$0.9l$

注：1. l 为构件的几何长度（节点中心距离）；l_1 为桁架弦杆侧向支撑点之间的距离。
　　2. 斜平面是指与桁架平面斜交的平面，适用于构件截面两主轴均不在桁架平面内的单角钢腹杆和双角钢十字形截面腹杆

附表 1.11　a 类截面轴心受压构件的稳定系数 φ

λ/ε_K	0	1	2	3	4	5	6	7	8	9
0	1.000	1.000	1.000	1.000	0.999	0.999	0.998	0.998	0.997	0.996
10	0.995	0.994	0.993	0.992	0.991	0.989	0.988	0.986	0.985	0.983
20	0.981	0.979	0.977	0.976	0.974	0.972	0.970	0.968	0.966	0.964
30	0.963	0.961	0.959	0.957	0.954	0.952	0.950	0.948	0.946	0.944
40	0.941	0.939	0.937	0.934	0.932	0.929	0.927	0.924	0.921	0.918
50	0.916	0.913	0.910	0.907	0.903	0.900	0.897	0.893	0.890	0.886
60	0.883	0.879	0.875	0.871	0.867	0.862	0.858	0.854	0.849	0.844
70	0.839	0.834	0.829	0.824	0.818	0.813	0.807	0.801	0.795	0.789
80	0.783	0.776	0.770	0.763	0.756	0.749	0.742	0.735	0.728	0.721
90	0.714	0.706	0.698	0.691	0.683	0.676	0.668	0.660	0.653	0.645
100	0.637	0.630	0.622	0.615	0.607	0.599	0.592	0.584	0.577	0.569
110	0.562	0.555	0.548	0.541	0.534	0.527	0.520	0.513	0.507	0.500
120	0.494	0.487	0.481	0.475	0.469	0.463	0.457	0.451	0.445	0.439
130	0.434	0.428	0.423	0.417	0.412	0.407	0.402	0.397	0.392	0.387
140	0.382	0.378	0.373	0.368	0.364	0.360	0.355	0.351	0.347	0.343
150	0.339	0.335	0.331	0.327	0.323	0.319	0.316	0.312	0.308	0.305
160	0.302	0.298	0.295	0.292	0.289	0.285	0.282	0.279	0.276	0.273
170	0.207	0.267	0.264	0.261	0.259	0.256	0.253	0.250	0.248	0.245
180	0.243	0.241	0.238	0.235	0.233	0.231	0.228	0.226	0.224	0.222
190	0.219	0.217	0.215	0.213	0.211	0.209	0.207	0.205	0.203	0.201
200	0.199	0.197	0.196	0.194	0.192	0.190	0.188	0.187	0.185	0.183

续表

λ/ε_K	0	1	2	3	4	5	6	7	8	9
210	0.182	0.180	0.178	0.177	0.175	0.174	0.172	0.171	0.169	0.168
220	0.166	0.165	0.163	0.162	0.161	0.159	0.158	0.157	0.155	0.154
230	0.153	0.152	0.150	0.149	0.148	0.147	0.146	0.144	0.143	0.142
240	0.141	0.140	0.139	0.138	0.136	0.135	0.134	0.133	0.132	0.131

附表 1.12　b 类截面轴心受压构件的稳定系数 φ

λ/ε_K	0	1	2	3	4	5	6	7	8	9
0	1.000	1.000	1.000	0.999	0.999	0.998	0.997	0.996	0.995	0.994
10	0.992	0.991	0.989	0.987	0.985	0.983	0.981	0.978	0.976	0.973
20	0.970	0.967	0.963	0.960	0.957	0.953	0.950	0.946	0.943	0.939
30	0.936	0.932	0.929	0.925	0.922	0.918	0.914	0.910	0.906	0.903
40	0.899	0.895	0.891	0.887	0.882	0.878	0.874	0.870	0.865	0.861
50	0.856	0.852	0.847	0.842	0.837	0.833	0.828	0.823	0.818	0.812
60	0.807	0.802	0.796	0.791	0.785	0.780	0.774	0.768	0.762	0.757
70	0.751	0.745	0.738	0.732	0.726	0.720	0.713	0.707	0.701	0.694
80	0.687	0.681	0.674	0.668	0.661	0.654	0.648	0.641	0.634	0.628
90	0.621	0.614	0.607	0.601	0.594	0.587	0.581	0.574	0.568	0.561
100	0.555	0.548	0.542	0.535	0.529	0.523	0.517	0.511	0.504	0.498
110	0.492	0.487	0.481	0.475	0.469	0.464	0.458	0.453	0.447	0.442
120	0.436	0.431	0.426	0.421	0.416	0.411	0.406	0.401	0.396	0.392
130	0.387	0.383	0.378	0.374	0.369	0.365	0.361	0.357	0.352	0.348
140	0.344	0.340	0.337	0.333	0.329	0.325	0.322	0.318	0.314	0.311
150	0.308	0.304	0.301	0.297	0.294	0.291	0.288	0.285	0.282	0.279
160	0.276	0.273	0.270	0.267	0.264	0.262	0.259	0.256	0.253	0.251
170	0.248	0.246	0.243	0.241	0.238	0.236	0.234	0.231	0.229	0.227
180	0.225	0.222	0.220	0.218	0.216	0.214	0.212	0.210	0.208	0.206
190	0.204	0.202	0.200	0.198	0.196	0.195	0.193	0.191	0.189	0.188
200	0.186	0.184	0.183	0.181	0.179	0.178	0.176	0.175	0.173	0.172
210	0.170	0.169	0.167	0.166	0.164	0.163	0.162	0.160	0.159	0.158
220	0.156	0.155	0.154	0.152	0.151	0.150	0.149	0.147	0.146	0.145
230	0.144	0.143	0.141	0.141	0.139	0.138	0.137	0.136	0.135	0.134
240	0.133	0.132	0.131	0.130	0.129	0.128	0.127	0.126	0.125	0.124
250	0.123	—	—	—	—	—	—	—	—	—

注：表中值是按本标准第 D.0.5 条中的公式计算而得

附表 1.13　c 类截面轴心受压构件的稳定系数 φ

λ/ε_K	0	1	2	3	4	5	6	7	8	9
0	1.000	1.000	1.000	0.999	0.999	0.998	0.997	0.996	0.995	0.993
10	0.992	0.990	0.988	0.986	0.983	0.981	0.978	0.976	0.973	0.970
20	0.966	0.959	0.953	0.947	0.940	0.934	0.928	0.921	0.915	0.909
30	0.902	0.896	0.890	0.883	0.877	0.871	0.865	0.858	0.852	0.845
40	0.839	0.833	0.826	0.820	0.813	0.807	0.800	0.794	0.787	0.781
50	0.774	0.768	0.761	0.755	0.748	0.742	0.735	0.728	0.722	0.715

续表

λ/ε_K	0	1	2	3	4	5	6	7	8	9
60	0.709	0.702	0.695	0.689	0.682	0.675	0.669	0.662	0.656	0.649
70	0.642	0.636	0.629	0.623	0.616	0.610	0.603	0.597	0.591	0.584
80	0.578	0.572	0.565	0.559	0.553	0.547	0.541	0.535	0.529	0.523
90	0.517	0.511	0.505	0.499	0.494	0.488	0.483	0.477	0.471	0.467
100	0.462	0.458	0.453	0.449	0.445	0.440	0.436	0.432	0.427	0.423
110	0.419	0.415	0.411	0.407	0.402	0.398	0.394	0.390	0.386	0.383
120	0.379	0.375	0.371	0.367	0.363	0.360	0.356	0.352	0.349	0.345
130	0.342	0.338	0.335	0.332	0.328	0.325	0.322	0.318	0.315	0.312
140	0.309	0.306	0.303	0.300	0.297	0.294	0.291	0.288	0.285	0.282
150	0.279	0.277	0.274	0.271	0.269	0.266	0.263	0.261	0.258	0.256
160	0.253	0.251	0.248	0.246	0.244	0.241	0.239	0.237	0.235	0.232
170	0.230	0.228	0.226	0.224	0.222	0.220	0.218	0.216	0.214	0.212
180	0.210	0.208	0.206	0.204	0.203	0.201	0.199	0.197	0.195	0.194
190	0.192	0.190	0.189	0.187	0.185	0.184	0.182	0.181	0.179	0.178
200	0.176	0.175	0.173	0.172	0.170	0.169	0.167	0.166	0.165	0.163
210	0.162	0.161	0.159	0.158	0.157	0.155	0.154	0.153	0.152	0.151
220	0.149	0.148	0.147	0.146	0.145	0.144	0.142	0.141	0.140	0.139
230	0.138	0.137	0.136	0.135	0.134	0.133	0.132	0.131	0.130	0.129
240	0.128	0.127	0.126	0.125	0.124	0.123	0.123	0.122	0.121	0.120
250	0.119	—	—	—	—	—	—	—	—	—

注：表中值是按本标准第 D.0.5 条中的公式计算而得

附表 1.14　d 类截面轴心受压构件的稳定系数 φ

λ/ε_K	0	1	2	3	4	5	6	7	8	9
0	1.000	1.000	0.999	0.999	0.998	0.996	0.994	0.992	0.990	0.987
10	0.984	0.981	0.978	0.974	0.969	0.965	0.960	0.955	0.949	0.944
20	0.937	0.927	0.918	0.909	0.900	0.891	0.883	0.874	0.865	0.857
30	0.848	0.840	0.831	0.823	0.815	0.807	0.798	0.790	0.782	0.774
40	0.766	0.758	0.751	0.743	0.735	0.727	0.720	0.712	0.705	0.697
50	0.690	0.682	0.675	0.668	0.660	0.653	0.646	0.639	0.632	0.625
60	0.618	0.611	0.605	0.598	0.591	0.585	0.578	0.571	0.565	0.559
70	0.552	0.546	0.540	0.534	0.528	0.521	0.516	0.510	0.504	0.498
80	0.492	0.487	0.481	0.476	0.470	0.465	0.459	0.454	0.449	0.444
90	0.439	0.434	0.429	0.424	0.419	0.414	0.409	0.405	0.401	0.397
100	0.393	0.390	0.386	0.383	0.380	0.376	0.373	0.369	0.366	0.363
110	0.359	0.356	0.353	0.350	0.346	0.343	0.340	0.337	0.334	0.331
120	0.328	0.325	0.322	0.319	0.316	0.313	0.310	0.307	0.304	0.301
130	0.298	0.296	0.293	0.290	0.288	0.285	0.282	0.280	0.277	0.275
140	0.272	0.270	0.267	0.265	0.262	0.260	0.257	0.255	0.253	0.250
150	0.248	0.246	0.244	0.242	0.239	0.237	0.235	0.233	0.231	0.229
160	0.227	0.225	0.223	0.221	0.219	0.217	0.215	0.213	0.211	0.210
170	0.208	0.206	0.204	0.202	0.201	0.199	0.197	0.196	0.194	0.192
180	0.191	0.189	0.187	0.186	0.184	0.183	0.181	0.180	0.178	0.177
190	0.175	0.174	0.173	0.171	0.170	0.168	0.167	0.166	0.164	0.163
200	0.162	—	—	—	—	—	—	—	—	—

注：表中值是按本标准第 D.0.5 条中的公式计算而得

附录2 型钢规格表

附录2.1 普通工字钢

符号：h——高度；
b——宽度；
t_w——腹板厚度；
t——翼缘平均厚度；
I——惯性矩；
W——截面模量；

i——回转半径；
S_x——半截面的面积矩；
长度：
型号 10～18，长 5～19 m；
型号 20～63，长 6～19 m

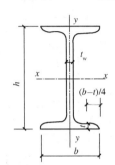

附图 2.1 普通工字钢尺寸

附表 2.1 普通工字钢规格

型号		尺寸				截面面积 /cm²	质量 /(kg·m⁻¹)	x—x 轴				y—y 轴		
	h	b	t_w	t	R			I_x	W_x	i_x	I_x/S_x	I_y	W_y	i_y
	mm							cm⁴	cm³	cm		cm⁴	cm³	cm
10	100	68	4.5	7.6	6.5	14.3	11.2	245	49	4.14	8.69	33	9.6	1.51
12.6	126	74	5.0	8.4	7.0	18.1	14.2	488	77	5.19	11.0	47	12.7	1.61
14	140	80	5.5	9.1	7.5	21.5	16.9	712	102	5.75	12.2	64	16.1	1.73
16	160	88	6.0	9.9	8.0	26.1	20.5	1 127	141	6.57	13.9	93	21.1	1.89
18	180	94	6.5	10.7	8.5	30.7	24.1	1 699	185	7.37	15.4	123	26.2	2.00
20 a	200	100	7.0	11.4	9.0	35.5	27.9	2 369	237	8.16	17.4	158	31.6	2.11
20 b	200	102	9.0	11.4	9.0	39.5	31.1	2 502	250	7.95	17.1	169	33.1	2.07
22 a	220	110	7.5	12.3	9.5	42.1	33.0	3 406	310	8.99	19.2	226	41.1	2.32
22 b	220	112	9.5	12.3	9.5	46.5	36.5	3 583	326	8.78	18.9	240	42.9	2.27
25 a	250	116	8.0	13.0	10.0	48.5	38.1	5 017	401	10.2	21.7	280	48.4	2.40
25 b	250	118	10.0	13.0	10.0	53.5	42.0	5 278	422	9.93	21.4	297	50.4	2.36
28 a	280	122	8.5	13.7	10.5	55.4	43.5	7 115	508	11.3	24.3	344	56.4	2.49
28 b	280	124	10.5	13.7	10.5	61.0	47.9	7 481	534	11.1	24.0	364	58.7	2.44
32 a	320	130	9.5	15.0	11.5	67.1	52.7	11 080	692	12.8	27.7	459	70.6	2.62
32 b	320	132	11.5	15.0	11.5	73.5	57.7	11 626	727	12.6	27.3	484	73.3	2.57
32 c	320	134	13.5	15.0	11.5	79.9	62.7	12 173	761	12.3	26.9	510	76.1	2.53
36 a	360	136	10.0	15.8	12.0	76.4	60.0	15 796	878	14.4	31.0	555	81.6	2.69
36 b	360	138	12.0	15.8	12.0	83.6	65.6	16 574	921	14.1	30.6	584	84.6	2.64
36 c	360	140	14.0	15.8	12.0	90.8	71.3	17 351	964	13.8	30.2	614	87.7	2.60

续表

型号		尺寸					截面面积 /cm²	质量 /(kg·m⁻¹)	x—x 轴				y—y 轴		
		h	b	t_w	t	R			I_x	W_x	i_x	I_x/S_x	I_y	W_y	i_y
		mm							cm⁴	cm³	cm		cm⁴	cm³	cm
40	a	400	142	10.5	16.5	12.5	86.1	67.6	21 714	1 086	15.9	34.4	660	92.9	2.77
	b		144	12.5			94.1	73.8	22 781	1 139	15.6	33.9	693	96.2	2.71
	c		146	14.5			102	80.1	23 847	1 192	15.3	33.5	727	99.7	2.67
45	a	450	150	11.5	18.0	13.5	102	80.4	32 241	1 433	17.7	38.5	855	114	2.89
	b		152	13.5			111	87.4	33 759	1 500	17.4	38.1	895	118	2.84
	c		154	15.5			120	94.5	35 278	1 568	17.1	37.6	938	122	2.79
50	a	500	158	12.0	20.0	14.0	119	93.6	46 472	1 859	19.7	42.9	1 122	142	3.07
	b		160	14.0			129	101	48 556	1 942	19.4	42.3	1 171	146	3.01
	c		162	16.0			139	109	50 639	2 026	19.1	41.9	1 224	151	2.96
56	a	560	166	12.5	21.0	14.5	135	106	65 576	2 342	22.0	47.9	1 366	165	3.18
	b		168	14.5			147	115	68 503	2 447	21.6	47.3	1 424	170	3.12
	c		170	16.5			158	124	71 430	2 551	21.3	46.8	1 485	175	3.07
63	a	630	176	13.0	22.0	15.0	155	122	94 004	2 984	24.7	53.8	1 702	194	3.32
	b		178	15.0			167	131	98 171	3 117	24.2	53.2	1 771	199	3.25
	c		780	17.0			180	141	102 339	3 249	23.9	52.6	1 842	205	3.20

附录2.2 普通槽钢

符号：

　　同普通工字钢，但 W_y 为对应翼缘肢尖的截面模量

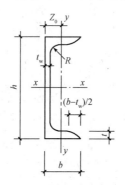

长度：

　　型号5～8，长5～12 m；
　　型号10～18，长5～19 m；
　　型号20～40，长6～19 m

附图2.2 普通槽钢尺寸

附表2.2 普通槽钢规格

型号	尺寸					截面面积 /cm²	质量 /(kg·m⁻¹)	x—x 轴			y—y 轴			y_1—y_1 轴	Z_0 /cm
	h	b	t_w	t	R			I_x	W_x	i_x	I_y	W_y	i_y	I_{y1}	
	mm							cm⁴	cm³	cm	cm⁴	cm³	cm	cm⁴	
5	50	37	4.5	7.0	7.0	6.92	5.44	26	10.4	1.94	8.3	3.5	1.10	20.9	1.35
6.3	63	40	4.8	7.5	7.5	8.45	6.63	51	16.3	2.46	11.9	4.6	1.19	28.3	1.39
8	80	43	5.0	8.0	8.0	10.24	8.04	101	25.3	3.14	16.6	5.8	1.27	37.4	1.42
10	100	48	5.3	8.5	8.5	12.74	10.00	198	39.7	3.94	25.6	7.8	1.42	54.9	1.52
12.6	126	53	5.5	9.0	9.0	15.69	12.31	389	61.7	4.98	38.0	10.3	1.56	77.8	1.59

续表

型号		尺寸 h	b	t_w	t	R	截面面积 /cm²	质量 /(kg·m⁻¹)	x—x轴 I_x	W_x	i_x	y—y轴 I_y	W_y	i_y	y_1—y_1轴 I_{y1}	Z_0 /cm
		mm							cm⁴	cm³	cm	cm⁴	cm³	cm	cm⁴	
14	a	140	58	6.0	9.5	9.5	18.51	14.53	564	80.5	5.52	53.2	13.0	1.70	107.2	1.71
	b		60	8.0	9.5	9.5	21.31	16.73	609	87.1	5.35	61.2	14.1	1.69	120.6	1.67
16	a	160	63	6.5	10.0	10.0	21.95	17.23	866	108.3	6.28	73.4	16.3	1.83	144.1	1.79
	b		65	8.5	10.0	10.0	25.15	19.75	935	116.8	6.10	83.4	17.6	1.82	160.8	1.75
18	a	180	68	7.0	10.5	10.5	25.69	20.17	1 273	141.4	7.04	98.6	20.0	1.96	189.7	1.88
	b		70	9.0	10.5	10.5	29.29	22.99	1 370	152.2	6.84	111.0	21.5	1.95	210.1	1.84
20	a	200	73	7.0	11.0	11.0	28.83	22.63	1 780	178.0	7.86	128.0	24.2	2.11	244.0	2.01
	b		75	9.0	11.0	11.0	32.83	25.77	1 914	191.4	7.64	143.6	25.9	2.09	268.4	1.95
22	a	220	77	7.0	11.5	11.5	31.84	24.99	2 394	217.6	8.67	157.8	28.2	2.23	298.2	2.10
	b		79	9.0	11.5	11.5	36.24	28.45	2 571	233.8	8.42	176.5	30.1	2.21	326.3	2.03
25	a	250	78	7.0	12.0	12.0	34.91	27.40	3 359	268.7	9.81	175.9	30.7	2.24	324.8	2.07
	b		80	9.0	12.0	12.0	39.91	31.33	3 619	289.6	9.52	196.4	32.7	2.22	355.1	1.99
	c		82	11.0	12.0	12.0	44.91	35.25	3 880	310.4	9.30	215.9	34.6	2.19	388.6	1.96
28	a	280	82	7.5	12.5	12.5	40.02	31.42	4 753	339.5	10.90	217.9	35.7	2.33	393.3	2.09
	b		84	9.5	12.5	12.5	45.62	35.81	5 118	365.6	10.59	241.5	37.9	2.30	428.5	2.02
	c		86	11.5	12.5	12.5	51.22	40.21	5 484	391.7	10.35	264.1	40.0	2.27	467.3	1.99
32	a	320	88	8.0	14.0	14.0	48.50	38.07	7 511	469.4	12.44	304.7	46.4	2.51	547.5	2.24
	b		90	10.0	14.0	14.0	54.90	43.10	8 057	503.5	12.11	335.6	49.1	2.47	592.9	2.16
	c		92	12.0	14.0	14.0	61.30	48.12	8 603	537.7	11.85	365.0	51.6	2.44	642.7	2.13
36	a	360	96	9.0	16.0	16.0	60.89	47.80	11 874	659.7	13.96	455.0	63.6	2.73	818.5	2.44
	b		98	11.0	16.0	16.0	68.09	53.45	12 652	702.9	13.63	496.7	66.9	2.70	880.5	2.37
	c		100	13.0	16.0	16.0	75.29	59.10	13 429	746.1	13.36	536.6	70.0	2.67	948.0	2.34
40	a	400	100	10.5	18.0	18.0	75.04	58.91	17 578	878.9	15.30	592.0	78.8	2.81	1 057.9	2.49
	b		102	12.5	18.0	18.0	83.04	65.19	18 644	932.2	14.98	640.6	82.6	2.78	1 135.8	2.44
	c		104	14.5	18.0	18.0	91.04	71.47	19 711	985.6	14.71	687.8	86.2	2.75	1 220.3	2.42

附录2.3 等边角钢

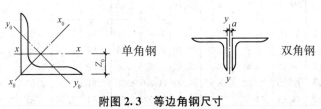

附图2.3 等边角钢尺寸

附表 2.3 等边角钢规格

型号		圆角 R	重心矩 Z_0	截面面积 A	质量	惯性矩 I_x	截面模量		回转半径			i_y，当 a 为下列数值				
							W_x^{max}	W_x^{min}	i_x	i_{x0}	i_{y0}	6 mm	8 mm	10 mm	12 mm	14 mm
		mm	mm	cm²	kg·m⁻¹	cm⁴	cm³		cm			cm				
L 20×	3	3.5	6.0	1.13	0.89	0.40	0.66	0.29	0.59	0.75	0.39	1.08	1.17	1.25	1.34	1.43
	4		6.4	1.46	1.15	0.50	0.78	0.36	0.58	0.73	0.38	1.11	1.19	1.28	1.37	1.46
L 25×	3	3.5	7.3	1.43	1.12	0.82	1.12	0.46	0.76	0.95	0.49	1.27	1.36	1.44	1.53	1.61
	4		7.6	1.86	1.46	1.03	1.34	0.59	0.74	0.93	0.48	1.30	1.38	1.47	1.55	1.64
L 30×	3	4.5	8.5	1.75	1.37	1.46	1.72	0.68	0.91	1.15	0.59	1.47	1.55	1.63	1.71	1.80
	4		8.9	2.28	1.79	1.84	2.08	0.87	0.90	1.13	0.58	1.49	1.57	1.65	1.74	1.82
L 36×	3	4.5	10.0	2.11	1.66	2.58	2.59	0.99	1.11	1.39	0.71	1.70	1.78	1.86	1.94	2.03
	4		10.4	2.76	2.16	3.29	3.18	1.28	1.09	1.38	0.70	1.73	1.80	1.89	1.97	2.05
	5		10.7	2.38	2.65	3.95	3.68	1.56	1.08	1.36	0.70	1.75	1.83	1.91	1.99	2.08
L 40×	3	5	10.9	2.36	1.85	3.59	3.28	1.23	1.23	1.55	0.79	1.86	1.94	2.01	2.09	2.18
	4		11.3	3.09	2.42	4.60	4.05	1.60	1.22	1.54	0.79	1.88	1.96	2.04	2.12	2.20
	5		11.7	3.79	2.98	5.53	4.72	1.96	1.21	1.52	0.78	1.90	1.98	2.06	2.14	2.23
L 45×	3	5	12.2	2.66	2.09	5.17	4.25	1.58	1.39	1.76	0.90	2.06	2.14	2.21	2.29	2.37
	4		12.6	3.49	2.74	6.65	5.29	2.05	1.38	1.74	0.89	2.08	2.16	2.24	2.32	2.40
	5		13.0	4.29	3.37	8.04	6.20	2.51	1.37	1.72	0.88	2.10	2.18	2.26	2.34	2.42
	6		13.3	5.08	3.99	9.33	6.99	2.95	1.36	1.71	0.88	2.12	2.20	2.28	2.36	2.44
L 50×	3	5.5	13.4	2.97	2.33	7.18	5.36	1.96	1.55	1.96	1.00	2.26	2.33	2.41	2.48	2.56
	4		13.8	3.90	3.06	9.26	6.70	2.56	1.54	1.94	0.99	2.28	2.36	2.43	2.51	2.59
	5		14.2	4.80	3.77	11.21	7.90	3.13	1.53	1.92	0.98	2.30	2.38	2.45	2.53	2.61
	6		14.6	5.69	4.46	13.05	8.95	3.68	1.51	1.91	0.98	2.32	2.40	2.48	2.56	2.64
L 56×	3	6	14.8	3.34	2.62	10.19	6.86	2.48	1.75	2.20	1.13	2.50	2.57	2.64	2.72	2.80
	4		15.3	4.39	3.45	13.18	8.63	3.24	1.73	2.18	1.11	2.52	2.59	2.67	2.74	2.82
	5		15.7	5.42	4.25	16.02	10.22	3.97	1.72	2.17	1.10	2.54	2.61	2.69	2.77	2.85
	8		16.8	8.37	6.57	23.63	14.06	6.03	1.68	2.11	1.09	2.60	2.67	2.75	2.83	2.91
L 63×	4	7	17.0	4.98	3.91	19.03	11.22	4.13	1.96	2.46	1.26	2.79	2.87	2.94	3.02	3.09
	5		17.4	6.14	4.82	23.17	13.33	5.08	1.94	2.45	1.25	2.82	2.89	2.96	3.04	3.12
	6		17.8	7.29	5.72	27.12	15.26	6.00	1.93	2.43	1.24	2.83	2.91	2.98	3.06	3.14
	8		18.5	9.51	7.47	34.45	18.59	7.75	1.90	2.39	1.23	2.87	2.95	3.03	3.10	3.18
	10		19.3	11.66	9.15	41.09	21.34	9.39	1.88	2.36	1.22	2.91	2.99	3.07	3.15	3.23
L 70×	4	8	18.6	5.57	4.37	26.39	14.16	5.14	2.18	2.74	1.40	3.07	3.14	3.21	3.29	3.36
	5		19.1	6.88	5.40	32.21	16.89	6.32	2.16	2.73	1.39	3.09	3.16	3.24	3.31	3.39
	6		19.5	8.16	6.41	37.77	19.39	7.48	2.15	2.71	1.38	3.11	3.18	3.26	3.33	3.41
	7		19.9	9.42	7.40	43.09	21.68	8.59	2.14	2.69	1.38	3.13	3.20	3.28	3.36	3.43
	8		20.3	10.67	8.37	48.17	23.79	9.68	2.13	2.68	1.37	3.15	3.22	3.30	3.38	3.46
L 75×	5	9	20.3	7.41	5.82	39.96	19.73	7.30	2.32	2.92	1.50	3.29	3.36	3.43	3.50	3.58
	6		20.7	8.80	6.91	46.91	22.69	8.63	2.31	2.91	1.49	3.31	3.38	3.45	3.53	3.60
	7		21.1	10.16	7.98	53.57	25.42	9.93	2.30	2.89	1.48	3.33	3.40	3.47	3.55	3.63
	8		21.5	11.50	9.03	59.96	27.93	11.20	2.28	2.87	1.47	3.35	3.42	3.50	3.57	3.65
	10		22.2	14.13	11.09	71.98	32.40	13.64	2.26	2.84	1.46	3.38	3.46	3.54	3.61	3.69

续表

型号	圆角 R	重心矩 Z_0	截面面积 A	质量	惯性矩 I_x	截面模量		回转半径			i_y，当 a 为下列数值				
						$W_x^{\max}$	$W_x^{\min}$	i_x	i_{x0}	i_{y0}	6 mm	8 mm	10 mm	12 mm	14 mm
	mm		cm²	kg·m⁻¹	cm⁴	cm³		cm			cm				
L 80×	5	9	21.5	7.91	6.21	48.79	22.70	8.34	2.48	3.13	1.60	3.49	3.56	3.63	3.71	3.78
	6		21.9	9.40	7.38	57.35	26.16	9.87	2.47	3.11	1.59	3.51	3.58	3.65	3.73	3.80
	7		22.3	10.86	8.53	65.58	29.38	11.37	2.46	3.10	1.58	3.53	3.60	3.67	3.75	3.83
	8		22.7	12.30	9.66	73.50	32.36	12.83	2.44	3.08	1.57	3.55	3.62	3.70	3.77	3.85
	10		23.5	15.13	11.87	88.43	37.68	15.64	2.42	3.04	1.56	3.58	3.66	3.74	3.81	3.89
L 90×	6	10	24.4	10.64	8.35	82.77	33.99	12.61	2.79	3.51	1.80	3.91	3.98	4.05	4.12	4.20
	7		24.8	12.30	9.66	94.83	38.28	14.54	2.78	3.50	1.78	3.93	4.00	4.07	4.14	4.22
	8		25.2	13.94	10.95	106.5	42.30	16.42	2.76	3.48	1.78	3.95	4.02	4.09	4.17	4.24
	10		25.9	17.17	13.48	128.6	49.57	20.07	2.74	3.45	1.76	3.98	4.06	4.13	4.21	4.28
	12		26.7	20.31	15.94	149.2	55.93	23.57	2.71	3.41	1.75	4.02	4.09	4.17	4.25	4.32
L 100×	6	12	26.7	11.93	9.37	115.0	43.04	15.68	3.10	3.91	2.00	4.30	4.37	4.44	4.51	4.58
	7		27.1	13.80	10.83	131.0	48.57	18.10	3.09	3.89	1.99	4.32	4.39	4.46	4.53	4.61
	8		27.6	15.64	12.28	148.2	53.78	20.47	3.08	3.88	1.98	4.34	4.41	4.48	4.55	4.63
	10		28.4	19.26	15.12	179.5	63.29	25.06	3.05	3.84	1.96	4.38	4.45	4.52	4.60	4.67
	12		29.1	22.80	17.90	208.9	71.72	29.47	3.03	3.81	1.95	4.41	4.49	4.56	4.64	4.71
	14		29.9	26.26	20.61	236.5	79.19	33.73	3.00	3.77	1.94	4.45	4.53	4.60	4.68	4.75
	16		30.6	29.63	23.26	262.5	85.81	37.82	2.98	3.74	1.93	4.49	4.56	4.64	4.72	4.80
L 110×	7	12	29.6	15.20	11.93	177.2	59.78	22.05	3.41	4.30	2.20	4.72	4.79	4.86	4.94	5.01
	8		30.1	17.24	13.53	199.5	66.36	24.95	3.40	4.28	2.19	4.74	4.81	4.88	4.96	5.03
	10		30.9	21.26	16.69	242.2	78.48	30.60	3.38	4.25	2.17	4.78	4.85	4.92	5.00	5.07
	12		31.6	25.20	19.78	282.6	89.34	36.05	3.35	4.22	2.15	4.82	4.89	4.96	5.04	5.11
	14		32.4	29.06	22.81	320.7	99.07	41.31	3.32	4.18	2.14	4.85	4.93	5.00	5.08	5.15
L 125×	8	14	33.7	19.75	15.50	297.0	88.20	32.52	3.88	4.88	2.50	5.34	5.41	5.48	5.55	5.62
	10		34.5	24.37	19.13	361.7	104.8	39.97	3.85	4.85	2.48	5.38	5.45	5.52	5.59	5.66
	12		35.3	28.91	22.70	423.2	119.9	47.17	3.83	4.82	2.46	5.41	5.48	5.56	5.63	5.70
	14		36.1	33.37	26.19	481.7	133.6	54.16	3.80	4.78	2.45	5.45	5.52	5.59	5.67	5.74
L 140×	10	14	38.2	27.37	21.49	514.7	134.6	50.58	4.34	5.46	2.78	5.98	6.05	6.12	6.20	6.27
	12		39.0	32.51	25.52	603.5	154.6	59.80	4.31	5.43	2.77	6.02	6.09	6.16	6.23	6.31
	14		39.8	37.57	29.49	688.8	173.0	68.75	4.28	5.40	2.75	6.06	6.13	6.20	6.27	6.34
	16		40.6	42.54	33.39	770.2	189.9	77.46	4.26	5.36	2.74	6.09	6.16	6.23	6.31	6.38
L 160×	10	16	43.1	31.50	24.73	779.5	180.8	66.70	4.97	6.27	3.20	6.78	6.85	6.92	6.99	7.06
	12		43.9	37.44	29.39	916.6	208.6	78.98	4.95	6.24	3.18	6.82	6.89	6.96	7.03	7.10
	14		44.7	43.30	33.99	1 048	234.4	90.95	4.92	6.20	3.16	6.86	6.93	7.00	7.07	7.14
	16		45.5	49.07	38.52	1 175	258.3	102.6	4.89	6.17	3.14	6.89	6.96	7.03	7.10	7.18
L 180×	12	16	48.9	42.24	33.16	1 321	270.0	100.8	5.59	7.05	3.58	7.63	7.70	7.77	7.84	7.91
	14		49.7	48.90	38.38	1 514	304.6	116.3	5.57	7.02	3.57	7.67	7.74	7.81	7.88	7.95
	16		50.5	55.47	43.54	1 701	336.9	131.4	5.54	6.98	3.55	7.70	7.77	7.84	7.91	7.98
	18		51.3	61.95	48.63	1 881	367.1	146.1	5.51	6.94	3.53	7.73	7.80	7.87	7.95	8.02

续表

型号	圆角 R	重心矩 Z_0	截面面积 A	质量	惯性矩 I_x	截面模量 W_x^{max}	截面模量 W_x^{min}	回转半径 i_x	回转半径 i_{x0}	回转半径 i_{y0}	i_y,当a为下列数值 6 mm	8 mm	10 mm	12 mm	14 mm
	mm		cm²	kg·m⁻¹	cm⁴	cm³		cm			cm				
∟200× 14	18	54.6	54.64	42.89	2 104	385.1	144.7	6.20	7.82	3.98	8.47	8.54	8.61	8.67	8.75
16		55.4	62.01	48.68	2 366	427.0	163.7	6.18	7.79	3.96	8.50	8.57	8.64	8.71	8.78
18		56.2	69.30	54.40	2 621	466.5	182.2	6.15	7.75	3.94	8.53	8.60	8.67	8.75	8.82
20		56.9	76.50	60.06	2 867	503.6	200.4	6.12	7.72	3.93	8.57	8.64	8.71	8.78	8.85
24		58.4	90.66	71.17	3 338	571.5	235.8	6.07	7.64	3.90	8.63	8.71	8.78	8.85	8.92

附录2.4 不等边角钢

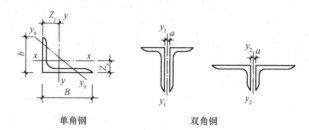

单角钢　　　　　双角钢

附图2.4 不等边角钢尺寸

附表2.4 不等边角钢规格

角钢型号 $B×b×t$	圆角 R	重心矩 Z_x	重心矩 Z_y	截面面积 A	质量	回转半径 i_x	回转半径 i_y	回转半径 i_{y0}	i_{y1},当a为下列数值 6 mm	8 mm	10 mm	12 mm	i_{y2},当a为下列数值 6 mm	8 mm	10 mm	12 mm
	mm			cm²	kg·m⁻¹	cm			cm				cm			
∟25×16× 3	3.5	4.2	8.6	1.16	0.91	0.44	0.78	0.34	0.84	0.93	1.02	1.11	1.40	1.48	1.57	1.65
4		4.6	9.0	1.50	1.18	0.43	0.77	0.34	0.87	0.96	1.05	1.14	1.42	1.51	1.60	1.68
∟32×20× 3	3.5	4.9	10.8	1.49	1.17	0.55	1.01	0.43	0.97	1.05	1.14	1.23	1.71	1.79	1.88	1.96
4		5.3	11.2	1.94	1.52	0.54	1.00	0.43	0.99	1.08	1.16	1.25	1.74	1.82	1.90	1.99
∟40×25× 3	4	5.9	13.2	1.89	1.48	0.70	1.28	0.54	1.13	1.21	1.30	1.38	2.07	2.14	2.23	2.31
4		6.3	13.7	2.47	1.94	0.69	1.26	0.54	1.16	1.24	1.32	1.41	2.09	2.17	2.25	2.34
∟45×28× 3	5	6.4	14.7	2.15	1.69	0.79	1.44	0.61	1.23	1.31	1.39	1.47	2.28	2.36	2.44	2.52
4		6.8	15.1	2.81	2.20	0.78	1.43	0.60	1.25	1.33	1.41	1.50	2.31	2.39	2.47	2.55
∟50×32× 3	5.5	7.3	16.0	2.43	1.91	0.91	1.60	0.70	1.38	1.45	1.53	1.61	2.49	2.56	2.64	2.72
4		7.7	16.5	3.18	2.49	0.90	1.59	0.69	1.40	1.47	1.55	1.64	2.51	2.59	2.67	2.75
∟56×36× 3	6	8.0	17.8	2.74	2.15	1.03	1.80	0.79	1.51	1.59	1.66	1.74	2.75	2.82	2.90	2.98
4		8.5	18.2	3.59	2.82	1.02	1.79	0.79	1.53	1.61	1.69	1.77	2.77	2.85	2.93	3.01
5		8.8	18.7	4.42	3.47	1.01	1.77	0.78	1.56	1.63	1.71	1.79	2.80	2.88	2.96	3.04
∟63×40× 4	7	9.2	20.4	4.06	3.19	1.14	2.02	0.88	1.66	1.74	1.81	1.89	3.09	3.16	3.24	3.32
5		9.5	20.8	4.99	3.92	1.12	2.00	0.87	1.68	1.76	1.84	1.92	3.11	3.19	3.27	3.35
6		9.9	21.2	5.91	4.64	1.11	1.99	0.86	1.71	1.78	1.86	1.94	3.13	3.21	3.29	3.37
7		10.3	21.6	6.80	5.34	1.10	1.96	0.86	1.73	1.80	1.88	1.97	3.15	3.23	3.30	3.39

续表

角钢型号 $B\times b\times t$	圆角 R	重心矩 Z_x	重心矩 Z_y	截面面积 A	质量	回转半径 i_x	回转半径 i_y	回转半径 i_{y0}	i_{y1},当a为下列数值 6 mm	8 mm	10 mm	12 mm	i_{y2},当a为下列数值 6 mm	8 mm	10 mm	12 mm
	mm	mm	mm	cm²	kg·m⁻¹	cm	cm	cm	cm	cm	cm	cm	cm	cm	cm	cm
∟70×45× 4	7.5	10.2	22.3	4.55	3.57	1.29	2.25	0.99	1.84	1.91	1.99	2.07	3.39	3.46	3.54	3.62
5		10.6	22.8	5.61	4.40	1.28	2.23	0.98	1.86	1.94	2.01	2.09	3.41	3.49	3.57	3.64
6		11.0	23.2	6.64	5.22	1.26	2.22	0.97	1.88	1.96	2.04	2.11	3.44	3.51	3.59	3.67
7		11.3	23.6	7.66	6.01	1.25	2.20	0.97	1.90	1.98	2.06	2.14	3.46	3.54	3.61	3.69
∟75×50× 5	8	11.7	24.0	6.13	4.81	1.43	2.39	1.09	2.06	2.13	2.20	2.28	3.60	3.68	3.76	3.83
6		12.1	24.4	7.26	5.70	1.42	2.38	1.08	2.08	2.15	2.23	2.30	3.63	3.70	3.78	3.86
8		12.9	25.2	9.47	7.43	1.40	2.35	1.07	2.12	2.19	2.27	2.35	3.67	3.75	3.83	3.91
10		13.6	26.0	11.6	9.10	1.38	2.33	1.06	2.16	2.24	2.31	2.40	3.71	3.79	3.87	3.96
∟80×50× 5	8	11.4	26.0	6.38	5.00	1.42	2.57	1.10	2.02	2.09	2.17	2.24	3.88	3.95	4.03	4.10
6		11.8	26.5	7.56	5.93	1.41	2.55	1.09	2.04	2.11	2.19	2.27	3.90	3.98	4.05	4.13
7		12.1	26.9	8.72	6.85	1.39	2.54	1.08	2.06	2.13	2.21	2.29	3.92	4.00	4.08	4.16
8		12.5	27.3	9.87	7.75	1.38	2.52	1.07	2.08	2.15	2.23	2.31	3.94	4.02	4.10	4.18
∟90×56× 5	9	12.5	29.1	7.21	5.66	1.59	2.90	1.23	2.22	2.29	2.36	2.44	4.32	4.39	4.47	4.55
6		12.9	29.5	8.56	6.72	1.58	2.88	1.22	2.24	2.31	2.39	2.46	4.34	4.42	4.50	4.57
7		13.3	30.0	9.88	7.76	1.57	2.87	1.22	2.26	2.33	2.41	2.49	4.37	4.44	4.52	4.60
8		13.6	30.4	11.2	8.78	1.56	2.85	1.21	2.28	2.35	2.43	2.51	4.39	4.47	4.54	4.62
∟100×63× 6	10	14.3	32.4	9.62	7.55	1.79	3.21	1.38	2.49	2.56	2.63	2.71	4.77	4.85	4.92	5.00
7		14.7	32.8	11.1	8.72	1.78	3.20	1.38	2.51	2.58	2.65	2.73	4.80	4.87	4.95	5.03
8		15.0	33.2	12.6	9.88	1.77	3.18	1.37	2.53	2.60	2.67	2.75	4.82	4.90	4.97	5.05
10		15.8	34.0	15.5	12.1	1.75	3.15	1.35	2.57	2.64	2.72	2.79	4.86	4.94	5.02	5.10
∟100×80× 6	10	19.7	29.5	10.6	8.35	2.40	3.17	1.73	3.31	3.38	3.45	3.52	4.54	4.62	4.69	4.76
7		20.1	30.0	12.3	9.66	2.39	3.16	1.71	3.32	3.39	3.47	3.54	4.57	4.64	4.71	4.79
8		20.5	30.4	13.9	10.9	2.37	3.15	1.71	3.34	3.41	3.49	3.56	4.59	4.66	4.73	4.81
10		21.3	31.2	17.2	13.5	2.35	3.12	1.69	3.38	3.45	3.53	3.60	4.63	4.70	4.78	4.85
∟110×70× 6	10	15.7	35.3	10.6	8.35	2.01	3.54	1.54	2.74	2.81	2.88	2.96	5.21	5.29	5.36	5.44
7		16.1	35.7	12.3	9.66	2.00	3.53	1.53	2.76	2.83	2.90	2.98	5.24	5.31	5.39	5.46
8		16.5	36.2	13.9	10.9	1.98	3.51	1.53	2.78	2.85	2.92	3.00	5.26	5.34	5.41	5.49
10		17.2	37.0	17.2	13.5	1.96	3.48	1.51	2.82	2.89	2.96	3.04	5.30	5.38	5.46	5.53
∟125×80× 7	11	18.0	40.1	14.1	11.1	2.30	4.02	1.76	3.11	3.18	3.25	3.33	5.90	5.97	6.04	6.12
8		18.4	40.6	16.0	12.6	2.29	4.01	1.75	3.13	3.20	3.27	3.35	5.92	5.99	6.07	6.14
10		19.2	41.4	19.7	15.5	2.26	3.98	1.74	3.17	3.24	3.31	3.39	5.96	6.04	6.11	6.19
12		20.0	42.2	23.4	18.3	2.24	3.95	1.72	3.21	3.28	3.35	3.43	6.00	6.08	6.16	6.23
∟140×90× 8	12	20.4	45.0	18.0	14.2	2.59	4.50	1.98	3.49	3.56	3.63	3.70	6.58	6.65	6.73	6.80
10		21.2	45.8	22.3	17.5	2.56	4.47	1.96	3.52	3.59	3.66	3.73	6.62	6.70	6.77	6.85
12		21.9	46.6	26.4	20.7	2.54	4.44	1.95	3.56	3.63	3.70	3.77	6.66	6.74	6.81	6.89
14		22.7	47.4	30.5	23.9	2.51	4.42	1.94	3.59	3.66	3.74	3.81	6.70	6.78	6.86	6.93
∟160×100× 10	13	22.8	52.4	25.3	19.9	2.85	5.14	2.19	3.84	3.91	3.98	4.05	7.55	7.63	7.70	7.78
12		23.6	53.2	30.1	23.6	2.82	5.11	2.18	3.87	3.94	4.01	4.09	7.60	7.67	7.75	7.82
14		24.3	54.0	34.7	27.2	2.80	5.08	2.16	3.91	3.98	4.05	4.12	7.64	7.71	7.79	7.86
16		25.1	54.8	39.3	30.8	2.77	5.05	2.15	3.94	4.02	4.09	4.16	7.68	7.75	7.83	7.90
∟180×110× 10	14	24.4	58.9	28.4	22.3	3.13	5.81	2.42	4.16	4.23	4.30	4.36	8.49	8.56	8.63	8.71
12		25.2	59.8	33.7	26.5	3.10	5.78	2.40	4.19	4.26	4.33	4.40	8.53	8.60	8.68	8.75
14		25.9	60.6	39.0	30.6	3.08	5.75	2.39	4.23	4.30	4.37	4.44	8.57	8.64	8.72	8.79
16		26.7	61.4	44.1	34.6	3.05	5.72	2.37	4.26	4.33	4.40	4.47	8.61	8.68	8.76	8.84

续表

角钢型号 $B\times b\times t$	圆角 R	重心矩 Z_x	重心矩 Z_y	截面面积 A	质量	回转半径 i_x	回转半径 i_y	回转半径 i_0	i_{y1},当 a 为下列数值 6 mm	8 mm	10 mm	12 mm	i_{y2},当 a 为下列数值 6 mm	8 mm	10 mm	12 mm
	mm	mm	mm	cm²	kg·m⁻¹	cm	cm	cm	cm				cm			
∟200×125× 12 14 16 18	14	28.3 29.1 29.9 30.6	65.4 66.2 67.0 67.8	37.9 43.9 49.7 55.5	29.8 34.4 39.0 43.6	3.57 3.54 3.52 3.49	6.44 6.41 6.38 6.35	2.75 2.73 2.71 2.70	4.75 4.78 4.81 4.85	4.82 4.85 4.88 4.92	4.88 4.92 4.95 4.99	4.95 4.99 5.02 5.06	9.39 9.43 9.47 9.51	9.47 9.51 9.55 9.59	9.54 9.58 9.62 9.66	9.62 9.66 9.70 9.74

注：一个角钢的惯性矩 $I_x=Ai_x^2$, $I_y=Ai_y^2$；一个角钢的截面模量 $W_x^{max}=I_x/Z_x$, $W_x^{min}=I_x/(b-Z_x)$；$W_y^{max}=I_y/Z_y$, $W_y^{min}=I_y/(B-Z_y)$

附录2.5 H型钢

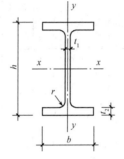

符号：h——高度；
b——宽度；
t_1——腹板厚度；
t_2——翼缘厚度；
I——惯性矩；
W——截面模量；
i——回转半径；
S_x——半截面的面积矩

附图 2.5 H型钢尺寸

附表 2.5 H型钢规格

类别	H型钢规格 $(h\times b\times t_1\times t_2)$	截面面积 A cm²	质量 q kg·m⁻¹	$x-x$ 轴 I_x cm⁴	W_x cm³	i_x cm	$y-y$ 轴 I_y cm⁴	W_y cm³	i_y cm
HW	100×100×6×8	21.90	17.2	383	76.5	4.18	134	26.7	2.47
	125×125×6.5×9	30.31	23.8	847	136	5.29	294	47.0	3.11
	150×150×7×10	40.55	31.9	1 660	221	6.39	564	75.1	3.73
	175×175×7.5×11	51.43	40.3	2 900	331	7.50	984	112	4.37
	200×200×8×12	64.28	50.5	4 770	477	8.61	1 600	160	4.99
	♯200×204×12×12	72.28	56.7	5 030	503	8.35	1 700	167	4.85
	250×250×9×14	92.18	72.4	10 800	867	10.8	3 650	292	6.29
	♯250×255×14×14	104.7	82.2	11 500	919	10.5	3 880	304	6.09
	♯294×302×12×12	108.3	85.0	17 000	1 160	12.5	5 520	365	7.14
	300×300×10×15	120.4	94.5	20 500	1 370	13.1	6 760	450	7.49
	300×305×15×15	135.4	106	21 600	1 440	12.6	7 100	466	7.24
	♯344×348×10×16	146.0	115	33 300	1 940	15.1	11 200	646	8.78
	350×350×12×19	173.9	137	40 300	2 300	15.2	13 600	776	8.84
	♯388×402×15×15	179.2	141	49 200	2 540	16.6	16 300	809	9.52
	♯394×398×11×18	187.6	147	56 400	2 860	17.3	18 900	951	10.0
	400×400×13×21	219.5	172	66 900	3 340	17.5	22 400	1 120	10.1
	♯400×408×21×21	251.5	197	71 100	3 560	16.8	23 800	1 170	9.73
	♯414×405×18×28	296.2	233	93 000	4 490	17.7	31 000	1 530	10.2
	♯428×407×20×35	361.4	284	119 000	5 580	18.2	39 400	1 930	10.4

续表

类别	H型钢规格 ($h×b×t_1×t_2$)	截面面积 A	质量 q	x—x轴			y—y轴		
				I_x	W_x	i_x	I_y	W_y	i_y
		cm²	kg·m⁻¹	cm⁴	cm³	cm	cm⁴	cm³	cm
HM	148×100×6×9	27.25	21.4	1 040	140	6.17	151	30.2	2.35
	194×150×6×9	39.76	31.2	2 740	283	8.30	508	67.7	3.57
	244×175×7×11	56.24	44.1	6 120	502	10.4	985	113	4.18
	294×200×8×12	73.03	57.3	11 400	779	12.5	1 600	160	4.69
	340×250×9×14	101.5	79.7	21 700	1 280	14.6	3 650	292	6.00
	390×300×10×16	136.7	107	38 900	2 000	16.9	7 210	481	7.26
	440×300×11×18	157.4	124	56 100	2 550	18.9	8 110	541	7.18
	482×300×11×15	146.4	115	60 800	2 520	20.4	6 770	451	6.80
	488×300×11×18	164.4	129	71 400	2 930	20.8	8 120	541	7.03
	582×300×12×17	174.5	137	103 000	3 530	24.3	7 670	511	6.63
	588×300×12×20	192.5	151	118 000	4 020	24.8	9 020	601	6.85
	#594×302×14×23	222.4	175	137 000	4 620	24.9	10 600	701	6.90
HN	100×50×5×7	12.16	9.54	192	38.5	3.98	14.9	5.96	1.11
	125×60×6×8	17.01	13.3	417	66.8	4.95	29.3	9.75	1.31
	150×75×5×7	18.16	14.3	679	90.6	6.12	49.6	13.2	1.65
	175×90×5×8	23.21	18.2	1 220	140	7.26	97.6	21.7	2.05
	198×99×4.5×7	23.59	18.5	1 610	163	8.27	114	23.0	2.20
	200×100×5.5×8	27.57	21.7	1 880	188	8.25	134	26.8	2.21
	248×124×5×8	32.89	25.8	3 560	287	10.4	255	41.1	2.78
	250×125×6×9	37.87	29.7	4 080	326	10.4	294	47.0	2.79
	298×149×5.5×8	41.55	32.6	6 460	433	12.4	443	59.4	3.26
	300×150×6.5×9	47.53	37.3	7 350	490	12.4	508	67.7	3.27
	346×174×6×9	53.19	41.8	11 200	649	14.5	792	91.0	3.86
	350×175×7×11	63.66	50.0	13 700	782	14.7	985	113	3.93
	#400×150×8×13	71.12	55.8	18 800	942	16.3	734	97.9	3.21
	396×199×7×11	72.16	56.7	20 000	1 010	16.7	1 450	145	4.48
	400×200×8×13	84.12	66.0	23 700	1 190	16.8	1 740	174	4.54
	#450×150×9×14	83.41	65.5	27 100	1200	18.0	793	106	3.08
	446×199×8×12	84.95	66.7	29 000	1 300	18.5	1 580	159	4.31
	450×200×9×14	97.41	76.5	33 700	1 500	18.6	1 870	187	4.38
	#500×150×10×16	98.23	77.1	38 500	1540	19.8	907	121	3.04
	496×199×9×14	101.3	79.5	41 900	1 690	20.3	1 840	185	4.27
	500×200×10×16	114.2	89.6	47 800	1 910	20.5	2 140	214	4.33
	#506×201×11×19	131.3	103	56 500	2 230	20.8	2 580	257	4.43
	596×199×10×15	121.2	95.1	69 300	2 330	23.9	1 980	199	4.04
	600×200×11×17	135.2	106	78 200	2 610	24.1	2 280	228	4.11
	#606×201×12×20	153.3	120	91 000	3 000	24.4	2 720	271	4.21
	#692×300×13×20	211.5	166	172 000	4 980	28.6	9 020	602	6.53
	700×300×13×24	235.5	185	201 000	5 760	29.3	10 800	722	6.78

注:"#"表示的规格为非常用规格

附录 2.6 无缝钢管

I——截面惯性矩；
W——截面模量；
i——截面回转半径；
d——外径；
t——壁厚

附图 2.6 无缝钢管尺寸

附表 2.6 无缝钢管规格

尺寸/mm		截面面积 A /cm²	每米质量 /(kg·m⁻¹)	截面特性			尺寸/mm		截面面积 A /cm²	每米质量 /(kg·m⁻¹)	截面特性		
d	t			I /cm⁴	W /cm³	i /cm	d	t			I /cm⁴	W /cm³	i /cm
32	2.5	2.32	1.82	2.54	1.59	1.05	57	3.0	5.09	4.00	18.81	6.53	1.91
	3.0	2.73	2.15	2.90	1.82	1.03		3.5	5.88	4.62	21.14	7.42	1.90
	3.5	3.13	2.46	3.32	2.02	1.02		4.0	6.66	5.23	23.52	8.25	1.88
	4.0	3.52	2.76	3.52	2.20	1.00		4.5	7.42	5.83	25.76	9.04	1.86
38	2.5	2.79	2.19	4.41	2.32	1.26		5.0	8.17	6.41	27.86	9.78	1.85
	3.0	3.30	2.59	5.09	2.68	1.24		5.5	8.90	6.99	29.84	10.47	1.83
	3.5	3.79	2.98	5.70	3.00	1.23		6.0	9.61	7.55	31.69	11.12	1.82
	4.0	4.27	3.35	6.26	3.29	1.21	60	3.0	5.37	4.22	21.88	7.29	2.02
42	2.5	3.10	2.44	6.07	2.89	1.40		3.5	6.21	4.88	24.88	8.29	2.00
	3.0	3.68	2.89	7.03	3.35	1.38		4.0	7.04	5.52	27.73	9.24	1.98
	3.5	4.23	3.32	7.91	3.77	1.37		4.5	7.85	6.16	30.41	10.14	1.97
	4.0	4.78	3.75	8.71	4.15	1.35		5.0	8.64	6.78	32.94	10.98	1.95
45	2.5	3.34	2.62	7.56	3.36	1.51		5.5	9.42	7.39	35.32	11.77	1.94
	3.0	3.96	3.11	8.77	3.90	1.49		6.0	10.18	7.99	37.56	12.52	1.92
	3.5	4.56	3.58	9.89	4.40	1.47	63.5	3.0	5.70	4.48	26.15	8.24	2.14
	4.0	5.15	4.04	10.93	4.86	1.46		3.5	6.60	5.18	29.79	9.38	2.12
50	2.5	3.73	2.93	10.55	4.22	1.68		4.0	7.48	5.87	33.24	10.47	2.11
	3.0	4.43	3.48	12.28	4.91	1.67		4.5	8.34	6.55	36.50	11.50	2.09
	3.5	5.11	4.01	13.90	5.56	1.65		5.0	9.19	7.21	39.60	12.47	2.08
	4.0	5.78	4.54	15.41	6.16	1.63		5.5	10.02	7.87	42.52	13.39	2.06
	4.5	6.43	5.05	16.81	6.72	1.62		6.0	10.84	8.51	45.28	14.26	2.04
	5.0	7.07	5.55	18.11	7.25	1.60	68	3.0	6.13	4.81	32.42	9.54	2.30
54	3.0	4.81	3.77	15.68	5.81	1.81		3.5	7.09	5.57	36.99	10.88	2.28
	3.5	5.55	4.36	17.79	6.59	1.79		4.0	8.04	6.31	41.34	12.16	2.27
	4.0	6.28	4.93	19.76	7.32	1.77		4.5	8.98	7.05	45.47	13.37	2.25
	4.5	7.00	5.49	21.61	8.00	1.76		5.0	9.90	7.77	49.41	14.53	2.23
	5.0	7.70	6.04	23.34	8.64	1.74		5.5	10.84	8.48	53.14	15.63	2.22
	5.5	8.38	6.58	24.96	9.24	1.73		6.0	11.69	9.17	56.68	16.67	2.20
	6.0	9.05	7.10	26.46	9.80	1.71							

续表

尺寸/mm		截面面积A /cm²	每米质量 /(kg·m⁻¹)	截面特性			尺寸/mm		截面面积A /cm²	每米质量 /(kg·m⁻¹)	截面特性		
d	t			I /cm⁴	W /cm³	i /cm	d	t			I /cm⁴	W /cm³	i /cm
70	3.0	6.31	4.96	35.50	10.14	2.37	95	3.5	10.06	7.90	105.45	22.20	3.24
	3.5	7.31	5.74	40.53	11.58	2.35		4.0	11.14	8.98	118.60	24.97	3.22
	4.0	8.29	6.51	45.33	12.95	2.34		4.5	12.79	10.04	131.31	27.64	3.20
	4.5	9.26	7.27	49.89	14.26	2.32		5.0	14.14	11.10	143.58	30.23	3.19
	5.0	10.21	8.01	54.24	15.50	2.30		5.5	15.46	12.14	155.43	32.72	3.17
	5.5	11.14	8.75	58.38	16.68	2.29		6.0	16.78	13.17	166.86	35.13	3.15
	6.0	12.06	9.47	62.31	17.80	2.27		6.5	18.07	14.19	177.89	37.45	3.14
								7.0	19.35	15.19	188.51	39.69	3.12
73	3.0	6.60	5.18	40.48	11.09	2.48	102	3.5	10.83	8.50	131.52	25.79	3.48
	3.5	7.64	6.00	46.26	12.67	2.46		4.0	12.32	9.67	148.09	29.04	3.47
	4.0	8.67	6.81	51.78	14.19	2.44		4.5	13.78	10.82	164.14	32.18	3.45
	4.5	9.68	7.60	57.04	15.63	2.43		5.0	15.24	11.96	179.68	35.23	3.43
	5.0	10.68	8.38	62.07	17.01	2.41		5.5	16.67	13.09	194.72	38.18	3.42
	5.5	11.66	9.16	66.87	18.32	2.39		6.0	18.10	14.21	209.28	41.03	3.40
	6.0	12.63	9.91	71.43	19.57	2.38		6.5	19.50	15.31	223.35	43.79	3.38
								7.0	20.89	16.40	236.96	46.46	3.37
76	3.0	6.88	5.40	45.91	12.08	2.58	114	4.0	13.82	10.85	209.35	36.73	3.89
	3.5	7.97	6.26	52.50	13.82	2.57		4.5	15.48	12.15	232.41	40.77	3.87
	4.0	9.05	7.10	58.81	15.48	2.55		5.0	17.12	13.44	254.81	44.70	3.86
	4.5	10.11	7.93	64.85	17.07	2.53		5.5	18.75	14.72	276.58	48.52	3.84
	5.0	11.15	8.75	70.62	18.59	2.52		6.0	20.36	15.89	297.73	52.23	3.82
	5.5	12.18	9.56	76.14	20.04	2.50		6.5	21.95	17.23	318.26	55.84	3.81
	6.0	13.19	10.36	81.41	21.42	2.48		7.0	23.53	18.47	338.19	59.33	3.79
								7.5	25.09	19.70	357.58	62.73	3.77
								8.0	26.64	20.91	376.30	66.02	3.76
83	3.5	8.74	6.86	69.19	16.67	2.81	121	4.0	14.70	11.54	251.87	41.63	4.14
	4.0	9.93	7.79	77.64	18.71	2.80		4.5	16.47	12.93	279.83	46.25	4.12
	4.5	11.10	8.71	85.76	20.67	2.78		5.0	18.22	14.30	307.05	50.75	4.11
	5.0	12.25	9.62	93.56	22.54	2.76		5.5	19.96	15.67	333.54	55.13	4.09
	5.5	13.39	10.51	101.04	24.35	2.75		6.0	21.68	17.02	359.32	59.39	4.07
	6.0	14.51	11.39	108.22	26.08	2.73		6.5	23.38	18.35	384.40	63.54	4.05
	6.5	15.62	12.26	115.10	27.74	2.71		7.0	25.07	19.68	408.80	67.57	4.04
	7.0	16.71	13.12	121.69	29.32	2.70		7.5	26.74	20.99	432.51	71.49	4.02
								8.0	28.40	22.29	455.57	75.30	4.01
89	3.5	9.40	7.38	86.05	19.34	3.03	127	4.0	15.46	12.13	292.61	46.08	4.35
	4.0	10.68	8.38	96.68	21.73	3.01		4.5	17.32	13.59	325.29	51.23	4.33
	4.5	11.95	9.38	106.92	24.03	2.99		5.0	19.16	15.04	357.14	56.24	4.32
	5.0	13.19	10.36	116.79	26.24	2.98		5.5	20.99	16.48	388.19	61.13	4.30
	5.5	14.43	11.33	126.29	28.38	2.96		6.0	22.81	17.09	418.44	65.90	4.28
	6.0	16.65	12.28	135.43	30.43	2.94		6.5	24.61	19.32	447.92	70.54	4.27
	6.5	16.85	13.22	144.32	32.41	2.93		7.0	26.39	20.72	476.63	75.06	4.25
	7.0	18.03	14.16	152.67	34.31	2.91		7.5	28.16	22.10	504.58	79.46	4.23
								8.0	29.91	23.48	531.80	83.75	4.22

续表

尺寸/mm		截面面积 A /cm²	每米质量 /(kg·m⁻¹)	截面特性			尺寸/mm		截面面积 A /cm²	每米质量 /(kg·m⁻¹)	截面特性		
				I /cm⁴	W /cm³	i /cm					I /cm⁴	W /cm³	i /cm
d	t						d	t					
133	4.0	16.21	12.73	337.53	50.76	4.56	159	4.5	21.84	17.15	652.27	82.05	5.46
	4.5	18.17	14.26	375.42	56.45	4.55		5.0	24.19	18.99	717.88	90.30	5.45
	5.0	20.11	15.78	412.40	62.02	4.53		5.5	26.52	20.82	782.18	98.39	5.43
	5.5	22.03	17.29	448.50	67.44	4.51		6.0	28.84	22.64	845.19	106.31	5.41
	6.0	23.94	18.79	483.72	72.74	4.50		6.5	31.14	24.45	906.92	114.08	5.40
	6.5	25.83	20.28	518.07	77.91	4.48		7.0	33.43	26.24	967.41	121.69	5.38
	7.0	27.71	21.75	551.58	82.94	4.46		7.5	35.70	28.02	1 026.65	129.14	5.36
	7.5	29.57	23.21	584.25	87.86	4.65		8.0	37.95	29.79	1 084.67	136.44	5.35
	8.0	31.42	24.66	616.11	92.65	4.43		9.0	42.41	33.29	1 197.12	150.58	5.31
								10	46.81	36.75	1 304.88	164.14	5.28
140	4.5	19.16	15.04	440.12	62.87	4.79	168	4.5	23.11	18.14	772.96	92.02	5.78
	5.0	21.21	16.65	483.76	69.11	4.78		5.0	25.60	20.14	851.14	101.33	5.77
	5.5	23.24	18.24	526.40	75.20	4.76		5.5	28.08	22.04	927.85	110.46	5.75
	6.0	25.26	19.83	568.06	81.15	4.74		6.0	30.54	23.97	1 003.12	119.42	5.73
	6.5	27.26	21.40	608.76	86.97	4.73		6.5	32.98	25.89	1 076.95	128.21	5.71
	7.0	29.25	22.96	648.51	92.64	4.71		7.0	35.41	27.79	1 149.36	136.83	5.70
	7.5	31.22	24.51	687.32	98.19	4.69		7.5	37.82	29.69	1 220.38	145.28	5.68
	8.0	33.18	26.04	725.21	103.60	4.68		8.0	40.21	31.57	1 290.01	153.57	5.66
	9.0	37.04	29.08	798.29	114.04	4.64		9.0	44.96	35.29	1 425.22	169.67	5.63
	10	40.84	32.06	867.86	123.98	4.61		10	49.64	38.97	1 555.13	185.13	5.60
146	4.5	20.00	15.70	501.16	68.65	5.01	180	5.0	27.49	21.58	1 053.17	117.02	6.19
	5.0	22.15	17.39	551.10	75.49	4.99		5.5	30.15	23.67	1 148.79	127.64	6.17
	5.5	24.28	19.06	599.95	82.19	4.97		6.0	32.80	25.75	1 242.72	138.08	6.16
	6.0	26.39	20.72	647.73	88.73	4.95		6.5	35.43	27.81	1 335.00	148.33	6.14
	6.5	28.49	22.36	649.44	95.13	4.94		7.0	38.04	29.87	1 425.63	158.40	6.12
	7.0	30.57	24.00	740.12	101.39	4.92		7.5	40.64	31.91	1 514.64	168.29	6.10
	7.5	32.63	25.62	784.77	107.50	4.90		8.0	43.23	33.93	1 602.04	178.00	6.09
	8.0	34.68	27.23	828.41	113.48	4.89		9.0	48.35	37.95	1 772.12	196.90	6.05
	9.0	38.74	30.41	912.71	125.03	4.85		10	53.41	41.92	1 936.01	215.11	6.02
	10	42.73	33.54	993.16	136.05	4.82		12	63.33	49.72	2 245.84	249.54	5.95
152	4.5	20.85	16.37	567.61	74.69	5.22	194	5.0	29.69	23.31	1 326.54	136.76	6.68
	5.0	23.09	18.13	624.43	82.16	5.20		5.5	32.57	25.57	1 447.86	149.26	6.67
	5.5	25.31	19.87	680.06	89.48	5.18		6.0	35.44	27.82	1 567.21	161.57	6.65
	6.0	27.52	21.60	734.52	96.65	5.17		6.5	38.29	30.06	1 684.61	173.67	6.63
	6.5	29.71	23.32	787.82	103.66	5.15		7.0	41.12	32.28	1 800.08	185.57	6.62
	7.0	31.89	25.03	839.99	110.52	5.13		7.5	43.94	34.50	1 913.64	197.28	6.60
	7.5	34.05	26.73	891.03	117.24	5.12		8.0	46.75	36.70	2 025.31	208.79	6.58
	8.0	36.19	28.41	940.97	123.81	5.10		9.0	52.31	41.06	2 243.00	231.25	6.55
	9.0	40.43	31.74	1 037.59	136.53	5.07		10	57.81	45.38	2 453.55	252.94	6.51
	10	44.61	35.02	1 129.99	148.68	5.03		12	68.61	53.86	2 853.25	294.15	6.45

续表

尺寸/mm		截面面积 A /cm²	每米质量 /(kg·m⁻¹)	截面特性			尺寸/mm		截面面积 A /cm²	每米质量 /(kg·m⁻¹)	截面特性		
d	t			I /cm⁴	W /cm³	i /cm	d	t			I /cm⁴	W /cm³	i /cm
219	9.0	59.38	46.61	3 279.12	299.46	7.43	203	6.0	37.13	29.15	1 803.07	177.64	6.97
	10	65.66	51.54	3 593.29	328.15	7.40		6.5	40.13	31.50	1 938.81	191.02	6.95
	12	78.04	61.26	4 193.81	383.00	7.33		7.0	43.10	33.84	2 027.43	204.18	6.93
	14	90.16	70.78	4 758.50	434.57	7.26		7.5	46.06	36.16	2 203.94	217.14	6.92
	16	102.04	80.10	5 288.81	483.00	7.20		8.0	49.01	38.47	2 333.37	229.89	6.90
245	6.5	48.70	38.23	3 465.46	282.89	8.44		9.0	54.85	43.06	2 586.08	254.79	6.80
	7.0	52.34	41.08	3 709.06	302.78	8.42		10	60.63	47.60	2 830.72	278.89	6.83
	7.5	55.96	43.93	3 949.52	322.41	8.40		12	72.01	56.62	3 296.49	324.78	6.77
	8.0	59.56	46.76	4 186.87	341.79	8.38		14	83.13	65.25	3 732.07	367.69	6.70
	9.0	66.73	52.38	4 652.32	379.78	8.35		16	94.00	73.79	4 138.78	407.76	6.64
	10	73.83	57.95	5 105.63	416.79	8.32	219	6.0	40.15	31.52	2 278.74	208.10	7.53
	12	87.84	68.95	5 976.67	487.89	8.25		6.5	43.39	34.06	2 451.64	223.89	7.52
	14	101.60	79.76	6 801.68	555.24	8.18		7.0	46.62	36.60	2 622.04	239.46	7.50
	16	115.11	90.36	7 582.30	618.96	8.12		7.5	49.83	39.12	2 789.96	254.79	7.48
273	6.5	54.42	42.72	4 834.18	354.15	9.42		8.0	53.03	41.63	2 955.43	269.90	7.47
	7.0	58.50	45.92	5 177.30	379.29	9.41	325	7.5	74.81	58.73	9 431.80	580.42	11.23
	7.5	62.56	49.11	5 516.47	404.14	9.39		8.0	79.67	62.54	10 013.92	616.24	11.21
	8.0	66.60	52.28	5 851.71	428.70	9.37		9.0	89.35	70.14	11 161.32	686.85	11.18
	9.0	74.64	58.60	6 510.56	476.96	9.34		10	98.96	77.68	12 286.52	756.09	11.14
	10	82.62	64.86	7 154.09	524.11	9.31		12	118.00	92.63	14 471.45	890.55	11.07
	12	98.39	77.24	8 396.14	615.10	9.24		14	136.78	107.38	16 570.98	1 019.75	11.01
	14	113.91	89.42	9 579.75	701.81	9.17		16	155.32	121.93	18 587.38	1 143.84	10.94
	16	129.18	101.41	10 706.79	784.38	9.10	351	8.0	86.21	67.67	12 684.36	722.76	12.13
299	7.5	68.68	53.92	7 300.02	488.30	10.31		9.0	96.70	75.91	14 147.55	806.13	12.10
	8.0	73.14	57.41	7 747.42	518.22	10.29		10	107.13	84.10	15 584.62	888.01	12.06
	9.0	82.00	64.37	8 628.09	577.13	10.26		12	127.80	100.32	18 381.63	1 047.39	11.99
	10	90.79	71.27	9 490.15	634.79	10.22		14	148.22	116.35	21 077.86	1 201.02	11.93
	12	108.20	84.93	11 159.52	746.46	10.16		16	168.39	132.19	23 675.75	1 349.05	11.86
	14	125.35	98.40	12 757.61	853.35	10.09							
	16	142.25	111.67	14 286.48	955.62	10.02							

参 考 文 献

[1] 中华人民共和国住房和城乡建设部，中华人民共和国国家质量监督检验检疫总局. GB 50017—2017 钢结构设计标准[S]. 北京：中国建筑工业出版社，2018.

[2] 中华人民共和国住房和城乡建设部，中华人民共和国国家质量监督检验检疫总局. GB 50755—2012 钢结构工程施工规范[S]. 北京：中国建筑工业出版社，2012.

[3] 中华人民共和国国家质量监督检验检疫总局，中华人民共和国建设部，中华人民共和国国家质量监督检验检疫总局. GB 50205—2001 钢结构工程施工质量验收规范[S]. 北京：中国计划出版社，2002.

[4] 中华人民共和国住房和城乡建设部. GB 51022—2015 门式刚架轻型房屋钢结构技术规范[S]. 北京：中国建筑工业出版社，2016.

[5] 中华人民共和国住房和城乡建设部. JGJ 7—2010 空间网格结构技术规程[S]. 北京：中国建筑工业出版社，2010.

[6] 李顺秋. 钢结构制造与安装[M]. 北京：中国建筑工业出版社，2005.

[7] 李社生. 钢结构工程施工[M]. 北京：化学工业出版社，2010.